中国石油科技进展丛书（2006—2015年）

陆相油藏开发地震技术

主　编：甘利灯

副主编：撒利明　张　研　陈树民

石油工业出版社

内 容 提 要

本书总结了中国石油"十一五"和"十二五"期间在陆相薄互层油藏开发地震技术方面的新进展，包括地震岩石物理动态分析技术、井控保幅宽频地震资料处理技术、开发阶段精细构造解释技术、井震联合薄储层预测技术、时移地震技术、地震约束油藏建模与数模技术及地震辅助油藏工程技术等，并介绍了这些技术在不同油藏类型的应用，对今后油藏地球物理技术的推广应用有重要的指导和借鉴意义。

本书可供石油地质、地球物理勘探、石油开发、油藏工程人员及相关专业的师生参考阅读。

图书在版编目（CIP）数据

陆相油藏开发地震技术 / 甘利灯主编 . —北京：石油
工业出版社，2019.7

（中国石油科技进展丛书 . 2006—2015 年）

ISBN 978-7-5183-3259-5

Ⅰ . ① 陆… Ⅱ . ① 甘… Ⅲ . ① 陆相油气田 – 油田开发
– 研究 Ⅳ . ① P618.130.2

中国版本图书馆 CIP 数据核字（2019）第 051024 号

出版发行：石油工业出版社

　　（北京安定门外安华里 2 区 1 号　 100011）

　　　网　 址：www. petropub. com

　　　编辑部：（010）64523544　 图书营销中心：（010）64523633

经　　销：全国新华书店

印　　刷：北京中石油彩色印刷有限责任公司

2019 年 7 月第 1 版　 2019 年 7 月第 1 次印刷
787 × 1092 毫米　 开本：1/16　 印张：23
字数：560 千字

定价：200.00 元

《陆相油藏开发地震技术》编写组

主　　编：甘利灯

副 主 编：撒利明　张　研　陈树民

编写人员：（按姓氏笔画排序）

王建民　王贵重　刘　博　孙夕平　杜文辉

李凌高　李景叶　杨　晓　杨午阳　张　昕

陈小宏　陈志德　林吉祥　赵建章　胡　英

姜　岩　凌　云　高银波　黄旭日　董世泰

程顺国　蔡银涛　戴晓峰

序

习近平总书记指出，创新是引领发展的第一动力，是建设现代化经济体系的战略支撑，要瞄准世界科技前沿，拓展实施国家重大科技项目，突出关键共性技术、前沿引领技术、现代工程技术、颠覆性技术创新，建立以企业为主体、市场为导向、产学研深度融合的技术创新体系，加快建设创新型国家。

中国石油认真学习贯彻习近平总书记关于科技创新的一系列重要论述，把创新作为高质量发展的第一驱动力，围绕建设世界一流综合性国际能源公司的战略目标，坚持国家"自主创新、重点跨越、支撑发展、引领未来"的科技工作指导方针，贯彻公司"业务主导、自主创新、强化激励、开放共享"的科技发展理念，全力实施"优势领域持续保持领先、赶超领域跨越式提升、储备领域占领技术制高点"的科技创新三大工程。

"十一五"以来，尤其是"十二五"期间，中国石油坚持"主营业务战略驱动、发展目标导向、顶层设计"的科技工作思路，以国家科技重大专项为龙头、公司重大科技专项为抓手，取得一大批标志性成果，一批新技术实现规模化应用，一批超前储备技术获重要进展，创新能力大幅提升。为了全面系统总结这一时期中国石油在国家和公司层面形成的重大科研创新成果，强化成果的传承、宣传和推广，我们组织编写了《中国石油科技进展丛书（2006—2015年）》（以下简称《丛书》）。

《丛书》是中国石油重大科技成果的集中展示。近些年来，世界能源市场特别是油气市场供需格局发生了深刻变革，企业间围绕资源、市场、技术的竞争日趋激烈。油气资源勘探开发领域不断向低渗透、深层、海洋、非常规扩展，炼油加工资源劣质化、多元化趋势明显，化工新材料、新产品需求持续增长。国际社会更加关注气候变化，各国对生态环境保护、节能减排等方面的监管日益严格，对能源生产和消费的绿色清洁要求不断提高。面对新形势新挑战，能源企业必须将科技创新作为发展战略支点，持续提升自主创新能力，加快构筑竞争新优势。"十一五"以来，中国石油突破了一批制约主营业务发展的关键技术，多项重要技术与产品填补空白，多项重大装备与软件满足国内外生产急需。截至 2015 年底，共获得国家科技奖励 30 项、获得授权专利 17813 项。《丛书》全面系统地梳理了中国石油"十一五""十二五"期间各专业领域基础研究、技术开发、技术应用中取得的主要创新性成果，总结了中国石油科技创新的成功经验。

《丛书》是中国石油科技发展辉煌历史的高度凝练。中国石油的发展史，就是一部创业创新的历史。建国初期，我国石油工业基础十分薄弱，20 世纪 50 年代以来，随着陆相生油理论和勘探技术的突破，成功发现和开发建设了大庆油田，使我国一举甩掉贫油的帽子；此后随着海相碳酸盐岩、岩性地层理论的创新发展和开发技术的进步，又陆续发现和建成了一批大中型油气田。在炼油化工方面，"五朵金花"炼化技术的开发成功打破了国外技术封锁，相继建成了一个又一个炼化企业，实现了炼化业务的不断发展壮大。重组改制后特别是"十二五"以来，我们将"创新"纳入公司总体发展战略，着力强化创新引领，这是中国石油在深入贯彻落实中央精神、系统总结"十二五"发展经验基础上、根据形势变化和公司发展需要作出的重要战略决策，意义重大而深远。《丛书》从石油地质、物探、测井、钻完井、采油、油气藏工程、提高采收率、地面工程、井下作业、油气储运、石油炼制、石油化工、安全环保、海外油气勘探开发和非常规油气勘探开发等 15 个方面，记述了中国石油艰难曲折的理论创新、科技进步、推广应用的历史。它的出版真实反映了一个时期中国石油科技工作者百折不挠、顽强拼搏、敢于创新的科学精神，弘扬了中国石油科技人员秉承"我为祖国献石油"的核心价值观和"三老四严"的工作作风。

《丛书》是广大科技工作者的交流平台。创新驱动的实质是人才驱动，人才是创新的第一资源。中国石油拥有 21 名院士、3 万多名科研人员和 1.6 万名信息技术人员，星光璀璨，人文荟萃、成果斐然。这是我们宝贵的人才资源。我们始终致力于抓好人才培养、引进、使用三个关键环节，打造一支数量充足、结构合理、素质优良的创新型人才队伍。《丛书》的出版搭建了一个展示交流的有形化平台，丰富了中国石油科技知识共享体系，对于科技管理人员系统掌握科技发展情况，做出科学规划和决策具有重要参考价值。同时，便于科研工作者全面把握本领域技术进展现状，准确了解学科前沿技术，明确学科发展方向，更好地指导生产与科研工作，对于提高中国石油科技创新的整体水平，加强科技成果宣传和推广，也具有十分重要的意义。

掩卷沉思，深感创新艰难、良作难得。《丛书》的编写出版是一项规模宏大的科技创新历史编纂工程，参与编写的单位有 60 多家，参加编写的科技人员有 1000 多人，参加审稿的专家学者有 200 多人次。自编写工作启动以来，中国石油党组对这项浩大的出版工程始终非常重视和关注。我高兴地看到，两年来，在各编写单位的精心组织下，在广大科研人员的辛勤付出下，《丛书》得以高质量出版。在此，我真诚地感谢所有参与《丛书》组织、研究、编写、出版工作的广大科技工作者和参编人员，真切地希望这套《丛书》能成为广大科技管理人员和科研工作者的案头必备图书，为中国石油整体科技创新水平的提升发挥应有的作用。我们要以习近平新时代中国特色社会主义思想为指引，认真贯彻落实党中央、国务院的决策部署，坚定信心、改革攻坚，以奋发有为的精神状态、卓有成效的创新成果，不断开创中国石油稳健发展新局面，高质量建设世界一流综合性国际能源公司，为国家推动能源革命和全面建成小康社会作出新贡献。

2018 年 12 月

丛书前言

　　石油工业的发展史，就是一部科技创新史。"十一五"以来尤其是"十二五"期间，中国石油进一步加大理论创新和各类新技术、新材料的研发与应用，科技贡献率进一步提高，引领和推动了可持续跨越发展。

　　十余年来，中国石油以国家科技发展规划为统领，坚持国家"自主创新、重点跨越、支撑发展、引领未来"的科技工作指导方针，贯彻公司"主营业务战略驱动、发展目标导向、顶层设计"的科技工作思路，实施"优势领域持续保持领先、赶超领域跨越式提升、储备领域占领技术制高点"科技创新三大工程；以国家重大专项为龙头，以公司重大科技专项为核心，以重大现场试验为抓手，按照"超前储备、技术攻关、试验配套与推广"三个层次，紧紧围绕建设世界一流综合性国际能源公司目标，组织开展了50个重大科技项目，取得一批重大成果和重要突破。

　　形成40项标志性成果。（1）勘探开发领域：创新发展了深层古老碳酸盐岩、冲断带深层天然气、高原咸化湖盆等地质理论与勘探配套技术，特高含水油田提高采收率技术，低渗透／特低渗透油气田勘探开发理论与配套技术，稠油／超稠油蒸汽驱开采等核心技术，全球资源评价、被动裂谷盆地石油地质理论及勘探、大型碳酸盐岩油气田开发等核心技术。（2）炼油化工领域：创新发展了清洁汽柴油生产、劣质重油加工和环烷基稠油深加工、炼化主体系列催化剂、高附加值聚烯烃和橡胶新产品等技术，千万吨级炼厂、百万吨级乙烯、大氮肥等成套技术。（3）油气储运领域：研发了高钢级大口径天然气管道建设和管网集中调控运行技术、大功率电驱和燃驱压缩机组等16大类国产化管道装备，大型天然气液化工艺和20万立方米低温储罐建设技术。（4）工程技术与装备领域：研发了G3i大型地震仪等核心装备，"两宽一高"地震勘探技术，快速与成像测井装备、大型复杂储层测井处理解释一体化软件等，8000米超深井钻机及9000米四单根立柱钻机等重大装备。（5）安全环保与节能节水领域：

研发了 CO_2 驱油与埋存、钻井液不落地、炼化能量系统优化、烟气脱硫脱硝、挥发性有机物综合管控等核心技术。（6）非常规油气与新能源领域：创新发展了致密油气成藏地质理论，致密气田规模效益开发模式，中低煤阶煤层气勘探理论和开采技术，页岩气勘探开发关键工艺与工具等。

取得 15 项重要进展。（1）上游领域：连续型油气聚集理论和含油气盆地全过程模拟技术创新发展，非常规资源评价与有效动用配套技术初步成型，纳米智能驱油二氧化硅载体制备方法研发形成，稠油火驱技术攻关和试验获得重大突破，井下油水分离同井注采技术系统可靠性、稳定性进一步提高；（2）下游领域：自主研发的新一代炼化催化材料及绿色制备技术、苯甲醇烷基化和甲醇制烯烃芳烃等碳一化工新技术等。

这些创新成果，有力支撑了中国石油的生产经营和各项业务快速发展。为了全面系统反映中国石油 2006—2015 年科技发展和创新成果，总结成功经验，提高整体水平，加强科技成果宣传推广、传承和传播，中国石油决定组织编写《中国石油科技进展丛书（2006—2015 年）》（以下简称《丛书》）。

《丛书》编写工作在编委会统一组织下实施。中国石油集团董事长王宜林担任编委会主任。参与编写的单位有 60 多家，参加编写的科技人员 1000 多人，参加审稿的专家学者 200 多人次。《丛书》各分册编写由相关行政单位牵头，集合学术带头人、知名专家和有学术影响的技术人员组成编写团队。《丛书》编写始终坚持：一是突出站位高度，从石油工业战略发展出发，体现中国石油的最新成果；二是突出组织领导，各单位高度重视，每个分册成立编写组，确保组织架构落实有效；三是突出编写水平，集中一大批高水平专家，基本代表各个专业领域的最高水平；四是突出《丛书》质量，各分册完成初稿后，由编写单位和科技管理部共同推荐审稿专家对稿件审查把关，确保书稿质量。

《丛书》全面系统反映中国石油 2006—2015 年取得的标志性重大科技创新成果，重点突出"十二五"，兼顾"十一五"，以科技计划为基础，以重大研究项目和攻关项目为重点内容。丛书各分册既有重点成果，又形成相对完整的知识体系，具有以下显著特点：一是继承性。《丛书》是《中国石油"十五"科技进展丛书》的延续和发展，凸显中国石油一以贯之的科技发展脉络。二是完整性。《丛书》涵盖中国石油所有科技领域进展，全面反映科技创新成果。三是标志性。《丛书》在综合记述各领域科技发展成果基础上，突出中国石油领先、高端、前沿的标志性重大科技成果，是核心竞争力的集中展示。四是创新性。《丛书》全面梳理中国石油自主创新科技成果，总结成功经验，有助于提高科技创新整体水平。五是前瞻性。《丛书》设置专门章节对世界石油科技中长期发展做出基本预测，有助于石油工业管理者和科技工作者全面了解产业前沿、把握发展机遇。

《丛书》将中国石油技术体系按 15 个领域进行成果梳理、凝练提升、系统总结，以领域进展和重点专著两个层次的组合模式组织出版，形成专有技术集成和知识共享体系。其中，领域进展图书，综述各领域的科技进展与展望，对技术领域进行全覆盖，包括石油地质、物探、测井、钻完井、采油、油气藏工程、提高采收率、地面工程、井下作业、油气储运、石油炼制、石油化工、安全环保节能、海外油气勘探开发和非常规油气勘探开发等 15 个领域。31 部重点专著图书反映了各领域的重大标志性成果，突出专业深度和学术水平。

《丛书》的组织编写和出版工作任务量浩大，自 2016 年启动以来，得到了中国石油天然气集团公司党组的高度重视。王宜林董事长对《丛书》出版做了重要批示。在两年多的时间里，编委会组织各分册编写人员，在科研和生产任务十分紧张的情况下，高质量高标准完成了《丛书》的编写工作。在集团公司科技管理部的统一安排下，各分册编写组在完成分册稿件的编写后，进行了多轮次的内部和外部专家审稿，最终达到出版要求。石油工业出版社组织一流的编辑出版力量，将《丛书》打造成精品图书。值此《丛书》出版之际，对所有参与这项工作的院士、专家、科研人员、科技管理人员及出版工作者的辛勤工作表示衷心感谢。

人类总是在不断地创新、总结和进步。这套丛书是对中国石油 2006—2015 年主要科技创新活动的集中总结和凝练。也由于时间、人力和能力等方面原因，还有许多进展和成果不可能充分全面地吸收到《丛书》中来。我们期盼有更多的科技创新成果不断地出版发行，期望《丛书》对石油行业的同行们起到借鉴学习作用，希望广大科技工作者多提宝贵意见，使中国石油今后的科技创新工作得到更好的总结提升。

2018 年 12 月

前　言

　　在过去一个多世纪，地球物理技术在油气勘探和开发过程中发挥了极为重要的作用，其发展由构造与岩性地层油气藏勘探，正逐步向非常规油气勘探和油气藏开发与工程领域延伸，并与地质、测井和油藏工程及钻井工程相互渗透，逐渐形成了一门综合性的地球物理技术，即油藏地球物理技术。当前，油藏地球物理技术正不断向油气田开发和工程领域延伸，已成为发现剩余油气和提高采收率的重要技术手段。

　　油藏地球物理技术因油气田开发与开采的需求而兴起。1977 年，受美国能源部的资助，Nur 在斯坦福大学成立了岩石物理研究小组，开展提高采收率（EOR）过程地震监测的岩石物理基础研究，后来向井筒地球物理拓展，并于 1986 年创立了斯坦福岩石物理和井筒地球物理（SRB）研究组，为将地球物理信息与油藏参数相联系做出了巨大贡献，也为油藏地球物理技术奠定了基础。1982 年麻省理工学院的 Toksöz 成立了地球资源实验室，随后分别设立了由 Arthur 领导的全波形声波测井研究小组和由 Roger 领导的油藏描述小组，从事井筒地球物理技术评价、研究和开发。同年 8 月，《Geophysics》杂志首次报道了法国 CGG 公司用于增加石油产量的油藏地球物理技术。1984 年，美国勘探地球物理学家协会（SEG）成立了开发和开采委员会，负责加强地球物理学家、开发地质学家和油藏工程师之间的联系。1985 年，Tom 在科罗拉多矿业学院组建了油藏描述（RCP）项目组，研究多分量和时移地震技术及其在油藏动静态描述中的应用。1986 年，SEG 年会首次召开了以油藏地球物理为主题的专题研讨会；1987 年，SEG 和 SPE 联合举办了油藏地球物理的研讨会，White 和 Sengbush 合著出版了《开采地球物理学（Production Seismology）》。此后，油藏地球物理一直是地球物理研究的热点，SEG 每年至少都要举行两次专题讨论会，世界各大石油公司、院校和研究机构也不断加大研究力度。1992 年以后，《The Leading Edge》杂志每年刊发 1～2 期专辑以发表 SEG 油藏地球物理专题讨论会的论文，到了 2004 年，该专题因文章太多而转为更细分的专题。伴随计算机特别是高速工作站的飞速发展，油藏地球物理技术得到了长足进步，特别是在地震属性分析、储层预测、油藏表征、油藏监测、裂缝性储层描述等方面，已在世界范围内得到广泛应用并不断带来巨大经济效益。进入 21 世纪，随着叠前地震反演、多波多分量、时移地震技术的进步，地震技术已贯穿油气勘探开发全过程，如今以地震技术为主导的油藏多学科一体化技术已成为一种发展趋势。2010 年 SEG 出版了 Johnston 主编的《油藏地球物理方法和应用》（*Methods and Applications in Reservoir Geophysics*）论文集，从支撑技术、油藏管理、勘探评价、开发地球物理、生产地球物理和未来发展方向六个方面进行了系统回顾与总结，基本反映了当今油藏地球物理的最新进展。

油藏地球物理技术的概念与内涵也随着技术的发展与应用不断趋于完善。孟尔盛等指出，"油藏地球物理也称开发与开采地球物理，其内涵包括油藏描述与油藏管理"。刘雯林给出了具体定义：开发地震是在勘探地震的基础上，充分利用针对油藏的观测方法和信息处理技术，紧密结合钻井、测井、岩石物理、油田地质和油藏工程等多学科资料，在油气田开发和开采过程中，对油藏特征进行横向预测，做出完整描述和进行动态监测的一门新兴学科。Sheriff 将其定义为"利用地球物理方法帮助油藏圈定和描述，或在油藏开采过程中监测油藏变化的一项技术"。Pennington 提出"油藏地球物理可以定义为地球物理技术在已知油藏中的应用，依据应用顺序，进一步将油藏地球物理分为'开发'和'开采'地球物理，前者用于油气田的初次有效开发，后者用于油田开采过程的理解"。王喜双等在总结前人定义的基础上，将油藏地球物理技术定义为："在充分利用已知油藏构造、储层和流体等信息的基础上，开展有针对性的地震资料采集、处理和解释研究，全面提高油藏构造成像、储层预测和油气水判识的精度，为油藏三维精细建模、调整井位部署、剩余油分布预测服务，最终实现油气田高效开发目标的地球物理技术"。可以预见，随着勘探开发的目标从常规油气藏到非常规油气藏的延伸，油藏地球物理技术的内涵也将更加丰富，如烃源岩特性、脆性、各向异性和地应力的预测，以及压裂过程的监测等。可见，尽管不同学者对油藏地球物理技术概念的表述有所不同，但其本质相似，即为油藏评价和生产服务的地球物理技术的总称，主要包括油藏静态描述、油藏动态监测和油藏工程支持技术，以及为这些技术提供支撑的地球物理技术，如测井油藏描述技术、井筒地震技术、岩石物理技术和地震资料处理技术等。

油气勘探开发可以划分为预探、评价与生产三个工作阶段。不同阶段的工作任务和目标各不相同，但可以顺序衔接，形成一个整体。评价阶段油藏地球物理工作的主要任务是建立油藏三维概念模型与静态模型，其核心是精细油藏描述，包括描述油藏构造形态、表征储层横向变化、预测油气分布范围，为评价井位优选、探明储量和开发方案编制提供依据。生产阶段油藏地球物理工作的主要任务是：紧密结合开发生产动态和新井资料进行地质地球物理综合研究，开展动态油藏描述研究，不断深化对油藏的认识，为调整井位优选和开发方案优化提供地质依据；应用针对性的前缘技术（井筒地震、多波、四维），监测油藏动态变化、发现剩余油气资源。随着开发过程中水平井、分段压裂的广泛应用，利用地震资料指导水平井部署，开展水力压裂监测也将成为油藏地球物理技术的主要任务之一。

我国以陆相沉积盆地为主，以松辽盆地为代表的坳陷湖盆和以渤海湾盆地为代表的断陷湖盆，多具有水体发育背景和相对潮湿的气候环境，具备多期油气生成、聚集的条件，决定了我国陆相油藏具有发育层系多、近源富集为主、远源次生为辅的特点。无论是纵向还是横向储层的非均质性都比海相沉积为主的储层要复杂得多，大大增加了油田开发的难度，也对油藏地球物理技术提出了更高要求，主要表现为以下几个方面：（1）尺度小，小断层、薄互层和微幅度构造的识别，例如，大庆喇萨杏油田 1m 以上的砂体控制了 74.4% 的剩余地质储量。（2）精度要求高，需要准确识别砂体边界以及提高孔隙度、厚度等储层参数的预测精度，甚至需要检测孔隙流体。（3）长期开发造成井网密，资料多，时间跨度大，井震匹配难，动静态资料融合难。要解决这些难题，必须转变油藏描述的思路。首先是从可分辨到可辨识的转变，前者属于时间域范畴，无论地震资料具有多高分辨率，都无法达到目前薄储层识别的目标；后者强调在反演结果上可辨识，由于同样分辨率的资料在不同弹性参数反演剖面上可辨识程度是不同的，这为识别薄储层提供了可能。其次是从确定性到统计性的转变，由于目标尺度小，不确定性强，利用统计性方法可以评估这种不确定性。

再次是从时间分辨率到空间分辨率的转变，目的是充分发挥地震在面上采集具有较高横向分辨率的优势，以横向分辨率弥补纵向分辨率的不足。最后是从测井约束地震到地震约束测井，其目的是充分发挥高含水后期井网密、测井资料丰富的优势。这些理念和相应的技术丰富了以海相为主体发展起来的油藏地球物理技术的内涵，形成了具有独特内涵的陆相油藏地球物理技术，国内也称陆相油藏开发地震技术。

按照油藏分类管理原则，我国现今发现的油藏主要可以分为多层砂岩油藏、复杂断块油藏、低渗透砂岩油藏、砾岩油藏、稠油油藏和特殊岩性油藏六大类。除了稠油油藏采用蒸汽驱，少量低渗透油藏进行过 CO_2 驱试验外，绝大多数油藏采用水驱开采方式。韩大匡在系统总结中国东部老油区水驱开采现状时指出：当老油田含水超过 80% 以后，地下剩余油分布格局已发生重大变化，由含水 60%～80% 时在中、低渗透层还存在着大片连续的剩余油转变为"整体上高度分散，局部还存在着相对富集的部位"的格局，提出了"在分散中找富集，结合井网系统的重组，对剩余油富集区和分散区分别治理"的二次开发基本理念。指出深化油藏描述是量化剩余油分布的基础，其主要研究工作可以归结为油藏静态描述、油藏动态监测和油藏工程支持三大方面。

油藏静态描述主要包括：油藏形态描述、范围圈定、储层描述和流体识别四方面内容。当然，不同油藏类型，油藏静态描述的重点有所不同，如在中国大庆、青海、玉门等油田普遍发育的多层砂岩油藏，该类油藏具有陆相多层砂岩多期叠置沉积、内部结构复杂、构造样式多的特点，开发过程主要矛盾是注水的低效、无效循环，急需发展不同类型单砂体及内部结构表征技术，对地震纵向分辨率的需求更加迫切。对于在大港、辽河、华北、冀东等油田发育的复杂断块油藏，由于具有断层多、断块小、储层变化快的特点，对构造、储层边界的识别更加重要，因此要进一步提高横向分辨率。在长庆、吉林油田发育的低渗透砂岩油藏主要地质问题是储层物性差、非均质性强，微裂缝较发育，因此要发展基于岩石物理的叠前与多分量地震技术，以及基于各向异性的裂缝方向与密度预测技术。砾岩油藏主要发育冲积扇类型储层，具有岩相复杂多变，孔隙结构多样，储层构型规模、连通性及渗透性等分布不均的特点，应在井震结合精细处理解释、单砂体构型、水淹层解释、三维地质建模及单砂体剩余油评价等方面加强针对性研究。稠油油藏普遍采用蒸汽驱，地震隔层识别与蒸汽腔前沿识别是剩余油分布预测的关键。特殊岩性油藏主要包括碳酸盐岩、火山岩、变质岩等，主要分布于辽河、塔里木、华北等油田，这些类型油气藏埋深大、非均质性强、内幕构造复杂、储集空间多样、油水关系复杂等，其重点是应用地震技术识别外形、内部非均质性预测和油气检测。静态油藏描述技术主要包括两大类：一是基于纵波资料的地震解释技术，如井地联合构造解释、地震属性分析和地震反演等；二是多波多分量地震技术，由于增加了横波波场信息，不但可以提高孔隙型储层预测和流体识别的精度，而且可以提高裂缝型储层预测的潜力，因为横波分裂与裂缝发育密切相关，其主要技术包括纵横波匹配、纵横波联合属性分析与反演和基于各向异性的裂缝识别技术等。二者共同的基础是测井油藏描述技术、井筒地震技术、岩石物理分析技术，以及高精度地震成像处理与保幅、高分辨率、全方位资料处理技术。

油藏动态监测的目的是寻找剩余油分布区，其技术包括井震藏联合动态分析技术和时移地震技术。前者以单次采集的地震资料为基础，通过地震、地质、测井和油藏多学科资料和技术的整合实现剩余油分布预测，如时移测井、3.5D 地震勘探技术和地震油藏一体化技术等。后者以两次或两次以上采集的地震资料为基础，通过一致性处理消除不同时间采集资料中的非油藏因素引起的差异，最后利用反映油藏变化的地震差异刻画油藏的变化，预测剩余油分布。油藏工程支持主要面向致密油气和非常规油气，目的是优化水平井部署和压裂方案，最终实现优化开采，主要技术包括应力场模拟技术和微地震技术等。

早在 20 世纪 60 年代末，国内曾出现过"开发地震"术语。当时的所谓开发地震，不过是用地震细测及手工三维地震查明复杂断裂构造油田的小断层、小断块，为油田开发提供一张准确的构造图，并在作图过程中，已开始注意到应用油气水关系及油层压力测试资料帮助地震划分小断块。70 年代末就曾用合成声波测井圈定了纯化镇—梁家楼油田的浊积岩储层的分布。到 80 年代，地震技术取得了长足进步，为开发地震准备了技术基础。1988 年，中国石油学会物探专业委员会（SPG）与 SEG 联合召开了"开发地震研讨会"。1989 年，中国石油天然气总公司在勘探开发科学研究院成立了地震横向预测研究中心，致力于储层预测技术研究，形成了以叠后地震反演、AVO、地震属性分析等为主要技术手段，以地震、地质、钻井、油藏工程等多学科综合研究为特色的储层地球物理技术系列，并在 90 年代开展了大量油藏实际应用研究，取得了显著的社会与经济效益。1996 年，刘雯林在系统总结研究成果的基础上，出版了国内第一部系统论述油藏地球物理方法的专著《油气田开发地震技术》。

20 世纪后期，面对日益复杂的储层结构，波阻抗反演技术在大多情况下无法区分储层，促进了叠后地震反演技术的发展。1996 年，撒利明等提出一种新的多信息多参数反演方法，该反演方法基于场论和信息优化预测理论，采用非线性反演技术把地震数据反演成波阻抗和各类测井参数数据体，可适用于勘探、开发及老油田挖潜等各个阶段，为日后时移测井和地震信息融合提供了基础；同年，储层特征重构反演技术的出现，解决了复杂储层的叠后地震预测难题。1999 年，在孟尔盛的倡导下，物探专业委员会聘请多位地球物理专家编写了《开发地震》培训教材，开始了开发地震技术的推广应用。此后，"开发地震""储层地球物理"和"油藏地球物理"也成为国内各种学术会议和技术培训的主题。

进入 21 世纪，人们意识到地震不仅可以描述静态油藏参数，也有监测油藏动态变化的能力，而二次采集地震资料的增加，为实现这种能力提供了可能，因此，基于二次二维和二次三维地震资料采集的时移地震技术研究成为热点，先后在新疆、大庆和冀东等蒸汽驱油藏和水驱油藏进行了试验研究，见到了一些技术效果。同期也开展了基于双相介质的油藏流体检测方法研究和大量叠前地震反演与多波多分量地震技术试验，大幅提高了地震油藏描述的可靠性。

2008 年，在韩大匡的提议下，中国石油提出了"二次开发"重大工程，借此在大庆长垣和新疆克拉玛依油田开展了大面积高密度三维地震资料采集，开启了油藏地球物理技术研究与应用的新篇章。此后，中国石油勘探开发研究院物探技术研究所油藏地球物理研究室在中国石油天然气股份有限公司赵邦六总工程师和物探处的支持下，以大庆长垣喇嘛甸油田的 4D3C 区块为研究对象，通过五年研究，初步构建了开发后期密井网条件下地震油藏多学科一体化技术体系。从 2009 年开始，中国石油东方地球物理勘探公司油藏地球物理研究中心开展了地震、测井、地质和油藏的多学科综合研究和大量各种油藏类型的应用研究，积累了丰富的静态油藏描述与动态油藏监测的经验，并在此基础上提出了 3.5D 地震的理念和井地联合一体化采集、处理与解释的理念。2009 年和 2011 年，中国石油集团科技发展部先后两次设立了"时移地震与时移电磁技术重大现场试验"项目，在辽河油田 SAGD 油藏开展了陆上第一次真正意义的时移地震采集，系统开展了时移地震技术研究，准确预测了蒸汽腔的变化，指导了加密井部署，提高了整体开发效果。同时，在大庆油田水驱油藏中开展了地震油藏一体化技术攻关，建立了相对完整的技术系列，并在剩余油挖潜中见到明显效果。

总之，近 30 年来，国内油藏地球物理技术研究取得了长足的进步。首先，以高精度三维地震为基础，以地震属性、地震反演为核心手段，结合解释性处理，形成了针对不同油气藏类型的精细油藏描述配套技术，并取得了明显成效。其次，在高密度宽方位地震、多波多分量地震、井筒地震和时移地震等方面也开展了大量试验研究，推动了地震采集装备、采集技术、处理技术、解释技术和前沿地震技术的进步，初步形成了一些技术系列，为今后油藏地球物理技术的进一步推广应用奠定了良好的基础。

本书系统总结了中国石油"十一五"和"十二五"期间陆相油藏地球物理技术进展，主要包括两个部分，第一至七章重点介绍陆相油藏开发地震技术，按地震技术向开发和工程领域延伸的顺序，以及开发地震技术工作流程编排。第八章是经典应用实例，按照测井与地震资料使用程度和开发地震特色技术应用情况展开。

本书由中国石油勘探开发研究院油气地球物理研究所牵头编著，甘利灯、撒利明、张研、陈树民负责组织协调，安排全书内容编写和统稿。甘利灯、撒利明、张研、董世泰负责前言的编写。李凌高、甘利灯、刘晓虹负责第一章的编写。陈树民、胡英、王建民、王元波、高银波、陈志德、王建民等负责第二章的编写。戴晓峰、程顺国、陈树民、张昕等负责第三章的编写。孙夕平、齐金成、张昕、陈树民、姜岩、徐立恒、于永才等负责第四章的编写。黄旭日、杜文辉、李娟、刘洪敏、李春霞等负责第五章的编写。李景叶、陈小宏、甘利灯、蔡银涛等负责第六章的编写。杨晓、刘博、彭才、徐刚、夏铭等负责第七章的编写。第八章第一节由撒利明、杨午阳、闫国亮负责编写；第二节由赵建章、杨志冬负责编写；第三节由姜岩、程顺国、陈树民、王建民负责编写；第四节由林吉祥、凌云负责编写；第五节由张昕、甘利灯、戴晓峰、李凌高等负责编写；第六节由甘利灯负责编写；第七节由蔡银涛、王贵重、凌云、贺维胜、郭建明等负责编写。第九章技术展望由董世泰、张研、撒利明负责编写。张昕负责编写人员联络，文字汇总、修改与编排工作。应该指出的是，本书内容是集体智慧与劳动的结晶，参与该书编写的执笔人只是科研团队的部分代表，在该书即将出版时，愿借此一角向为这些技术发展和应用做出贡献的每一位研究人员表示最衷心地感谢！

在编撰过程中，刘雯林、姚逢昌、王西文、印兴耀、张颖、杨志芳、徐光成等专家提供了宝贵的修改意见和建议，中国石油天然气集团公司科技管理部领导和石油工业出版社领导与编辑对本书的编写及出版给予大力支持和指导。在此，谨向他们表示衷心感谢！

由于本书涉及内容广、编写人员多、编者水平有限，书中难免出现不妥之处，敬请广大读者批评指正。

目 录

第一章　地震岩石物理动态分析技术

地震岩石物理分析技术旨在建立储层岩石矿物组成、孔隙度、饱和度等油藏参数与地震速度、密度等弹性参数之间的关系，进而确定油藏参数变化对地震响应特征的影响。近20年来，国内外在地震岩石物理研究方面取得显著进展，发展出岩石物理建模、岩石物理模版、敏感参数分析、统计岩石物理分析等技术，成功应用于地震岩性识别、储层预测、流体检测、甜点评价等方面，发挥了越来越重要的作用。

在油藏开发阶段，随油藏开采时间的推移，油藏的地层压力、温度、孔隙度、流体类型、饱和度等储层参数随开采时间变化而变化，这种变化必然会引起不同时段采集的地球物理数据的差异。地震岩石物理动态分析的目的是揭示油藏开采过程中随时间推移油藏参数变化引起的岩石物理参数变化规律，最终建立随时间动态变化的岩石物理模型，指导油藏动态监测，预测剩余油富集区，提高开发效益。其主要研究内容包括时间、空间和井震一致性校正、测井地层评价、油藏参数敏感因子分析、地震岩石物理建模、横波速度预测和岩石物理模版建立等。

第一节　开发阶段测井资料特点

对于注水开发油田，受油藏开发流体动力条件变化和地质作用的影响，油藏中的流体性质、储层参数和岩石物理特征随时间发生变化，导致反映和记录地下油藏状态的测井信息也随之变化。开发阶段测井资料处理与解释主要需要考虑空间一致性、井震一致性和时间一致性等三个问题。

一、空间一致性问题

对于整个工区内的井资料来说，难以保证所有井的测井曲线是用同一类型的仪器、相同的标准刻度以及统一的操作方式进行测量的，各井测井数据刻度间必然存在差异[1]。

在实际工作中，即使对每口井的测井曲线做了全面系统的环境影响校正，但仍可能由于测井仪器不稳定、测井刻度不准及操作失误等因素影响存在误差，或者同一套仪器，在不同井的同一地层上有不同的测量值。

此外，测井环境如井径、钻井液密度与矿化度、滤饼、井壁粗糙度、钻井液侵入带、温度与压力、围岩以及一些外径、间隙等非地质因素，不可避免地要对各种测井曲线产生不同程度的影响；特别是在井眼及钻井液质量不好的情况下，这些环境因素的影响会使测井信息发生严重的失真，直接应用难以取得较好的测井处理与解释效果。

如果将未进行校正的测井数据用于建立反演初始模型，就会出现"牛眼"现象，因此空间一致性是必须要解决的问题。

二、井震一致性问题

井震一致性问题主要来源于两个方面：一是常规测井解释提供的体积物理模型与岩石物理建模所需的体积物理模型并不相同；二是测井和地震资料测量频率不同引起的声波（速度）测量结果差异。

面向岩石物理建模的测井地层评价的目的是为岩石物理建模提供合理的体积物理模型。这里的体积物理模型指的是组成岩石的各种矿物的体积百分比及总孔隙度。常规的测井解释成果往往受生产周期的限制，而采取简化的解释模型，且只对储层段进行处理解释，获取砂泥质含量和孔隙度曲线。这不满足岩石物理建模对岩石体积模型的要求，具体体现在以下两个方面：（1）常规测井地层评价结果不符合自然规律。常规解释方法提供的解释结果中往往出现大量泥质含量为1、孔隙度为0的现象，如图1-1所示，这种解释结果显然与自然界规律是不相符的。据统计，石英、长石、黏土、碳酸盐等矿物均以一定比例存在于自然界的各类岩石中，如纯砂岩中也存在5%~10%的黏土矿物，纯页岩中仍存在20%~30%的石英矿物。（2）常规测井地层评价结果也不能满足岩石物理建模的参数输入要求。岩石物理建模要求输入岩石的矿物组分和总孔隙度，用常规测井地层评价提供的泥质含量和有效孔隙度作为输入，会引起较大的建模误差，而在泥质含量为1、孔隙度为0的层段，会出现计算错误，无法获得建模结果。

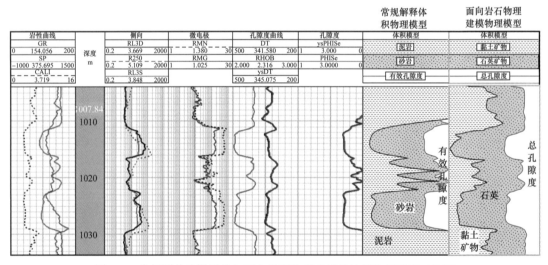

图1-1　常规测井地层评价与面向岩石物理建模的体积物理模型对比图

由于地震和测井测量尺度与频段不同，岩石的响应存在差异，使得地震速度与测井测量的结果存在差异（图1-2）。

三、时间一致性问题

时间一致性问题主要存在于两个方面：第一，随着测井技术的不断发展，在老油田长期开发的不同阶段使用了不同的测井系列。由于仪器和记录方式不同[2]，各阶段测井数据的刻度与精度存在一定的差异，如果直接使用这些测井曲线建立反演初始模型，无疑会将测井资料采集的系统误差带入反演结果中，进而影响反演结果的准确性。第二，国内油

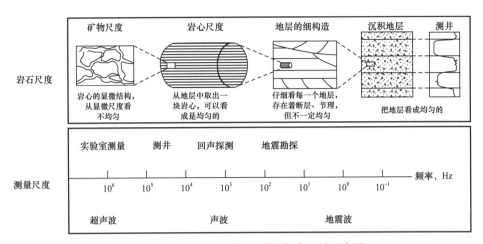

图1-2　地震与测井测量尺度与频率差异示意图

田大多采用注水开发，注水开发油田的储量占总储量的85%以上。油田经长期注水开发，注入水和储层相互作用，储层的组织结构、物性特征发生明显变化，对应的测井曲线的响应特征也会发生一定程度的改变，如随着注水时间推移，砂岩密度变小，泥岩密度略有变大，泥岩与砂岩声波时差均呈变大的趋势等（图1-3）。

　　油田长期开发后，测井资料处理中面临的实际状况是地震资料与测井资料的时间一致性。地震资料的采集是在统一的时间点，而测井资料的采集时间跨度达二三十年。二三十年之间，测井响应特征和仪器精度已经发生了很大的变化，如何通过数年前的测井资料还原目前时间点的地下储层物性、含油性情况，提高地震和测井资料时间一致性，是一项具有挑战性的工作。

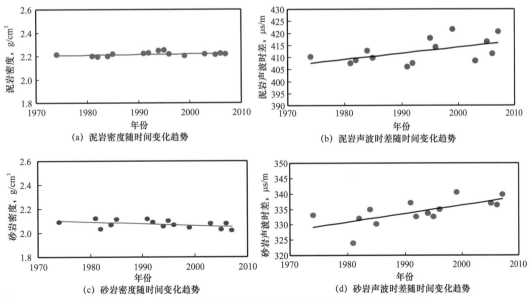

图1-3　原始测井曲线随时间的变化趋势（大庆喇嘛甸油田）

第二节　面向地震解释的测井地层评价

测井地层评价就是利用测井曲线对地下岩石的岩性、物性、含油气性进行定性评价或者定量计算。与常规测井评价相比，面向地震解释的测井地层评价更加强调矿物组分、孔隙度和饱和度等储层参数解释的合理性，更加强调多井一致性、井震一致性等。另外，在老油田进行地震解释时，其测井地层评价还应关注油田开发过程引起的时间一致性问题。

一、技术流程

测井资料在地震解释过程中主要用于岩石物理建模与分析等。岩石物理分析是在测井解释与评价基础上开展工作，过去测井地层评价与岩石物理分析是两个独立、互不影响的工作流程。但通过岩石物理建模通常会发现测井地层评价环节存在的问题，而测井地层评价结果的改善又会提高岩石物理建模的精度。因此，为更好开展岩石物理分析工作，建立了测井地层评价——岩石物理一体化流程（图1-4）。该流程将测井地层评价与岩石物理建模有机结合，使测井地层评价与岩石物理建模互为验证和质量控制的手段，确保测井地层评价和岩石物理建模与分析的正确性和精度，从而实现测井地层评价和地震岩石物理的真正同步。

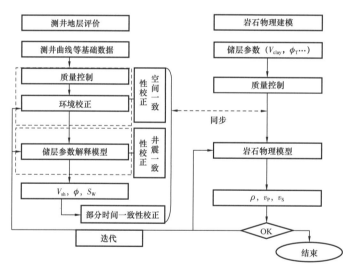

图1-4　测井地层评价与岩石物理一体化分析流程

二、空间一致性校正

如前所述，研究区内测井资料总会存在一些空间不一致问题，在油藏描述中必须对测井数据进行标准化处理，其目的是使研究区的所有同类测井数据具有统一的刻度。在建立解释模型或进行多井解释时，同一时期全工区同一标准层的同一类测井值应当基本一致。但是，在实际工作中，即使对每口井测井曲线作了全面系统的环境影响校正，各井的测井曲线仍然可能存在由于测井仪器不稳定性、测井刻度不准及操作失误等原因造成的误差，或者同一台仪器，在不同井的同一地层上有不同的测量值。这种偏差一般属于系统误差，在对测井曲线进行定量解释之前，必须用标准化方法对测井曲线进行校正，获得全工区标准化后测井数据。

　　空间一致性校正的依据是：一个油田或一个地区的同一层段，往往具有相同的地质和地球物理特性，因而不同井中同一类测井数据具有自身分布规律的相似性[3]。针对关键井及标准层建立起各类测井数据的标准分布模式后，便可以采用相关分析等技术对各井的测井数据进行综合分析，以消除非地质因素对测井数据的影响。

　　空间一致性校正的关键步骤包括：关键井的选择、标准层选择、曲线标准化等。各环节的具体要求如下。

　　（1）关键井选择。理想的关键井应具备如下条件：① 具备典型的地质特征；② 良好的井眼条件；③ 相对完善的测井系列；④ 系统的取心资料；⑤ 系统的生产测试资料。

　　（2）标准层选择。测井资料标准化处理的关键是找到区块中广泛分布、厚度大、岩性稳定的非储层作为标准层。在全区找不到合适的标准层时可选取整条测井曲线的深度范围来绘制其频率直方图，也可得到相近的结果。

　　（3）曲线标准化。测井数据标准化方法主要有定性、定量两大类。前者主要包括直方图校正、重叠图校正、均值校正等方法；后者有趋势面分析校正法等。其共同依据是相同或相似沉积环境的沉积物，往往具有相同或相似的岩性、电性特征。对同一油田的不同井来说，由同类测井曲线对同一标准层所做的直方图或频率交会图，其测井数据应显示相似的频率分布。直方图、重叠图、均值校正均假设同一标准层测井响应在横向上相似，通过与关键井比较，达到重新刻度的目的。下面简要介绍直方图法、交会图法和趋势面法的方法原理。

　　① 直方图法。直方图法是一种最常见的测井标准化方法。其基本思路是利用标准井标准层经环境影响校正后的测井数据（如密度、声波时差等）做直方图，并与工区内其他井相应标准层的测井数据直方图进行对比，峰值的差值即为校正量，这就是单峰校正法。单峰校正通常只考虑泥岩标准层一个峰值的多井吻合程度，在实际操作过程中往往会因为只考虑砂岩峰值或者只考虑泥岩标准层峰值而顾此失彼，出现较大的误差，因而有时需要采用双峰校正。双峰校正方法将待校正曲线进行一定的比例拉伸后再进行平移，以保证校正后曲线的泥岩峰值和砂岩峰值均与标准井的峰值相重合。其意义在于既考虑了标准层泥岩峰值的影响又兼顾了砂岩的峰值，从而改善了多井一致性标准化的效果。

　　② 交会图法。交会图法在选定两条待标准化的曲线的基础上根据待校正井的散点与标准井的散点聚集范围的差异，确定校正量，实现曲线的标准化。主要步骤包括：首选绘制标准井标准层的交会图；生成所有待校正井标准层段的交会图；判断待校正井是否需要校正，当待校正井的散点聚集范围与标准井的散点聚集范围重合时，不需要校正，否则根据该井和标准井散点聚集范围的差异确定两个坐标轴所代表测井曲线的校正量并校正。

　　③ 趋势面分析法。趋势面分析方法是依据某一物理参数的测量值的空间分布特征及变化规律进行标准化的方法。对于任何一个油田，由于地质特性宏观上分布的有序性和渐变性，致使地质参数在横向上会有一定的变化趋势，因此标准层的测井响应在横向上不是固定不变的，而是具有某种规律的渐变，可以视为趋势变化面。趋势面分析的基本思路就是对标准层的测井响应平面分布情况进行多项式拟合，并作平面趋势面图，并认为与地层原始趋势面具有一致性。若趋势面分析的残差图仅为随机变量，则是测井刻度误差造成的，若存在一组异常残差值，则认为是岩性变化导致的。

三、井震一致性校正

1. 井震体积模型一致性校正

表 1-1 给出四种碎屑岩地层模型，分别表示划分岩石组分的四种方式，只有模型 1 符合岩石物理建模研究的需求。

表 1-1　四种碎屑岩地层体积模型的对比

模型 1	模型 2	模型 3	模型 4
有效孔隙度 ϕ_e	有效孔隙度 ϕ_e	有效孔隙度 ϕ_e	总孔隙度 $\phi_t = \phi_e + \phi_b$
束缚水孔隙度 ϕ_b	泥质含量 $V_{sh} = \phi_b + V_{cl} + V_{silt}$	湿黏土体积 $V_{wcl} = \phi_b + V_{cl}$	
黏土体积 V_{cl}			黏土矿物体积 V_{cl}
粉砂岩体积 V_{silt}		砂岩体积 $V_{sand} = V_{sd} + V_{silt}$	砂岩体积 $V_{sand} = V_{sd} + V_{silt}$
细砂岩体积 V_{sd}	细砂岩体积 V_{sd}		

多矿物模型最优化测井解释是解决这一问题的有效手段，目前国外的测井解释软件平台如 Geo-Frame 软件包中的 ELAN-PLUS 模块可以实现模型 1 划分的结果，PowerLog 中的 Statmin 模块也具有相似的功能。

为了提供可适用于岩石物理建模的测井地层评价结果，首先以多井一致性处理后的测井曲线为基础，利用简单的线性计算公式计算初始体积物理模型。如应用中子—密度黏土模型计算得到黏土含量指示值 VCLND，应用自然伽马黏土含量经验模型计算得到另一黏土含量指示值 VCLGR，并根据中子—密度交会得到总孔隙度指示值 PHIND。然后利用最优化求解获得最终的体积物理模型，具体做法是将上述获得的体积物理模型的初始体积物理模型输入表 1-2 所示的求解矩阵，进行优化求解。需要注意的是，在进行这些基本计算时需要确定岩石组分的骨架点与常规方法有所区别，即要求确定干黏土、石英矿物的骨架点参数，而不是泥岩和砂岩的骨架点参数。如图 1-5 所示，蓝

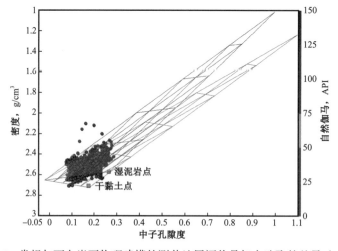

图 1-5　常规与面向岩石物理建模的测井地层评价骨架点选取的差异（CGG）

色三角形为常规测井地层评价确定骨架点方法，红色三角形为改进方法确定骨架点的方法。

表 1-2 中第一行中各变量分别表示优化求解的变量干黏土含量（VCLAY）、石英含量（VQUA）、总孔隙度（PHI）；表中第 1 列表示第二步计算的体积物理模型初始值。表格中的数字表示该列求解变量对应于该行体积物理模型初始的权重，可根据工区实际情况调整。如第 4 行第 2 列的 0.2 表示黏土矿物对应的似声波孔隙度为 0.2（该值是通过读取黏土点的声波时差响应值，然后代入 Wyllie 公式或 Raymer 公式计算得到的）；又如第 5 行第 2 列的 0.12 表示黏土的似中子密度孔隙度为 0.12（该值是将黏土点的中子测井响应值和密度测井响应值，代入中子密度孔隙度计算公式中得到的）。

表 1-2　优化求解矩阵示例

项目	VCLAY	VQUA	PHI
VCLGR	1.1	0	0
VCLND	1.15	0	0
PHIDT	0.2	0	1
PHIND	0.12	0	1

表 1-2 的参数可求解式（1-1）所示的矩阵：

$$\begin{bmatrix} 1.1 & 0 & 0 \\ 1.15 & 0 & 0 \\ 0.2 & 0 & 1 \\ 0.12 & 0 & 1 \end{bmatrix}\begin{bmatrix} VCLAY \\ VQUA \\ PHI \end{bmatrix}=\begin{bmatrix} VCLGR \\ VCLND \\ PHIDT \\ PHIND \end{bmatrix} \qquad （1-1）$$

该公式假设岩石的每种测井响应值是岩石各组分的测井响应值与其组分体积乘积之和。

图 1-6 为两种测井地层评价结果对比，图 1-6b 结果满足岩石物理建模的需求，具体体现在：（1）所提供的结果为黏土含量和总孔隙度而非泥质含量和有效孔隙度，且所提供的解释结果没有进行任何截断；（2）所解释的结果不违背自然规律。

2. 声波速度频散校正

频散效应的校正必须依赖井筒地震资料，如 VSP 资料。由于 VSP 资料频带与地面地震频带接近，所以可以联合 VSP 得到的速度与声波测井获取地震速度建立频散校正模型，并利用该校正模型对声波测井速度进行校正。

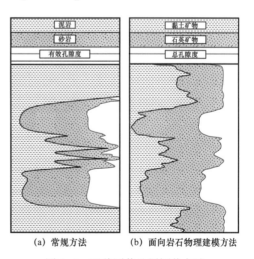

图 1-6　两种测井地层评价方法提供的结果对比

四、时间一致性校正

1. 油藏水驱开发过程

在油气田开发过程中，通常人们利用原始的（静态的）和人工的（补充的）地层压力，通过井眼把油气从地层的孔隙空间中开采出来。原始地层压力是由油藏本身的性质决定的，它取决于油藏上覆地层压力、岩石的水膨胀造成的压力、气顶对油藏的压力、早期溶于油中的气所产生的弹性压力、油的重力等因素。当单纯依靠油藏内部的各类天然能量并不能保证油气藏有较高的采出量时，为了增加油的产量，通常采用向储层中注水的方法来人为地补充能量，主要方式有边外、边界和边内注水。

在水驱过程中，液体沿着各种形状和尺寸的复杂孔隙喉道系统运动，影响流体运动和采出量的主要作用力是表面张力（毛细管力）、黏滞阻力（水动力）和重力。这些力是由水驱过程中岩石物理特性的变化、油的采出、水的注入以及油水驱替这一系列非线性作用控制的，因此，水驱开发过程是一个非常复杂的非线性过程。长期水驱过程造成的油藏变化可以归结为三个方面：储层物性参数的变化，如孔隙度、渗透率、泥质含量、粒度中值等；油藏流体类型及其性质的变化，即流体替换及其性质的变化；以及油藏环境参数，如温度和压力等的变化等。下面逐一分析各种因素对地震特性的影响。

2. 长期水驱油藏变化特征分析

储层本身在开发过程中的变化已得到开发界的承认，并进行了比较深入的研究，尤其是对于长期水驱后储层参数的变化规律研究。如冯启宁等人从实验出发，通过考察模拟水淹（水驱油）过程中岩石物理参数的变化规律，研究了水淹机理，表明了水淹过程是一个复杂的非线性过程。王志章等（1999）[4]结合双河油田水驱实例，分析总结了油藏属性参数（包括物性参数）的变化规律。2002年，王端平等[5]对胜坨油田二区沙二段1—2砂层组不同开发时期的大量岩心样品进行了系统的地质统计分析，建立了它们的解释方程，并将这种关系应用到测井解释，最后对剩余油分布、储量进行了估算。实际上，胡杰等于1994[6]年就对胜利孤岛油田中一区进行过类似的研究，但他们没有研究这些参数变化对声学性质的影响。下面以王端平的数据和研究成果为主，以其他资料为辅，对这方面的研究进行总结和归纳，并进一步分析对储层声学性质的影响。因为该文献收集整理了大量岩心分析数据，而且针对性很强，具有代表性。

1）分析方法

注水开发是我国大部分油田的主要开采方式。国内外对油藏参数的研究主要是通过实验室模拟与岩心分析、测井资料分析两个途径。长期注水冲刷模拟实验主线是将洗油、烘干的岩样测空气渗透率，在饱和水的状态下测孔隙度，做相对渗透率实验数据测定，然后进行长期注水冲刷实验。水驱速度控制在临界流速范围内，选用综合含水，如40%、80%、90%、98%代表不同开发期，用注入量（注水倍数）模拟冲刷量（现场依据在不同含水期每口井对应的总注水量，计算出距注水井一定距离假想单元的过水量并折算到相应岩心的注入倍数），样品再烘干测渗透率、孔隙度。在注水前后借助电镜、X射线衍射、薄片、压汞、图像、岩电、离心毛细管压力、粒度等分析手段，同时还可运用新的分析技术：如CT岩心扫描、激光颗粒计数器等，进行各种物性参数变化机理的研究，为描述长期注水冲刷过程中不同含水时期对储层参数（渗透率、孔隙度、孔隙结构等）的影响及其变化规律提供了基础资料。

基于测井响应特征统计方法，首先将距离相近，采集年代不同的井的测井曲线进行对比分析，将采集于不同年代的相邻井的测井响应特征近似为同一口井在不同时间的测井响应，并基于此假设分析测井曲线随时间变化的规律。

油藏参数的提取主要与资料形式有关，如：针对有岩心分析化验资料的井主要采用数理统计法，将分析化验资料按流动单元及岩性统计油藏参数的变化规律，建立油藏参数的统计回归模型；对没有分析化验资料的井则利用测井资料来求取油藏参数。在大多数情况下，把二者结合起来进行研究，这样可以提高资料的使用率。

2）油藏参数变化规律

（1）孔隙度。王端平等[5]利用胜坨二区17口取心井955块岩心样品进行分析。17口取心井共取心156个层，其中：20世纪60年代4口井27层，70年代8口井55层，80年代4口开51层，90年代1口井23层。考虑到只有相同沉积能量带中的岩心资料才具有可比性，按粒度中值划分区间进行对比。

表1-3　不同开发时期孔隙度变化对比表

阶段	粒度中值 0.01～0.25mm		粒度中值 0.25～0.5mm		粒度中值 >0.5mm	
	取心块数	孔隙度均值，%	取心块数	孔隙度均值，%	取心块数	孔隙度均值，%
20世纪60年代	140	29.0	60	29.5	5	24.7
20世纪70年代	232	30.0	142	31.1	4	29.8
20世纪80年代	188	31.5	109	32.0	19	29.1
20世纪90年代	22	32.0	20	32.8	14	31.8

表1-3为按粒度中值不同分别进行统计的结果。显然，注水开发以后孔隙度表现出增大的趋势，从20世纪60年代不含水或弱含水到90年代的特高含水期，细砂岩增大幅度10.3%、中砂岩增大幅度11.2%、粗砂岩以上增大幅度28.7%。王志章等[4]对双河油田水淹前后储层参数基本特征及变化规律进行了研究，结果表明该区核三段IV油组储层水淹前，储层孔隙度主要分布于15.9%～20.79%之间，平均值为17.5%，中值为18.6%；水淹后储层孔隙度主要分布于17.6%～21.9%之间，平均值为19.4%，中值为20.3%。可见，孔隙度平均值增加1.9%，增幅约11%；中值增加1.7%，增幅约9%。朱丽红等[7]对大庆检查井相同层位孔隙度资料进行了统计，结果显示：对于有效厚度小于0.5m的储层，水驱前后孔隙度发生明显变化，主要表现为孔隙度向高孔方向移动，孔隙度峰值增加2%～3%；对于厚度大于0.5m的储层，水驱前后孔隙度变化具有类似的特征，而且水驱后低孔隙度样品急剧减少，说明水驱后平均孔隙度增加得更多，而且大孔隙度的样品急剧增加，说明厚层水驱后孔隙度变化比薄层大。综上所述，水驱过程会造成孔隙度增加，增加的幅度一般为10%～30%，而且储层厚度越大，孔隙度增加越多。孔隙度增加的原因是多方面的，油田注水后，油层温度压力要发生变化，同时注水也要对油层孔隙结构和孔隙

中的泥质含量产生影响，这些都会使储层的孔隙发生变化。

（2）渗透率。影响岩石渗透率的因素很多，但渗透率的大小主要取决于孔喉的半径。统计资料表明，水驱后油层最大喉道半径增加为1.63%~40.2%；孔喉半径平均值增大，增幅1.56%~21.9%；孔喉半径中值增加，增幅4.56%~46.2%。说明了储层长期注水冲刷对地层的孔隙结构有较大的影响。同时，水驱使颗粒间接触关系发生了很大的改变，从图1-7中可以看出颗粒表面比冲刷前变得干净，孔隙中的填隙物明显减少。冲刷到特高含水时期岩石骨架颗粒之间大部分已呈分离状态，偶有部分呈点或线接触，部分孔与颗粒大小已经非常接近，因此注水冲刷后岩石孔隙、喉道增大、增多，从而增加了地层渗流能力，导致水驱后渗透率升高。王端平等[5]针对胜坨二区17口井的835块岩心样品，根据相同沉积能量带做对比的原则，按粒度中值划分区间进行统计，结果见表1-4。注水开发以后油层渗透率表现出增大的趋势，从20世纪60年代到90年代，细砂岩渗透率增大幅度为36.4%，中砂岩渗透率增大幅度为54.2%，粗砂岩渗透率增大幅度为56.3%（从20世纪70年代到90年代）。可见注水开采过程对渗透率的影响是很大的。

(a) 水冲刷前　　　　　　　　　　　　　　(b) 水冲刷后

图1-7　水冲刷前后电镜照片

表1-4　不同开发时期渗透率变化对比表

阶段	粒度中值 0.01~0.25mm		粒度中值 0.25~0.5mm		粒度中值 >0.5mm	
	取心块数	渗透率均值，mD	取心块数	渗透率均值，mD	取心块数	渗透率均值，mD
20世纪60年代	89	2522	28	7871	—	—
20世纪70年代	205	2927	143	10099	4	11342
20世纪80年代	196	3234	110	11212	15	15431
20世纪90年代	18	3441	15	12136	12	17732

（3）泥质含量。水冲刷后，泥质含量是减少的，如图1-8所示。黏土总量平均值由20世纪70年代的3.28%，降到80年代的3.07%，90年代的1.097%；最大值由70年代的13.9%，降到80年代的8.7%，90年代的1.7%；最小值由70年代的1.5%，降到80年代

的 0.8%，90 年代的 0.7%。孙国等对胜坨二区 1^2、8^3 小层的统计结果显示：泥质总含量从 7% 下降为 4%，绝对含量降低了 42.85%。其原因是，注入水进入储层后对黏土矿物的作用主要通过两种方式，一是迁移—聚散作用，二是水化膨胀作用。黏土矿物的种类不同，表现出的结果也不同。胜坨二区储层中的黏土含量平均 7%，且以易于迁移的高岭石为主，含量高达 70%～89%，因此在该区以迁移作用为主。这样，在注水冲刷过程中，黏土矿物在注入水的冲刷下发生了大量的微粒运移，随着注水冲刷倍数的增大被冲出岩心，造成泥质含量降低。

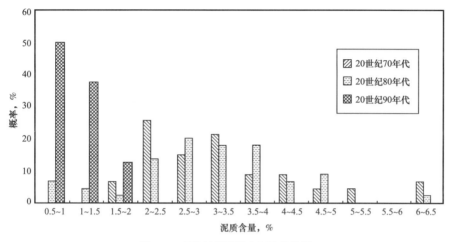

图 1-8　不同年代泥质含量变化图

（4）粒度中值。胡杰等[6]利用孤岛油田中一区不同年代的取心井资料建立了不同时期孔隙度—声波、粒度中值—自然电位幅度差和孔隙度、泥质含量—粒度中值、渗透率—孔隙度和粒度中值等关系，然后利用对子井（即相距很近且可对比性很好，但不同开发阶段完钻的井）的测井曲线计算出孔隙度、渗透率、泥质含量和粒度中值等物性参数，并进行对比分析。结果表明，从开发初期到中高含水期（含水率大于 80% 以上）时，粒度中值增加 0.84%～1.36%；从开发初期到特高含水期（含水率大于 88% 以上）时，粒度中值增加 3.8%～5.98%。

3）流体类型及其性质变化特征

当油气被采出时，油藏孔隙流体就要改变。砂岩油藏的初始原油饱和度一般较高，可达 65%～90%，经初采后降为 50%～85%，水驱后将降低到 20%～30%。孔隙流体的性质，尤其是轻油和气的性质对压力变化非常敏感。随着油藏压力和温度的变化，油藏中流体性质将发生变化，如密度、黏度、可压缩性等的变化，但这种变化不应该很大。然而，当油藏中的压力和温度变化造成较轻的组分从油中析出，形成游离气时，它对储层声学的影响很大。也就是说，当油藏中的温度和压力造成孔隙流体相态的变化时，流体性质对地震特性的影响是很大的。

4）油藏环境参数变化特征

在水驱过程中，油藏温度变化不大，一般不超过 15℃。例如，在胜坨油田，原始油层温度为 88.9℃。1966 年先后进行注水开发，从 1966 年 7 月至 1979 年 9 月注入水温为 20℃的黄河水，使其油层温度下降了 10.8℃和 14.9℃，年平均下降 0.83～1.15℃。后来改注温度为57℃的污水，水温逐年上升，到1994年接近原始油层温度。由此可见，油藏温度与注入水的温度密切相关。

冀东高尚堡和柳赞油田油藏温度变化规律与胜陀二区非常类似。初期油藏温度较高，可达80℃左右，随着常温水的注入，油藏温度降低，1997年停注后，由于边水能量大，不断向油藏推进，油藏温度又恢复到较高的温度。但是，无论胜陀油田，还是冀东高尚堡和柳赞油田，在整个油藏开发过程中，温度的升高和降低都在10℃以内。

油藏压力的变化比较复杂，各个油藏之间不尽相同，总体而言，在注水开发过程中，油藏压力的变化不大，一般略有下降。但在冀东高尚堡和柳赞油田，由于边水能量很足，在整个油藏开采过程中，油藏压力几乎不变，平均为21.5MPa左右，波动幅度只有0.5MPa。

5）测井响应特征变化规律

以大庆喇嘛甸油田为例，经过对数据的筛选，共选取研究区域内四组位置相邻的井不同时间的测井曲线进行对比。采用经过上述四组不同时期测井数据的对比分析，对于同一油组的储层变化，主要得到以下几点认识：

（1）微电极曲线形态随着注水和注聚的进行，逐渐从开发初期的尖峰齿状变得较为平滑（图1-9），尤其是在1996年对主力油层开展注聚开采以后，微电极曲线形态变得更加光滑，且差异明显，究其原因主要是水驱开发时，当油层水淹后，油层中的泥质被冲刷而带出，聚合物驱油后，由于聚合物溶液黏度大，携带能力强，泥质进一步被带走，泥质含量进一步降低。

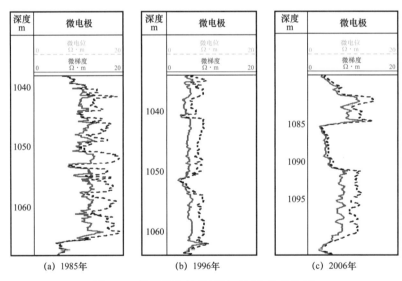

图1-9　储层微电极曲线随时间变化的特征

（2）电阻率数值经历了由高到低，又由低到高，随后再次降低的过程，这是因为油层电阻率在注水阶段由于水淹而降低。注聚阶段，见效期到窜聚期油层的电阻率由于聚合物溶液的影响而小幅升高；后续水驱阶段，随着油气和聚合物溶液的采出，电阻率大幅下降（图1-10）。

（3）声波时差由低变高，体积密度值由大变小，总体上两条孔隙度曲线的测井响应值变化范围都不是很大，个别井由于井况的原因可能个体差异较大（图1-11）。

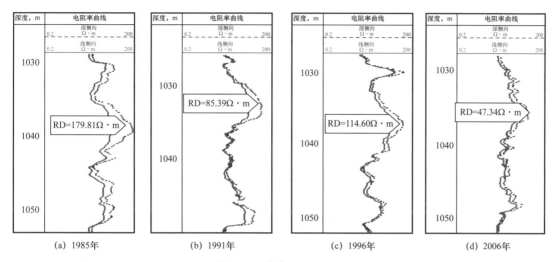

图 1-10　储层电阻率曲线随时间变化的特征

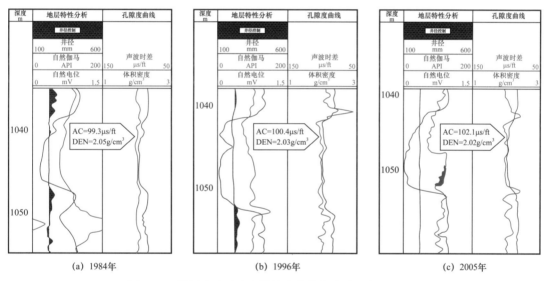

图 1-11　储层声波时差和补偿密度曲线随时间变化的特征

（4）自然电位差异幅度减小。主要原因是清水配注聚合物后油层的矿化度减小，引起自然电动势减小，从而导致自然电位曲线幅度值降低（图 1-12）。

3. 时间一致性校正

时间一致性问题校正主要包括对油藏参数的校正和油藏参数变化后对弹性参数的影响校正。

（1）油藏参数的校正。油藏参数的时间一致性校正一般采用统计校正法，即依据油藏参数随时间变化的统计分析结果和各井测井曲线采集年代确定曲线所需要的校正量，对工区内所有井进行校正。

（2）弹性参数的时间一致性校正既可以采用统计校正法，也可以采用岩石物理建模法。前者与油藏参数校正方法相同；后者是在选定好岩石物理建模方法和标定好建模参数的基础上，以经过时间一致性校正的油藏参数（泥质含量、孔隙度）等作为输入曲线，建模得到的纵波速度、横波速度和密度作为弹性参数的一致性校正结果。

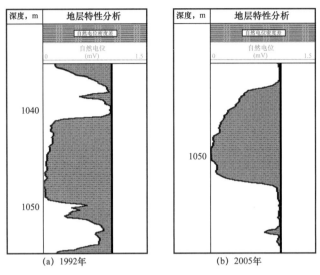

(a) 1992年   (b) 2005年

图 1–12 储层自然电位曲线随时间变化的特征

第三节 油藏参数敏感因子分析

一、方法与流程

为了充分利用叠前地震资料，进行储层和流体预测，岩石物理敏感参数分析是必不可少的环节。岩石物理敏感参数分析建立起弹性参数与油藏岩性、物性及油气饱和度的映射关系，敏感参数分析结论可以用于指导反演结果的解释。图 1–13 是一套常用的岩石物理分析流程，该流程的基本思路是：（1）先以所有岩性的数据样本为基础进行岩性敏感参数分析，并根据岩性敏感参数分析结果识别出有利岩性；（2）以识别出的有利岩性的数据样本为基础进行物性敏感参数分析，并根据物性敏感参数分析结果识别出物性较好的储层（有效储层）；（3）以识别出的有效储层的数据样点为基础进行流体敏感参数分析。该流程上实质是一个去粗取精，由岩性（Lithology）到物性（Physical Properties），再到流体（Fluid），不断递进的过程，可简称为 LPF 敏感因子分析流程。

在 LPF 敏感因子分析过程中，每一步均可以包含定性识别和定量描述两个部分内容。定性分析主要使用交会分析、判别分析等地质统计方法，常见流程和方法如下：（1）将弹性参数两两进行交会，定性描述各种弹性参数（弹性参数组合）区分不同岩性（不同物性、烃类富集程度）的能力，并初步筛选一些较好的弹性参数或组合方案；（2）用判别分析法分析弹性参数对不同岩性（不同物性、油气饱和度）的区分能力，并统计各种弹性参数或组合的判错率与判对率，并将判对率和判错率作为指标对用各种弹性参数组合方案区分不同岩性（不同物性、富集程度）的风险进行定量评估（判错率越小越好，判对率越高越好），在此基础上优选最佳弹性参数或组合，如图 1–14（a）所示。

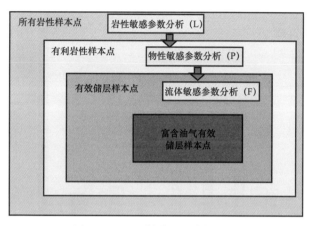

图 1-13　LPF 敏感因子分析流程

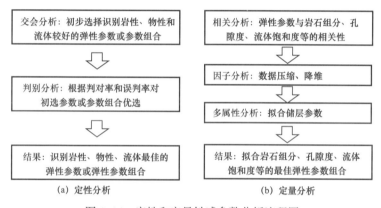

图 1-14　定性和定量敏感参数分析流程图

定量描述是优选定量预测储层岩性、孔隙度、流体饱和度最佳的弹性参数或组合，其分析流程如下：（1）分析各弹性参数与储层参数之间的相似性，根据相关系数的高低初步筛选出一些与储层参数具有一定相关性的弹性参数；（2）用因子分析法（如主成分分析法）对初选出的弹性参数进行降维，试图找出少数几个能代表原来多个弹性参数信息主因子（主成分），因子分析的一些结论还可以用来指导回归分析；（3）用回归分析和人工神经网络的方法分析多个弹性参数（简单变量或者因子分析得到的综合因子）与定量储层参数（泥质含量、孔隙度、饱和度）之间的相似性，从而确定定量描述储层的最佳弹性参数组合，如图 1-14（b）所示。

二、岩性敏感参数分析

岩性敏感参数分析的目的是要找到一些较好的弹性参数或组合来定性地区分岩性或定量地预测岩石组分体积含量（如泥质含量）。

（1）岩性定性识别。一般而言，中高孔隙砂岩（如松辽盆地和渤海湾地区）中区分岩性较好的单参数为密度（图 1-15），较好的弹性参数组合为纵波速度—密度、波阻抗—速度比（图 1-16）等；致密砂岩（如鄂尔多斯盆地）中区分岩性较好的单参数为转换波弹性阻抗、速度比等，较好的弹性参数组合为密度—速度比组合。

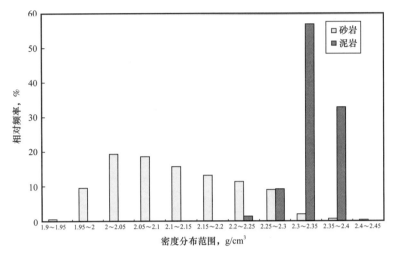

图 1-15　砂岩和泥岩密度分布范围比较

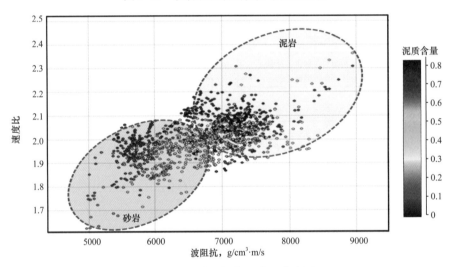

图 1-16　纵波阻抗与速度比交会图

（2）定量预测泥质含量。一般而言，中高孔隙砂岩中与泥质含量相关性较好的单参数为密度，如图 1-17 所示，拟合泥质含量相关系数较高的弹性参数组合为密度、速度比和波阻抗三参数组合。

三、物性敏感参数分析

物性敏感参数分析的目的是要从众多的弹性参数中找到那些可以用来定性区分不同物性岩石或者定量预测储层物性参数（如孔隙度）的弹性参数或组合。

（1）定性描述物性差异。一般而言，无论是松辽地区和渤海湾盆地的中高孔隙砂岩，还是鄂尔多斯盆地的致密砂岩，可以最好地区分不同孔隙度岩石的单个弹性参数是波阻抗（图 1-18），较好的弹性参数组合为纵波阻抗—密度组合、横波阻抗—密度组合等。

（2）定量预测孔隙度。对于不同致密程度的砂岩，与孔隙度相关性最好的单个弹性参数是纵波阻抗（图 1-19）；与孔隙度相关系数较高的弹性参数组合为纵波阻抗、横波阻抗和密度三参数组合。

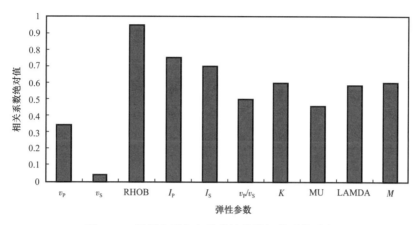

图 1-17　泥质含量与各种弹性参数相关系数对比

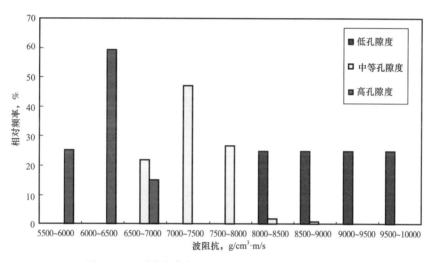

图 1-18　不同孔隙度砂岩的纵波阻抗分布范围比较

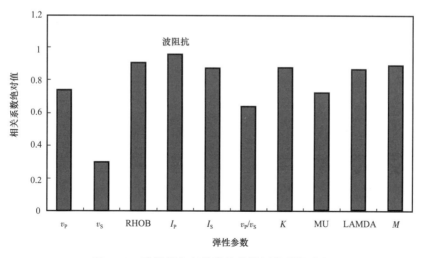

图 1-19　孔隙度与各种弹性参数相关系数对比

四、流体敏感参数分析

流体敏感参数分析是在孔隙度敏感参数分析并识别出有效砂岩基础上进行的，也包括定性分析和定量预测两个方面的内容。

（1）含油气定性识别。一般而言，波阻抗和纵横波速度比对含油气砂岩和含水砂岩均有一定的区分能力，但又均存在较大的多解性。而通过波阻抗—速度比参数组合可以提高含油气砂岩的识别能力，如图1-20所示。图中散点的不同颜色表示岩石所对应的含水饱和度，红线圈出的散点对应的含水饱和度低，应属于含油砂岩。

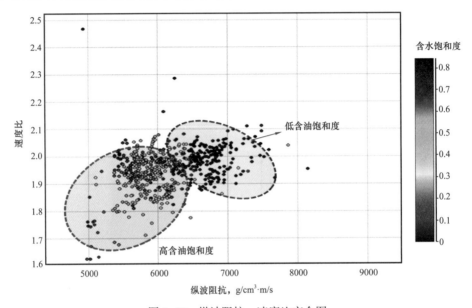

图 1-20 纵波阻抗—速度比交会图

（2）流体饱和度定量预测。分析表明：饱和度与单个弹性参数的相关系数均较低，通过多个弹性参数拟合饱和度曲线在一定程度上可以提高相关系数，但是提高的幅度有限。流体饱和度预测难度较大，需针对各工区的实际情况寻找与之适应的流体饱和度预测方法。

第四节 地震岩石物理建模及应用

地下储层岩石可看作是由固体基质（或矿物颗粒）、各种类型孔隙以及孔隙流体构成。储层岩石的弹性性质受矿物成分、胶结程度、分选程度、孔隙度、孔隙结构、流体类型、饱和度等因素影响，也与所处的温度、压力、测量频率等因素有关。岩石物理建模以现有岩石物理理论为基础，充分考虑储层岩石的实际状态，包括地层条件、岩性、物性、含流体性等，构建出能够准确表征储层弹性的岩石物理模型。

一、岩石物理建模方法

1. 常用岩石物理理论模型

岩石物理模型是岩石物理建模的理论基础，用于岩石物理建模的岩石物理模型有许多，包括流体弹性参数计算、骨架矿物混合、干岩石模量计算等。这些岩石物理模型各有其适用条件，在一定程度上基本能满足日常的岩石物理计算需求，但是随着勘探开发对象的日趋复杂，岩石物理模型仍在不断发展之中。这里仅对地震岩石物理分析中应用最为广泛的岩石物理模型进行介绍。

（1）基质岩石物理模型。计算岩石基质弹性参数使用最广泛的岩石物理模型是 VRH 平均法和 Hashin-Shtrikman 边界平均法[8]。

VRH 是一种常用的基于弹性模量边界的等效弹性模量估算方法，Hill 于 1952 年提出[9]，是对 Voigt 等效模量和 Reuss 等效模量再求算术平均得到。Voigt 等效模量的计算方法是加权平均。由于它假定介质内所有组分的应变是相等的，所以又称为等应变平均，代表了介质等效模量的上限。Reuss 等效模量的计算方法是调和平均。由于它假定介质内所有组分的应力是相等的，所以又称为等力平均，代表了介质等效模量的下限。

Hashin 和 Shtrikman（1963）[10]提出了 Hashin-Shtrikman 弹性模量边界：当较硬的介质作为组分 1 时，计算结果对应上边界；当较软的介质作为组分 1 时，计算结果对应下边界。Hashin-Shtrikman 上界和下界确定的弹性模量范围比 Voigt 边界和 Reuss 边界确定的范围窄，对上下边界进行加权平均通常能够获得好的等效模量估算值。

（2）干岩石骨架物理模型。这里所述的干岩石骨架指的是岩石孔隙不含流体时的状态。干岩石骨架体积模量是岩石物理建模过程的重要参数，而该参数往往难以通过实验方法获得。计算干岩石骨架弹性参数的岩石物理理论模型主要有包体模型和接触理论模型两大类。

① 包体模型。计算固结岩石弹性参数的理论模型以包体模型较为常见。基于包体模型建立起来的等效介质理论可以分成两类：自洽和散射。自洽方法首先是由 Hill[11]和 Budiansky[12]在 Eshelby[13]提出的应变能基础上发展起来的，Hill 提出的自洽模型只针对球形包体。Wu[14]进一步发展出针对椭球体包体的自洽模型，Korringa 等[15]推导出适用于多相介质的自洽模型。Berryman[16]用弹性波散射理论建立了一种自洽方法来估计含有椭球包体非均匀介质的等效弹性参数，这种方法与 Wu[14]提出的自洽模型不同，它可以适用于存在多种包体的情形。Kuster 和 Toksöz[17]基于长波长一阶散射理论，同时考虑了包体弹性性质、体积百分比和孔隙形状的影响，推导了双相介质等效介质的理论表达式。包体模型的一个共同假设是：岩石的孔隙与孔隙相互孤立，没有流体交换。因此，当包体模型用于计算饱和流体岩石的弹性参数时，对应的是高频状态（即穿过岩石的波频率高，周期短，一个周期内岩石孔隙与孔隙之间来不及进行流体交换，孔隙流体处于非弛豫状态）。当假定岩石孔隙中的包体的体积模量和密度均为 0 时，包体模型可以用于计算干岩石骨架的弹性参数。

② 接触理论模型。接触理论是伴随着颗粒材料等效弹性性质的研究而发展起来的，接触理论一般用来计算非固结岩石的框架等效弹性模量。基于接触理论岩石物理模型假设岩石颗粒由很多相同的弹性球体组成。在岩石物理研究中，这类颗粒状物质被称为非固结储层。只要提供深度信息，就能用接触模型以深度和孔隙度函数形式来定性估计地震波速度。所有接触模型都是以 Hertz 和 Mindlin 的接触理论为基础。Hertz（1944）给出了法向外力作用下互相接触的两个相同弹性球的接触半径、径向位移和接触强度的量化表达。Hertz 模型中球体没有受到切向力作用，Mindlin[18]给出了法向力和切向力先后作用

下的互相接触的两个相同弹性球的接触半径、径向和切向位移和接触强度的量化表达。径向位移和接触强度的表达式与 Hertz 模型一致。Digby 接触模型[19]假定球体及其堆叠体是均匀、弹性各向同性的，相同球体随机堆叠，初始时相邻球体紧密结合，结合处外球体光滑。Digby 模型可以用于胶结砂岩和非固结砂的等效弹性模量计算。Walton[20]假定球体及其堆叠体是均匀弹性的，球体是统计各向同性的，导出了一组针对随机紧密堆叠的球体等效弹性模量的方程。Walton 模型指出在静水压力作用下，堆叠体是宏观各向同性的；在单轴压力作用下，堆叠体是横向各向同性（TI）的。等效弹性常数与压力的 1/3 次幂成正比。Walton 模型不能用于悬浮体的等效弹性模量计算，对于砂岩泊松比的估计过低，并且涉及的压力情形过于简单，成为应用上的局限。Dvorkin 和 Nur[21]提出胶结砂模型，这个模型模拟向随机紧密堆叠的球体形成的堆叠体内填充胶结物的过程。胶结物的作用在于减小有效孔隙度，提高堆叠体的等效弹性模量。胶结砂模型涉及两种胶结模式。一种模式假设胶结物只在颗粒接触面分布，另一种假设胶结物均匀分布在颗粒表面。胶结砂模型建立了等效弹性模量与法向和切向强度以及胶结物和球体弹性模量之间的关系。当胶结物和球体弹性模量一致时，退化为 Digby 模型。胶结砂模型可以用来估计干砂岩的弹性模量，但对于砂岩泊松比的估计过低。Dvorkin 和 Nur[21]同时提出一个非胶结砂模型，这个模型首先利用 Hertz-Mindlin 理论计算临界孔隙度时的砂体等效弹性模量，然后将这组等效弹性模量和基质的弹性模量作为 Hashin-Shtrikman 弹性模量下限的两个组分，内插出孔隙度为零到临界孔隙度之间的砂体的等效框架弹性模量。

（3）孔隙流体模型。孔隙流体是储层岩石的一个重要组成部分，其性质影响岩石的弹性属性及地震波响应。孔隙流体性质通常会随组分、压力和温度等环境条件发生改变。Batzle 和 Wang[22]对流体的密度、弹性参数进行了系统研究后，认为：天然气的密度及弹性参数与地层温度和压力等条件关系密切；盐水的弹性参数及密度与其矿化度、温度等有关；活油的密度与油的黏度、温度、压力、气油比有关，并给出了具体计算公式。混合流体等效体积模量的模型主要有 Wood 模型[23]、Brie 公式等[24]。

（4）饱和岩石物理模型。计算饱和岩石的等效弹性参数的理论模型有 Gassmann 方程[25]、Biot 模型[26, 27]、BISQ 模型[28]以及 White[29]和 Dutta[30]提出的片状饱和模型等。Gassmann 方程是目前储层岩石物理模型研究中最常用的方程之一。Gassmann 方程的假定条件是：① 岩石的基质（或骨架）宏观上是均质的；② 所有的孔隙都是相互连通的；③ 所有孔隙都充满流体（液体、气体或者气液混合物）；④ 所研究的岩石—流体体系是封闭的；⑤ 孔隙流体不对固体骨架产生软化或硬化作用。在中高孔隙度、低频条件下，上述假设条件基本成立，因而 Gassmann 方程主要适合于中高孔隙度储层，地震频带下流体响应特征的描述。

考虑到均质岩石被非均匀饱和（饱和度随空间位置发生改变）的情形，一些学者提出了片状饱和模型，如 White[29]和 Dutta[30]模型。这些模型假定在每一碎片以内流体压力达到平衡，而碎片与碎片之间不能达到平衡。在考虑孔隙长宽比、孔隙比例因子、孔隙连通等三个孔隙结构差异的基础上，卢明辉等[31]提出了一种适合致密砂岩岩石物理建模的岩石物理模型，称为多重孔隙非均匀饱和模型，该模型适合于致密砂岩岩石物理建模。

为了解释慢纵波和地震波传播过程的频散效应，Biot[26]提出了覆盖全频率范围的流体饱和双相孔隙介质中的弹性波的传播理论，该理论对孔隙流体与岩石骨架间的黏性和惯性作用机制进行了不完全解释。Biot[27] 将其理论推广到各向异性流体饱和双相孔隙介质。Biot 理论的局限性在于：虽然表明了弹性波经过流体饱和孔隙介质会发生能量耗散和速度频散，但由于未考虑喷射效应，对能量耗散和速度频散估算过低。

Dvorkin 等[28] 首次在考虑喷射流和 Biot 流之间相互关系的基础上形成了 BISQ 理论。其对能量和速度频散的大部分机理进行了解释。BISQ 模型的局限性在于其假设：岩石是各向同性的；所有组成岩石的矿物具有相同的体积模量和剪切模量；岩石视完全饱和（岩石孔隙中有少量不可检测的残余气体）。

Pride 等[32] 首次采用双孔波动理论的理论体系成功描述了喷射流机制，通过一个统一的理论框架，描述了三种不同的纵波速度衰减机制，分别对应于：中观尺度的干岩石骨架的非均质性（双孔）、中观尺度流体类型的非均质性（非均匀饱和）、由微裂引起颗粒尺度的非均质性（喷射流）。所有三种模型中，衰减的大小主要取决于所考虑尺度的各组分的弹性参数的差异。Para 双孔介质模型[33] 计算的结果显示对于可能发生喷射流的微观非均匀孔喉结构，其地震波速度频散与能量衰减主要发生在测井声波频带以上，可以模拟超声频段出现的大量衰减，但是却无法解释地震频带的衰减现象。

Batzle 等[34] 采用了低频实验方案观测了岩石样本中的低频段的地震波速度，结果显示在地震频段内，弹性波速度同样具有很强的频散特征。巴晶[35] 依据致密储层孔隙结构复杂、孔隙连通性差的基本特征，以及孔隙分布在不同尺度上的非均质性，分析其在地震传播过程中孔隙压力传导与平衡的特殊性，设计了大孔、小孔双峰态孔隙介质模型和流体部分饱和的斑块模型，从最经典的力学分析原理出发，建立了新的双孔介质跨尺度预测模型。该模型兼具已有理论模型的主要优点，不仅适合双孔介质、实现不同频率纵波速度的较准确预测，而且各项参数物理意义明确，无须过多假设，还可以有效处理部分饱和问题。

2. 技术思路与流程

岩石物理建模过程见图 1-21，主要可分解为基质、干骨架、混合流体和饱和岩石等效弹性参数计算等环节，各环节简要介绍如下。

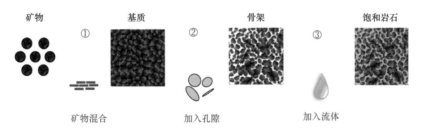

图 1-21 地震岩石物理建模示意图

（1）岩石基质等效弹性参数计算。该环节要求在已知每一种矿物的弹性模量、密度及该矿物的体积百分比情况下，求取混合矿物的等效弹性模量及密度。对于固结砂岩可用 VRH 平均或 Hashin-Shtrikman 上下边界平均方法计算，密度可用算术平均方法计算。

（2）干骨架弹性参数计算。干岩石骨架的等效模量描述的是岩石基质中分布不同形状的真空孔隙后岩石的整体弹性模量，一般通过实验测量、理论模型或经验公式法计算得到。干岩石骨架理论模型主要有包体等效介质模型和接触理论两大类，前者用于计算固结岩石的骨架弹性模量，后者一般用于计算非固结岩石的弹性模量。

（3）混合流体等效弹性参数计算。首先根据给定的油藏条件（温度、压力、矿化度、黏度、气油比），计算油、气、水等流体的弹性模量。Batzle 和 Wang 对油、气、水的弹性模量计算方法进行了详细阐述。然后，计算孔隙流体混合物的等效弹性参数。一般采用 Reuss 模型和 Voigt 模型、Wood 公式、Brie 公式等计算混合流体的等效弹性参数。

（4）流体饱和岩石等效弹性参数计算。已知干岩石骨架及孔隙流体的等效弹性模量情形下，计算饱和岩石的等效弹性参数的理论模型有 Gassmann 方程、Biot 模型、BISQ 模型以及 White 和 Dutta[32] 提出的斑块饱和模型等。

上述具体计算公式可参考 Mavko 等的岩石物理手册[8]，该文献对各种常用岩石物理模型进行了系统总结。

3. 关键步骤

岩石物理建模过程包括：基础参数确定、岩石物理模型优选、关键参数标定、建模结果验证和质量控制等过程。

（1）基础参数确定。岩石物理建模过程中地层温度、地层压力、地层水矿化度、地层原油气油比、重度、密度等参数可以通过各种测量方式直接测量，或者通过测量的结果直接计算，这些参数在岩石物理建模过程中应作为已知参数输入。有些比较稳定矿物的弹性参数也可以作为已知参数直接输入，如石英的体积模量和密度等。

（2）岩石物理模型优选。在岩石基质、干岩石骨架、孔隙流体、流体饱和岩石的岩石物理建模各关键步骤中均需要进行模型优选。模型优选要考虑所研究储层的岩性组合特征、压实与胶结情况、孔隙结构特征、孔隙流体性质等，并根据各种岩石物理模型的适用条件等。由于各研究区的油藏的岩石组成、物性、油藏参数等的不同，其地球物理特征也不同。岩石物理模型参数要根据所研究工区的实测资料进行标定才能用于岩石物理建模和岩石物理模版制作。

（3）关键参数标定。对于岩石物理建模过程中必需，又无法直接测量或计算得到的参数，可参考邻区或者国际上公开发表的数据范围给出估计值，并在建模过程中根据计算结果与实测结果的对比情况，调整这些关键参数。当建模结果与实测结果吻合程度最高时，说明参数达到最优，即完成参数的标定。用于关键参数标定的主要资料有纵、横波速度和密度，而需优化的关键参数主要是孔隙结构参数以及一些矿物的弹性参数，如黏土矿物，由于其性质不稳定，不同地区变化大，因而更需要标定。

（4）验证和质量控制。通过对比建模结果与实测弹性参数的差异验证评价岩石物理建模精度是否满足要求。如果精度满足要求则将输入的建模参数确定为最终建模参数完成建模，否则调整建模参数，重复上述步骤，直到精度满足要求为止。岩石物理建模的主要质控图件包括建模曲线与实测曲线的曲线对比图、交会图等。预测与实测的弹性参数与随孔隙度变化规律等。

二、横波速度估算

在叠前地震储层预测技术中，无论叠前正演模拟，叠前属性分析，还是叠前反演，都需要横波速度资料是不可或缺的资料之一。然而，由于实际研究工区中仅有少数井有横波测井资料，同时采集、处理各环节的多种因素也常造成有些井横波资料的质量不符合要求。因而根据现有的少数实测横波测井曲线以及其他可能借鉴的资料（如岩心资料）对没有实测横波资料的井估算横波速度意义重大。横波速度估算方法一般分为经验公式法、理论模型法和综合估算法三大类。

1. 经验公式法

经验公式法就是利用线性拟合出横波速度与纵波速度以及其他已有的测井曲线之间的线性或者非线性关系，然后将这种线性或者非线性关系应用到其他井，进行横波预测的一种方法。常用的经验公式如：Tosaya-Nur 经验公式[36]、Castagna 泥岩线[37]、Smith 趋势线[38]、Eberhart-Phillips[39]、甘利灯趋势线[40]、李庆忠趋势线[41]等。

经验公式的优点是计算简单、快速，只要知道了合适的经验公式，直接就可以计算横波速度。如果已知某些井的横波速度，可以重新拟合得到新的适合该区实际的经验公式。实践证明，经验公式对于某些特定的岩性通常是比较准确的。但经验公式只能在局部范围内成立。当地层孔隙中含有油气时会使预测误差增大。

经验公式法的优点是简单，但是也存在诸多局限性，如经验公式是根据局部地区统计的，只能适用于局部地区；经验公式只在统计意义上是正确的，计算出的结果不能精确反映细节问题；经验公式不一定符合岩石物理规律，不适用于流体替代等。

2. 理论模型法

理论模型法是各种岩石物理模型计算横波速度的方法，要考虑流体属性和岩石骨架属性等因素，其原理与岩石物理建模相同。理论模型法的缺点是实现过程较为复杂，难以掌握。但是，近年来出现了一些专门的商业软件，将复杂的岩石物理模型集成为应用模块，并提供友好的界面，使得基于理论模型的横波速度估算方法得到推广。

3. 综合估算法

在岩石物理模型中，有一些关键参数未知，但是可以通过经验公式法求得，此时将经验公式法和岩石物理模型结合起来就可以实现横波速度估算，这种经验公式和岩石物理模型结合的横波速度估算方法称为综合估算法。例如基于干燥岩石泊松比经验公式与Gassmann 方程的横波速度估算方法。该方法进行横波速度估算考虑了岩石物理的机理，使得估算出的横波速度适合于流体替代；同时由于考虑了泥质含量对干岩石泊松比的影响，因而克服了常规基于 Gassmann 方程的横波速度估算方法只适用于纯净砂岩的缺陷。

三、岩石物理模版

岩石物理模版（Rock Physics Template，RPT）概念由 Ødegaard 和 Avseth 于 2004 年首先提出[42]，他们将岩石物理模版定义为经过实际资料标定过的可用于指导岩性、物性和油气预测的图版。

岩石物理模版可分为静态岩石物理模版和动态岩石物理模版，静态和动态模版的区别在于两种图版制作时考虑的油藏变化因素不同：将描述由于空间位置变化引起的油藏参数及弹性参数变化规律的岩石物理模版称为静态模版；将由于时间变化引起的油藏参数及弹性参数变化的岩石物理模版称为动态模版。目前静态岩石物理模版主要考虑泥质含量、孔隙度和饱和度等的空间差异；而动态解释模版主要考虑泥质含量、孔隙度和饱和度随时间的变化。

地震岩石物理模版制作过程中采用的岩石物理建模参数必须经过研究区实际资料标定，否则制作出来的模版适应性差，一个地区的岩石物理模版不能盲目地用于另一地区。

岩石物理模版的制作步骤如下。

（1）根据工区的实际情况设计泥质含量、孔隙度、饱和度取值范围和等分间隔，模拟地下油藏的岩性、物性和流体饱和度变化。

（2）根据工区内的岩心、偶极声波测井资料标定岩石矿物的弹性模量、孔隙长宽比等岩石物理模型关键参数。

（3）利用岩石物理建模方法按等分间隔正演与上述泥质含量、孔隙度、饱和度对应的油藏弹性参数序列。

（4）将计算的油藏弹性参数序列散点绘制在平面直角坐标系中，并注明坐标系内弹性参数散点的位置与岩性、物性及流体变化规律的对应关系即完成岩石物理模版的制作。

下面结合示例介绍静态岩石物理模版和动态岩石物理模版的制作方法。

1. 静态解释模版制作示例

静态岩石物理模版只考虑油藏条件随空间位置发生改变，而不随时间推移而发生改变。一般而言，需要考虑岩性组分含量（如泥质含量）、孔隙度和饱和度按一定规律变化时相应的弹性参数变化规律。为了便于理解各变量对弹性参数的影响规律，在制作过程中需要将上述三个变量中的某一个变量先固定，让另外两个变量按一定规律变化，即考虑如下三种情形。

（1）饱含水砂岩的泥质含量和孔隙度对弹性参数的影响。此时假设岩石的孔隙空间为水完全饱和。首先，考察孔隙度相同情形下，泥质含量变化对弹性参数的影响，令孔隙度在0～40%范围内以5%递增，并使每一孔隙度值对应的泥质含量在0～100%范围内按1%步长均匀递增。其次，考察岩性相同情况下，孔隙度变化对弹性参数的影响，令泥质含量在0～100%范围内以10%递增，并使每一泥质含量值对应的孔隙度在0～40%范围内按1%步长均匀递增。根据上述油藏参数及标定好的建模参数正演相应的弹性参数，制作成如下岩石物理模版。图1-22（a）为对应的波阻抗—密度模版，该模版对孔隙度具有较宽的窗口，对泥质含量具有较窄的窗口，因而预测孔隙度比预测泥质含更容易；图1-22（b）为对应的波阻抗—速度比模版，与波阻抗—密度模版相比，该模版预测孔隙度效果相当，预测岩性时窗口更窄，预测结果多解性更强。

（2）纯砂岩的孔隙度、流体饱和度对弹性参数影响。此时假设岩石为纯砂岩，即泥质含量为0。首先，考察孔隙度相同情形下，饱和度变化对弹性参数的影响，令孔隙度在0～40%范围内以5%递增，并使每一孔隙度值对应的含水饱和度在0～100%范围内按1%步长均匀递增。其次，考察饱和度相同情形下，孔隙度变化对弹性参数的影响，令饱和度在0～100%范围内以10%递增，并使每一饱和度值对应的孔隙度在0～40%范围内按1%步长均匀递增。

根据上述油藏参数及标定好的建模参数正演相应的弹性参数，制作成岩石物理模版如图1-23（a）所示的纵波阻抗—密度模版对流体识别窗口非常窄，说明该研究纵波阻抗—密度交会法不能用于流体预测；图1-23（b）所示的纵波阻抗—速度比模版具有较宽的流体识别窗口，说明该区纵波阻抗—速度比可用于流体预测。

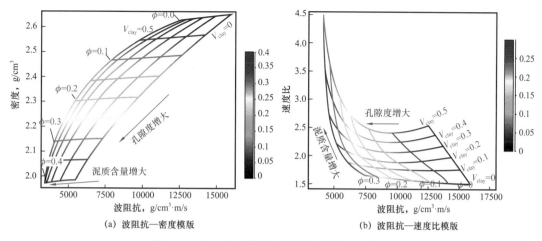

图 1-22　饱含水砂岩静态岩石物理模版示意图

　　根据上述油藏参数及标定好的建模参数正演相应的弹性参数，制作成岩石物理模版（图 1-23）。图 1-23（a）所示的纵波阻抗—密度模版对流体识别窗口非常窄，说明该研究工区纵波阻抗—密度交会法不能用于流体预测；图 1-23（b）所示的纵波阻抗—速度比模版具有较宽的流体识别窗口，说明该区纵波阻抗—速度比可用于流体预测。

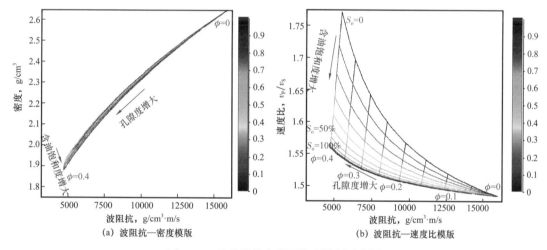

图 1-23　纯砂岩静态岩石物理模版示意图

　　（3）不同泥质含量砂岩的孔隙度、流体饱和度对弹性参数的影响。此时在上述第二种情形中，将纯砂岩分别用泥质含量为 10%、20%、30%、40% 的砂岩替代即可。利用岩石物理建模的方法正演按此变化规律变化的泥质含量、孔隙度和饱和度对应的弹性参数，并制图形成岩石物理解释模版（图 1-24）。它们可以反映不同泥质含量下，孔隙度与饱和度对弹性参数的响应规律。这些模版与纯砂岩对应的模版规律一致，但是所对应的弹性参数响应值在直角坐标系下的具体位置有所不同。

　　图 1-24（a）为不同泥质含量砂岩的纵波阻抗—密度模版的重叠显示，由图可见由于岩性变化引起的模版的位置偏移远远大于由于流体变化引起的弹性参数响应的变化，因此该区利用波阻抗—密度交会法不能对孔隙流体进行有效识别。图 1-24（b）为不同泥质含

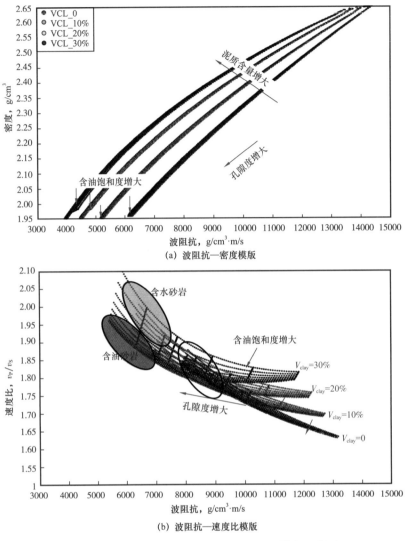

(a) 波阻抗—密度模版

(b) 波阻抗—速度比模版

图 1-24　不同泥质含量砂岩静态岩石物理模版叠合图

量砂岩的纵波阻抗—速度比模版，由图可见，在孔隙度较小时由于泥质含量变化引起的模版位置偏移大于流体变化引起的弹性参数变化，流体识别存在一定难度，但是随着孔隙度增大，流体响应特征逐渐明显，逐渐变为影响弹性参数变化的主要因素，图中红色椭圆圈出的部分表示用该模版可能识别的含油砂岩的弹性参数响应范围，绿色椭圆圈出的部分则表示含水砂岩，灰色椭圆表示高孔的纯砂岩与泥质含量相对较高，但孔隙度相对较低的砂岩的混合响应区。

2. 动态解释模版制作示例

动态解释模版与静态解释模版的制作方法相似。不同之处在进行模版制作前需根据实际资料统计油藏参数随时间的变化规律。如大庆喇嘛甸试验区 1974 年到 2007 年泥质含量最多减少约 3%，孔隙度最多增加约 3%，含水饱和度最多增加约 30%；2007 年到 2010 年泥质含量与孔隙度基本不变，含水饱和度最大增加 30%。按照这种变化规律设计 1974 年、2007 年、2010 年三个不同时间点的泥质含量、孔隙度、饱和度油藏参数模型。然后分别制作不同时间点的静态岩石物理模版。将三个不同时间点的岩石物理模版叠加在一起就形成了反映弹性参数随时间动态变化规律的动态岩石物理模版，如图1-25所示。

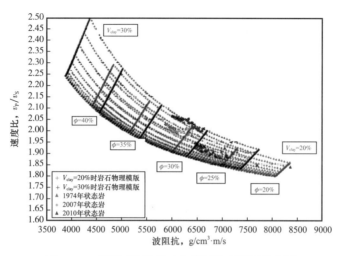

图1-25　不同开发阶段动态岩石物理模版叠合图

从图可以看出，由于1974年到2010年油藏的储层岩性、物性和孔隙流体均发生变化，相应的纵波阻抗和速度比均有明显变化，这种变化可以通过叠后反演获得波阻抗差异进行检测，或者通过叠前地震反演获得速度比差异数据体来检测这种变化。而2007年到2010年的油藏只有孔隙流体饱和度发生了变化，因而纵波阻抗没有明显变化，但速度比有可观的变化量，说明通过叠前反演获得速度比的变化量，可以对流体饱和度的变化进行监测。

第五节　小　结

随着研究领域从勘探向开发、工程延伸，地震岩石物理分析在地震解释方面发挥着越来越重要的作用。在勘探阶段，岩石物理分析技术被广泛用于分析碳酸盐岩、致密砂岩、页岩气等类型储层的地震响应特征分析，推动地震储层预测与流体检测逐步从定性向定量化迈进。在开发阶段，通过建立储层参数、弹性参数随时间变化的岩石物理模型，指导油藏地震动态监测，揭示剩余油分布规律。在工程领域，岩石物理分析技术被用于异常压力预测、甜点分布预测等方面，指导井位部署、井轨迹优化。

目前岩石物理分析主要存在两个方面的问题。

（1）勘探与开发阶段岩石物理分析的共性问题。

勘探与开发阶段岩石物理分析过程中都存在的问题主要包括以下几个方面。

① 岩心、测井、地震等不同尺度不同频带资料如何有效匹配，从岩心、测井、地震尺度的地质现象如何相互验证也是一个难点。

② 目前建模过程中存在模型滥用的情况，任何岩石物理模型均有一定的假设条件和适用性。实际地下储层岩石的结构特征日益复杂，建模过程中应根据实际情况慎重选用模型，模型的合理性也应该进行验证。

③ 测井和地震岩石物理研究人员之间的协作有待加强。如测井人员进行测井解释时

习惯于采用简单的线性公式求解，而这种线性假设的条件往往与实际情况不符，所提供的解释结果精度较低，无法满足岩石物理建模需求。

（2）开发阶段岩石物理分析特有的问题。

除了以上共性问题，开发阶段进行岩石物理分析时还存在如下特有的问题。

① 岩石物理动态分析需要考虑油藏参数随时间变化的规律，这与具体开发过程密切相关，如何度量这种变化规律存在诸多挑战。目前最简单的做法是提取不同时间在相近井点的测井资料，统计油藏参数变化规律。该方法效果差，观测的油藏参数变化规律并不一定由开发过程引起的，也有可能来自地质特征空间变化，以此为基础建立的岩石物理模型不能有效表征油藏动态弹性特征。

② 在开发阶段地下油藏受到长期水驱、二氧化碳注入、聚合物注入、热采等开采因素的影响，而这些开采因素对油藏参数、岩石骨架、流体分布、波传播机制等方面影响目前还不明确，建议加强岩石物理实验及理论研究，以进一步发挥地震资料在油藏动态监测中的作用。

当前，油气勘探开发的重点已由常规储层向非常规储层转变，面临的对象越来越复杂，具体体现在非均质性增强、矿物成分多变、孔隙结构复杂、流体分布模式不确定等。常规地震解释技术已无法满足实际生产需求，岩石物理分析技术的进步可以提高地震解释的精度。

地震岩石物理技术的发展方向应该集中在实验测量、理论模型和应用技术等方面。了解地下油藏动态变化最直接有效的方法就是实验测量。加强实验研究，明确开发过程对油藏参数、岩石骨架及流体分布的影响，进而分析弹性波特征的动态响应。观测的实验数据及现象不仅可用于指导岩石物理建模，亦可检验模型的有效性。低频实验可获取接近地震频带的弹性参数，意义重大，但实验技术还不成熟，有待加强研究。低频实验技术的进步将更利于人们了解地下储层实际地震响应。

现有的岩石物理理论模型主要基于弹性均匀介质假设，与面对的复杂储层的实际情况不符，无法满足储层及含气性预测要求。在开发阶段，岩石物理建模过程中不仅要考虑孔隙结构、流体分布、尺度等因素，还需引入油藏参数的动态变化规律，进而发展出动态的跨尺度复杂孔隙介质模型。另外，需要注意的是，模型并非越复杂越好，而应在确保准确描述油藏弹性特征前提下尽量简化。

基于地震岩石物理技术，可将地震属性转化为更具直观意义储层参数，对地下油气藏进行定量描述，但目前还未实现大规模工业应用。随着岩石物理动态分析技术的发展，特别是地震定量预测技术的推广应用，应该可以实现准确揭示油藏动态变化规律，预测地下剩余油分布，指导开发井位部署的目的。

参 考 文 献

[1] 梁文福. 喇嘛甸油田厚油层多学科综合研究及挖潜[J]. 大庆石油地质与开发, 2008, 27（2）: 68-72.

[2] 雍世和, 洪有密. 测井资料综合解释与数字处理[M]. 北京: 石油工业出版社, 1982.

[3] 程道解, 王慧, 苏波. 基于双标准层趋势面分析的测井资料标准化方法[J]. 石油地质与工程, 2012, 26（2）: 39-41.

［4］王志章，蔡毅，杨雷.开发中后期油藏参数变化规律及变化机理［M］.北京：石油工业出版社，1999.

［5］王端平，郭元岭.胜坨油田水淹油层解释方程统一性研究［J］.石油学报，2002，23（5）：78-82.

［6］胡杰，褚人杰，张广敏.高含水期开发并测井储层评价［J］.测井技术，1994，18（2）：125-132.

［7］朱丽红，杜庆龙，等.高含水期储集层物性和润湿性变化规律研究［J］.石油勘探与开发，2004，31（增刊1）：82-84.

［8］Mavko G，Mukerji T，Dvorkin J.The rock physics handbook，Second Edition［M］.Cambridge University Press，2009.

［9］Hill R. The elastic behavior of crystalline aggregate［J］. Proceedings of the Physical Society, 1952, 65（5），349-354.

［10］Hashinz，Shtrikman，S. A variational approach to the theory of the elastic behaviour of multiphase materials［J］.Journal of the Mechanics and Physics of Solids, 1963, 11（2）: 127-140.

［11］Hill R. A self-consistent mechanics of composite materials［J］. Journal of the Mechanics and Physics of Solids, 1965, 13（4）: 213-222.

［12］Budiansky B. On the elastic moduli of some heterogeneous materials. Journal of the Mechanics and Physics of Solids, 1965, 13（4）: 223-227.

［13］Eshelby J D. The determination of the elastic field of an ellipsoidal inclusion, and related problems［J］. Proc. Royal Soc. London A, 241（1226）, 376-396.

［14］Wu T T. The effect of inclusion shape on elastic moduli of a two-phase material［J］. International Journal of Solids and Structures, 1966, 2（1）: 1-8.

［15］Korringa J, Brown R J S, Thompson D D, et al. Self-consistent imbedding and the ellipsoidal model for porous rocks［J］. Journal Geophysical Resarch : Solid Earth, 1979, 84（B10）: 5591-5598.

［16］Berryman J G. Long-wavelength propagation in composite elastic media Ⅱ. Ellipsoidal inclusions［J］. The Journal of the Acoustical Society of America, 1980, 68（6）: 1820-1831.

［17］Kuster G J, Toksöz M N. Velocity and attenuation of seismic waves in two-phase media［J］. Geophysics, 1974, 39,（5）: 587-618.

［18］Mindlin R D. Compliance of elastic bodies in contact［J］.Journal of Applied Mechanics, 1949, 16: 259-268.

［19］Digby P J. The effective elastic moduli of porous granular rocks［J］. Journal of Applied Mechanics, 1981, 48（4）: 803-808.

［20］Walton K. The effective elastic moduli of a random packing of spheres.［J］. Journal of the Mechanics & Physics of Solids, 1987, 35（2）: 213-226.

［21］Dvorkin J P, Nur A M. Elasticity of high-porosity sandstones : theory for two North Sea datasets［J］. Geophysics, 1996, 61（5）: 1363-1370.

［22］Batzle M L, Wang Z. Seismic properties of fluids［J］. Geophysics, 1992, 57（11）: 1396-1408.

［23］Wood A B. A textbook of sound : being an account of the physics of vibrations with special reference to recent theoretical and technical developments［M］. Macmillan Company, 1941.

［24］Brie A, Pampuri F, Marsala A F, et al. Shear sonic interpretation in gas-bearing sands［C］//SPE Annual Technical Conference and Exhibition, 1995.

［25］Gassmann F, Uber die elastizität poröser mediun, Vierteljahrsschrift der Naturforschenden［J］. Gesellschaft in Zürich, 1951, 96: 1-21.

［26］Biot M A. Theory of propagation of elastic waves in a fluid-saturated porous solid : I low-frequency range ［J］. J.Acous.Soc.Am., 1956, 28（2）: 168-178.

［27］Biot M A .Generalized theory of acoustic propagation in porous dissipative media ［J］. Journal of the Acoustical Society of America, 1962, 34（9）: 1254-1264.

［28］Dvorkin J, Nur A. Dynamic Poroelasticity : a unified model with the squirt and the Biot mechanisms ［J］. Geophysics.1993, 58（4）: 524-533.

［29］White J E. Computed seismic speeds and attenuation in rocks with partial gas saturation ［J］. Geophysics, 1975, 40（2）: 224.

［30］Dutta N C, Ode H. Attenuation and dispersion of compressional waves in fluid-filled porous rocks with partial gas saturation（white model）; part Ⅱ, results ［J］. Geophysics, 2012, 44（11）: 1777.

［31］卢明辉, 巴晶, 晏信飞. 致密砂岩的等效介质理论研究 ［C］// SPG/SEG 2011 年国际地球物理会议论文集.

［32］Pride S R, Berryman J G, Harris J M.Seismic attenuation due to wave-induced flow ［J］.Journal of Geophysical Research, 2004, 109: B01201.

［33］Parra J O. The transversely isotropic poroelastic wave equation including the Biot and the squirt mechanisms : Theory and application ［J］, Geophysics, 1997, 62（1）: 308-318.

［34］Batzle M L, Han D H, Hofmann R.Fluid mobility and frequency-dependent seismic velocity : direct measurements ［J］.Geophysics, 2006, 71（1）: N1-N9.

［35］巴晶. 双重孔隙介质波传播理论与地震响应实验分析 ［J］. 中国科学：物理学·力学·天文学, 2010, 40（11）: 1398-1409.

［36］Tosaya C, Nur A. Effects of digenesis and clays on compressional velocities in rocks ［J］. Geophysics. Research Letters, 1982, 9（1）: 5-8.

［37］Castagna J P, Batzle M L, Eastwood R L. Relationships between compressional-wave and shear-wave velocities in clastic silicate rocks ［J］.Geophysics, 1985, 50（4）: 571-581.

［38］Smith G C, Gidlow P M. Weighted stacking for rock property estimation and detection of gas ［J］. Geophysical Prospecting, 1987, 35（9）: 993-1014.

［39］Eberhart-Phillips D, Han D H, Zoback M D.Empirical relationship among seismic velocity, effective pressure, porosity and clay content in sandstone ［J］. Geophysics, 1989, 54（1）: 82- 89.

［40］甘利灯. 岩性参数研究与 AVO 正演技术 ［D］. 中国石油勘探开发研究院, 1990.

［41］李庆忠. 岩石的纵、横波速度规律 ［J］.石油地球物理勘探, 1992, 27（1）: 1-12.

［42］Ødegaard E, Avseth P A.Well log and seismic data analysis using rock physics templates ［J］. First Break, 2004, 22（10）: 37-43.

第二章 井控保幅宽频地震资料处理技术

与勘探阶段不同，油田开发阶段的地质研究重点是描述微幅度构造、刻画小断层、识别薄储层以及表征储层砂体横向非均质性，地质目标的尺度更小。在对地震资料的品质有高要求的基础上，更需要保持地震资料的动力学特征，因此要求地震资料有更高的纵横向分辨率和保真度。随着勘探开发的深入，钻井数量逐渐增多，利用钻井获取到地下更多的地质与油藏信息，为地震资料处理提供了更多的约束和辅助信息，为开展井控保幅地震资料处理提供了重要的资料基础。本章重点阐述开发阶段井控保幅地震资料处理技术需求、技术思路及关键处理技术和相应的质量控制手段。

第一节 开发阶段地震资料处理需求

随着油气开采（包括注水、注气、注入聚合物等），油藏流体分布、储层物性和孔隙结构特征都会发生一些变化。如何有效识别这些细微变化引起的地震波响应特征，是开发阶段地震资料处理解释的重点和难点所在。

一、开发区地震地质条件

对于地震地质条件而言，近地表地震地质条件变化最为显著。采油井、注水井及与采油作业相关的配套设施众多，地下管网建设、地面建筑等对近地表结构的改造等都将导致近地表结构的变化。此外，人口密度不断增加，工业干扰和人文活动导致的噪声干扰更为突出，而又进一步增加了地震资料处理的难度。

以松辽北部探区为例，经过长期开发，油田设施众多，油井、油气管线、楼房、厂矿、广场、公路及输电电缆等设施广泛分布，成为地震记录的主要噪声源，地震记录干扰类型较多，信噪比降低。大量的采油井24h不间断工作，抽油机转动带动地面一同振动，地震检波器能够接收到明显的干扰信号；空中电缆和地面电缆交错分布，交流电信号与检波器线圈感应，在地震记录中产生众多的频率接近50Hz的强能量干扰；地面上零星分布的油水泵站、油气处理站较多，产生的振动造成地震记录信噪比下降；地下油气水管线密集，网状分布，产生的随机干扰和次生干扰，直接影响了地震资料的品质。城区内居民住宅区、商业区、公园、交通枢纽、工厂等，限制了激发震源点位的正常布设，造成变观、空炮现象出现。随着油田作业及城区建设的不断进行，近地表层结构日趋复杂，各种建筑地基（一般涉及地下3～10m的范围）填充的是相对坚硬的建筑材料，其特性与正常近地表层岩性差异较大；水域、耕地及建筑工地等区域，由于长期的人工改造，如人工挖掘的鱼塘、机械搬运形成的大型土堆等，使近地表情况发生较大变化。这些情况使原本均匀变化的近地表结构横向变化频繁，低降速带横向变化加大，地震记录的能量和波形横向差异增大。地震资料采集过程中，在城区和生态湖区，通常会在确保安全的前提下采用可控震源或降低激发药量的方法进行施工，也会导致地震资料空间上横向能量差异人、子波不一致等问题。

二、开发阶段原始地震资料特点与处理难点

对于地表因素，主要面临由于地表类型差异、地表高差和表层结构横向变化大等带来的静校正困难和地震资料在横向上子波能量、频率的不一致性问题。对于地下介质因素，主要面临地层吸收对高频成分的衰减制约着地震资料的分辨率，以及不同尺度地质体散射效应增加地震波场的复杂度等。此外，由于开发阶段人文工业干扰造成地震资料噪声干扰严重，降低了地震资料的信噪比。

下面以松辽北部为例，具体分析开发阶段地震资料的特征。

1. 地表噪声干扰

图 2-1 显示了几种典型地表设施对地震记录的影响情况。其中，居民区噪声范围较大，噪声的波形特征不一致，能量有强有弱，总体能量强于有效反射信号；高压线交流电产生的干扰，波形特征单一，能量较强，综合交错输电网络使工业电干扰范围也比较大；泵站等工业设施振动能量大小与设备的振动强度有关；水域区域在冬季施工时，震源激发后，冰层随之不断震动，产生次生干扰。

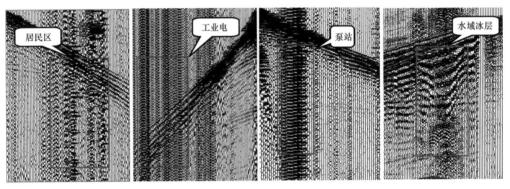

图 2-1　典型地表设施对地震记录的影响

油田开发区油井干扰较为普遍，油井工作所引起的振动干扰严重（图 2-2）。从频谱分析可知，油井干扰可分为高频和低频两个部分，高频影响范围较小且频率较高，能量集中在 150Hz 以上；低频影响范围较大，且主频与有效信号相仿，主要能量集中在 40Hz 以下，具有明显的线性特征。

建筑物的混凝土地基、采油作业区的各种铁质管线以及广场、公路等坚硬地表，都会产生明显的次生干扰。在单炮记录中，次生干扰呈现以干扰源位置为顶点的双曲线形态，并与有效反射信号相互交织，振幅强度及波形与有效反射信号接近（图 2-3）。但由于次生干扰的干扰源一般距激发震源位置较远，因此，其双曲线顶点一般与有效反射信号不同，且双曲线弯曲程度较大。

此外，原始地震数据中还存在地面设施以及人、车行走构成的干扰源，使得地震数据中的噪声特征复杂化，在表层吸收严重区域和小药量激发区域，反射信号能量弱，需要在地震资料处理过程中，采用新的思路或方法予以压制。

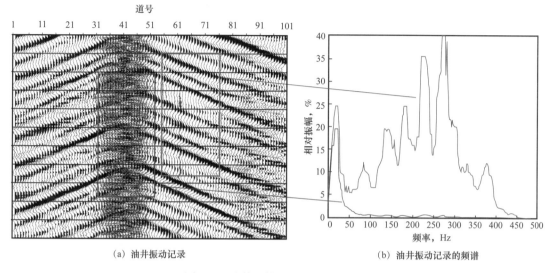

（a）油井振动记录　　　　　　　　　　（b）油井振动记录的频谱

图 2-2　油井干扰及频谱特征分析图

2. 表层结构影响

在高岗、水域、城区大型建筑等区域，低降速带横向速度变化剧烈，突变点较多，导致地震记录中反射同相轴双曲线发生严重畸变。图 2-4 展示了受高岗和水域影响的单炮记录，同相轴的反射双曲线均有下拉现象，这是由高岗区低降速带厚度较大、水域区低降速带速度较低使地震反射时间增大而引起的。因此，建立精确的表层结构地质模型，实现高精度静校正量计算，是地震资料处理的关键和难点之一。

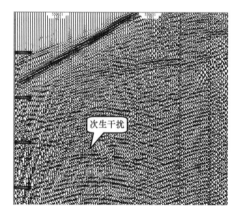

图 2-3　含有次生干扰的单炮记录

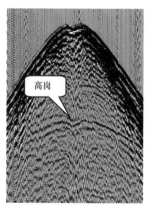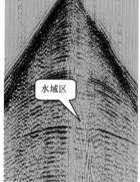

图 2-4　受近地表结构影响的单炮记录

3. 地震反射能量

1）激发能量差异的影响

工区地表条件、表层结构比较复杂，激发、接收条件差异较大，横向能量一致性较差，地震采集过程中，考虑到地表建筑物、养鱼场等特殊区域的施工安全问题，采用了不同药量激发或可控震源激发的方法进行施工。不同的采集施工方式保证了地震资料的完整性，同时导致地震反射能量横向差异较大。图 2-5 是不同药量激发的地震记录及频谱特征，可以看到，地震波能量随着激发药量的减小，逐渐减弱，频带逐渐变窄。因此，这种情况与地表设施密切相关，常规的地表一致性振幅补偿方法往往难以获得理想效果，需要通过新的针对性的技术手段加以解决。

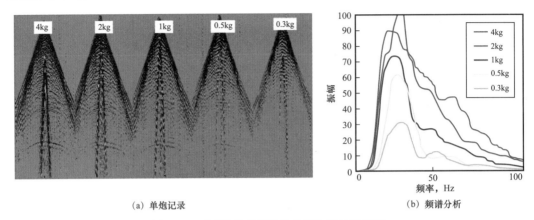

（a）单炮记录　　　　　　　（b）频谱分析

图 2-5　不同激发药量激发的单炮记录及频谱

2）近地表层吸收影响

近地表沉积相对疏松，对地震波有强烈的吸收衰减作用，使地震信号能量减弱。以长垣油田为例，潜水面深度 7m（与高速层顶界一致），近地表垂向结构由上到下依次为：厚度 0.5m 的表层土，厚度 3.1m 的黄色细沙，厚度 3.2m 的灰色砂土，之下为黄胶泥。野外调查采用单个浅井激发、多个井中接收方式进行观测。为实现在不同深度接收来自同一震源的波场，在圆半径 3m 的地面范围内钻不同深度的浅井，每口井的井底放置检波器，以保证检波器耦合效果，激发点深度 0.5m，接收点深度依次为 2～17m。

图 2-6 给出不同深度接收地震记录的频谱曲线（数字标出接收点深度）。从图中可以看出，潜水面之上地震波能量快速衰减，减小速度为 4dB/m；主频快速降低，降低速度为 7Hz/m。在潜水面之下仍存在明显振幅衰减，减小速度为 2.5dB/m；主频相对稳定，降低速度为 0.1Hz/m。试验表明，地震波的主频降低主要发生在潜水面之上的低、降速层，而振幅衰减贯穿于整个近地表，且幅度很大。由于近地表地层存在大量的岩性突变区，低降速带的速度和厚度横向变化剧烈，不同区域对地震信号能量衰减存在差异，导致地震反射信号横向特征一致性变差。

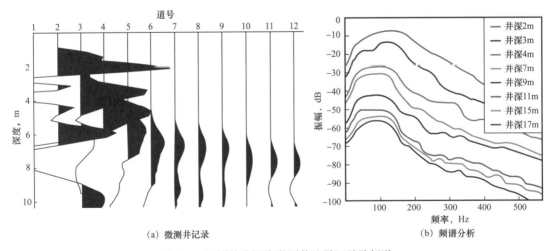

（a）微测井记录　　　　　　（b）频谱分析

图 2-6　不同接收深度微测井地震记录及频谱

3）中浅层地层吸收影响

通常情况下，假设地下为弹性介质，当地震波在地下传播时，动能与势能可完全相互转化。实际地下介质为黏弹性介质，地震波在地下传播时，除了动能跟势能相互转化外，一部分能量因为质点间的相互摩擦而转变为热能，在宏观上表现为随着地震波的传播，振幅能量在衰减，直至消耗殆尽。吸收衰减的存在会导致地震波能量损失；幅值的衰减对地震波的不同频率成分是不同的，频率越高，衰减就越强，这导致主频向低频移动，频带变窄，分辨率严重下降。

岩石的吸收特性比较复杂，不仅不同岩石吸收特性不同，即使同一种岩石，也会随着地震波频率、应变振幅、地层压力、地层温度、流体饱和度等物理量的变化而变化。

VSP 资料分析结果显示，由于大地吸收效应，地震波在地层传播过程中，能量衰减程度仍然较大，速度频散现象明显，导致地震分辨率下降，成像位置不准确。图 2-7 为 VSP 井资料得到的地层速度和 Q 值。图 2-8 为正演模型的速度和 Q 值及正演结果。模拟子波为 50Hz 雷克子波。弹性模拟和黏弹性模拟存在明显的振幅差异及走时差。地震波传播至目的层 T_1 时，振幅衰减了 58%，主频衰减 10Hz，走时差 10ms。

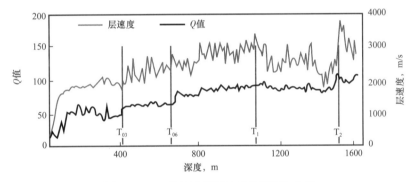

图 2-7　VSP 资料得到的地层速度及 Q 值

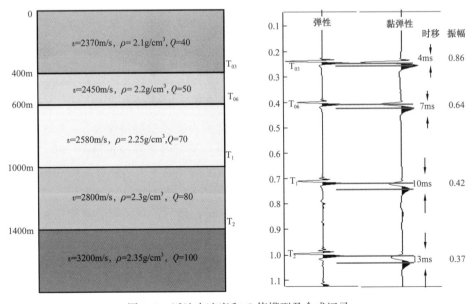

图 2-8　近地表速度和 Q 值模型及合成记录

4. 激发子波特征

复杂的地表及近地表条件，不仅对地震波的信噪比、反射时间和反射能量产生影响，也造成了地震子波的横向差异。

图2-9是利用原始单炮记录中有效反射波自相关的零交叉时展绘到平面上而形成的激发子波平面图，可以认为是激发子波特征受各种因素影响后的综合反映。零交叉时的值越小，表明子波的主频越高，因此，该图也可以认为是地震记录的主频大小空间分布特征。结合低降速带厚度（图2-10）和激发药量平面图（图2-11），可见激发子波的特征与地震波能量特征类似，同样受近地表低降速带厚度变化及激发药量影响较大，尤其受低降速带厚度影响严重，厚度较大区域自相关的零交叉时值较大，地震资料主频明显降低；受激发药量影响次之，小药量激发也造成了地震资料主频下降。

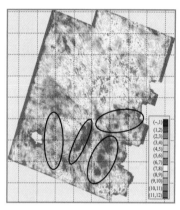 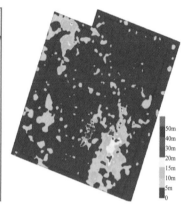 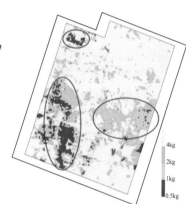

图2-9　激发子波平面图　　　　图2-10　低降速带厚度图　　　　图2-11　激发药量平面图

三、开发阶段地震资料处理技术思路

提高地震资料分辨率和振幅保真度是一项系统工程，贯穿于地震资料处理的各个环节，包括高精度静校正、保幅去噪、一致性处理、频带展宽、高精度偏移成像以及质量控制等。

1. 高精度静校正

提高静校正精度，一般采用多种静校正技术相结合的思路开展静校正处理。首先，利用微测井、小折射等表层结构调查资料，获取近地表层的速度和厚度模型，根据炮点和检波点位置分别计算炮点和检波点的静校正量（称为表层模型静校正量）；其次，利用地震记录初至波、折射波的变化求取静校正量（称为初至折射波静校正量）；再次，利用表层模型静校正量低频（超出一个排列长度）分量精度高、成像构造趋势准确和初至折射波静校正量较短波长（一个排列长度内）静校正量精度高、叠加质量好的优势，将二者进行有机组合，得到新的静校正量并对地震数据进行校正；最后，利用剩余静校正和分频剩余静校正技术，消除静校正量的高频分量影响。

2. 保幅去噪

针对油区、城区多种干扰源产生的众多类型噪声和多变的噪声波场特征，在噪声能量强度、频率特性及空间分布范围的调查基础上，根据噪声在不同域（包括共炮点域、共检波点域、共炮检距域及共中心点域等）的表现形式，以及其能量、频率、视速度等方面与有效反射信号的差异，采用分区、分类、分时、分频、分域、分步的去噪思路和方法，解决老油田区特殊噪声问题。

3. 地表一致性处理

由于开发阶段地表及近地表条件复杂，地震记录的能量（或振幅）不仅受近地表因素影响，还受不同激发药量、不同震源类型的影响。因此，振幅一致性处理首先是消除不同激发药量或不同震源类型的影响，再应用常规的地表一致性处理方法解决子波的不一致性；在常规地表一致性反褶积技术研究基础上，考虑炮点和检波点产生的虚反射存在周期差异，单一的地表一致性反褶积无法提供合适的参数来消除在炮点和检波点上产生的虚反射等问题，采用炮域和检波点域分开、分两步完成的思路，实现处理参数的进一步优化，达到消除近地表因素影响、使子波横向特征一致的目的。

4. 频带展宽

在提高分辨率处理过程中，需要以宽频采集为基础，进一步考虑近表层吸收的补偿问题。首先，通过微测井资料和地震资料联合，求得一个较准确的近地表层吸收模型（Q 模型）；其次，利用反 Q 滤波技术，恢复地震记录的高频信息；最后，考虑到常规地表一致性反褶积和近地表层吸收补偿两种技术在解决近地表影响时的重复性，需通过试验确定二者的结合方式。

通过井控处理提高地震资料分辨率，是利用 VSP 地震及井中观测的各种数据，对地面地震资料处理参数进行更为客观的标定，并对处理结果进行质控，以达到优化处理参数、提高资料分辨率和保持相对振幅，为井震融合奠定地震资料基础，最终实现井震更加匹配的目的。主要技术包括井控子波提取与反褶积、井控 Q 值估算与 Q 补偿、井控零相位化处理和井控速度建模等。

5. 高精度偏移成像

高精度偏移成像的思路主要是在常规处理方法基础上，运用速度建模、孔径及倾角试验、各向异性叠前时间偏移等方法，进一步解决以下四方面的问题。一是针对三维地震数据在炮检距、方位角和覆盖次数分布不均匀导致的偏移后振幅畸变问题，开展叠前地震数据规则化处理，满足叠前时间偏移方法对输入数据的基本要求；二是针对地层吸收衰减问题，发展黏弹性介质叠前时间偏移技术，补偿高频信息损失，提高地震资料分辨率；三是针对不同炮检距和不同入射角反射信息特征不一致，全覆盖成像平均效应较强的问题，开展地震窄入射角（或反射角）成像处理；四是针对 CRP 道集品质往往难以满足叠前解释需要的问题，开展 CRP 道集优化处理提高叠前反演道集质量。

6. 质量控制

处理质控包括两个方面：一是利用处理软件内部功能模块，采用点、线、面方式对处理过程中各环节的方法和参数进行分析和评价（包括预处理、静校正、叠前去噪、振幅补偿、反褶积、速度分析、剩余静校正、叠前数据规则化、叠前时间偏移和道集优化处理等），进而优化处理流程，确保处理质量；二是利用油田开发区具有丰富的测井资料和地质认识的有利条件，通过处理解释一体化工作模式，采用合成记录对比，参照地质模式分层对比分析等方法，评价处理过程关键环节的效果，指导处理参数和方法的优选，以提高地震资料的保真度，进而提高地震资料的储层识别能力。

第二节　面向岩性油藏的宽频保幅处理关键技术

面向岩性油藏的宽频保幅处理，关键技术包括组合静校正技术、表层吸收补偿技术、保幅去噪技术、地表一致性处理技术、井控精细速度建模技术、黏弹性叠前时间偏移技术、道集优化处理技术以及叠后保幅拓频目标处理技术等。

一、组合静校正技术

由于受地形起伏、爆炸井深不一、低降速带的厚度和速度变化等因素的影响，地震波的反射时距曲线不再是理论上的双曲线，静校正质量的好坏将直接影响到速度分析的精度，进而影响到叠加和偏移成像的信噪比和分辨率。当前成熟的静校正方法有多种，常用的主要有基于地震数据的初至折射波静校正技术和基于微测井的表层模型静校正技术。

初至折射波静校正技术充分利用了地震资料采集密度大、信息多的优势，理论上可同时求得长、短波长静校正量，具有叠加质量好、成像精度高的优点。但多年的实践证明，初至折射波静校正技术与其他静校正技术相比存在较大时差，尤其当折射面起伏较大时，应用折射法所求的层速度会出现较大偏差，容易使成像结果产生假的微幅度构造。基于初至折射波的层析法静校正方法，增强了对低速异常区速度变化的适应性，但其应用条件苛刻，需要针对具体问题加以考虑。

表层模型静校正技术能够获得正确的静校正低频分量，能够有效描述表层速度和厚度变化趋势，克服成像结果的假构造问题，静校正后的成像结果构造趋势相对准确，叠加质量也会得到明显改善；然而实际工作中由于微测井实测点空间密度低，不能精细描述近地表异常区的形态，导致静校正精度降低。

通过上述分析可知，初至折射波静校正和表层模型静校正两种技术各有优缺点，将两种技术有机结合，即利用表层模型静校正量的低频成分和初至折射波静校正量的高频成分，重新组合成新的静校正量，并以此对地震数据进行静校正处理，不失为目前提高静校正精度的有效途径。这里需要解决的关键问题是如何实现两种静校正量高、低频分量的有效分解和重新组合。

1. 基于共中心点道集（CMP）参考面的静校正量分解与组合方法

CMP参考面静校正量是指CMP所处位置的地表海拔高程和基准面海拔高程之差对应的静校正量。对于同一个CMP道集而言，内部所有地震道的CMP参考面校正量是相同的，其作用相当于将CMP道集内各地震道统一进行时移，不影响CMP道集各地震道的同相叠加效果；CMP道集内各地震道之间的总静校正量是不同的，每道的总静校正量与CMP参考面校正量的差值，是影响地震同相叠加效果的关键参数。对于不同CMP道集，CMP参考面的静校正量通常与地表起伏和低降速带速度变化有关，直接影响地震处理成果的时间域构造形态。对每一个CMP道集，将各道的总静校正量分解为高、低频分量。分别对初至折射静校正量和基于微测井的表层模型静校正量进行高、低频分解，分别得到两种静校正量的高、低频分量，利用折射法的高频分量和微测井法计算的低频分量相加，得到组合静校正量，能够确保时间域构造形态与表层模型静校正结果一致，叠加效果与初至折射波静校正结果一致，这既保证了成像结果构造形态的正确性，也确保了CMP道集同相叠加的质量，从而实现了两种静校正方法各自优点的有机结合。

2. 表层模型静校正量约束的静校正量分解与组合方法

按照静校正量地表一致性的原则，采用以表层模型静校正量为约束，对初至折射波静校正量进行修正，重新计算炮点和检波点静校正量。首先，求取初至折射波静校正量与表层模型静校正量的差值。差值结果不仅包含了两种静校正量之间的低频分量差异，也包含高频分量差异。其次，对差值结果进行合理平滑，滤除其高频成分，求得两种静校正量差值的变化趋势，也就是两种静校正量的低频分量差异。最后，从初至折射波静校正量中减去两种静校正量的低频分量差异，使初至折射波静校正量的低频分量与表层模型的低频分量一致，而初至折射波静校正量的高频分量未发生改变，从实现了两种静校正量的合理组合。

3. 组合静校正效果分析

图 2-12（a）和图 2-12（b）是单纯应用表层模型静校正和初至折射波静校正的叠加对比剖面。可以看出，与基于地震数据的初至折射波静校正方法相比，单纯使用表层模型静校正技术的叠加剖面信噪比相对较低，同相轴抖动剧烈，连续性不好，原因是微测井资料密度不足，对近地表速度和厚度的频繁变化控制不住；初至折射波静校正叠加剖面，成像质量明显改善，但与表层模型静校正叠加结果存在明显时差，且横向上同相轴的形态（构造趋势）也存在较大差异，剖面中部由浅至深同相轴有明显下拉现象，表明初至折射波静校正的低频分量存在较大误差。图 2-12（c）是组合静校正后的叠加剖面，可以看出，成像效果与初至折射波静校正方法一致，时间域构造形态与微测井模型静校正方法一致，反射时差和同相轴下拉现象消失，表明组合静校正方法的精度进一步提高。

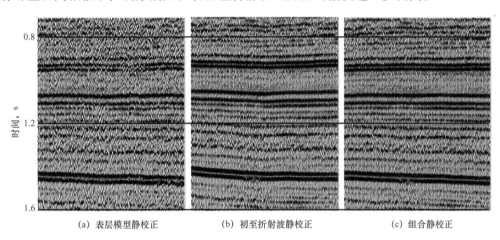

| (a) 表层模型静校正 | (b) 初至折射波静校正 | (c) 组合静校正 |

图 2-12 不同静校正方法效果对比剖面

二、表层吸收补偿技术

相对疏松的近地表沉积地层，对地震波有强烈的吸收衰减作用，尤其对高频成分的衰减更为严重，导致地震分辨能力降低；此外，由于近地表介质的吸收和频散作用的横向变化，也造成地震记录的能量和相位不一致。因此，做好近地表层的吸收补偿，是提高地震资料分辨率处理首先要解决的问题。品质因子 Q 本身反映了地表层的岩石物理特性，利用反 Q 滤波可以在时间、频率和空间三个域内有效地消除近地表的影响。

1. 表层精细 Q 场建立

微测井地震记录中包含了大量的表层信息。因地震射线接近垂直入射，不同深度检测到的地震信号的振幅及频率变化规律，能够较好地反映垂向上近地表层的吸收情况，因此，可以利用微测井资料获得高精度近地表 Q 值。

对于表层 Q 值的求取而言，利用双微测井资料更为有效。双井微测井资料的采集方式是：根据近地表低速带厚度情况，在测试点附近钻两口浅井（需穿过近地表低速带），两口井横向间隔 5m 左右，其中一口为激发井，另一口为接收井，在地面围绕激发井井口埋置检波器，在观测井中按一定深度间隔插入井下检波器；以雷管为震源，从井底到地面井口，以一定间隔激发，一般情况下深层间隔 1m，浅层间隔 0.5m。因为有井底和地面两种检波器接收，所以对一些解释参数（如速度、潜水面深度）可以互相印证，可以比较准确地了解测试点潜水面深度，近地表速度结构情况。

首先，利用微测井资料求取表层绝对 Q 值。对于微测井的任一炮，根据其峰值频率，用峰值频谱频移法估算绝对 Q 值。其次，可利用地震资料初至波振幅系数和表层地震波旅行时，求取表层相对 Q 值。最后，利用相对 Q 值对绝对 Q 值进行标定。相对 Q 值与绝对 Q 值的结合方法有很多，基本思路是以绝对 Q 值为基准，利用相对 Q 值的空间变化趋势，生成表层 Q 场模型。

2. 稳定的反 Q 滤波方法

对常规的反 Q 滤波方法，考虑到因地震频带限制而导致反 Q 滤波地震资料信噪比下降的问题，引入稳定因子，对反 Q 滤波方法进行稳定化处理。模型试算结果证明，利用稳定的 Q 补偿计算方法，能够实现在保持信噪比前提下提高地震资料的分辨率。

从图 2-13（b）可以看到，常规反 Q 滤波后，在有效信号得到补偿的同时，高频噪声明显抬升，甚至淹没了地震有效信号。通常的解决办法是在反 Q 滤波后通过限频滤波方法压制高频噪声，尽管这种办法使噪声得到大幅度压制，但残留噪声影响仍然较大［图 2-13（c）］。而利用稳定反 Q 滤波计算方法得到的结果，在有效信号得到较好地恢复的同时，也确保了地震记录保持较高的信噪比［图 2-13（d）］。

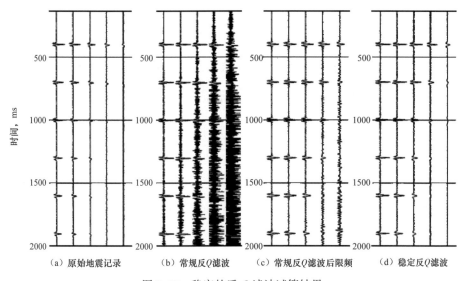

（a）原始地震记录　　（b）常规反 Q 滤波　　（c）常规反 Q 滤波后限频　　（d）稳定反 Q 滤波

图 2-13　稳定的反 Q 滤波试算结果

3. 表层 Q 补偿效果分析

在精细求取表层 Q 场基础上，用稳定反 Q 滤波方法应用于大庆长垣油田北一区断东区块地震目标处理中，见到了明显效果。图 2-14 是表层 Q 补偿前后的地震资料频谱，可以看到，表层 Q 补偿后，地震资料的频带由 8～85Hz 拓宽到 8～98Hz，地震资料的主频由 45Hz 提高到 56Hz，地震分辨率按 1/8 波长计算，此技术可使地震分辨率可由 8m 提高到 6m。

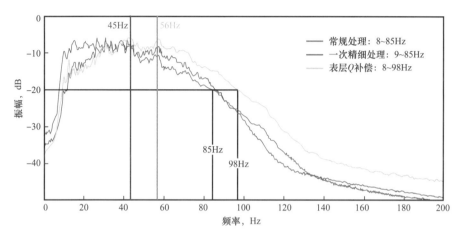

图 2-14　表层 Q 补偿前后的地震资料频谱

从表层 Q 补偿前、后剖面对比（图 2-15）可以看到，经过表层 Q 补偿后的剖面，SII 油层组原有的地震复波明显被分开，垂向地层识别能力进一步提高；通过地震剖面与岩性柱状图对比还可以看到，表层 Q 补偿后的被分开同相轴恰好位于泥岩隔层部位，亦即处于地层速度和密度突变的部位，这与以往的理论认识相吻合，说明该方法具有良好的保真性。

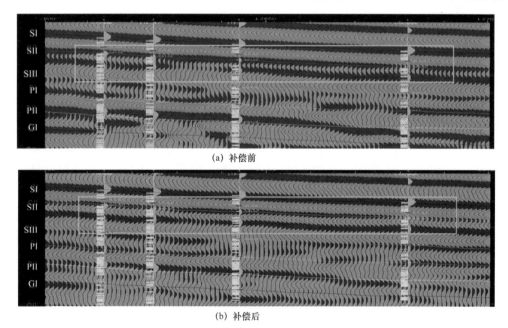

图 2-15　表层 Q 补偿前后剖面对比图

三、基于波场特征的"六分法"保幅去噪技术

"六分法"噪声压制是指分类、分域、分时、分频、分区、分步的噪声压制方法。其中，分类、分域、分时、分频噪声压制是常规处理的主要技术手段，主要做法是根据面波、线性干扰、高能随机干扰等不同类型噪声在不同域（包括炮域、检波点域、CMP 域及共炮检距域）、不同反射时间段以及不同频段的不同特征，对其进行压制。而分区、分步、分频分时噪声压制是近年来针对岩性油藏精细目标处理要求而发展的去噪技术。

1. 分区噪声压制

分区噪声压制是根据噪声在不同区域的波场特征和发育程度，在对地震记录进行信噪比分析的基础上，针对信噪比较低区域的地震记录，选择针对性的噪声压制参数来改善噪声压制效果。具体做法如下：首先，根据地表条件情况，将地震资料划分为若干区域，如居民生活区、厂矿区、水域区以及公路区等；其次，考虑到无论是城区还是油区，其内部地震资料信噪比仍然存在差异的具体情况，针对每一个区域的单炮记录进行综合信噪比分析，将信噪比值记录到相应的地震道头中，绘制地震资料信噪比平面图，再根据信噪比平面图中不同区域的信噪比变化情况，按地震记录信噪比大小划分若干个级别，并抽取信噪比级别相同的地震数据形成新的数据体；再次，利用常规的分类、分域、分时、分频的噪声压制方法，针对同一区域不同信噪比级别的地震记录，分别优选噪声压制参数，进行噪声压制；最后，在完成了各个区域、不同级别信噪比地震记录噪声压制后，将得到的结果与其他数据体进行合并，得到整体噪声压制后的地震数据。

2. 分步噪声压制

为减少有效信号损失，一般在噪声压制过程中不采取一次性将噪声彻底压制的策略，而是根据噪声的不同发育特征，开展逐级压制的办法。分步噪声压制一般遵循先强后弱、先规则干扰后随机干扰的原则，逐步压制地震记录中的噪声干扰，提高原始资料质量。同时，在油区、城区复杂的地表条件下，噪声发育极其复杂，往往在地震记录中残留的噪声能量相对较大，经过振幅补偿、反褶积等处理后，地震记录的噪声进一步抬升，导致最终成像成果的信噪比往往难以满足地震解释需求。为尽可能多地保留有效信号，还需要利用去噪与振幅补偿、反褶积的循环迭代逐级去噪方式，达到提高地震资料信噪比的目的，以进一步改善地震资料成像效果。

3. 分时分频噪声压制

根据信号和噪声在时频域的特征差异，开展分时分频噪声压制，从而实现在去噪的同时保持有效信号的相对关系，到达保幅处理的目的。如图 2-16 所示，为使用分时分频去噪的方法进行噪声去除的效果，从去噪前后的单炮剖面对比来看，干扰波得到了很好的压制；同时，从去噪的噪声剖面上来看，去噪的过程中有效信号得到了很好的保护，去噪的过程没有伤害有效波能量。

4. 去噪效果分析

图 2-17 是大庆长垣油田采油六厂厂部区域的"六分法"去噪效果对比图。可以看到，按照分区去噪的思路，利用常规分类、分域、分时、分频的去噪方法得到的叠加剖面［图 2-17（b）］较原始叠加剖面［图 2-17（a）］成像效果有了明显改善，较强的反射同相轴得到突出，连续性增强；但经过后续反褶积处理后［图 2-17（c）］，信噪比明显下降，同

相轴连续性降低，T_2 层同相轴难以连续追踪，T_1—T_2 之间的弱反射信息被噪声淹没；通过进一步去噪后［图 2-17（d）］，此时叠加剖面的整体信噪比进一步得到改善。

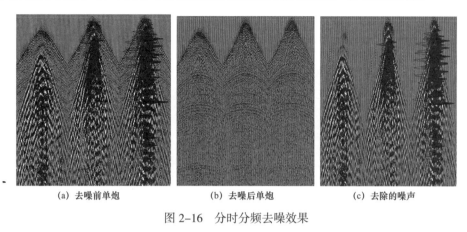

(a) 去噪前单炮　　　　　　(b) 去噪后单炮　　　　　　(c) 去除的噪声

图 2-16　分时分频去噪效果

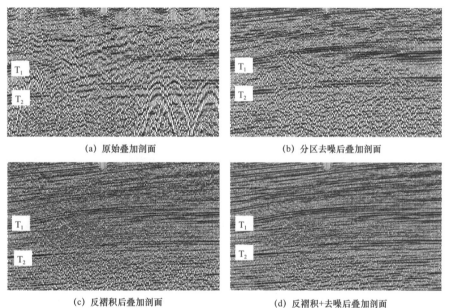

(a) 原始叠加剖面　　　　　　　　　　(b) 分区去噪后叠加剖面

(c) 反褶积后叠加剖面　　　　　　　　(d) 反褶积+去噪后叠加剖面

图 2-17　"六分法"去噪效果对比剖面

四、保持振幅、波形、相位特征的地表一致性处理

常规的处理方法中，一般通过球面扩散补偿、地表一致性振幅补偿，以及地表一致性反褶积等技术，实现振幅、波形、相位特征的一致性处理。油田开发区地表条件复杂，地震采集施工因素多变，尤其受激发能量大小不一和检波器安置方式无规则变化的影响，使地震记录横向振幅、波形和相位特征的不一致性更加复杂化，需要采用针对性的技术方法加以解决。

1. 基于初至波能量补偿

基于初至波能量补偿主要是针对激发能量的频繁变化采取的技术措施。地震资料采集过程中为了确保生产安全和地震资料的完整性，根据建筑物的抗震程度，采用了不同药量激发，导致地震信号能量差异较大。通过不同激发药量单炮记录对比发现，横向能量差异在初至波上反映明显（图 2-18），而初至波能量不受地下地质信息的影响，是激发因素和表层条件的差异的有效反映。因此，根据初至波能量变化特征求取补偿因子并对地震记录进行补偿处理，可以有效补偿因激发能量差异造成的地震记录横向能量不一致问题。

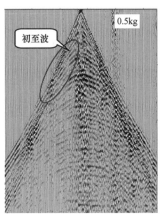

图 2-18　不同激发药量激发的单炮记录

从图 2-19 可以看出，经过基于初至波能量补偿后，激发药量差异的影响基本消除，弱能量得到有效补偿，地震反射信息横向能量差异明显减小，目的层反射同相轴横向变化特征明显，为后续基于地震属性的储层预测奠定了良好基础。

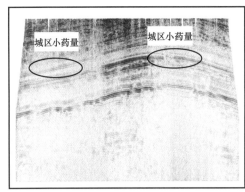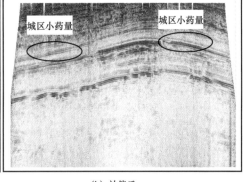

(a) 补偿前　　　　　　　　　　　　　　　　　(b) 补偿后

图 2-19　基于初至波能量补偿前后剖面对比

2 分域两步法地表一致性反褶积

反褶积的目的是压缩地震子波，恢复反射系数，提高地震资料分辨率，同时消除近地表非均质性的影响，增强波形的横向一致性[1-3]。地表一致性反褶积采用四域（炮域、检波点域、CMP 域和共炮检距域）一步完成的处理思路，但由于表层条件对四域的影响程度存在差异，采用一步法完成反褶积处理，难以实现针对四域分别选择和优化处理参数。因此，将炮点域和检波点域分开，分两步完成反褶积处理，针对不同域分别选择和优化反褶积参数，进一步提高反褶积的处理效果。

从图 2-20 可以看出，与"地表一致性 + 多道预测反褶积"相比，"分域两步法地表一致性反褶积"处理成果的沿层振幅属性中，振幅变化特征更加明显，河道砂体展布趋势更凸显，整体上与厚度图吻合更好，说明后者具有更好的保真性，储层识别能力更强。

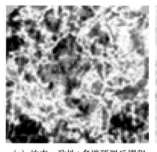 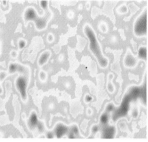 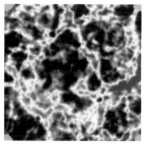

(a) 地表一致性+多道预测反褶积　　　　(b) 砂体厚度图　　　　(c) 分域两步法地表一致性反褶积

图 2-20　不同反褶积组合方式下的振幅属性与砂体厚度图对比

五、井控精细速度建模方法

在构造起伏较大、断层发育的区域，通常伴随着横向速度的剧烈变化，常规的叠前时间偏移技术难以准确成像，需要通过叠前深度偏移技术加以解决。叠前深度偏移的成像效果对速度模型的准确程度更加敏感，它会直接影响成像结果的构造形态、断面位置的准确程度。对于开发阶段而言，油田区的测井信息丰富，利用声波测井资料指导速度谱解释，可以进一步增强速度拾取的确定性。

声波测井记录与地震资料的频带范围有较大区别，声波测井记录的频率可达 1～10kHz，而地震记录的主要能量分布在 100Hz 以内，由于频散效应，声波测井记录反应的速度往往与实际地震速度存在较大偏差，无法直接应用声波记录的速度指导地震速度拾取，可以利用其横向的变化趋势指导地震速度拾取。

从图 2-21 可以看出，在地层平缓区域（矩形框部分），相应位置的声波速度和地震速度谱的强能量团都具有平稳变化的趋势；但在倾斜地层区、断层带以及构造起伏变化的区域（椭圆部分），地震速度存在发散现象，速度拾取难度较大；从声波速度变化趋势［图 2-21（b）］看，横向变化特征明显与构造和断层特征相关，这与通常对地震速度的认识相吻合，也表明利用声波速度指导地震速度拾取具有可行性。

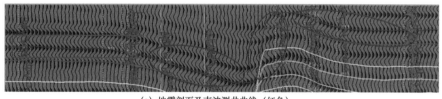

(a) 地震剖面及声波测井曲线（红色）

(b) 声波速度变化趋势

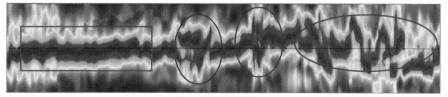

(c) 地震沿层速度谱

图 2-21　测井声波速度横向变化与地震速度相关性分析

从图 2-22 可以看到，利用常规速度拾取的速度，经过叠前时间偏移成像后，断层附近的构造畸变现象仍然存在（图中矩形框），且局部成像效果不理想（图中椭圆形框）[图 2-22（a）]，而利用声波约束速度提取后，成像效果明显改善 [图 2-22（b）]。

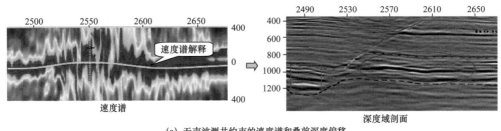

(a) 无声波测井约束的速度谱和叠前深度偏移

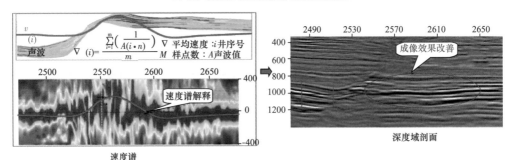

(b) 声波测井约束速度谱和叠前深度偏移

图 2-22　常规速度拾取与声波约束速度拾取对比

需要注意的是，这种方法只是利用了声波速度的横向变化趋势，实际的声波速度值并未参与，速度谱拾取过程中，不能脱离地震速度谱能量团的变化区间，它的作用是尽可能减少地震速度的多解性。

图 2-23 是叠前深度偏移与叠前时间偏移处理效果对比图，可以看到，叠前深度偏移处理成像效果更加符合地质规律，大断层下盘原来的逆断层假象消失，地震剖面中的断面与井钻遇断点的空间位置比较吻合，叠前时间偏移剖面在地震断面与井钻遇断点水平位置误差约有 60m，经过叠前深度偏移后，地震断面与井钻遇断点水平位置误差小于 10m。

六、黏弹性叠前时间偏移技术

实际岩石介质存在黏性吸收，导致地震波在传播过程中发生吸收衰减。这种吸收衰减对地震波的不同频率成分是不同的，频率越高，衰减得越强。因此，来自不同深度反射的地震信号其频带是不同的，这导致构造越深，常规偏移成像的分辨率就越低。

常规叠前时间偏移方法不具有补偿地震波黏性吸收的能力，成像结果的分辨率较低。因此，将补偿吸收衰减与叠前时间偏移有效地结合到一起，在偏移过程中补偿介质黏性、薄层散射导致的高频地震波幅值衰减，恢复被衰减的高频成分，是提高地震资料分辨率的有效途径。

1. 补偿吸收衰减的叠前时间偏移

从黏弹性单程波方程和稳相点原理出发，利用等效 Q 值方法，推导出地震波幅值吸收衰减的解析表达式。在此基础上，基于叠前深度偏移的成像条件，建立稳定的、避免噪声放大的高频恢复成像算法。实际地下介质品质因子 Q 值大多介于 $20\sim200$，等效 Q 值并非无穷大，需要引入光滑性阈值控制机制，使计算过程保持稳定。

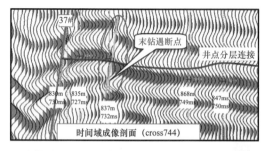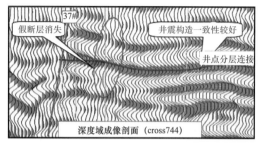

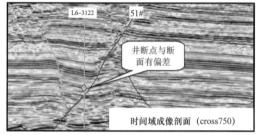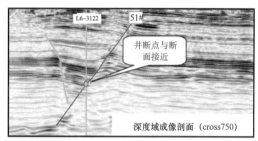

图 2-23　声波约束速度拾取前后成像效果对比

计算地球介质的 Q 值是一个非常困难的问题，特别是在非均匀的境况下更是如此。为合理地计算 Q 值，可通过引入等效 Q 值的概念。每一成像点的吸收补偿由该成像点的等效 Q 值唯一决定，因此可利用扫描方法直接拾取等效 Q 值，这使得基于反射地震资料的估计等效 Q 值成为可能。

2. 三维倾角域稳相叠前时间偏移方法

影响叠前时间偏移成像效果的因素包括偏移速度、地震波走时计算、偏移孔径、计算偏移幅值的权系数、偏移算法实现流程等诸多因素。走时计算与偏移速度共同决定了反射波能否正确归位，偏移孔径及其应用方式决定了偏移噪声和偏移算法的计算量，权系数决定了成像幅值能否正确反映地下界面的反射特征，偏移算法实现流程则对偏移的计算效率和存储需求有重要影响。对偏移方法而言，成像效果、计算效率和存储需求是评价偏移方法的三个重要指标。

较好的偏移孔径可压制偏移噪声并提高偏移计算效率。较小的偏移孔径可减少偏移计算量，但存在着不能对陡倾角构造正确成像的风险；过大的孔径又带来了偏移噪声和较大的偏移计算量。由于常规偏移实际是倾角域偏移道集沿倾角方向的叠加，从叠加的角度来看，这个顶点就是稳相点，而顶点的邻域就是菲涅耳带。在偏移的过程中，通过计算拟成像反射界面的倾角，得到准确的菲涅耳带后，即可在叠前时间偏移计算中，判断该偏移结果是否参与叠加计算，从而实现基于菲涅耳带的偏移叠加。这样，就可以避免常规偏移孔径出现的问题，获得更高信噪比的偏移结果。

3. 应用效果

在黏弹性叠前时间偏移中，每个成像点都要在有效频带内进行频率点的补偿成像，与常规叠前时间偏移相比，增加了大量的工作量。GPU 加速方法特别适合于大数据量并行运算，将黏弹性叠前时间偏移方法进行 GPU 加速可以大幅提升该方法的计算效率。黏弹性叠前时间偏移与常规叠前时间偏移相比，实现了成像过程中高频信息的有效恢复，地震资料垂向分辨率进一步提高，同时，利用稳相偏移提高了资料信噪比（图2-24）。

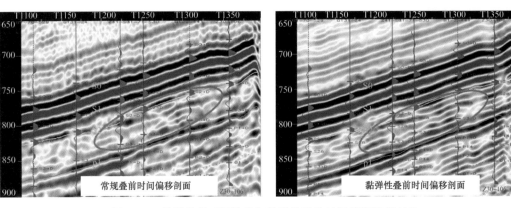

图2-24　常规叠前时间偏移与黏弹性叠前时间偏移效果对比

七、面向岩性油藏目标的道集优化处理技术

为满足面向岩性的叠前储层预测处理，需要提高叠前道集质量，开展针对性的道集优化处理，提高叠前道集的信噪比和保真度。这一系列工作为开展岩性油藏目标预测提供可靠的资料。面向岩性油藏目标的道集优化处理技术主要包括面元规则化、道集同相轴拉平、道集加权补偿和窄入射角叠加等。

1. 面元规则化

原始三维地震数据在炮检距、方位角和覆盖次数的分布上会出现不均匀，有可能破坏叠前偏移道集上的AVO特征，开展叠前地震数据规则化处理是保幅叠前时间偏移的前提条件。

对非均匀观测系统进行规则化的方法有很多，按算法不同，一般可以分为四类。

第一类，基于延拓算子的积分方法，包括DMO和波动方程Kirchhoff积分延拓法。

第二类，基于褶积算子的预测方法，通过构建插值算子，实现数据插值处理。

第三类，基于数据变换（Fourier、Radon）的插值方法，利用数据正反变换，实现对地震数据进行插值处理。

第四类，基于面元的借道法和补偿法，根据面元内覆盖次数或振幅能量计算均衡因子。

对于第一类方法，通常要求观测系统比较规则，并且由于孔径的影响，对小炮检距数据的应用效果一般不太理想。对于第二类和第三类方法，在数据空缺较多时，容易出现空间假频。第四类方法算法相对简单，运算速度快，由于需要通过从相邻面元中借道来弥补面元中的缺道，该方法只适合于频率和倾角均较低的情况，否则会出现空间假频。

2. 道集同相轴拉平

一般情况下，受速度场精度、成像精度以及各种噪声干扰的影响，通过叠前时间偏移或叠前深度偏移得到的共反射点道集，其同相轴往往难以真正得到拉平。有时，同相轴的弯曲形态与速度场精度不够产生的影响不同，呈现横向不规则起伏变化，对叠前地震解释以及叠加成像不利。解决问题的一个有效手段是利用非地表一致性的时差校正技术，基本方法是：以成像后的地震数据为模型道，在一个较小的时窗内，通过道集中的每一道与模型道的互相关求取每一道的时差，并对每一道进行校正，达到同相轴拉平的目的。这种方法类似于静校正技术，即将得到的时差值应用于每一个地震道的全反射时间段，理论上，只对所选择的时窗内同相轴有效，但实际应用表明，大多数情况下，对时窗以外的反射同相轴也能起到较好效果，因此得到普遍应用。

3. 道集加权补偿

包括基于能量的补偿和基于覆盖次数的补偿。基于能量的补偿方法是在叠后纯波数据体上求取比例因子，并将求取的比例因子应用到 CMP 数据上，从而实现叠前时间偏移的纯波数据体在能量上的一致性。基于覆盖次数的补偿方法是根据面元中覆盖次数的分布情况，求取比例因子，然后对同一 CMP 道集应用统一的比例因子。在对覆盖次数进行补偿以后，还要对每一个炮检距组内的能量进行均衡，即分炮检距能量补偿，才能进一步减小由数据不规则性引起的在叠前时间偏移道集上的振幅异常。具体做法是，对每个炮检距组中的所有道进行振幅统计，为每个炮检距组求出一个统一的补偿因子，然后将该因子应用到对应炮检距组的所有道上，从而达到保持 AVO 特性的振幅补偿的目的。

4. 窄入射角叠加

地震资料处理过程中，通常采用全覆盖叠加成像来提高地震资料的信噪比。由于叠前道集在不同炮检距、不同入射角下的反射特征及资料品质存在差异，全覆盖不仅会降低地震叠加剖面的分辨率，还造成地震反射振幅与地层界面波阻抗关系的不明确。基于地震入射角的道集数据优选叠加可以一定程度地改善成像质量。

一般情况下，当地层的倾角较小时，一个地震道记录的入射角随着反射时间的增加逐渐变小，随着炮检距的增加逐渐增大，也就是说在一个地震道记录中，由浅至深包含了逐渐减小的多个入射角信息。对一个 CMP（或 CRP）道集内每一道进行计算，可以得到该入射角区间对应的反射时间随炮检距变化的两个函数曲线，两条曲线将一个 CMP（或 CRP）道集分隔成分别对应小于该入射角范围、等于该入射角范围和大于该入射角范围 3 个角度带区域。以这两条曲线为切除函数，通过内切和外切的方式形成对应 3 个角度带的地震记录。如果给定多个预设的入射角，按照同样的方法，可以形成对应多个不同入射角区间的地震记录道。针对某一入射角区间的地震数据集，通过简单的水平叠加方式进行合成，即可得到对应该入射角区间的地震记录。利用这种方法，可确保地震反射信息在垂向上的连续性。同时在横向上，通常有多个地震道组成，也能够确保成像结果具有合适的信噪比。

八、保幅拓频目标处理技术

在保幅拓频目标处理方面，采用"3 提 1 优选"的提高分辨率技术，即"3 步提高分辨率 1 步优选"的技术系列。采用了井控反褶积技术、调谐能量增强法技术和子波拉伸校正技术，对道集进行整体提高分辨率；在此基础上，利用"有效炮检距优选技术"，优选能够反映储层特征的有效炮检距范围，用于叠前储层预测，提高叠前储层预测的精度。

1. 井控反褶积技术

利用测井资料中的高频信息来校正地震资料高频段噪声的影响，再结合约束反褶积，这将有助于解决一般反褶积提高分辨率的同时降低信噪比的问题[4-6]。在松辽盆地北部实际资料应用中，利用井控反褶积通过调整反子波求取方法，削弱 T_2 屏蔽作用。图 2-25 给出了 A 井区应用井控反褶积削弱 T_2 干涉作用影响前后剖面和振幅属性平面的对比。从图中可明显看出，削弱 T_2 干涉影响后，薄河道砂体地震响应呈现出来。

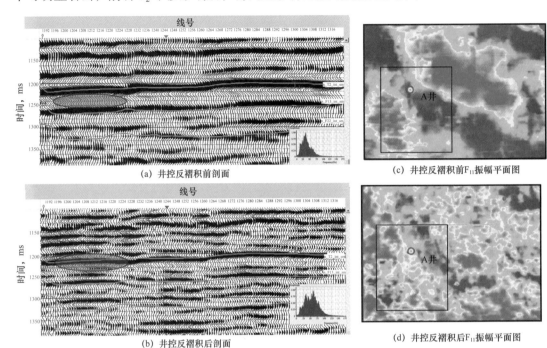

图 2-25　A 井区井控反褶积前后对比

2. 叠前道集提高分辨率技术

调谐能量增强法是根据地震层序体模型，以加强目标层调谐频率、提高薄层识别能力的高分辨率地震处理技术，其目的在于充分挖掘当前资料的分辨能力，改善地震分辨率[7-10]。调谐能量增强法采用了脉冲地震道约束进行调谐能量自适应增强手段实现拓频，如图 2-26 所示，厚度相同的薄互层模型，单砂层顶底反射系数大小相同，符号相反。使用目标层序体典型地震响应作为约束条件，在调谐能量增强后就能够突出层序体响应频率，使层序体内部的薄层能够较好识别出来[11-12]。

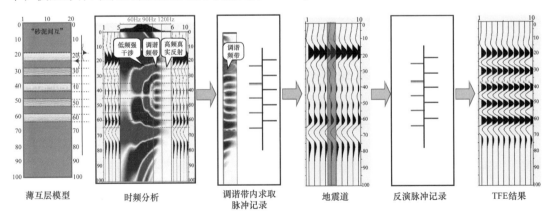

图 2-26　调谐能量增强法（TFE）原理示意图

图 2-27 为叠前 CRP 道集调谐能量增强法处理前后对比图。从图中明显看出，提高分辨率后，频带得到 10Hz 左右的拓展，远炮检距地震道上的干涉现象得到一定程度压制。

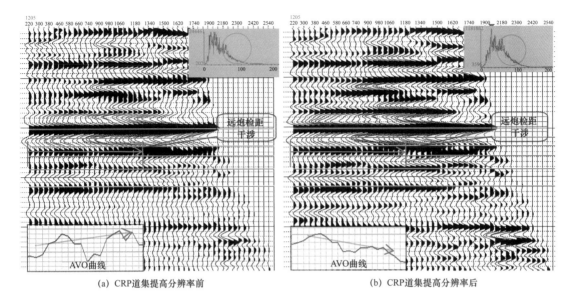

(a) CRP道集提高分辨率前　　　　　　　(b) CRP道集提高分辨率后

图2-27　叠前CRP道集调谐能量增强法提高分辨率前后对比图

3. 子波拉伸校正技术

地震资料处理过程中，存在两种情形的子波拉伸：一是动校拉伸，二是偏移拉伸。动校拉伸为人所熟知，偏移过程中由于存在成像角度的问题，在样点搬家过程中子波也发生不可避免的拉伸作用，而且成像地震道的角度越大，拉伸作用也越大。图2-28给出了CRP道集上子波拉伸校正前后效果对比。从图中明显看出，应用子波拉伸校正后，中远炮检距地震道频率得到一定程度的提高，对于薄互层来说，中远炮检距地震道频率的提高导致可用的炮检距范围得以扩大，对于薄互层叠前预测具有重要意义。

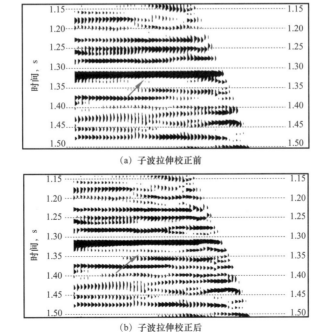

(a) 子波拉伸校正前

(b) 子波拉伸校正后

图2-28　CRP道集子波拉伸校正前后对比

4. 有效炮检距优选技术

实际资料中，远炮检距往往存在一些振幅异常和相位反转现象。通过实际计算发现，这些振幅异常和相位反转并非储层真实响应，而是薄互层条件下地震波干涉作用导致的假象。以松辽北部 A 井为例，在图 2-29 中给出的道集上可明显看出远炮检距地震道存在振幅异常和相位反转的现象。利用 A 井 F_{21} 目的层的储层参数（表 2-1）进行计算。根据 Snell 定律，临界角为 56°，振幅异常处偏移距为 1200m，入射角为 28°；因此，振幅异常处入射角远小于临界角，因此振幅异常不是过临界反射导致，可能的原因只能是地震波干涉导致。

另外，根据 Aki-Richards 公式，在临界角范围内，反射系数始终为正，储层真实响应并不能造成相位反转，因此图 2-30 中相位反转也只可能是薄互层地震响应的干涉作用导致。

表 2-1   A 井 F_{21} 储层参数

岩性	纵波速度，m/s	横波速度，m/s	密度，g/cm³
砂岩	3900	2300	2.5
泥岩	3300	1600	2.46

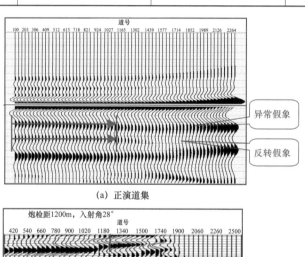

(a) 正演道集

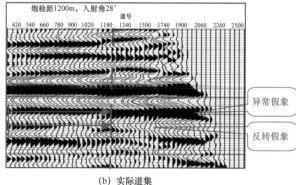

(b) 实际道集

图 2-29   A 井正演道集和实际道集对比

通过地震波响应特征的计算分析能够证实，远炮检距地震道由于地震波干涉作用，存在较为严重的振幅异常和相位反转的假象。因此，在薄互层叠前储层预测过程中，需要将存在假象的远炮检距地震道舍弃避开，不要参与叠前储层预测的计算，否则会带来较大的预测误差。有效炮检距优选技术实际做法较为简单，只要能够通过正演分析清楚储层真实 AVO 特征，比如 A 井 F_{21} 层是明显的 I 类 AVO 即振幅随炮检距减小，那么在实际道集上通过和正演道集的对比，就可以选定有效炮检距范围。A 井选定炮检距范围为 1200m，实际入射角计算约 28°，基本符合 AVO 线性假设的要求，能够用于叠前储层预测。应用该技术思路，获得了较为理想的叠前预测效果。

第三节　保幅处理质控方法

一、常规质控和保幅质控异同性分析

常规的质量控制方法，涵盖了预处理、静校正、球面扩散补偿、叠前去噪、地表一致性振幅补偿、反褶积、速度分析、剩余静校正、叠前数据规则化、叠前时间偏移以及道集优化等各个环节。多年的实践已证实，基于控制点、控制线和平面属性的常规的质量监控方法，在地震振幅、频率、相位的相对保持及静校正量、速度场等关键参数合理性方面都起到了明显的作用。地震资料处理的过程质量控制，是优化处理流程和参数，保障资料处理质量的主要手段。早期的处理过程质量控制过程，一般是在所要处理的地震工区中，选择代表性的试验线（束），通过信噪比分析、频谱分析、典型单炮对比、剖面对比等手段，指导处理参数选取和处理流程建立，再对全地震工区应用。由于试验线（束）包含的范围较小，一般难以全面涵盖全区资料的具体情况，得到的处理流程和参数有明显的局限性。近年来，基于控制点、控制线和平面属性的过程质量控制方法逐步得到推广应用，处理流程和参数的选取不再局限于试验线（束），而是在全区处理过程中，通过实时的质量分析和对比不断改进和完善，实现处理流程的逐步优化。目前，基于控制点、控制线和平面属性的过程质量控制方法，已经发展成为普遍使用的常规质量控制方法。中国石油天然气集团公司已经于 2016 年发布了关于地震资料处理过程质量控制的企业标准《地震数据处理质量分析与评价规范》，该标准规定了二维、三维地震数据处理过程中质量监督开展的质控环节、内容、方式、质控流程及质控记录格式等，适用于二维、三维地震数据处理质量分析、评价与监督。新标准在《SY/T 5332—2011 陆上地震勘探数据处理技术规程》和《SY/T 10020—2013 海上地震勘探数据处理技术规程》的基础上补充增加了适合保幅处理质控的处理解释一体化质控点和质控方法。图 2-30 是该规范中给出的对地震资料处理过程的质量分析与评价流程。

保幅质控是希望地震振幅的能量强弱能够更好地反映地质体的变化特征。常规的处理质控方法在致力于消除地表影响、保留地下地质反射信息的同时，客观上已经起到了保幅控制作用，但由于其质控图件的制作过程仍有参数需要选择、不同技术人员对同一质控图件的分析可能出现不同结果，以及大时窗的统计计算得到的图件难以反映具体层段或层位的波形特征，使监控结果仍具多解性。因此，基于地震处理—解释一体化的保幅质量监控方法，逐步成为地震处理质量监控的重要辅助手段。

保幅质控主要包括三方面：

（1）利用多井合成地震记录，通过地震反射特征与合成地震记录的相似性分析，评价处理成果振幅保真度。

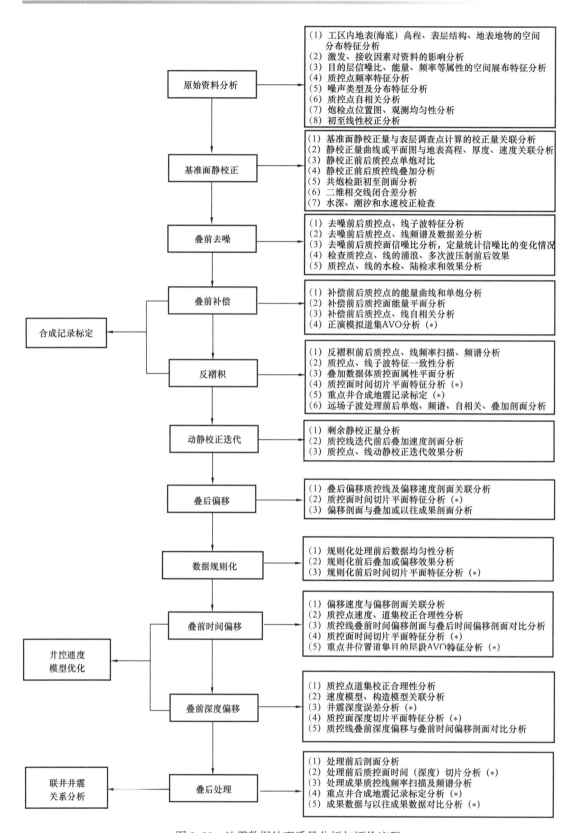

图 2-30　地震数据处理质量分析与评价流程

（2）通过沿层地震振幅属性与地质研究成果的符合程度对比，找出符合程度较高的处理结果对应的处理方法和参数，完善处理流程。

（3）利用井旁地震叠前正演道集数据的 AVO 特征对叠前时间偏移后的共成像点道集的 AVO 属性进行监控，判断处理成果中叠前道集的保真度。

在具体实施保幅质控过程中，对处理工区的质控点、线、面等质控点的选择十分重要。控制点是指一个地震工区典型的地震道集记录（一般为炮集记录），控制点的数量需要依据区内地表情况而定，每一个控制点各自代表一类特定地表条件的地震记录特征，如水域、耕地区、高岗区及村庄区等。基于控制点质量控制方法基本做法是，在地震处理过程中，利用地震记录及其信噪比、能量曲线、频谱以及自相关等各种属性图件，首先对比同一控制点地震记录，以达到反射同相轴双曲线特征逐步恢复、信噪比逐步提高（或反褶积后信噪比不降低）、能量分布逐步均匀、频带逐步展宽、虚反射逐步减弱、子波逐步得到压缩等效果为基本要求，指导处理参数优选；再针对不同控制点地震记录，以控制点地震记录之间的信噪比、能量、频带宽度、子波形态等属性差异减小、特征逐步趋于一致为依据，指导处理参数优选。基于控制线的质量控制，是在地震处理过程中，利用地震工区内沿着某些特定方向的地震记录，利用各个处理环节技术应用前后的地震叠加剖面、自相关剖面、频谱剖面等图件，分析和评价处理成果的构造形态、波形特征及频带宽度与地表条件的相关性是否得到消除，进而指导参数优选。基于平面属性的质控方法，是在地震处理过程中，利用地震记录的能量、主频等平面属性图，与表层高程、低降速带速度、地表障碍物等平面图对比，实时分析和判断地震记录属性与地表条件的相关性是否得到消除；当处理结果的各种属性特征空间趋于一致或其变化特征与地表特征不具有相关性时，则认为地表条件对地震记录的影响得到消除，而保留了地下地质条件变化的反射信息。

在实际地震资料处理工作中，基于控制点、控制线和平面属性的三种质量控制方法是相互结合、同时进行的。基于控制点的质控方法具有过程简单、效率高的优点，可以针对每一个环节、每一个处理参数进行快速分析和评价，得到初步处理参数，以便进行下一步的处理试验；基于控制线的质控方法，一般控制线会穿越工区内多个具有不同地表特征的区域，可以更细致地分析各种地表条件影响的消除情况，能够确保在所选定方向上地震处理效果逐步改进；基于平面属性的质控方法，主要是考虑地震记录能量和子波属性空间分布特征的合理性，它是对整个数据体的全面质控，因为需要从全数据体中抽取属性平面图，计算周期相对较长，因此，一般在振幅补偿、反褶积等对振幅和子波有直接影响的关键环节上应用。

二、面向岩性油藏目标的保幅质量控制方法

随着油田勘探、开发的不断深入，地质研究的目标越来越精细，目标尺度越来越小，对储层的精细描述越来越重要，储层砂体走向、空间规模、连通性、接触关系的描述准确与否，直接影响油田井位部署、射孔位置确定、注采关系调整等工作的成功率。这要求地震资料不仅要有更高的分辨率，更要求地震资料各种属性能够正确反映储层岩性的变化特征，即保持地震波场的动力学特征，如振幅、频率和相位等。其中，地震振幅属性是井震结合岩性油藏描述最为常用的地震属性，因此，在地震资料处理过程中，实现地震振幅的

相对保持十分关键。从前文的阐述可知，常规的基于控制点、控制线和平面属性的过程质量控制方法，在地震振幅相对保持方面起到了积极的作用，因此，在面向岩性油藏目标的地震资料处理中，这种质控方法仍然是不可或缺的重要手段，区别在于面向油田区复杂的地表条件和小尺度的地质目标，要求典型点、线的选择更加精细，要求的技术指标更严格。

油田开发阶段，丰富的测井资料和深入的地质认识，可以成为检测地震资料处理成果保真性和分辨能力的直观依据。充分利用油田开发区丰富的测井资料和深入的地质认识，可以更客观地评价地震处理成果的振幅保真程度，为地震处理方法、参数优化和处理流程的完善提供依据。

1. 地震记录与合成地震记录相似程度分析方法

合成地震记录是利用声波和密度测井资料求取反射系数序列后将反射系数序列与地震子波进行褶积所得到的结果，不仅包含地震反射时间与地质层位的对应关系信息，而且能够有效反映地震反射信号的振幅和波形特征，是连接地质、测井和地震资料的桥梁。如果地震处理的效果不理想，则会降低合成地震记录与地震反射信号波形特征的吻合程度，甚至无法确定地震反射同相轴所对应的地质层位。因此，需要通过合成地震记录与地震处理成果的相关性分析评价地震处理效果。

首先，考虑测井资料与地震资料采集年份的差异并按一定的井网密度选择与地震采集年份相近的声波、密度测井资料。根据不同年份采集测井资料时使用的测井仪器、测井系列及其记录方式等对测井资料的声波、密度曲线进行标准化处理，以消除不同年份测井曲线之间的系统误差和随机误差。基本做法是：首先，找出沉积稳定、声波和密度曲线特征明显的标准层，制作各标准层的声波和密度的频率直方图，对比每口井的频率直方图与关键井的频率直方图，以关键井的频率直方图为基准计算其他井的声波、密度曲线的校正量并进行校正。

其次，利用校正后的声波和密度测井资料制作合成地震记录，通过地震剖面中特征明显的波组与合成地震记录对比完成对地震处理成果的层位标定。为了提高层位标定的精度，需在单井的层位标定基础上通过联井剖面微调各井点的地震层位标定结果，以使各井点的地质层位与地震层位的对应关系保持一致。

最后，分别利用不同地震处理方法得到的阶段性成果计算合成地震记录与地震资料的相关系数，并以平均的相关系数较大为原则选择相应的处理方法或参数。通常，地震剖面中连续性较好、反射能量较强的地层与合成地震记录均有良好的相关性，因此计算相关系数时避开强反射层或分时窗计算才能突出不同地震处理成果之间的效果差异。

图 2-31 展示参数优化前、后处理结果与合成地震记录的对比情况。可以看到，参数优化前的处理成果剖面，地震波组特征与合成地震记录的吻合程度较差，在 SII 至 PI 油层组之间，合成地震记录中显示出 4 个同相轴，而地震剖面中仅有 2~3 个同相轴，层间信息较少，且横向变化不稳定［图 2-31（a）］；参数优化后，这种现象得到明显改善，同时还可以发现，地震振幅的强弱在垂向上与合成记录吻合的还不够好，表明处理方法和参数还需进一步调整［图 2-31（b）］。

实际应用中，还可以结合地震记录与合成地震记录的互相关程度计算的方式，给出符合程度的量化对比结果，指导处理方法和参数选择。

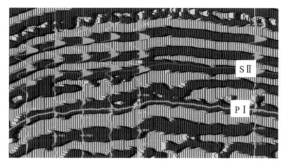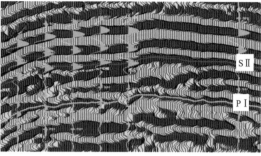

(a) 参数优化前　　　　　　　　　　　　　　(b) 参数优化后

图 2-31　参数优化前、后处理结果与合成地震记录对比

2. 地震沿层属性与地质研究成果相似性分析方法

已开发油田基于密井网资料形成的地质研究成果，包括沉积相带图、储层砂体厚度图等，能够较好地反映储层的整体分布特征，可以作为评价地震处理效果的标尺，有效检验地震处理效果，指导地震处理方法和参数的优化。基本思路是，在地震资料处理过程中，针对不同方法和不同关键参数得到的处理结果，利用沿层振幅属性提取、与储层岩性图对比，选择相似性较高的地震属性所对应处理方法和参数，实现保幅质控。

首先，分层进行处理效果评价，确保地震振幅属性能够较好反映储层砂体展布特征。图 2-32 展示了两次处理成果 S II$_{12}$ 层地震属性与砂岩等厚图的对比情况，可以看到，第一次处理的成果的沿层属性［图 2-32（a）］与砂岩等厚图［图 2-32（b）］的吻合度较差；北部大面积分布的河道砂体以及河道砂体的整体走向，在第二次处理结果的沿层属性［图 2-32（c）］中反映的比较明显；东南部的窄小河道砂体也比较清晰，说明第二次处理流程及参数更加合理。通常，为了确保效果评价的可靠性，要选择多个层位进行效果分析。

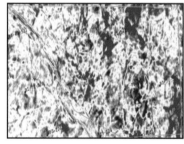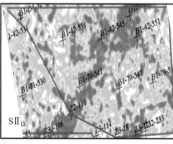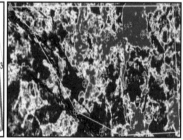

(a) 第一次处理结果　　　　　　　(b) 砂岩等厚图　　　　　　　(c) 第二次处理结果

图 2-32　两次处理结果沿层地震属性与砂岩等厚图对比

需要注意的是，尽管地震的振幅属性与砂体厚度具有明显的相关性已得到公认，但由于当前地震资料的分辨率还难以直接分辨较薄的储层，不是每个储层都能得到合适的地震属性切片。因此，需要选择砂体较厚或层间泥岩隔层较厚的层位，作为保幅监控的标准层。

其次，分处理环节进行处理效果评价，以确保随着处理过程的不断推进效果逐步改善。图 2-33 展示 SII_2 小层的各个环节处理效果分析结果。可以看出，在地震处理的初始阶段，亦即噪声压制后 ［图 2-33（a）］，处理成果的沿层属性与砂体等厚图 ［图 2-33（d）］对应关系较差，仅有中部自北向南分布范围较大的河道砂体得到了较好反映，而东北部和西北部的窄小河道砂体展布特征亦即南部大面积分布的河道砂体特征几乎没有响应；经过后续反褶积及优化成像等技术手段进一步处理后 ［图 2-33（c）］，处理成果的沿层属性与砂岩等厚图的对应关系得到明显改善，河道砂体整体展布趋势响应特征更加明显。

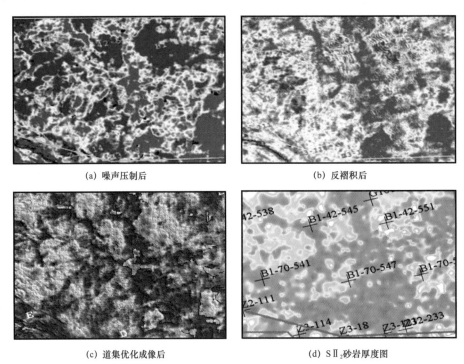

(a) 噪声压制后

(b) 反褶积后

(c) 道集优化成像后

(d) SII_2 砂岩厚度图

图 2-33　不同环节处理结果沿层地震属性与砂岩等厚图对比

此外，也可通过地震属性与储层岩性的符合程度计算，量化评价处理成果的保真度。在沿层地震振幅属性切片中，以测井资料的小层岩性解释结果为依据，分别统计砂岩、泥岩与测井解释的岩性相符合的井点数，以符合井数与总井数之比代表井震的符合程度，进而指导处理方法和参数的优选。

同样也可以使用地震沿层属性与地质研究成果相似性分析方法，对地震解释中所需要的其他地震属性，如频率、相位以及衍生出各种属性信息，进行保真度监控。

3. 叠前正演道集与地震道集相似性分析方法

保幅地震资料处理是为地震储层预测服务的，其中有相当大的一部分工作是叠前地震储层预测，因此道集的处理要求保持相对真实的 AVO 特征，以满足叠前储层预测的需要。叠前地震正演主要用来分析岩性、孔隙度和流体变化（包括流体类型和饱和度变化）对地震反射特征的影响，建立响应模式，指导实际资料的 AVO 分析。另外，地震正演方法不受野外采集和处理的影响，可以相对真实地反映地质特征的地震响应，从一个方面衡量实际地震记录的保真程度。

为了验证叠前处理的相对保幅程度，制作某井合成记录。某工区内沙河街组发育大型的复杂岩性体，由火山岩、火山碎屑岩和砂泥岩构成，其中玄武岩由于具有高速、高密的性质，其反射特征在地震剖面上易于识别。该井在沙河街组发育三套玄武岩，如图 2-34 所示，自上而下其厚度分别是 95m、34.5m、53.5m，这三套玄武岩顶面反射的 AVO 特征分析结果如图 2-35 所示，其中蓝色曲线为合成道集的 AVO 曲线，绿色曲线为实际井旁道集的 AVO 曲线。分析结果表明，一方面，处理过程较好地保持了实测道集本身的 AVO 特征；另一方面，近偏移距道集质量相对稍差，AVO 特征保持不尽如人意，这也是该区地震保幅处理的难点。但由于 AVO 曲线的整体趋势基本保持，因此对后续叠前储层预测不会造成太大的不利影响。

应用这类方法的前提是对岩石物性、流体性质等因素的理解要正确，否则也存在多解性。

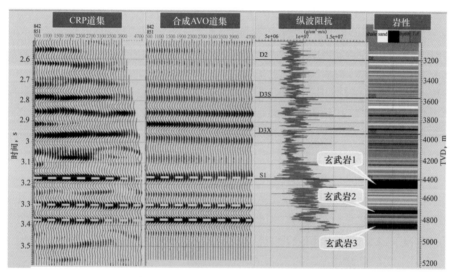

图 2-34 合成道集与叠前时间偏移后的 CRP 道集的对比

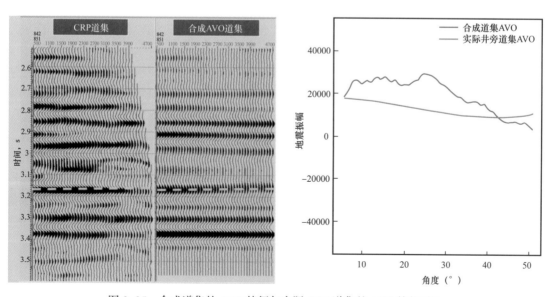

图 2-35 合成道集的 AVO 特征与实际 CRP 道集的 AVO 特征对比

第四节　小　　结

无论是油田勘探阶段，还是油田开发阶段，获得高信噪比、高分辨率和高保真的"三高"地震资料，一直都是地震处理技术的攻关方向，三者相互依赖，互为条件，不可分离。在油田开发阶段，面对更加复杂的地表条件和尺度越来越小的地质体，地震资料处理仍以"三高"要求为目标，在噪声压制、静校正、反褶积、偏移成像以及保幅质量控制等方面，均得到快速发展。

在噪声压制方面，针对各类干扰源产生的噪声类型、噪声分布的频带范围、噪声能量强弱及噪声在不同域的表现形式，形成了"六分法"去噪，即分区、分类、分时、分频、分域、分步的去噪技术，增加了基于地震记录信噪比的区域划分技术，实现了不同区域、不同类型噪声的有效压制；采用去噪与振幅补偿、反褶积的循环迭代逐级去噪方法，实现了在保护有效信息和波组特征不受损害前提下的信噪比逐步提高的目的，有效解决了来自地表复杂多干扰源导致的多类型、空间特征不一致的噪声压制问题。

在静校正方面，面对油田区近地表层低降速带横向的剧烈变化，发展了表层模型静校正和初至折射波静校正相结合的方法，成功地实现了静校正量的高、低频分离和合理组合，结合剩余静校正技术，既保证了成像结果构造特征的准确性，也确保了共反射点同相轴的同相叠加。

在反褶积处理方面，为进一步提高地震资料的分辨率，首先，考虑了表层吸收对地震信号的振幅、频率及相位的影响，建立了基于微测井资料和地震资料联合的表层空变吸收模型求取方法，改进了反 Q 滤波的计算方法，实现了有效频带范围内地震记录的高频信息恢复；其次，在常规反褶积处理方法研究基础上，考虑了地表一致性反褶积无法提供合适的参数来同时消除激发点和检波点上产生的虚反射问题，发展了分域两步法反褶积技术，实现了激发点和检波点处理参数的独立选择，进一步提高了地震资料的地表一致性及纵向分辨能力。

在偏移成像方面，一是发展了针对黏弹性介质吸收的叠前时间偏移技术，建立了等效 Q 值的求取方法，并在偏移成像过程中实现了吸收补偿，地震分辨率得到进一步提高。二是针对叠前道集在不同炮检距、不同入射角情况下的反射特征及资料品质存在差异导致的全覆盖叠加分辨能力下降的问题，发展了窄入射角成像方法，使地震振幅属性能够更好地反映储层岩性变化特征。三是针对构造起伏较大、断层发育区域横向速度突变、时间域偏移成像产生构造假象的问题，形成了基于声波测井资料约束的深度域速度模型建立方法，并通过叠前深度偏移，实现了构造和断层的准确成像。

在保幅质控方面，为进一步提高地震资料处理的保真程度，提高地震资料描述地下储层地质信息的能力，引入了密井网条件下的地质研究成果作为方法和参数选择的参考依据，在地震处理质控技术基础上，以振幅属性切片整体趋势与地质研究成果主要特征相似为目标，通过分层位、分环节的解释评价，实现了地震资料处理过程关键环节的方法和参数优化。

尽管面向油藏的地震资料处理技术取得了重要进展，但处理成果的构造和储层识别能力仍然无法满足油田开发阶段油藏精细描述的需要，对于空间尺度较小的地质现象，如微小幅度构造、小断距断层以及超薄砂体等，地震波场的干涉效应影响较大，使其地震响应特征在地震剖面中常常模糊不清或难以区分。因此，发展地震资料高分辨率处理技术，是地震资料处理技术面向油田开发阶段急需攻关的核心内容。

对地震记录中各种噪声的有效压制，是提高分辨率的基础和前提。提高地震资料的分辨率其实质是有效拓展地震资料的频带宽度，重点是恢复或增强高频有效信息的能量。一般情况下，叠前去噪技术是针对地震记录的优势频带内的噪声进行压制，仅仅能够确保这一频带内的地震记录具有较高的信噪比，而处于这一频带之外的噪声，因其与有效信息号的振幅、频率比较接近，信号和噪声的分离难度较大，难以得到有效压制。"六分法"噪声压制技术，是在原有的噪声压制技术基础上，改变了原有的噪声压制思路和流程，在解决复杂地表条件产生的多类型干扰问题方面见到良好效果，但其技术本身，仍然是利用地震记录优势频段内噪声和信号在能量、频率或视速度等方面的差异，进行噪声识别和压制，对地震记录高频段噪声的压制效果甚微。因此，改进噪声压制方法和流程，尤其是针对地震信号高频段的噪声压制技术，是油田开发区地震资料处理一个主要攻关方向；尽管当前还没有完善的思路和对策，但解决这一问题的重要性和迫切性是毫无疑问的。从分析有效信号和噪声信号各自在波场特征、空间相关性的特征及其相互之间的差异出发，有望能够使问题得到进一步解决；对于能量大小与有效信号相仿的随机噪声而言，空间上不具相关性或相关性较小是其明显特征，而有效信号的波场特征在空间上是有规律可循的，且高频段和低频段有效反射信息的空间延伸方向具有高度的相似性，这些特征有望成为我们在地震记录较高频段、大量随机噪声背景下寻找高频有效信息、回避噪声影响的有效途径；对于固定干扰源产生的二次干扰，可以考虑噪声源点位置、视速度、空间形态及衰减特性等方面的差异，检测并分离噪声，实现噪声进一步压制。

目前应用的反褶积处理方法种类较多，其主要目的是在消除激发、接收条件不一致因素造成的地震子波横向差异的同时压缩地震子波，各种方法均存在各自的局限性。如预测反褶积方法，不足之处十分明显，一是，该方法的一个重要前提条件是地震子波的振动周期基本一致，这个周期是预测反褶积预测步长选择的主要依据，程序按照给定的预测步长，通过预测地震子波后续振动的峰值位置并予以压制，达到压制地震子波旁瓣、突出地震子波主瓣的目的；但地震子波的振动周期并不稳定，甚至有较大差异，很难找到一个合适的预测步长参数，完成子波旁瓣的合理压缩，使预测反褶积处理后地震子波产生畸变风险增大。二是，预测反褶积的期望输出并不是具有较高分辨率的脉冲信号，而是具有一定延续长度的地震子波信号，使该方法的频带拓展能力相对较低。脉冲反褶积技术的出现远远早于预测反褶积，它是预测反褶积的特殊形式，也相当于频带拓展能力最强的预测反褶积，在 20 世纪 80—90 年代得到普遍应用。但由于脉冲反褶积在拓展地震信号频带宽度的同时，高频噪声也被明显放大，加上当时的地震资料品质和覆盖次数较低、处理中的静校正计算方法精度不够以及噪声压制不彻底等因素影响，使处理成果的有效信息常常被淹没在噪声之中，影响后续地震解释过程中的地质层位追踪。随着地震采集技术的进步，地震品质明显提高，覆盖次数大幅度增加，加上地震处理技术中高精度静校正、多域噪声压制等技术的出现，地震处理成果的横向一致性和信噪比得到大幅度提升，脉冲反褶积有望在新采集的地震资料和新的地震处理技术手段基础上，发挥其独有的频带拓展优势。

偏移成像追求的目标是使绕射收敛、斜层归位，构造形态、断面（断点）位置准确，波场动力学特征得到较好保持。黏弹性叠前时间偏移技术，通过对地层吸收的补偿，不仅提高了地震资料的分辨率，也校正了吸收导致的相位畸变，使成像质量明显提高，但时间域偏移成像技术对横向速度突变的不适应问题尚未得到解决。实际上，叠前深度偏移是解决这一问题的有效途径，但因其对速度模型精度具有高度依赖性，而速度模型的求取过程十分繁琐，往往得到的速度模型并不十分精确，导致叠前深度偏移的构造形态产生畸变。因此，问题的焦点集中到偏移速度模型的求取上，发展高精度速度模型的建立技术，成为偏移成像的核心技术之一。目前，全波形反演的速度场求取方法已经得到较快发展，但全波形反演对地震数据的低频成分和初始模型的精度都有较高要求，再加上计算量庞大、一般计算机难以承受或周期过长的不足，限制了该技术的进一步应用。若通过进一步攻关，改进和解决这些问题和不足，该技术有望成为新一代的速度建模工具。

参 考 文 献

［1］［美］渥·伊尔马兹. 地震资料分析——地震资料处理、反演和解释［M］. 刘怀山，等译. 北京：石油工业出版社，2006.

［2］李庆忠. 从信噪比谱分析看滤波及反褶积的效果——频率域信噪比与分辨率的研究［J］. 石油地球物理勘探，1986, 21（6）：576-601.

［3］李庆忠. 走向精确勘探的道路——高分辨地震勘探系统工程剖析［M］. 北京：石油工业出版社，1994.

［4］杜世通，宋建国，孙夕平. 地震储层解释［M］. 北京：石油工业出版社，2010.

［5］Fred J.Hilterman. 地震振幅解释［M］. 孙夕平，赵良武，等译. 北京：石油工业出版社，2006.

［6］Countiss M L. Frequency-enhanced imaging of stratigraphically complex, thin-bed reservoirs : A case study from South Marsh Island Block 128 Field［J］. The Leading Edge, 2002, 21（9）：826-836.

［7］Du S. Joint inversion and its application in seismic sequence analysis［J］. SEG Expanded Abstracts, 1996：1991-1994.

［8］Mulholland J W. Sequence stratigraphy : Basic elements, concepts, and terminology［J］. The Leading Edge, 1998, 17（1）：37-40.

［9］Mullholland J W. Sequence architecture［J］. The Leading Edge, 1998, 17（6）：767-771.

［10］Mushin J A. Formation interpretation of seismic data［J］. Russian Nedro, 1990.

［11］孙夕平，李劲松，郑晓东，等. 调谐能量增强法在石南21井区薄储层识别中的应用［J］. 石油勘探与开发，2007, 34（6）：711-717.

［12］孙夕平，张研，张永清，等. 地震拓频技术在薄层油藏开发动态分析中的应用［J］. 石油地球物理勘探，2010, 45（5）：695-699.

第三章 开发阶段精细构造解释技术

在油田进入高含水开发后期，构造研究不再面向大的构造圈闭分析工作，而是面向单砂体油藏建模、剩余油分析、开发井网调整等精细油藏描述任务。根据油田地质需要，提出了识别3～5m断层、1～3m微幅度圈闭等更高的构造解释精度要求，用于油藏地质建模。要实现这样的精度目标，仅仅依靠常规地震技术远远不够，需要采用新的地震技术和方法，充分挖掘地震资料中包含的构造信息，更重要的是在各个构造解释环节中融入已知井的构造信息和地质认识。

第一节 高频层序识别与层位标定

开发阶段钻井多、纵向细分单元薄，对于高频层位解释精度要求高，而在实际工作中经常会出现地震层位"穿层"解释以及地质分层与地震解释层位存在较大时差的现象，对后续构造成图、储层预测及成藏分析产生很大影响。因此，准确进行高频层序识别与标定是进行精细高频层位解释、微幅度构造识别和储层预测等油藏描述研究的基础。

一、油田开发阶段地层对比技术特点

油田开发阶段，地层对比单元纵向上已经达到小层级，每个小层单元内只包含1～2个单砂体，地层厚度一般小于5～10m。只有建立正确的等时地层对比，才能开展精细构造解释与小层构造编图。在高分辨率的要求下，必须重视发挥老油区井资料多的优势，与横向上具有高密度采集的地震资料紧密结合，开展井震联合地层对比研究，建立高分辨率等时地层格架。

开发阶段地层对比一般以油层组为单元，以层序地层学、沉积学、石油地质学理论为指导，综合应用地震、测井、钻井、录井等资料，依据"标准层控制、旋回对比"的原则，在标志层的控制下，结合岩性、沉积旋回、沉积相序组合、电性等特征，通过高精度合成地震记录标定，横向上参考地震反射特征，确定每个地质分层在地震剖面上所处的相位，井震联合进行地层对比。在此基础上，再对前人的地层划分进行复查，最终实现全区统层。井震联合地层对比工作流程如图3-1所示。井震联合地层对比首先确定标准井和标准层，要求标准井地层发育齐全，无断层、剥蚀造成的地层缺失，标准层岩性、电性特征明显，容易辨认，地层沉积旋回清晰且砂体发育；然后进行合成地震记录精细标定，将深度域的测井数据标定到时间域的地震剖面上，便于开展井震联合统层。地层对比时地震与地质人员紧密结合，建立对比剖面骨架网，进行多轮次对比与调整，同时对比结果要和构造及动态资料结合、验证，最终实现全区地层的统一。

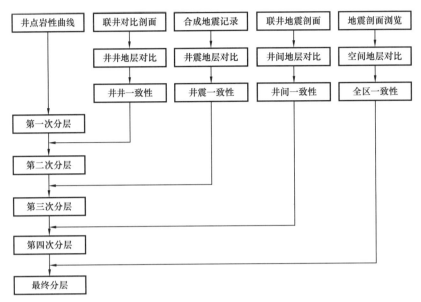

图 3-1　井震联合地层对比流程图

二、标准层高频层序层位识别与标定

开发阶段地质细分小层一般对应 5 级以上层序界面，小层单元厚度最薄可达到几米厚。由于地震资料纵向分辨率低，每个小层单元界面对应的地震反射特征也不尽相同，需要井震联合进行高频层序层位识别和标定。例如三角洲前缘沉积相带，沉积稳定，不同时期广泛发育的席状砂与上下围岩形成明显的阻抗界面，地震剖面上同相轴表现为中强振幅、连续反射特征。对于此类层序界面，只要在井震联合统层基础上，通过合成记录精细制作，将小层分层标定在地震剖面上，就可准确识别各小层地震层位，并且各小层地震相位特征也比较一致，一般都处于波峰、波谷或零值点处。

以大庆油田龙西地区萨尔图油层为例，如图 3-2（井上分层为顶界面）所示，S0 油层组（S01 顶—S Ⅰ 1 顶）以滨浅湖沉积为主，沉积大段黑色泥岩，总体划分为 3 个反旋回，旋回顶面地震上对应波峰反射之上的零值点，其中 S01 组顶面表现为强振幅、强连续反射，全区可连续追踪；S02、S04 顶面对应中强振幅、连续反射，大部分地区可连续追踪。S Ⅰ 油层组（S Ⅰ 1 顶—S Ⅱ 1 顶）在北部为三角洲前缘沉积，砂体类型以大面积席状砂和河口坝沉积为主；南部为滨浅湖沉积，主要以黑色泥岩为主，测井上表现为反旋回特征，总体地层速度高于 S0 油层组，因此，S Ⅰ 油层组顶面对应强波阻抗界面，地震上表现为强振幅、强连续反射，全区可连续追踪。在井震对比分析基础上，通过合成记录精细标定，从而明确不同小层在地震剖面上的反射特征，为后续高频层序层位精细解释奠定基础。

三、非标准层高频层序层位识别与标定

非标准层高频层序一般是指某些小层不具有标准层的典型特征，并且同一地质分层

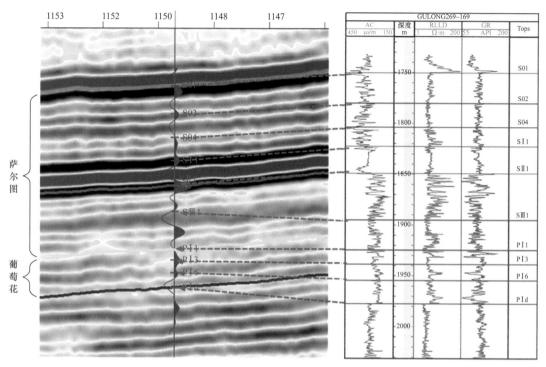

图 3-2　大庆萨尔图标准层高频层序层位识别与标定

在相邻井的测井曲线特征不一致，采用常用的旋回对比方法很难进行小层对比；在地震剖面上表现为杂乱反射，横向连续性差，难以进行高频层序层位识别与标定，多见于陆相河流——三角洲相沉积地层。

大庆油田的扶余油层最为典型。扶余油层主要储集砂体类型为曲流河、网状河及分流河道等，纵向上发育多期河道，横向上砂体连续性差，由于多期叠置，平面错叠分布，内部高频层序地层测井曲线旋回可对比性较差，只有扶余油层顶面向上变为青山口组泥岩，在盆地内可横向对比。地震剖面上扶余油层顶面表现为强振幅—强连续反射特征，可较好识别标定，而扶余油层内部细分层序界面对应地震反射特征基本呈杂乱状反射。该类地层地震反射特征多变，对于细分层序层位识别与标定难度较大（图 3-3）。

对于此类沉积地层，最常使用的小层对比方法是标志层控制下的等高程对比法。前人大量的研究成果表明，在盆地内部地壳运动以整体的垂直升降作用为主，尤其是坳陷沉积盆地内，地层厚度基本保持一致，变化相对比较稳定，若研究区具有这一特点，即可采用此法。操作原则即把等距于同一标志层的砂体顶底面作为等时面，把处在两个等时面之间的砂体划分为同一期砂体。理论依据是，河道内的全层序沉积其厚度反映古河流的溢岸深度，其顶界反映溢岸泛滥时的泛滥面，同一河流的河道沉积物其顶面应是等时的，而等时面应与标志层大体平行。也就是说，同一河道沉积其顶面距标准层应有基本相等的高程，反之不同时期沉积的河道砂体，其顶面高程应不相同。对于松辽盆地中浅层的扶余油层，该对比技术可普遍应用，扶余油层顶面为区域标志层，纵向上从泉头组砂泥岩薄互层向上过渡为青山口组的泥岩，声波测井响应表现为明显的台阶状，地震上为一稳定的强同相轴，对于下部河流相沉积地层，高频层序横向测井曲线旋回可对比性较差，依据等高程对比法进行小层对比，纵向划分为 12 个小层，各小层地层厚度横向变化不大，如图 3-4 所示。

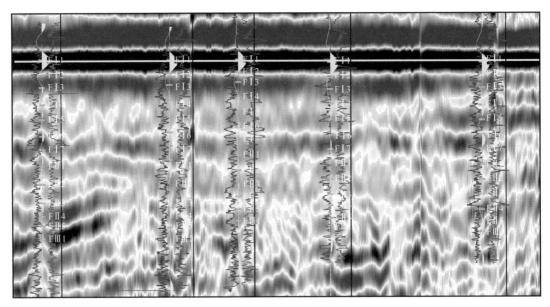

图 3-3　扶余油层典型地震剖面图

　　在小层精细对比基础上，精细制作合成地震记录，对小层数据进行深时转换，并将其投影到地震剖面上。一般而言，目的层顶、底界多数对应于大的标准层，地震上较易识别。其次在目的层内部寻找次一级标志层，这类标志层在局部小范围内可连续追踪识别。识别主要标准层之后，内部非标准层高频层序采用"标准层控制、分层校正"的方式进行识别。方法如下：假定目标小层和标准层之间厚度的变化是相对稳定的，如果有上、下两个标准层，则设定目标小层在两个标准层之间的厚度分割比例的变化相对稳定，先对标准层进行反距离加权插值，计算目标小层与标准层间厚度值或厚度分割比例，然后对标准层进行漂移，再应用目标小层时间值对漂移层位进行校正，使地质分层与地震层位严格对应，实现细分层序的识别与标定，以此类推可对其余高频层序进行识别与标定。如图 3-5 所示，扶余油层只有顶部和中部小层可作为标准层，在此标准层控制下对其他小层应用上述方法进行识别与标定，部分小层虽然在剖面上存在"穿轴"，这是因为目前地震资料纵向分辨率低，还不能全部满足地质小层细分的要求。在具体工作时，可先建立骨架剖面网进行高频层序层位的识别与标定，然后从骨架剖面向两侧建立辅助剖面以控制全区，通过反复对比骨架网，确认对比标准层和对比原则，骨架网就可作为控制研究区对比的标准，为后续高频层序精细解释奠定基础。

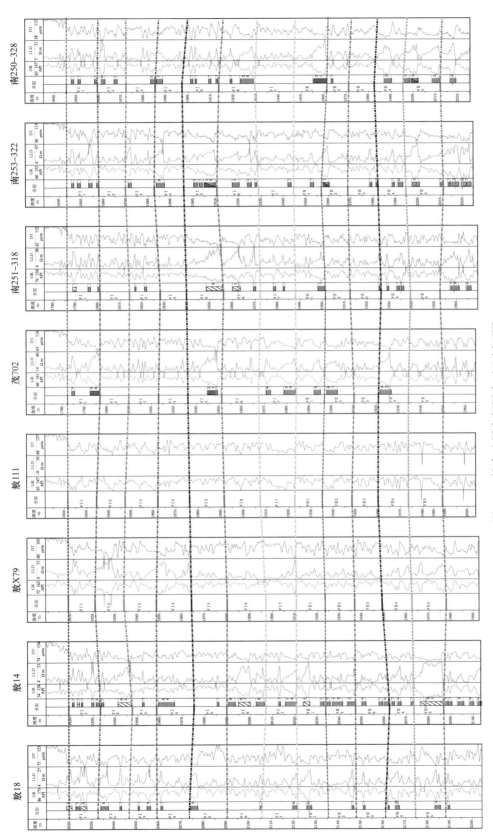

图 3-4　扶余油层高频层序对比剖面图

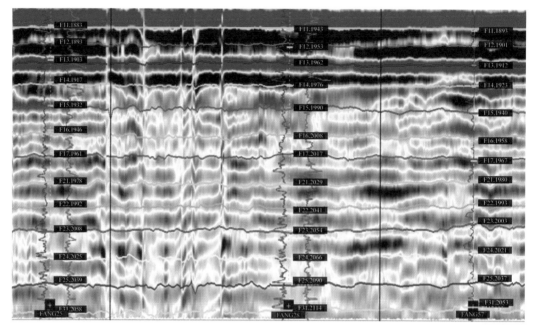

图 3-5　扶余油层高频层序识别与标定剖面图

第二节　井控断层解释

进入油气田开发中后期，低级序小断层是影响局部微幅构造、剩余油富集以及油水关系的主要地质控制因素之一，对开发方案调整、完善注采关系、提高水驱开发效果具有重要影响，因此如何提高小断层解释精度成为了油田开发中油藏构造研究的重点。

通常情况下，利用地震资料只可以识别出水平断距超过一个地震道间距、纵向上穿过至少一个同相轴的断层，小断层识别精度不足。利用井资料可以解释出垂直断距小于 1m 的断层，但受井点数量所限，井间断层存在较强的不确定性，解释的断层组合率低。为了解决油田开发中小断层精度的难题，必须井震联合开展井控断层解释，更加准确描述小断层的位置和走向。

一、断层正演模拟与地震响应特征分析

根据测井曲线进行地层对比确定断层，可以得到主要断层的展布特征，但在解释 3～10m 小断层时存在以下难点：

（1）断层首尾延伸长度、走向、倾向不能准确确定，很多孤立断点不能组合；

（2）油层部位断距较小，比如大庆长垣主力产层附近，断层断距一般在 2～12m，平均 6.6m，识别困难；

（3）砂体相对较厚，平面相变快，岩性变化与断层响应相似；

（4）纵向油层多，砂泥交互分布，影响断层反射特征。

针对以上难点，开展地震正演模型及地震响应分析，对大断层和小断层区别对待，分级识别，为井震结合方法精细解释断层提供理论基础。

1. 断层正演模拟

小断层和岩性突变的反射特征在地震剖面上具有一定的相似性。为了进一步明确其中反射特征的差异，开展了小断层的正演模型分析。小断层模型设计了 3m、5m 断距的二维地质模型，模型正演中的速度、密度参数由实测测井资料统计得出，断层所在地层厚度为 10m，地震子波频率为 42Hz。无噪声情况下的正演模型地震响应如图 3-6 所示，表明在无噪声条件下，断距为 3m 和 5m 的断层均使地震反射同相轴产生扭曲、错断现象。

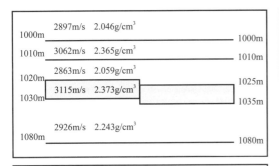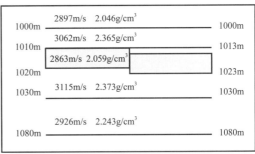

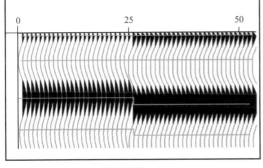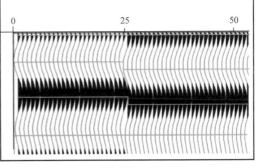

(a) 断距3m　　　　　　　　　　　　　　(b) 断距5m

图 3-6　断距 3m 和 5m 小断层模型及无噪声条件下地震正演响应

考虑到地震资料受多种因素影响，其内部存在不同程度的干扰，为了验证不同噪声情况下小断层的地震反射特征，分别加上 10% 和 20% 的噪声（相当于高质量实际地震资料的品质），其正演模拟结果如图 3-7 和图 3-8 所示。

由图 3-7 和图 3-8 可见，加入 10% 噪声后，3m 断距小断层处的地震波形有微弱变化，仍可分辨，5m 断距小断层的地震响应特征较清楚；加入 20% 噪声条件下，3m 断距小断层的处地震波形有极微小变化，较难识别，而 5m 断距小断层处的地震波形有一定变化，勉强能看出断层存在的迹象。加入 20% 噪声背景的地震正演模拟结果与实际地震资料水平相当，因此，单纯依靠原始地震资料很难直接识别断距 3m 的断层。

2. 断层地震响应特征分析

小断层的地震反射特征不仅受噪声、断距影响，而且还与断层附近的地层岩性、地震分辨率等因素有关。下面列举几类典型断点的地震响应。

1）5m 可识别断层

大部分断距为 5m 左右的断层在地震剖面上表现为同相轴扭动，如图 3-9 中红色椭圆框内，测井解释断距 4.6m，上、下同相轴有明显错断关系，综合可识别。

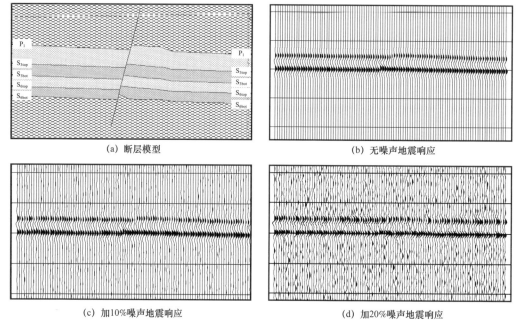

(a) 断层模型　　　　　　　　　　　　　　(b) 无噪声地震响应

(c) 加10%噪声地震响应　　　　　　　　　　(d) 加20%噪声地震响应

图 3-7　3m 断层模型及其在不同噪声条件地震响应特征

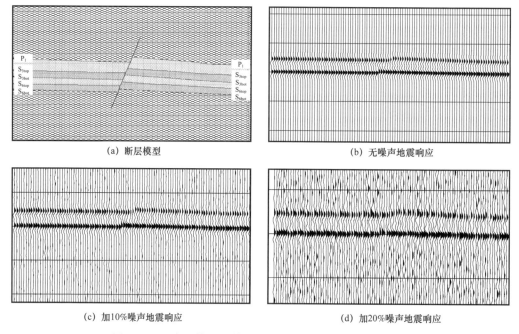

(a) 断层模型　　　　　　　　　　　　　　(b) 无噪声地震响应

(c) 加10%噪声地震响应　　　　　　　　　　(d) 加20%噪声地震响应

图 3-8　5m 断层模型及其在不同噪声条件下地震响应特征

受地震分辨率的影响，大断层附近断距为 5m 的断点易识别，但这不代表该断层的断距一定为 5m，且一口井在大断层附近解释出相距很近的一连串断点的现象在陆相油田较常见。如大庆喇嘛甸油田 L5-1831 井上断距为 2.5m、13.5m、5.0m 断层，通常在地震上只显示一条明显的断层。断距为 3m 左右的断点也有这种现象，这是大断层破裂带的表现，在这样的位置一般解释一条断层。

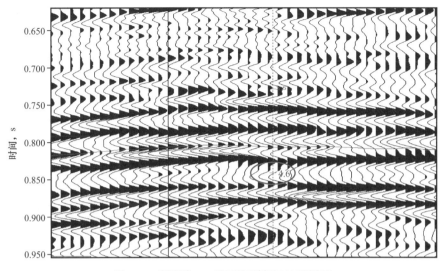

图 3-9　断距为 5m 的可识别断层地震剖面

2）5m 难识别断层

部分断距为 5m 断层在地震剖面上没有明显的响应，根据附近断裂关系，对断点进行空间归位组合，个别断点难以组合而成为孤立断点（图 3-10）。

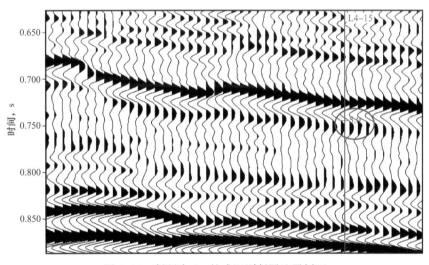

图 3-10　断距为 5m 的难识别断层地震剖面

3）3m 可识别断层

有一些测井解释的断距为 3m 断点在剖面中仍很明显，如图 3-11 所示，断距为 3m 和 3.5m 两个断点处断层均较明显。

4）3m 难识别断层

部分断距为 3m 左右的断点在地震剖面上有微弱响应，很难直接识别，可采用多种技术综合提高断层的识别精度（图 3-12）。

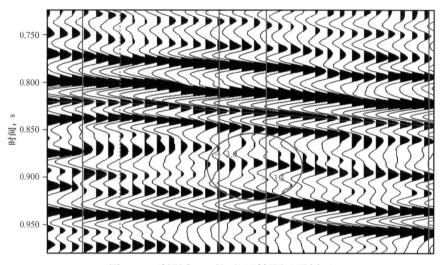

图 3-11　断距为 3m 的可识别断层地震剖面

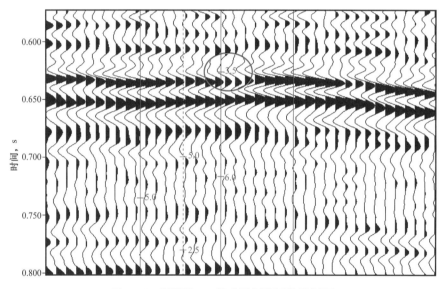

图 3-12　断距为 3m 的难识别断层地震剖面

从以上分析可以看出，不同断距的断层在时间剖面上显示特征多种多样，通过地震反射分析，总结出 10 种断层反射层变化特征（表 3-1）。总体来看，大多数小断层可能只具备了其中几项变化特征，随着断层断距的变化，断距从大到小，断层识别依据或断层变化特征逐渐减少。

大多数断层发育具备了以下几类特征：

（1）整个波组错断。

断层两侧同相轴发生错断，上下盘反射层特征清楚，波组之间关系稳定，通常为大、中型断层的反射特征［图 3-13（a）］。

（2）断面波形扭曲一致。

断面处的波形出现一致性的扭曲，受断层活动的影响一般表现为断层下盘出现向下扭曲，上盘向上扭曲。一般也为大、中断层的反射特征［图 3-13（b）］。

表 3-1　地震反射特征及识别方法对比表

序号	断距	大断层	小断层	反射特征	识别方法
1	>50m			整个波组的错断（断折一致）	边棱检测、相干体、倾角和方位角
2				断面波形变化一致（波形扭曲连续）	三维地震切片、顺层属性、边棱检测
3				断距有序变化（相等、变大、变小）	断距计算、断层三角网剖分
4	50~10m			断面波形变化（振幅减弱、增强）	沿层振幅、边棱检测、相干体
5				正牵引现象	三维地震切片、顺层属性、边棱检测
6				逆牵引现象	
7				产状变化（走向、倾角变化）	三维可视化、水平切片、顺层属性
8	<10m			单个同相轴错断	蚂蚁体、相干体、倾角和方位角
9				波断层不断	蚂蚁体、相干体、正演模型判识
10				同相轴挠曲	蚂蚁体、联井对比

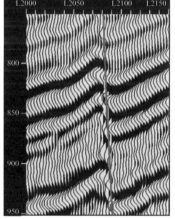

(a) 断层的波组错断

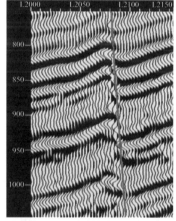

(b) 断面的波形扭曲一致

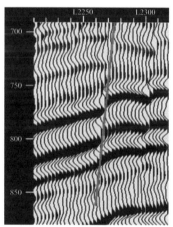

(c) 断距有序变化

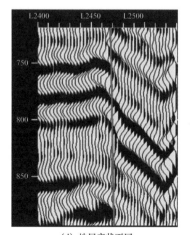

(d) 地层产状不同

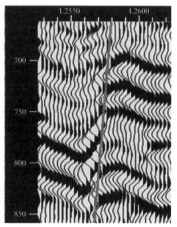

(e) 正牵引现象

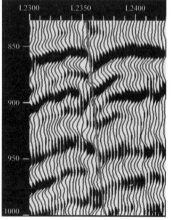

(f) 逆牵引现象

图 3-13　断层反射特征示意图

（3）断距有序变化。

同相轴错断的位移量相同，或者形成有序断距变化，这是断层而非岩性造成的反射特征变化的重要特征［图3-13（c）］。

（4）上下盘地层产状不同。

断层上下盘因断折效应，在地震剖面的断层两侧反射层同相轴的产状多发生明显的变化［图3-13（d）］。

（5）正牵引现象。

牵引现象在大多数的断层反射变化特征中都有表现，断层上下盘的地层顺着断层对立盘的方向发生位移［图3-13（e）］。

（6）逆牵引现象。

多受同沉积或拉张的影响，地层相对于该盘断层的运动方向和位移量，发生更大的地层位移［图3-13（f）］。

二、传统断层解释方法

地质上具备一定规模的断层在地震资料和井资料上均会有所反映，因此断层解释有两种途径：利用地震资料进行断层解释和利用井资料（主要是测井曲线）进行地层对比识别断层。传统断层解释方法主要以地震断层解释为主。

通常的断裂在地震剖面上能够比较容易识别，因此在地震剖面上分析和确定断层是地震解释的基本内容。地震断层解释是根据地震波组对比原则，沿主测线方向或与断裂垂直的任意测线方向逐线进行断层识别；如果要确定断层平面展布，再在平面上对断层进行人工分析、判断和组合。因此，利用地震剖面解释断层的方法不仅浪费人力、机时，而且会涉及一定的解释人员的主观因素影响。

常规地震剖面断层解释方法对于地质条件不太复杂的地区是有效的，但当断裂系统较复杂时，利用主测线和联络线（二维显示方法）解释小断层，主要依赖解释员的经验，因此，在小断层发育和断层间关系的认识方面很容易掺杂人为因素，断层解释带有较强的不确定性。当断裂产状与地层平行而不能形成明显的同相轴错断时，往往还可能漏掉相应断层。

此时，可以利用地震相干体辅助解释断层。地震相干体断层解释方法与地震剖面断层解释思路完全不同：地震剖面断层解释以常规地震剖面解释为主，再由常规剖面到时间切片，地震反射层位解释与断层解释必须同时进行；而利用地震相干体进行断层解释则以时间切片解释为主，再由时间切片到常规剖面，是一种效率和精度均较高的断层解释方法。在地震相干体断层解释过程中，解释人员的主观判断干预和经验因素影响减少，不但对断层的分辨率大大提高，工作效率加快，而且解释结果更客观、合理。

通常断层解释工作流程中，地震剖面断层解释和地震相干体断层解释是不断迭代的过程：经过相干体断层解释以后，把地震相干数据体时间切片的解释结果显示在常规剖面上，再回到常规剖面上进行断层解释，还可以把在常规剖面上所解释的断层投影显示在地震相干数据体时间切片上，反复验证，直到断层可靠为止。

三、井控小断层解释流程

在地质上通常把断距小于 10m 的断层称为小断层，但实际上，不同油田类型、不同开发阶段其小断层的标准也有所不同。比如大庆长垣由于井网密度大，构造相对简单，对小断层识别精度要求更高，断距为 3～5m 甚至小于 3m 的断层才是小断层。本章讨论的小断层主要是指用常规地震技术难以直接解释的断层。

在地震剖面上可以识别出水平断距超过一个地震道间距，且纵向上穿过若干同相轴的断层，利用地震资料解释断层具有直观、空间位置准确性高和组合关系清楚的优点，并且由于地震资料空间覆盖性好，具有其他资料无法比拟的横向识别能力。尽管如此，仅依靠地震识别断层仍具有一定的多解性。例如地震噪声的影响和地震资料纵向分辨率不够导致的断层响应模糊（详见前面断层地震响应特征分析），又如由于采集处理脚印和相变等其他地质因素导致的伪断层响应，这些因素都会导致地震断层解释存在较强的多解性。并且随着断距减小，利用地震资料进行小断层解释的多解性问题显得更为突出。其原因是，当断层断距变小时，断层两侧地震道波形差异也随之变小，常规地震剖面上断层反映出的特征不清楚，断层造成的地震波形和振幅差异逐渐接近甚至小于由于岩性变化、地层横向变化引起同相轴的变化，也更容易和地震噪声相混淆，使断层识别难度进一步加大。

地层对比识别和解释断层的方法，凭借测井资料的多样性和更高的纵向分辨率，可以识别出垂直断距远小于地震分辨率的断层，并且断点的深度位置精度通常也比较高。但是由于井点的稀疏性，单一利用井资料解释断层的空间位置准确性不高，比如，井间断层的位置推断、断层平面延伸方向和距离、断点组合的不确定、孤立断层解释等。由于小断层断距小，横向延伸长度小，钻井钻遇的断点数量更加有限，通常一条小断层只有 1～2 个断点，大大加大了通过地层对比方法解释断层的难度。

综上所述，地震资料解释断层是最有效的方法，但存在断点深度精度不够、小断层识别多解性等问题，而井资料解释断层在一定程度上能够弥补这两个方面的不足，辅助排除地震断层解释的多解性，去伪存真，因此采用井控小断层解释技术是进一步提高小断层解释精度的必经之路。特别是在开发老区，井网密度大钻井数量多，通过测井等资料得到的断点数据也相对丰富，指导断层解释、有效识别小断层，减少地震解释多解性的潜力更大。

井控小断层解释流程见图 3-14，它综合利用地震解释成果、钻井断点资料、分层数据、地震属性体，进行点、线、面、体的断层空间组合、断层及断层产状落实。根据断点调整大断层的断面产状，同时寻找地震未解释的低级序断层，解释流程在断层解释过程中主要突出了地震断层和测井断点交互验证和检查。总的来说，就是用地震数据控制断层的形态和组合方式，钻井断点数据校准断面的位置和产状，从而减小断层解释的多解性，提高断层解释准确性和识别能力。

除了地震断层和测井断点交互解释之外，开发阶段的井控小断层解释技术关键还包括三个方面：

（1）通过准确的时深转换，将井点上深度域断点数据转换标定到地震时间域；

（2）通过增强处理加强能反映小尺度断层的高频弱信号能量；

（3）计算不同地震属性，优选不同级别断层敏感的地震属性。

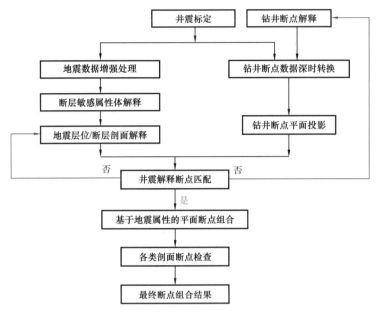

图 3-14　井控小断层解释流程

井控断层解释方式由于采用了井点处尊重测井、井间尊重地震的联合方式，大大降低了单一资料解释的盲目性和多解性，对于重建工区断裂体系、调整开发方案、完善注采关系、挖掘断层周边剩余油将起到推动作用。

四、井控小断层解释技术

1. 地震非连续性增强处理

利用地震资料分辨小断层有三种情况：第一种是小于调谐厚度的薄砂层形成的反射，当薄砂层被断层错开，如果两倍的断距加上砂层厚度小于地震调谐厚度时，受调谐作用影响，在断层的位置上只有振幅变化，没有明显的断层错动，大于调谐厚度或接近调谐厚度时相位开始有所变化。第二种是大于调谐厚度的厚砂层形成的单界面反射，当界面被错开时，断距小于 1/4 波长调谐厚度时，受调谐作用的影响，相位也不会有明显错动。只有当断距大于调谐厚度时才会有明显相位错断。第三种是受地震处理相干加强和道间均衡修饰的影响，小断层形成的相位微小错动，被相干加强和道间均衡"吃掉了"，通过较强修饰的剖面只能显示错动明显较大的断层。

因此，利用地震分辨小断层不但受实际断距大小、地震资料信噪比的影响，还受地震分辨率的影响。在地震资料有效频带内，随着频率的增高，小断层变得更加清楚。例如，在分频体振幅能量数据体上，低频振幅数据体主要揭示断距较大的断层，断距较小的断层在高频振幅数据体上显示更加清楚。提高地震资料分辨率增强横向非连续性，是改善小断层地震识别精度的一个途径。地震增强横向非连续性处理大多采用反褶积、小波域提取滤波器等处理方法，目的是拓宽地震信号的频带，有效突出地震频带中高频成分的响应特征，从而提高地震数据的分辨能力。

1）反褶积

反褶积可以压缩地震信号的脉冲宽度，分解复合波形，提高地震记录的纵向分辨率。

作为提高叠后数据分辨率的重要手段，国内外研究人员进行了深入的研究，发展起来的反褶积方法很多。在实际地震资料处理中，目前使用最多的反褶积方法有最小平方反褶积、预测反褶积、子波反褶积和最大（最小）熵反褶积等。

最小平方反褶积是目前地震勘探中常用的反褶积方法，它旨在把地震记录中的地震子波压缩成为尖脉冲，从地震记录得到反射系数序列，或使地震记录接近反射系数序列。最小平方反褶积的目的在于把已知的输入信号转换为与给定的期望输出信号在最小平方误差的意义下最佳接近的输出。脉冲反褶积则是期望输出为零延迟尖脉冲的最小平方反褶积。

2）图像去模糊

所谓的图像去模糊技术，就是假设观测图像可以用一个多维褶积模型表示，即由真实图像和一个点扩散函数（Point Spread Function，PSF）褶积得到，而去模糊就是一个多维反褶积过程，以消除 PSF 影响，恢复真实图像。假设三维地震数据体的每一个时间切片，都是由地下结构图像和一个二维的 PSF 褶积得到的，且对于所有的时间切片，PSF 都是不变的，为了保持原数据体的相位信息，设定所利用的 PSF 是零相位的。利用所有时间切片估计出 PSF 后，采用维纳滤波的反褶积方法去掉 PSF 的影响，可得到提高空间分辨率的数据体[1-2]。实际资料处理结果表明，经过信号增强处理，地震剖面分辨率得到明显改善，断面成像以及地震层位与断面接触关系较处理前更为清晰，有利于小断层的剖面识别和后续的属性提取（图 3-15）。

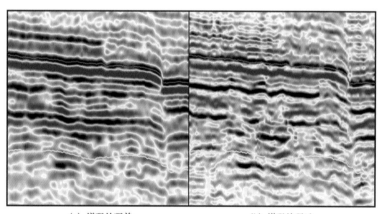

(a) 增强处理前　　　　　　　　　(b) 增强处理后

图 3-15　增强处理前后地震剖面对比

3）曲波变换相干体微断裂识别

曲波变换是一种多尺度、多方向的数学分析方法，与小波变换不同，曲波变换的基元由三个参数决定，即尺度、空间位置和方向。具有长度等于宽度平方的空间特性（条带状），且在长度方向是光滑的，在宽度方向是振动的。这种二维奇异性符合地震数据同相轴的基本特征，能够更好地表达地震数据中不同展布方向的地质特征，从而实现对地震数据的稀疏表示。

地震相干体利用相邻地震道间的相干性，突出因断裂或局部异常引起的不相干地震道，能直接从三维地震数据体中得到断裂系统，但由于相干算法本身没有利用地震数据的多尺度、多方向特征，其对于微断裂的识别能力依然达不到生产要求。通过曲波变换与相干体技术相结合可提高断裂特征，做法是先将地震数据分成不同尺度、不同方向的数据体，然后对每个数据体分别制作相干体，最后将不同尺度、不同方向的相干体融合，最终达到突出原始数据中不同尺度、不同走向的断层、微断裂的目的。

基于曲波变换的相干体技术，利用曲波变换固有的多尺度、多方向的性质，通过在曲波域中给出不同的重构系数，得到突出不同尺度和不同方向的地震数据体，再利用相干算法得到多尺度、多方向的相干体，实现了对不同尺度断裂的发育强度和方向的精细刻画。相比于常规相干体，曲波变换相干体分辨率更高，对于断裂发育方向刻画得更清晰。

利用曲波变换的多尺度特性，对松辽盆地葡南工区不同尺度的断裂进行分级刻画，描述大尺度断层和小尺度微断裂的展布特征，并就微断裂对于成藏及储层物性的控制进行分析，取得好的效果。图 3-16 是松辽盆地葡南扶余油层常规相干体和曲波变换分频相干体切片的对比。图中可以明显看出，在分频提取相对高频成分计算获得的相干体切片基础上应用曲波变换，进一步获得了细节丰富的切片，微断裂信息明显增多。整体上，微断裂发育距离断层越远越少，说明断层对其具有明显的控制作用。

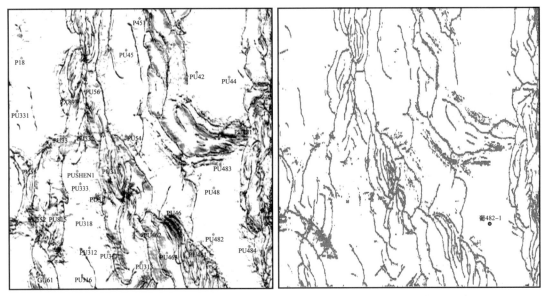

(a) 常规相干体切片　　　　　　　　　　(b) 曲波变换分频相干体切片

图 3-16　常规相干体与曲波变换分频相干体对比

2. 断层敏感地震属性分析

优选地震属性是改善小断层地震识别精度的另一有效途径。与提高分辨率处理侧重于突出断层在剖面上的纵向发育特征不同，地震属性更善于突出断层的平面和空间展布特征。曲率、倾角、边缘检测等构造类属性以及相干分析等连续度属性是断层解释中常用的地震属性，在油田实际生产应用中取得了很多应用实效。

1）相干体

相干体技术通过分析地震波形的相似性对三维地震数据体的不连续性进行成像，其基本原理是在偏移后的三维地震数据体中，对每一道、每一样点求取与其周围数据（纵向和横向上）的相干值，即计算时窗内的数据相干性，把这一结果赋予时窗中心样点，进而得到一个只反映地震道相干性的新数据体（即三维地震相干数据体）[3-4]。

在最早互相关相干算法 C1 的基础上，逐步发展了基于多道相似性的相干算法 C2、基于特征结构分析的相干算法 C3、基于局部结构熵 LSE 的相干算法和基于高阶统计量和超道技术的相干算法 HOS-STC 等。这些算法有各自的优缺点和适用范围，如基于互相关的相干算法计算简便，但对噪声的抑制能力差；基于多道相似性的相干算法对噪声有较强的抑制能力，但增加地震道数会使算法的计算量增大，同时会降低相干体图像的横向分辨率。基于特征结构分析的相干算法的抑制噪声能力优于基于互相关的算法和基于多道相似性的算法，得到的相干体图像具有更高的分辨率。

除了算法差异，相干处理中参数选取也影响着断层识别能力：（1）相干道数量。一般参与相干计算的道数越少，平均效应越小，越能提高分辨率，特别是突出小断层的分辨率。但是如果道数过少，则受噪声影响较严重，局部噪声的存在将导致假异常的出现。（2）相干道组合方式。选取道数的位置应与实际地质分布情况有很大关系，选取地质情况有变化的方向做相干，效果会更好。一般地，选择与大多数断层走向垂直的直线形空间组合会得到较好的相干处理效果，断面窄且清楚，断层走向和空间展布形态清晰。（3）相干时窗。相干时窗的大小是指参与计算的采样点数，它的选择受到地震信号频率的制约。当相干时窗过小，时窗内不到一个完整的波峰或波谷时，据此计算出的不相干数据体反映噪声的几率比反映小断层的几率大；当计算的相干时窗过大，会包含多个地震反射同相轴，据此计算出的不相干数据体反映同相轴连续的概率比反映断层的几率大。

由此可见，不同的相干算法和参数对断层具有不同的识别能力，针对开发阶段小断层解释的需求，在地震资料信噪比和分辨率许可的情况下，应选择具有更高分辨率的算法和参数，以实现更小断距断层的识别。图 3-17 为同一三维地震数据的 C2 和 C3 相干切片，可以看出 C3 相干切片上断层信息更加丰富，断层线宽度更窄，西北部识别出了更小断距的断层，具有更高的断层识别能力。

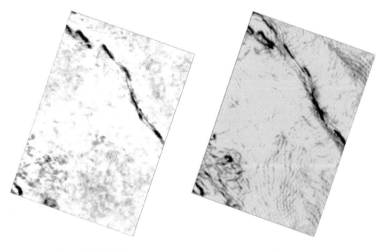

(a) C2相干体切片　　　　　　　　(b) C3相干体切片

图 3-17　C2 相干体和 C3 相干体断层识别对比

地震相干体计算是对原始地震资料进行的，提供的断层形态不存在由于解释员对比和层位自动拾取产生的偏差，人为因素少，用相干体技术进行断层解释和组合，避免了解释的主观性。它压制了横向一致的地层构造特征，其水平时间切片显示了任意方向的断层，能检测出在常规剖面上难以识别的微小断层，可解决平行于同相轴的断层难以解释的困难。

2）倾角与方位角

为了从地震资料中获得可能的地质构造不连续层独立的、无系统误差的信息，还可以采用倾角和方位角技术。该项技术在三维叠加地震数据基础上，计算地震反射同相轴的时间—倾角和倾斜方位角，并产生新的地震属性：时间—倾向和倾斜方位角的3D数据体。该技术突出了不同种类的原始地震数据，并且有助于了解构造形态和其他的不连续层。

3）地震曲率

曲率体属性将是继相干属性之后，又一用于构造解释的强有力手段。曲率是圆的半径的倒数，代表了圆上某一点的切线，弧线弯曲程度越大，曲率就越大，直线的曲率为零。从数学上来讲，曲率可以简单地定义为曲线的二阶导数。求导的方法决定了曲率的计算方法，目前的计算方法包括差分法、常规的傅氏变换法和分波数的傅氏分析方法等。沿层的曲率变化特征可用于非连续性检测（裂缝检测），具有速度快、抗干扰能力强的特点。其值越大，表示越不连续（由断层、裂缝等引起的非连续性），即断层可能越发育。

4）边缘检测

在地震数据中，边缘是一种十分有意义的特征。数据的不连续性特征如断层、河道边界、透镜体边界以及其他特殊岩性体的轮廓等，反映在图像中即为边缘特征。多数属性提取技术都需要在一定的时窗和空间范围内实现，这就不能兼顾横向分辨率和纵向分辨率。由于这种弥散作用，很难确定断裂展布范围，应用边缘检测技术可以根据图像边缘灰度的变化来检测出边缘，为断层的解释提供更充分的依据。边缘检测有很多种方法，应用较多的是边缘算子法。边缘检测算子检查每个像素的邻域并对灰度变化率进行量化，也包括方向的确定，大多数使用基于方向导数掩码求卷积的方法。

5）蚂蚁追踪

蚂蚁追踪技术是基于蚂蚁算法的原理，由斯伦贝谢公司在Petrel软件中推出的一种断裂自动分析和识别的技术。其基本原理是：在地震数据体中散播大量的"蚂蚁"，在地震属性体中发现满足预设断裂条件的断裂痕迹的"蚂蚁"将释放某种"信号"，召集其他区域的"蚂蚁"集中在该断裂处对其进行追踪，直到完成该断裂的追踪和识别。而其他不满足断裂条件的断裂痕迹，将不再进行标注，最终将获得一个低噪声、具有清晰断裂痕迹的蚂蚁属性体。

通过调整参数设置，蚂蚁追踪技术既可以清晰识别区域上的大断裂，又可以定性地描述地层中发育的小断层及裂缝，以满足勘探、开发不同研究阶段的要求，有效提高了断层解释的精度和细节，比人工解释结果更加清晰、准确，尤其是对于低级序断层的识别和描述是一种非常好的方法。

图3-18为渤海湾某油田相干体和蚂蚁体剖面对比，从图中对比可以清楚看出，相对相干体，蚂蚁体具有更高的分辨率，突出了相干体中相对较弱的信号，同时具有更好的空间断裂组合特征。

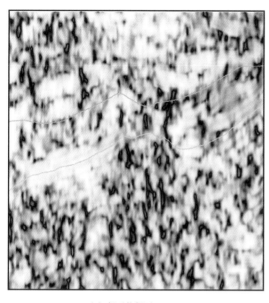 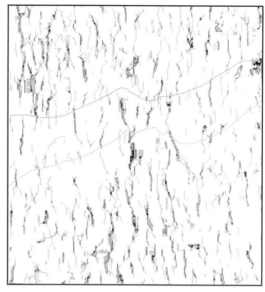

(a) 相干体剖面　　　　　　　　　　　　　　(b) 蚂蚁体剖面

图 3-18 相干体和蚂蚁体剖面对比

6）断层敏感属性优选

不同地震属性和分析方法，对不同断距的断层敏感程度不同，如图 3-19 为大庆喇嘛甸油田不同断层属性切片对比，可以看出相干、边缘检测和倾角对断距较大的断层显示更加清楚，其中倾角的断层平面分辨率和清晰度最好，但他们识别小断层的能力低于蚂蚁追踪。

因此，在不同的研究工区，应根据不同断层的识别要求，结合实际地震资料的信噪比和分辨率，同时计算和提取研究不同的断层属性体，分别进行对比分析，综合分析以提高小断层解释精度。

3. 井震断点匹配

1）断点深时转换

以往的做法是，在解释软件中通过合成记录的方式进行井震标定对比，产生时深对关系，从而实现深时转换。标定过程中，对合成记录的拉伸、压缩和移动都是人工完成的，肉眼手工对比难免存在误差，勘探阶段井数量少的时候这种误差的影响不大，但是老油田精细油藏描述针对的地质对象为单个沉积单元，平均厚度只有几米，如果合成记录井震对比差几毫秒，将会产生几米的误差，造成井震数据不对应，严重影响着构造解释和储层预测的精度，为此，老油田精细油藏描述在深时转换方面提出了更高的精度要求。

可通过两个途径提高时深精度。首先采用标定、层位解释迭代的方法提高时深转换精度。在实际工作中，测井曲线、钻井分层、地震层位等资料都不是绝对准确的，可能存在这样或者那样的误差，因此标定的时候就需要综合考虑各种可能因素，以测井合成记录和井旁地震道波组对比关系为基础，不断地对声波时差曲线进行系统校正，对地质分层进行调整。其次标定的过程中尽量减少人工参与的程度，利用现有软件或者编制计算机程序，读取目的层附近标志层深度及其对应的地震层位时间值，自动匹配处理，并采用声波时差曲线对其他深度位置进行逐采样点的深时转换，从而提高分层和层位的时深一致性。

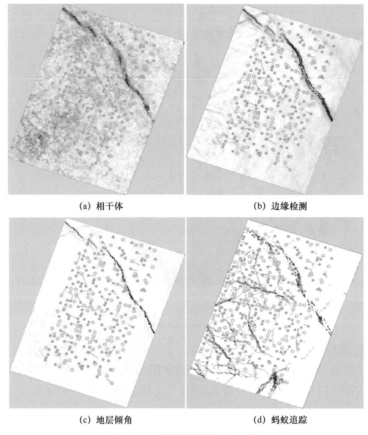

(a) 相干体　　　　　　　　　　(b) 边缘检测

(c) 地层倾角　　　　　　　　　　(d) 蚂蚁追踪

图 3-19　断层敏感属性切片

工作流程和实现步骤如下：（1）选取井震标定的标志层。此处的标志层不仅具有明显的地质意义，测井曲线特征易于识别，而且也应是一个明显的波阻抗界面，在地震剖面上反射能量强、连续好，易于追踪。（2）子波和标志层波组特征标定。优选测井曲线质量高的井进行初始井震标定，分析地震子波频率和相位，确定标志层的地震波组特征（波峰、波谷或者零值交叉点）。（3）标志层层位解释。采用自动追踪的解释方法确保标志层准确性，同时对个别不合适的地方进行手工修改。（4）自动标定。以标志层深度值及其对应的地震层位时间值为基值，对测井曲线进行逐采样点的深时转换。

2）井震断点匹配解释

地震解释的断层面虽然在平面上连续性好，但其在垂向上分辨率依然不高，再加上其从采集、处理到解释过程中存在种种不确定因素，单纯利用地震描述断层往往会出现断层位置精度不高等问题。测井数据垂向分辨率高，足以确定断层在空间的确切位置，但由于数据量少，难免以点盖面，以偏代全，测井解释断面产状描述存在较大的随意性，同时会漏掉一部分断点难以控制的小型断层。井震结合断点匹配思路是，以地震构造的解释断层为基础，将测井断点和地震断层解释面进行断点的空间组合归位，利用测井断点检验、校准地震断面，使二者在空间上保持一致，以提高断层位置精度。

（1）断点归位。

首先，在时间域上实现断点与地震体的联合显示。即断点进行时深转换后获得一个与深度相对应的时间值，将断点投影到时间域地震剖面上或者 3D 地震体窗口内。

其次，在地震剖面或三维空间上，按照合理步长移动地震剖面，将断点和断层面进行对比，检查断点是否落在断面上，确定断点是否归属于该条断层。对于地震剖面上识别相对困难的小断层，利用更敏感的小断层地震属性体，如曲率体、蚂蚁体等技术，将断点和属性剖面、切片进行匹配对比，实现断点组合归位。

对于不能归位到地震断层面的断点，过断点做地震正交任意线剖面及蚂蚁体水平或沿层切片，结合地震属性体寻找剖面上可能未解释的小断层。不能落实到断层面、且在断层属性体上也没有断裂响应特征的断点，为待落实断点或存疑断点。对于此类断点需要重新开展地层对比工作，有时还需引入生产动态资料，对断点的可靠性进行复查。

（2）地震断面校准。

对于已经归位的断点，利用断点数据对地震解释断层面进行修改，实现断面的校正。

在解释过程中，并不是所有的同相轴错断、扭动、相干体异常都指示断层，岩性变化等地质因素影响也可以造成地震响应特征改变。因此，在采用地震属性体预测出的大量异常变化中，并不全是小断层的响应。因此在进行小断层解释时，应尽量剔出地质异常体的影响，需要结合属性体平面展布形状、断裂整体趋势、断裂深浅继承性及开发注水等动态资料开展综合分析，去伪存真，科学合理判断小断层的存在。

第三节　井控层位解释

精细油藏描述对地震层位解释精度要求更高。一方面要求地震层位遵循地震同相轴横向变化特征，同时还要求地震层位和时间域的已钻井地质分层一致，因此需要采用井控层位追踪的解释方法。

一、传统层位解释

常规地震层位解释技术主要是通过时间剖面的地震反射波组对比来实现的，包括确定层位反射特征，搭建三维基干剖面进行层位解释，在主测线和纵测线初步层位闭合的基础上，逐步提高解释地震线的密度，进而完成到全区的层位解释和闭合。在层位解释的过程中，可以采用手工拾取层位，也可以采用自动拾取的方法。

常规层位解释主要基于地震资料，钻井资料通常只用于辅助标定地震层位时间位置和反射特征。

二、井控层位解释流程与技术

井控层位解释和常规地震层位解释流程主要的差别是：井控层位追踪在构造解释的过程中加入了时间域地质分层数据的控制，即将地质分层深度数据经过深时转换到时间域，通过井点处时间构造点，对地震解释层位进行监控和校正，保证了井震时间域上的一致性（图 3-20）。主要包括层位追踪和层位校正两个方面内容。

1. 层位追踪

在井震标定后，利用地震资料进行精细层位解释，主要采用地震振幅自动追踪技术进行层位解释，从而最大限度地保持地震横向的变化细节，在低信噪比区域采用手动追踪，并对不连续和不合理的地方进行修改。

自动层位追踪技术是用地震属性（如相干性、连续性、振幅值大小等）作控制的一种自动追踪技术。该算法是在邻近道寻找相似特征体。如果在一定的约束内找到一个特征体，就把它拾取出来，然后移至下一道进行拾取。这种简单的自动拾取器允许用户设置搜索中要追踪的特性，包括振幅范围和倾角窗口。如果任何搜索准则都不符合，自动拾取器就在这一道停止追踪。

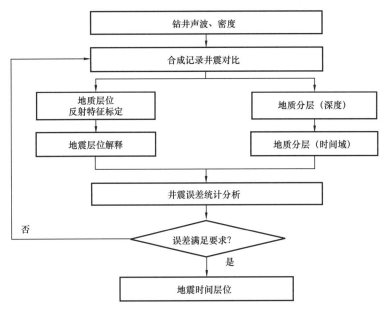

图 3-20 井控层位追踪流程图

在构造相对简单的地区，在解释完断裂系统后，根据地质分层标定地震反射层位，解释人员可以利用反射界面的波组特征，在目的层反射界面上定义一个或多个种子点后，在三维地震数据体上自动追踪同相轴，步骤如下：

（1）从典型剖面上引出种子点进行面积追踪解释，不断建立新的层位解释网架，在此基础上再进行种子点追踪。需要注意的是，遇到该反射层相位有前积斜列、相位分岔合并、透镜状不规则分布时，在保证大网架解释层不窜层的前提下，加密线解释的密度，然后再进行种子点自动追踪，有时甚至需要逐条线采用自动追踪的方式或点方式进行解释。

（2）每一封闭断块要引层分别种种子点。在先期解释的典型框架中，不可能每一断块都进行解释，这时就需要从框架层中通过任意线把层位引入断块内，再给出种子点面积追踪。以此类推，对每一断块进行追踪解释。需要注意的是每一断块解释完后，要通过断块不同位置的任意线检查断层两侧层位的对接关系，以保证封闭断块层与其他层的对应关系。

（3）在每一层整体解释完后，继续对该层进行调整和完善。主要是对断层附近，不同方向断层相交的部位，进行调整和解释完善，采用剖面自动追踪的方式和点追踪的方式补全没有追到的层。

2. 层位校正

在地震层位追踪解释后，地震层位与已知井地质分层仍存在较小误差，这种细小误差会影响其后的构造成图、地震反演和油藏建模的精度，因此需要进行进一步校正，也就是所谓的井控层位校正。具体做法是利用已知井的时深关系，将地质分层由深度域转换到时间域，求取已知井点地质分层和地震层位的误差，分别从地质分层、时深关系和地震层位解释三个方面分析误差的可能性，不断迭代修改地质分层、时深关系和地震层位，最终得到同时在时间域、深度域和地质分层达成一致的地震层位。

三、小层地层格架建立

在国内陆相薄互层地质条件下，以目前的地震分辨率状况仅能分辨或能够部分分辨到油层组界面，小层界面则难以识别，因此应用地震层位来搭建时间域低频地层格架，并在此格架的控制下搭建小层格架成为最佳的选择。

首先，通过油层组界面的井震结合解释，建立油层组级低频地层格架。以大庆萨尔图油田萨葡油层为例，可实现全区同相轴追踪的只有 SⅠ、SⅡ、PⅠ 三个油层组的顶界面，这些层位也称为地震反射标志层。这三个油层组的共同特点是其顶部都存在可以全区对比、并且具有一定厚度的泥岩段。SⅠ顶部为巨厚泥岩段，SⅠ–SⅡ泥岩夹层（厚度约为10m 的低速泥岩）与下伏的SⅡ砂泥岩间存在一个明显的波阻抗台阶，SⅢ–PⅠ泥岩夹层（厚度约为 10m 的高密度泥岩）与下伏的 PⅠ 组厚砂岩之间同样也存在一个较为明显的波阻抗差，从而可以形成连续性相对较好、全区可追踪的地震反射同相轴。其他油层组级的界面反射同相轴整体连续性相对较差，需要参考顶、底反射标志层的解释结果，根据井震标定的分层信息实现全区的解释。这类层位与地震反射标志层解释结果共同组成油层组级的地层格架。

其次，在井震结合建立油层组级等时界面的基础上，通过两种方法建立小层级等时地层格架。一是如同产生油层组界面一样，在井震标定后，进行井震结合的手工解释；二是以构造建模的方式，通过油层组级界面的控制，建立小层级等时地层格架模型。由于油层组内部小层级界面无法通过地震分辨，而且手工解释工作量巨大，可能会进一步增加人为解释误差，井点之间的小层解释精度无法得到保障，所以并不推荐使用这种解释方法。第二种方法存在两种不同的实现方式，一是油层组顶、底界面时间层位约束下的直接插值建造层位，二是根据井点解释的小层与油层组顶、底界面关系的拟合规律生成小层的等时格架。二者相比，第一种方式简单，但所有井均需进行井震标定，适用于沉积和构造条件复杂的地区；第二种方式相对复杂，但仅需要一定数量、分布相对均匀的井参与拟合的过程，在砂、泥岩速度变化不大的情况下，甚至不需要时深转换，可直接将深度域形成的拟合结果用于时间域小层建模，更适用于沉积和构造条件相对简单的地区。

大庆萨尔图油田的萨、葡、高油层是盆地坳陷期形成的稳定叶片状三角洲沉积，小层的厚度相对稳定，很少出现沉积尖灭的现象，沉积条件相对简单，断层不发育，砂、泥岩速度差很小。基于以上特点，对部分小层进行了深度域油层组顶、底界面控制下的等比例拟合，分析应用等比例剖分方法制作小层格架的可能性。以 SⅡ9 小层为例，根据井分层确定研究区内每口井 SⅡ9（顶底中间位置）距 SⅡ 顶的距离与该井 SⅡ 顶距 PⅠ 顶距离的比值，对研究区内所有参与井计算该比值的平均值，然后将该平均值应用于所有参与井，计算每口井等比例沉积条件的 SⅡ9 层距 SⅡ 顶界面的理论距离，最后计算该层每口井等比例剖分的理论位置与测井解释位置的差值，得到等比例剖分的深度域误差。应用相同的算法，对 SⅡ 至 PⅠ 之间的 6 个小层（SⅡ4、SⅡ7+8a、SⅡ10+11a、SⅡ13+14a、SⅢ5+6a 和 SⅢ8）进行了等比例剖分位置与测井解释位置的误差统计分析（图 3-21）。从图中可以看出，各小层的误差均较小：误差在 -1～+1m 之间的约占总井数的 75%；误差在 -1～2m 和 1～2m 之间的约占总井数的 20%；绝对误差大于 2m 的井数小于总井数的 5%。这些统计是在不考虑断层对地层厚度影响的条件下得到的，说明在深度域应用等比例剖分的方法进行小层界面划分是可行的。同时，考虑到砂、泥岩速度基本相同，完全可以在时间域应用等比例剖分的方法来实现小层等时格架的建立。这种方法的优点是应用了测井解释结果，从而保证了小层格架的精度，为小层的地震属性分析奠定了基础。

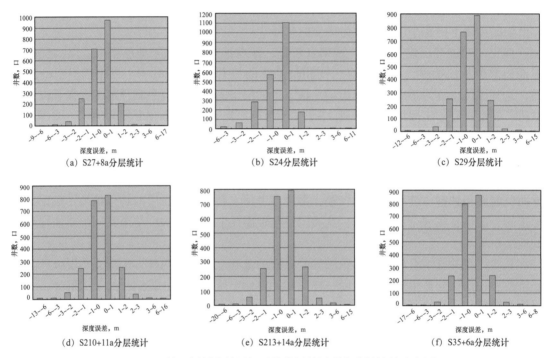

图 3-21　等比例剖分结果与测井分层结果误差分层统计直方图

第四节　井控构造成图

在油气田开发过程中，构造面的准确位置、微幅度构造等构造要素对开发井的设计具有重要指导作用，因此油藏精细描述对构造图的成图质量要求更高，其深度精度要求达到米级甚至更低。除此以外，地质建模建立构造格架模型时，要求井、震一致，即在已知井点处的地质分层和地震解释深度构造完全吻合，才不会由于层面位置不准确而带来深度域地质建模的砂体外推预测窜层等一系列问题。可见，开发中后期精细油藏描述对构造图的精度提出了更高的要求。

一、传统构造成图方法与不足

在速度横向变化不大时，时间层位能代表地下的构造形态，当速度变化较大时，时间层位和地下真实的深度构造往往存在较大差异，此时时间构造不能代表地下真实构造形态，因此要仔细分析速度，建立准确的时深转换关系进行时深转换。通常速度分析有几种解决的方式。

（1）地震叠加速度进行时深转换。用地震叠加速度作时深转换的优点在于平面上的速度变化得到较好的体现，不利的方面是叠加速度受多种因素的影响。尤其是当横向速度变化较大时，叠加速度的误差也比较大，因此使用叠加速度可能会造成较大的深度误差。为了尽可能地减小这种误差，利用测井合成记录的速度与叠加速度分析相结合，有时可以取得较好的效果，但远远满足不了开发后期对构造精度的要求。

（2）采用平均速度作时深转换。在沉积稳定、速度横向变化不大的地方，经常采用平均速度法进行时深转换，具体包括 v_0-β 方法、固定时深表等，这类方法曾在大庆、华北被广泛地使用。此外，还可以采用多井回归数学公式拟合求取平均速度的方法。这类方法的特点是简单实用，同一个深度值对应一个时间值，建立的速度场相对平滑、稳定，但由于没有考虑速度的横向变化，得出的深度域构造和时间域构造整体形态一致，因此并不是真正意义上的变速成图。如果地下速度变化较大时，二者形态差异大，并且横向速度变化越大误差越大，构造成图精度不高。

例如，图 3-22 为一个开发老区多口已知井 S201 小层的时间—深度关系图，可以看出该区深度与地震传播时间具有很强的相关性，相关系数达到 0.99，但统计方法得到的回归公式对于绝大多数单井仍然存在很大误差。图中可见，总是存在很多井点的时深点并非严格遵循拟合的曲线，并且某些井点偏离还比较大。显然只要某井点的实际时深点不在该直线上，采用该线性时深关系对地震层位进行时深转换后，该点构造深度和它的钻井实际深度必然存在一定的误差，在这种情况下还要进行深度误差分析和校正。

因此，平均速度法进行时深转换构造成图的方法虽然简单实用，但已知井点处的真实速度和平均速度或多或少地存在误差，不能满足开发上井震构造一致的要求。

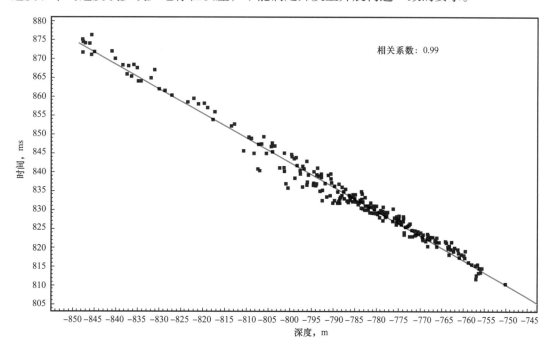

图 3-22　多井回归线性拟合时深关系图（S201 小层）

（3）选用合成记录速度作时深转换。钻井数量较多时，可以进行井震标定，利用标定后各井的时深关系求取速度，进行三维插值建立空变速度场。这种方法是开发期主要的时深转换方法，它充分利用了已知井点处的速度信息，保证井点处时深转换的准确性，并且井网密度越大，速度控制的井点数量越多，空变速度场精度也越高。但是，该方法在井间则采用简单平均法、距离反比加权法等传统的数学手段进行速度插值，速度空间变化趋势考虑不够精细，井点之间的速度准确性难以得到保证[5]。

图 3-23 为一个开发老区利用所有已知井的时深关系进行空间速度建模后的平均速度平面图，从图中可以明显看出井点与井点之间速度变化的不规则性，局部高速、低速的"牛眼现象"十分普遍。显然井间内插的速度存在较大的异常和误差，使得采用该速度模型转换的深度构造产生畸变，有时还会造成深度层位和时间层位的形态发生较大差异，降低了地震在井间构造横向的预测性。图 3-24 构造图即为采用该速度建模方法进行时深转换的构造图，对比时间构造和深度构造图右上方方框位置，在断层东北部方向，深度构造和时间构造形态存在明显差异。

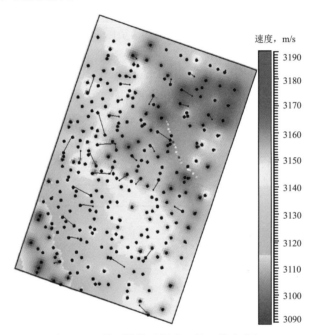

速度，m/s

图 3-23　利用钻井时深建立的三维速度场

二、井控构造成图技术

开发中后期对构造成图主要有两个要求：构造图上井点处构造深度吻合实际钻井的深度，井间构造预测精度高。利用地震叠加速度或者平均速度方法进行时深转换绘制的构造图和实际钻井深度不完全一致；采用多井速度建立空变速度场进行时深转换能够保证井点处时深转换正确，但井间速度采用简单数学插值计算而来，多解性仍然较强，达不到井间精细油藏描述的要求。

如果当井网密度足够大时，利用已知井点的分层深度数据直接插值，就足以编制一张具有一定精度的构造图。这种方法完成的构造图能保证构造在井点上的准确性，但缺乏井

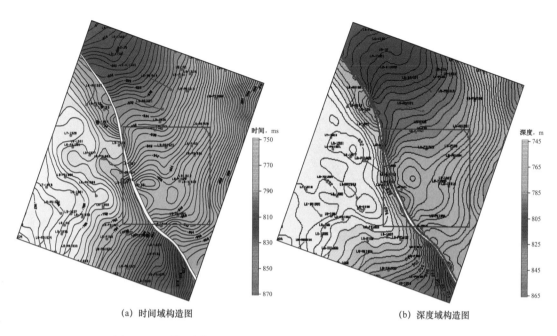

(a) 时间域构造图　　　　　　　　　　　　(b) 深度域构造图

图 3-24　时间域构造和三维速度建模时深转换的深度域构造对比

间构造变化的趋势，井间构造精度还有待提高。为了提高井间构造精度并充分利用地震资料的构造信息，可采用将井点构造信息和井间地震构造信息有机相结合的地震约束下克里金构造成图法[6]。

　　具有外部漂移的克里金法又可称为具有外部漂移变量的克里金法，外部漂移变量起到趋势约束作用。它是带有趋势模型的克里金（KT）的扩展形式，能够有效地利用外部变量（比如地震属性的信息）来估计主变量。使用该方法需要满足以下条件：（1）主变量和外部变量必须相互关联，具有一定的物理意义；（2）外部变量必须在空间上光滑地变化，否则可能导致具有外部漂移的克里金方程组不稳定；（3）在主变量的所有数据点处和要估计的位置上，外部变量都必须是已知的。

　　假设主变量为所要求取的深度构造，外部变量为地震反射面的旅行时（地震时间层位）。理论上，地震时间层位全区分布，反映构造变化的地震层面是光滑、连续变化的，不具有短距离的突变性，并且构造深度与旅行时成一定的比例，很好地满足了上述应用条件，因此能够采用具有外部漂移的克里金技术将井震信息联合起来构造成图。

　　图 3-25（b）为在地震层位的横向约束下对地质分层数据采用井控构造成图法完成的深度构造，图 3-25（a）为时间构造。对比两者能够看出：井控构造图和时间构造形态具有很好的相似性，相对三维速度建模时深转换的深度构造图［图 3-24（b）］，更好保持了地震层位的变化特征，并且，井控构造在井点处和已知井点的地质分层深度完全符合。

　　具有外部漂移的克里金方法以时间域的地震时间层位为外部漂移变量，在构造成图时起到层面趋势约束作用，对已知井相应地质分层的深度值进行插值计算。该方法避开了速度建模和时深转换过程，构造成果既符合井点数据，又忠实于地震层位的横向变化趋势，是开发阶段绘制构造图和建立储层格架层面模型的有效方法。

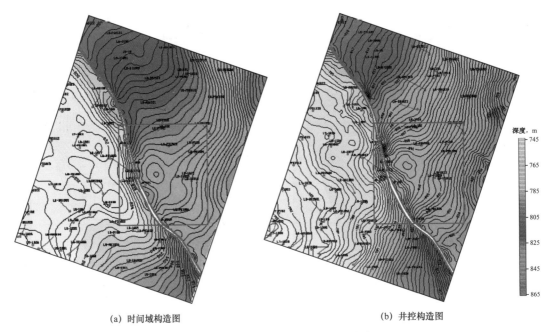

(a) 时间域构造图 　　　　　　　　　　(b) 井控构造图

图 3-25　时间域构造图和井控构造图对比

第五节　小　　结

开发阶段构造解释的核心是高精度。提高构造解释精度的基础在于地震资料的可靠性和高分辨率，因此，通过处理技术提高地震信号信噪比、提高地震资料纵向分辨率是提高构造解释精度的一条有效途径。其次，地震数据中包含了大量的地质信息，例如断层在地震振幅、相位、频率等不同方面都具有不同的响应特征，目前主要局限于波形和振幅的变化来识别断层，资料利用程度有限。随着计算机技术的提高，通过计算机图形学、图像处理识别、数据挖掘等技术应用，发展地震属性技术，有望进一步提高层位追踪、断层识别、微构造解释精度，以满足开发精细油藏构造描述的需要。

参 考 文 献

[1] 陆文凯，丁文龙，张善文，等．基于信号子空间分解的三维地震资料高分辨率处理方法 [J]．地球物理学报，2005，48（4）：896-901．

[2] 陆文凯，张善文，肖焕钦．用于断层检测的图像去模糊技术 [J]．石油地球物理勘探，2004，39（6）：686-689，696．

[3] 朱成宏，黄国骞，秦瞳．断裂系统精细分析技术 [J]．石油物探，2002，41（1）：42-48．

[4] 张向君，李幼铭，钟吉太，等．三维相干切片断层多边形检测 [J]．物探化探计算技术，2001，23（4）：295-298．

[5] 贾义蓉，贺振华，石兰亭，等．变速三维地震速度场的构建与应用 [J]．物探化探计算技术，2011，33（3）：243-247．

[6] 刘文岭，朱庆荣，戴晓峰．具有外部漂移的克里金方法在绘制构造图中的应用 [J]．石油物探，2004，43（4）：404-406．

第四章　井震联合薄储层预测技术

无论是断陷盆地还是坳陷盆地，广泛发育的冲积扇、河流相、三角洲相构成油气藏主要相带类型，在层序结构上以不整合面和沉积间歇面控制，形成薄互层、泥岩遮挡型岩性圈闭，其典型几何特征表现为地层薄、砂体尖灭等，对地震分辨率需求高。以松辽盆地、鄂尔多斯盆地为代表，进入"十一五"之后，厚度5～10m甚至更薄的砂体是主要储集体，砂体识别中普遍存在的难题是地震垂向分辨率低于砂体厚度，地层顶底板不能直接分辨。受地震分辨率影响，砂岩上倾方向是否存在岩性封堵、不整合遮挡、削截或顶超等，在常规地震剖面上难以定论，圈闭识别存在多解性。同时，油气目标以低孔低渗为主，储层物性差，非均质性强，对岩性、物性等地震预测精度提出巨大挑战。

面对新形势下油气勘探开发的迫切需求和技术挑战，"十二五"期间以地震叠后属性和地震叠后反演为主的技术系列已难以满足地质目标精细预测需求。从"十一五"至今，地震储层预测技术随着研究目标复杂度增加得到了长足的发展和进步。一方面以叠前储层预测技术为核心，形成了较为可靠的储层弹性参数甚至流体的预测手段，另一方面与开发阶段丰富的油藏信息、地质信息相结合，在技术实现上加强了井震结合、井藏结合，以地震岩石物理分析技术为基础，进一步提升了油藏参数精准预测的能力和水平，为精细油藏信息描述提供了更可靠的信息。

第一节　开发阶段储层预测目标与任务

在开发阶段开展储层预测研究，最主要的目的是要进一步精确构建地下认识体系，建立起储层地质模型，服务于油藏数值模拟和预测剩余油的需要。从高含水油田深度开发需求的角度，开发阶段储层预测具有以下6项地质任务[1]。

（1）储层横向边界预测：不规则大型砂体的边角部位、主砂体边部变差部位，以及现有井网控制不住、动用程度低或未射孔的小砂体、薄砂层形成的剩余油预测，都需要结合地震资料预测砂体横向边界和砂体的分布范围。

（2）条带型砂体走向确定：通过测井解释，容易识别井点上砂体，然而，在高含水后期井数多，对于条带型砂体在井点上的组合和井间砂体走向的确定，需要辅助地震储层预测成果对其以精细刻画，这对于预测条带型砂体因注采完善程度低导致的剩余油富集部位有帮助。

（3）河流相储层主体部位刻画：刻画大型复合型砂体中河道主体部位对开展有针对性的堵水调剖、调驱，以及结合精细地质对隔夹层的研究成果，挖潜厚油层顶部等储集空间的剩余油，具有非常积极的意义。对于油藏地球物理技术而言，刻画河流相储层主体部位（包括主河道和点坝等）着重是要解决薄互层储层条件下单砂体厚度预测的精度问题，单砂层厚度预测准确了，相对厚度较大的河流相储层主体部位也就得以预测了。

（4）砂体接触关系与连通性识别：通过开展高精度地震反演与属性分析，确定砂体接触关系与连通性，对于分析注采井对应关系，调整注采井网，完善注采系统，具有指导意义。

（5）岩性隔挡预测：砂体被纵向或横向的各种泥质遮挡形成滞油区，是剩余油挖潜的有利部位。预测对剩余油富集有利的各种岩性隔挡的位置，如末期河道、废弃河道等，是地球物理技术在油田开发领域应用的一项新任务。

（6）储层物性参数预测：建立高精度确定性储层物性参数模型是开展剩余油预测油藏数值模拟的基础，仅靠井数据地质统计学插值和模拟，无法解决井间的不确定性问题，这需要油藏地球物理技术对此进行高精度的研究，而对于裂缝型储层则要做好裂缝分布和方向等参数的预测。

第二节　薄储层地震响应特征分析

在近十年中，薄层地震响应特征分析取得明显进步，从震源和反射系数谱发展到反射波频谱分析，建立起反射波陷频频率或峰值频率与薄层厚度的定量关系。正演模拟方法从普遍使用的褶积模型向波动方程模拟方向发展，使得地震波场的信息更加丰富、更加真实。分析手段从傅里叶变换向广义S变换和匹配追踪等时频分析方法方向发展，从单纯的时域和频域分析发展到时频相结合，注重反射波频谱的瞬时特性，从单纯的定性分析逐步向定量预测方向发展。薄互层反射记录是由多个单层反射子波相互干涉所形成的复合波，据此无法反向推测单层的位置与性质。通过对薄互层开展理论正演模拟研究，准确描述薄互层的时频特征和响应规律，阐述其与地层结构之间的内在联系，进而确定薄互层的互层数、厚度及分布范围，建立单层砂体厚度定量预测关系，对提高薄互层油气藏勘探与开发具有重要意义。

在对地震资料进行薄储层预测方面，时频分析技术起到了至关重要的作用，通过将一维的时间域地震道映射到一个二维时频平面，在时频域内对地震道进行分析，全面反映观测地震资料的时间—频率联合特征，充分刻画薄储层响应特征。

对于时频分析技术，最早的是傅里叶分析，将时间域地震道转化到频率域，分析地层变化特征。基于傅里叶变换的信号频域表示及其能量的频域分布揭示了信号在频域的特征，它们在传统的信号分析与处理的发展史上发挥了极其重要的作用。但是傅里叶变换是一种整体变换，是在整体上将信号分解为不同的频率分量，对信号的表征要么完全在时域，要么完全在频域，作为频域表示的功率谱并不能告诉我们其中某种频率分量出现在什么时候及其变化情况。傅里叶变换只能分别从信号的时域或频域观察，但却不能把二者有机地结合起来。

短时傅里叶变换的出现有效解决了时间与频率的整体问题，通过利用窗函数来截取信号，假定信号在窗内是平稳的，采用傅里叶变换分析窗内信号，以便确定那个时间存在的频率，然后沿着信号移动窗函数，得到信号随时间的变化关系。但同时短时傅里叶变换也存在两个主要的困难：一是窗函数的选择问题，对于特定的信号，选择特定的窗函数可能会得到更好的效果，然而如果要分析包含两个分量以上的信号，在选取窗函数时就会感到困难，很难使一个窗同时满足几种不同的要求；二是当窗函数确定后，只能改变窗口在相平面上的位置，不能改变窗口的形状。因此，用短时傅里叶变换来分析地震资料时，当波形变化剧烈时，主要是高频，要求有较高的时间分辨率，而波形变化比较平缓时，主要是低频，则要求有较高的频率分辨率。即要得到好的频域效果，就要求有较长的信号观测时间窗函数长，那么对于变化很快的信号，将失去时间信息，不能正确反映频率与时间变化的关系；反之，若选取的窗函数很短，虽然可以得到好的时域效果，但根据测不准原理，这必将在频率上付出代价，所得到的信号的频带将展宽，频域的分辨率下降。因此，短时傅里叶变换不能兼顾两者。

小波分析方法是一种窗口大小固定但其形态可改变，时间窗和频率窗都可以改变的时频局部化分析方法。即在低频部分具有较高的频率分辨率和较低的时间分辨率，在高频部分具有较高的时间分辨率和较低的频率分辨率。小波变换之所以优于傅里叶变换，在于它可以研究信号的局部特征，而傅里叶变换着重研究信号的整体特征。而且，小波函数可以根据信号的特征进行构造，在满足允许条件下具有很大的灵活性，傅里叶变换仅仅是用正弦和余弦函数展开信号。由于小波函数可按信号特征构造，这就为小波变换的时间—尺度域分析、分离信号和噪声以及分频处理带来了极大的方便。虽然小波变换克服了短时傅里叶变换的单一分辨率分析的不足，引入了尺度因子，但是由于尺度因子与频率没有直接的联系，而且在小波变换中没有明显表现出来，因此小波变换的结果不是一种真正的时频谱。小波分析的另一个问题是其具有自适应的特点，一旦基本小波被选定，我们就必须用它来分析所有待分析的数据。

S变换是以Morlet小波为基本小波的连续小波变换的延伸。在S变换中，基本小波是由简谐波与高斯函数的乘积构成的。基本小波中的简谐波在时间域仅作伸缩变换，而高斯函数则进行伸缩和平移。这一点与连续小波变换不同，在连续小波变换中，简谐波与高斯函数进行同样的伸缩和平移。与小波变换、短时傅里叶变换等时—频域方法相比，S变换有其独特的优点，如信号的变换的时频谱分辨率与频率即尺度有关，且与其谱保持直接的联系，基本小波不必满足容许性条件等，这些特点在实际应用中是非常有用的。

匹配追踪是一种具有更高时频分辨率的方法，通过将原始信号投影到一系列时频原子上，即把原始信号表示为这些时频原子的线性组合，利用这些时频原子精确地表达原始信号。在此基础上通过各匹配子波的Wigner-Ville分布，实现原始信号的高分辨率时频分布特征。

一、薄储层时频特征

建立均匀泥岩背景下顶、底界面反射系数极性相反、不同反射系数大小、不同组合关系、厚度为1~30m砂岩的三大类90种地层模型。震源子波采用零相位雷克子波，地震波主频39Hz（峰值频率为30Hz）；采用深度域相移法正演模拟获取合成地震记录，在砂岩中点处提取广义S变换后地震道的瞬时振幅谱，对时域和频域特征参数进行统计、整理和分析，借以考察不同厚度薄层时域和频域特征参数的总体变化规律。

时域波形特征：时域波形随着地层厚度增大而逐渐增大，在1/4波长（13m）处取得最大值（图4-1），然后逐渐减小，当地层厚度大于3/8波长（19.5m）后最大振幅值逐渐趋于稳定。从波形上看，当层厚大于1/2波长（26m）时，顶、底界面反射波开始出现分离，界面可分；随着地层厚度的减薄，界面反射波逐渐融合、压缩、过渡为单一子波，子波延续时间逐渐变短。

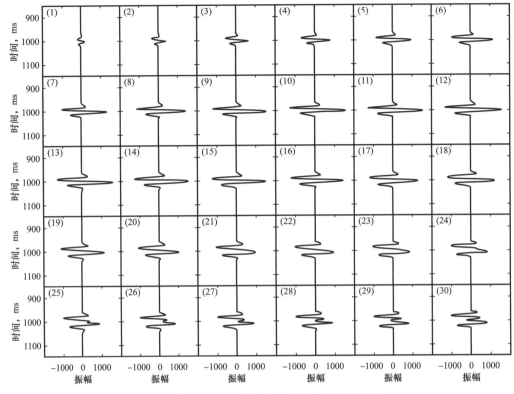

图 4-1　时域波形（各小图括号中数字表示地层厚度，m）

频域特征：从时域波形所对应的广义 S 变换时频谱上看（图 4-2），当地层厚度大于 1/4 波长时，时频谱上存在着与地层厚度相关的特定频率的能量损失，进而导致了地层厚度在大于 1/2 波长时，低频能量被相对压制，在 1/4 波长与 1/2 波长之间，高频能量被压制，而当地层厚度小于 1/4 波长时，整个频带能量均遭到压制；从而显现出随着地层厚度的减薄，有效频带能量由高频向低频移动、有效频带变宽、继而整个频带能量均遭到损失的整体变化规律。

从归一化后的瞬时频谱上看（图 4-3），无论是第一、第二峰值频率还是第一、第二陷频频率，均随着地层的减薄，反比例向高频移动，有效谱宽逐渐变大。

峰值频率：随着地层厚度的减薄而逐渐增大，峰值频率点的个数由 2 个减少到 1 个，峰值频率间隔逐渐增大。当地层厚度小于 1/4 波长时，瞬时频谱只存在 1 个峰值频率，峰值频率值大于震源子波的峰值频率；在 1/4 波长处，峰值频率等于震源子波的峰值频率；当厚度大于 1/4 波长时，瞬时频谱呈现双峰值频率，第一峰值频率小于而第二峰值频率大于震源子波的峰值频率。峰值频率对反射系数对的大小和极性变化不敏感，对于不同的反射系数对，峰值频率近似相等（图 4-4）。

瞬时频谱最大幅度：不同反射系数的反射复合波瞬时振幅谱最大幅度的总体变化趋势是一致的，但振幅谱的最大幅度与反射系数大小成正比，如图 4-5 所示。当薄层厚度小于 1/4 波长时，反射复合波瞬时振幅谱最大幅度随着薄层厚度的减薄而逐渐减小，并趋近于 0；瞬时振幅谱最大幅度在 1/4 波长（如图中实竖线）处取得极大值，而在 1/2 波长（如图中虚竖线）取得一个相对的极小值。

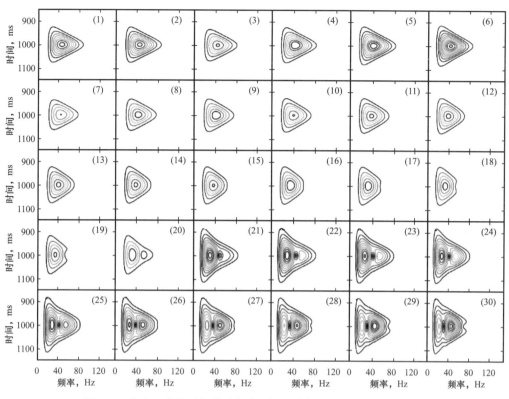

图 4-2　广义 S 变换时频谱（各小图括号中数字表示地层厚度，m）

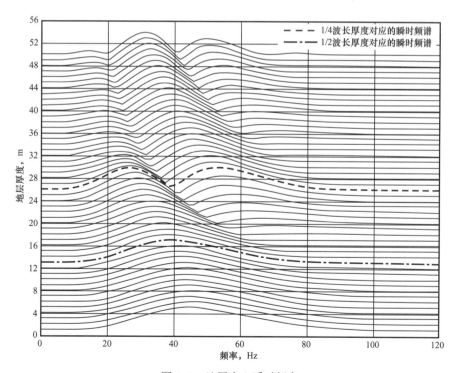

图 4-3　地层中心瞬时频率

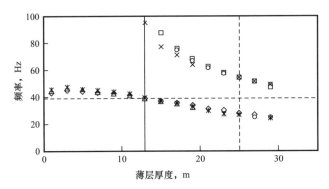

图 4-4　峰值频率随薄层厚度变化

◇和□—分别代表顶底反射系数为 -0.6 和 0.4 的主峰值频率和次峰值频率；△和 × —分别代表顶底反射系数为 -0.5 和 0.5 的主峰值频率和次峰值频率；☆和○—分别代表顶底反射系数为 0.1 和 -0.1 的主峰值频率和次峰值频率，实线代表 1/4 波长，虚线代表 1/2 波长，下同

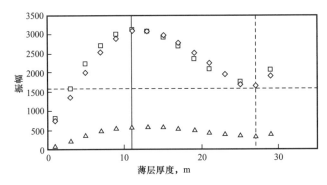

图 4-5　频谱最大幅度随薄层厚度变化

陷频频率：从图 4-6 可知，不同反射系数大小的陷频频率近似相等，受反射系数大小和极性的影响很小；总体上，随着薄层厚度的减薄，陷频频率有逐渐增大的趋势。

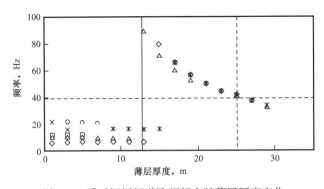

图 4-6　瞬时振幅频谱陷频频率随薄层厚度变化

时域振幅及视厚度：从图 4-7 可知，反射复合波时域最大振幅与薄层顶、底界面反射系数成比例变化。当薄层厚度小于 1/4 波长且薄层顶、底界面反射系数极性相反时，反射复合波的最大振幅随薄层厚度的减小而逐渐减小，视厚度基本保持不变（图 4-8）。当薄层厚度趋近于 0 时且薄层顶、底界面反射系数大小相等时，反射复合波的最大振幅通过 0 点；而当反射系数大小不等时，反射复合波的最大振幅不通过 0 点。在 1/4 波长（如图

中实竖线）处，反射复合波的时域最大振幅取得最大值。当薄层厚度大于 1/4 波长而小于 1/2 波长（如图中虚竖线）时，反射复合波的最大振幅随着薄层厚度的增大而逐渐减小，此时薄层的视厚度小于真厚度。

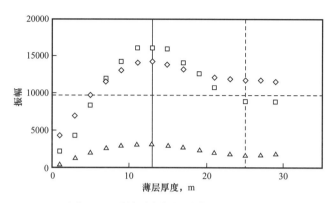

图 4-7　时域最大振幅随薄层厚度变化

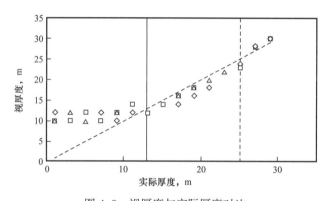

图 4-8　视厚度与实际厚度对比

通过以上分析可以看出，对于小于 1/4 波长的薄砂体，由于强烈的干涉作用，薄层具有升频降幅的作用，峰值频率振幅比迅速增大（图 4-9），因此可以构建峰值频率—振幅比敏感属性参数指示砂岩尖灭和河道砂体边界。薄层瞬时频谱的峰值频率和陷频频率对反射系数大小与极性变化不敏感，具有较好的稳定性，与薄层厚度具有很好的相关性，因此可以利用这一规律来定量预测薄层厚度。时域振幅或者频谱最大幅度与顶、底界面反射系数大小有关；因此，可以利用振幅信息反映薄层阻抗信息；而峰值频率或者陷频频率与反射系数大小无关，只与地层厚度相关，可以利用二者反映地层结构信息。

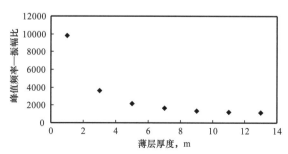

图 4-9　峰值频率—振幅比随薄层厚度变化

二、等厚薄互层时频特征

建立均匀泥岩背景下互层数为10、6、3、2的砂泥岩等厚薄互层地质模型，单层厚度从30m以1m为间隔变化到1m，共120个地质模型。其中砂岩速度为2918m/s，密度为2.14g/cm³；泥岩的速度为3180m/s，密度为2.32 g/cm³。地震子波采用零相位雷克子波，地震波主频39Hz（峰值频率为30Hz）。用深度域相移法正演模拟获取合成地震记录，在薄互层中点处提取广义S变换后地震道的瞬时振幅谱，对时频、频域特征参数进行统计、整理、分析，分别考察不同互层数、不同单层厚度薄互层时域、频域特征参数的总体变化规律。

时域波形特征：当单层厚度大于3/16波长（14m）时，等厚薄互层时域地震道表现为中、高频等幅振荡，振动频率随单层厚度减薄逐渐增加（图4-10）；波形之间具有很好的可分性，可定性判断互层数及单层之间的时间厚度。当单层厚度介于3/16波长与1/8波长（9m）之间时，随着单层厚度的减薄，除顶、底界面处的子波波形不发生变化外，中部各层振幅逐渐降低，互层数逐渐不可分辨。当单层厚度小于1/8波长时，薄互层中部振幅消失殆尽，薄互层的总体特征与均一厚层相类似。随着单层厚度进一步减薄，顶、底界面子波进一步靠近、融合；当薄互层总厚度小于1/4波长时，反射子波为单峰复合波，时域振幅略有增加。

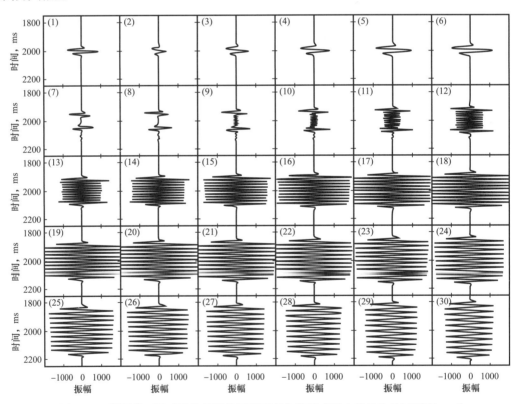

图4-10　等厚薄互层时域特征随单层厚度变化关系（图中编号为单层厚度，m）

频域特征：在时频波谱图上（图4-11），当单层厚度大于3/16波长时，呈现垂向一致的窄带中低频幅频特性，说明等厚薄互层将震源子波调制成特定频率信号，而对其他频率成分具有压制作用。随着单层厚度的减薄，主频带逐渐向高频移动，频带逐渐变宽。当单层厚度介于 3/16 波长与 1/8 波长之间时，波谱频带进一步向高频移动变宽，顶、底界面反射子波谱得以显现，强烈的干涉作用对薄互层中部能量的强烈压制作用。当单层厚度介于 1/8 波长到 1/4 波长时，由于干涉作用进一步增强，薄互层中部信号能量几乎损失殆尽，波谱图呈现波谱分裂现象，顶、底界面处的瞬时子波谱得以凸显，并逐渐靠近、融合。当薄互层总厚度小于 1/4 波长，波谱图上呈现为单一子波谱，此时无法区分是薄互层还是单一薄层。

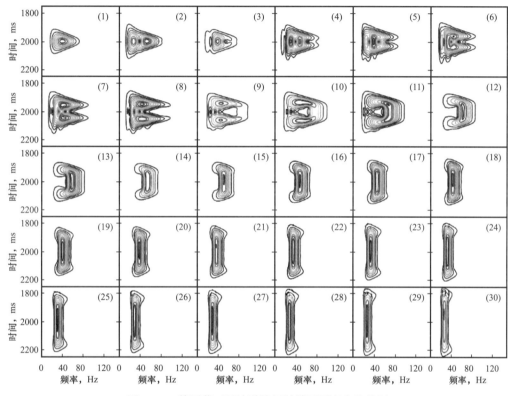

图 4-11　等厚薄互层波谱特征随单层厚度变化特征

在瞬时频谱图上（图 4-12），当单层厚度大于 1/8 波长时，瞬时频谱上表现为一个窄带尖峰，峰值频率与单层厚度呈现较好的反比例函数关系。随着地层厚度的减薄，频带向高频移动并逐渐变宽。当单层厚度小于 1/8 波长时，存在能量较低、由多个陷频点所分隔的频谱曲线，并随着单层厚度减薄，陷频点数逐渐减少，最后趋近于单峰值、无陷频点、幅值较低的震源子波频谱。

时域特征：当单层厚度大于 1/8 波长时，薄互层顶、底界面处反射子波振幅不受互层数的影响，单纯依靠界面振幅信息无法反映薄互层内部结构特征；但振幅的大小与单层厚度密切相关。当单层厚度小于 1/2 波长而大于 1/4 波长时，时域振幅随着单层厚度的减小而逐渐增大；当单层厚度等于 1/4 波长时，时域振幅取得最大值；当单层厚度小于 1/4 波长时，随着单层厚度的减小，振幅逐渐减小并趋近于 0。当单层厚度小于 1/8 波长时，从时域波形特征上看（图 4-13 和图 4-14），薄互层总体特征表现为单层（厚层或薄层）结构，其时域振幅既不反映单层厚度大小，也不反映地层结构特征。

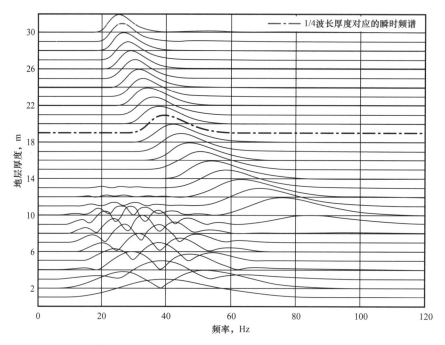

图 4-12 等厚薄互层瞬时频谱随单层厚度变化特征

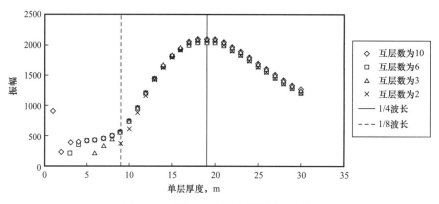

图 4-13 顶界面振幅随单层厚度变化

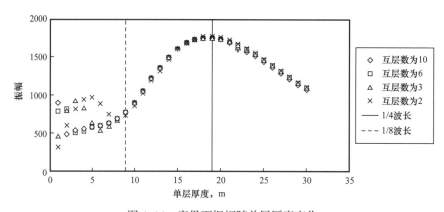

图 4-14 底界面振幅随单层厚度变化

　　峰值频率：当单层厚度大于1/8波长时，随着单层厚度的变大，峰值频率逐渐降低（图4-15）。当单层厚度等于1/4波长时，峰值频率等于震源子波的主频，而与互层数无关。当单层厚度小于1/4波长时，薄互层总厚度的减少会造成峰值频率降低。当单层厚度大于1/4波长时，薄互层总厚度的减少，峰值频率略有增大。

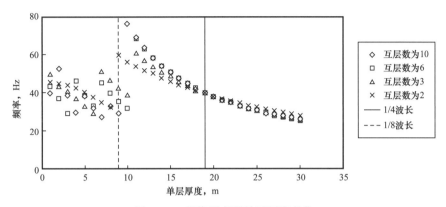

图4-15　峰值频率随单层厚度变化

　　瞬时频谱最大幅度：当单层厚度大于1/8波长时，瞬时频谱最大幅度随单层厚度变化规律与时域振幅随单层厚度变化规律相一致；不同的是频谱最大幅度能够较好地反映地层结构特征。当互层数大于6时，瞬时谱最大幅度变化不明显。而随着互层数的减少，振幅谱的最大幅度降低。当互层数为2时，幅度降低近50%（图4-16）。

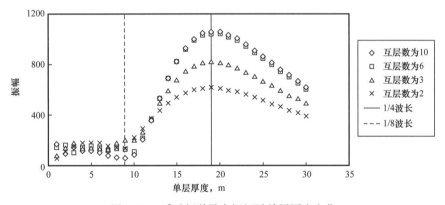

图4-16　瞬时频谱最大振幅随单层厚度变化

　　陷频频率及谱宽：当单层厚度大于1/8波长时，陷频频率随单层厚度的减薄而逐渐增大（图4-17），频谱宽度逐渐增大，最大谱宽可达50Hz（图4-18）。随着互层数的减少，陷频频率先略有增加后略有减小，频宽逐渐增大。当互层数大于6时，谱宽变化不大。当单层厚度小于1/8波长时，陷频频率无规律变化，谱宽均趋向于震源子波的最大谱宽。

　　通过以上分析可以看出：（1）薄互层顶、底界面处反射波时域振幅不受薄互层结构和地震子波性质的影响，是薄互层最为明显的特征，据此可以从地层剖面中确定薄互层所在位置及总厚度。（2）随着地层厚度减薄，等厚薄互层时域波形特征由内部可分薄互层向等效厚层、等效薄层转化。无论等效厚层还是等效薄层，此时时域波形只反映界面信息，而不反映地层内部结构和岩性信息。薄互层内部的时域等时振幅切片，与薄互层内部的砂岩

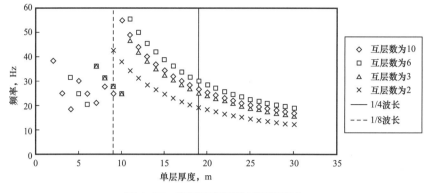

图 4-17　陷频频率随单层厚度变化

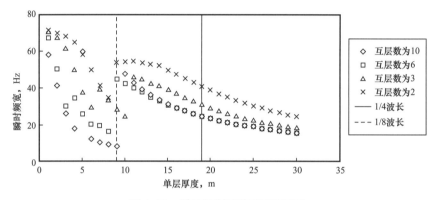

图 4-18　瞬时频宽随单层厚度变化

厚度和位置无显著对应关系，振幅切片将失去指示意义。（3）峰值频率受反射系数影响较小，具有很好的稳定性。当单层厚度大于 1/8 波长时，峰值频率与薄互层单层厚度呈近似反比关系，可定量预测薄互层的单层厚度。

三、砂泥岩互层复合楔状模型正演模拟

楔状地层模型对于地震识别极限厚度的研究具有独特的优势。首先，地层模型厚度的连续变化有利于地震识别极限厚度的解释。其次，应用复合楔状地层模型可以确保同一模型具有同一砂地比。引入砂地比，有利于考察薄层厚度与隔层厚度的相对关系对薄层地震识别的影响。

应用的模型为置于巨厚泥岩背景中的 5 个相同的上砂下泥两层复合楔状体组成的上下叠置、向同一方向收敛、在任意位置处垂向上单层砂岩厚度相同、隔层泥岩厚度也相同的砂泥岩互层复合楔状模型（图 4-19）。图中从左至右砂地比分别为 10%、30% 和 50%。横坐标从上至下分别为单一砂岩楔状地层的厚度、地震线号、地震道号；道号减 100 为单一砂岩楔状体的厚度；纵坐标为时间，单位为毫秒（ms）。

砂地比定义为：上砂下泥两层复合楔状地层模型中，任意一点垂向上单一砂岩地层厚度与砂岩地层厚度和其相邻的单一泥岩地层厚度之和的百分比。

根据长垣油田萨、葡、高油层的弹性参数特点，即砂岩与泥岩的速度基本相同，由于砂岩的孔隙度较大（30% 左右），砂岩密度小于泥岩或砂质泥岩的密度，所用地质模型均

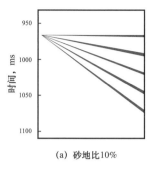

(a) 砂地比10%　　　　　　(b) 砂地比30%　　　　　　(c) 砂地比50%

图 4-19　时间域地质模型

使用相同砂、泥岩速度和不同砂、泥岩密度。一般情况下，由于地质模型属于深度域，正演将深度域的模型转换成时间域的地震响应，二者的桥梁是介质的速度。相同的砂泥岩速度，使地层的双程旅行时只与地层的厚度有关，与岩性无关，有利于时间域正演结果与深度域模型的直接对比。具体弹性参数选择如下：

$$v_{sand} = v_{shale} = 3000m/s \quad \rho_{sand} = 2000kg/m^3 \quad \rho_{shale} = 2400kg/m^3$$

应用上述弹性参数建立了 3 个不同砂地比（10%、30%、50%）的砂泥岩互层复合楔状模型。该模型与峰值频率为 45Hz 的雷克子波褶积计算（忽略透射损失及多次反射），实现了 3 个不同砂地比条件下模型的无噪正演（图 4-20）。图中子波采用峰值频率为 45Hz 的雷克子波，横坐标从上至下分别为地震线号、地震道号，道号减 100 为单一楔状砂岩地层的厚度，单位是 m；纵坐标为时间，单位为 ms。

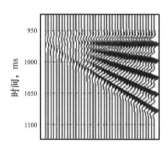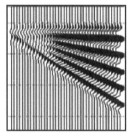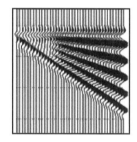

图 4-20　地质模型对应的褶积模型

三个正演地震剖面对比发现如下规律：随着单一楔状地层厚度的逐渐变薄，在地震响应从右向左由 5 个复合子波变为 4 个复合子波的突变处，上砂下泥互层厚度为 13m（1/4波长）。这说明在砂岩和泥岩声波速度相同的条件下，砂岩地震识别极限厚度与砂地比 R 和 1/4 地震波长成正比，即得到如下经验公式：

$$H_{sand} = R \times \lambda_{sand} / 4 \tag{4-1}$$

式（4-1）说明在长垣油田地震条件下，即子波主频为 45Hz，砂泥岩地层速度约为 3000m/s，当砂地比为 10% 时，薄层地震识别的极限厚度约为 1.5m；当砂地比为 30% 时，极限厚度约为 4.5m；当砂地比为 50%，极限厚度约为 7.5m。

为减小边界效应，分别对 3 个复合楔状地层模型（10%、30%、50%）中的中间砂岩地层（五层叠置砂体中的第三层）可识别部分的地震响应复合子波波峰进行追踪，对复合子波最大振幅与其对应的薄层厚度之间的关系分模型进行了分析，并将其与单层楔状模型中二者的关系进行对比（图4-21）。图中蓝色代表单一楔状砂岩模型，粉色代表砂地比为10%的复合楔状模型，红色代表砂地比为30%的复合楔状模型，粉蓝色代表砂地比为50%的复合楔状模型。对比发现，复合楔状模型中单个砂岩地层厚度在识别极限至1/4波长范围区间内，相邻砂岩地层之间的地震响应相干现象明显。同一砂地比模型的地震响应均存在随着薄层厚度的增大，复合子波振幅由相干减弱向相干加强转变的规律。而且，随着砂地比（10%、30%、50%）的增加，这种相干现象变得更加明显。

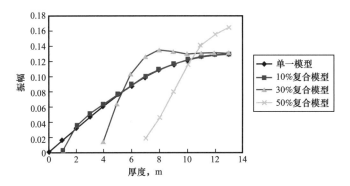

图4-21　可识别薄层地震响应最大振幅随厚度变化规律

按照褶积模型解释结果，当上砂下泥复合地层厚度为$\lambda/4$时，砂岩薄层可识别。这意味着在时间域，上砂下泥地层的双程旅行时为1/2主频周期（$T/2$）时，砂岩薄层可识别。

假设ΔT为砂岩地层的双程旅行时，T为上砂下泥互层的双程旅行时，则：

$$\frac{\Delta T}{T/2} = \frac{R/v_{\text{sand}}}{R/v_{\text{sand}}+(1-R)/v_{\text{shale}}} = \frac{R}{R+(1-R)\times P} \qquad （4-2）$$

式中　R——砂地比；

v_{sand}——砂岩地层速度；

v_{shale}——泥岩地层速度；

P——砂泥岩速度比。

根据式（4-2）推导出如下砂岩薄层地震识别极限厚度的计算公式：

$$H_{\text{sand}} = \Delta T \times v_{\text{sand}}/2 = \frac{R}{R+(1+R)P} \times \lambda_{\text{sand}}/4 \qquad （4-3）$$

式（4-3）说明该极限厚度与波长成正比。薄层地震识别极限厚度与其他两个变量的关系如下推导求出。

将薄层地震识别极限厚度［式（4-3）］分别对砂地比和砂泥岩速度比求导：

$$H'_R = \frac{P}{\left[R+(1+R)\times P\right]^2} \times \lambda_{\text{sand}}/4 > 0 \qquad （4-4）$$

$$H'_P = \frac{-(1-R)\times R}{\left[R+(1-R)\times P\right]^2} \times \lambda_{\text{sand}}/4 < 0 \qquad （4-5）$$

式（4-4）说明，当砂泥岩速度比和波长不变时，砂岩薄层地震识别极限厚度随砂地比的增加而增加，即薄层地震识别能力随砂地比的增加而减小。以文中应用的正演模型为例，当砂地比为 50% 时，地震识别极限厚度为 $\lambda_{sand}/8$；当砂地比为 30% 时，地震识别极限厚度为 $3\lambda_{sand}/40$；当砂地比为 10% 时，地震识别极限厚度为 $\lambda_{sand}/40$。随着砂地比的不断降低并接近于 0，薄层地震识别的极限厚度逐渐接近于 Widess 模型的情况，即只要有薄层存在，地震就能够识别。式（4-5）说明，当砂地比和砂岩地层波长不变时，薄层地震识别的极限厚度随砂泥岩速度比的增大而减小，即砂岩薄层地震识别能力相应增强。

薄层地震识别厚度存在极限，这一极限不同于测井解释的固定厚度值，也不同于传统地震分辨率研究得到的 $\lambda/4$，它取决于薄层的地震波长、目的层段的砂地比、砂泥岩速度比 3 个参数。在地层中砂泥岩速度比不变的情况下，薄层地震识别极限厚度相对大小可通过砂地比的变化得到解释。

第三节　井震联合薄储层属性识别技术

近些年来，针对薄储层的识别刻画发展了一系列新的地震属性分析技术，如最佳时窗子体技术、频谱分解技术、匹配追踪波形分解技术、叠前 AVO 组合属性技术等等，从不同角度着手克服或减弱薄层干涉对地震响应的影响，提高了对薄层或小尺度储层体的刻画精度。

薄储层属性识别技术中，体现井震联合的重要方面是针对薄储层的小层地层格架的解释和建立。勘探阶段以砂岩组甚至油层组为研究单位，厚度相对较大，地震的层位解释主要以构造同相轴解释为主，其精度相对较高。在开发阶段，目的层段以小层甚至沉积单元为研究的基本单位，由于薄层的厚度一般远小于地震分辨率，无法实现地震界面的分辨，因此确定小层的等时格架是薄储层地震属性分析的难点。另一方面，应用开发阶段更多数量的井资料，结合地震属性技术，可以开展精细沉积微相分析。

一、开发阶段地震属性技术适应性

地震属性分析技术在油田勘探阶段发挥了重要作用，但是随着地震技术进入高含水开发领域，研究目标由过去的研究砂岩组等相对较厚的储层，到细分小层甚至单砂层，地震属性分析技术应用出现了适应性问题[1]。

中国陆上老油田沉积呈多旋回性，油田纵向上油层多，有的多达数十层甚至百余层，是典型的薄互层储层。多年来，油田开发实践表明，地质小层是开发地质和油藏工程研究的最基本单元。与之相对应，地震储层预测需要到小层级才能对油田开发具有实质意义，对此地震属性分析的适应性存在两个方面的情况：一方面，对于"砂包泥"类型的储层，如大庆油田主力油层葡萄花油层组，地震反射波组是若干个地质小层反射相互干涉的结果，沿层和按时窗提取的地震属性均不对应具体的地质小层，使得地震属性分析仅能认识砂层组的整体特征，达不到高含水油田精细刻画具体地质小层砂体分布的目的；另一方面，对于"泥包砂"类型的储层，在上覆下伏泥岩相对较厚的情况下，地震属性分析技术则能够实现良好的薄层预测。

由此可见，在高含水油田开展地震储层预测，地震属性分析方法的应用要因地制宜，需要对储层的适应条件加以认真分析，不可强行要求，盲目应用。

二、井震联合小层地层格架解释

应用地震属性分析技术预测储层的前提是提供尽可能可靠的小层地层格架解释结果，在此基础上才有可能利用地震属性分析技术刻画储层。在构造条件相对简单的开发区，如大庆长垣油田，随着井网密度的增大，根据测井解释结果，目的小层的顶底构造形态基本上能够得到有效的控制，为地震资料确定小层位置、预测小层储层提供了可能。

钻井与地震联合高分辨率层序对比与划分是以高分辨层序地层学理论为依据，以岩心精细描述、钻井资料为基础，确定出单井的中、长期基准面旋回类型及其组合关系，通过单井层序的划分和地震层序界面的识别，分别建立单井层序划分方案、联井层序格架和地震层序划分方案，并通过合成记录井震精细标定，通过由点到线、由线到面再由面到域的层序地层学研究思路，从而建立起薄油层的分辨率层序地层格架。

在上述方法的指导下，采用沿基准面拉平的方法，将松辽盆地扶余地层沿各井的青一段最大湖泛面拉平，在此基础上开展扶余油层层序对比划分。以大庆葡南工区为例，扶余油层扶Ⅰ油层组为一个三级层序，扶Ⅱ和扶Ⅲ油层组对应一个三级层序，其内部可以进一步划分为 7 个四级层序，分别为扶Ⅲ油层组的扶Ⅲ下、扶Ⅲ上，扶Ⅱ油层组的扶Ⅱ下、扶Ⅱ上和扶Ⅰ油层组的扶Ⅰ下、扶Ⅰ中和扶Ⅰ上（图 4-22）。

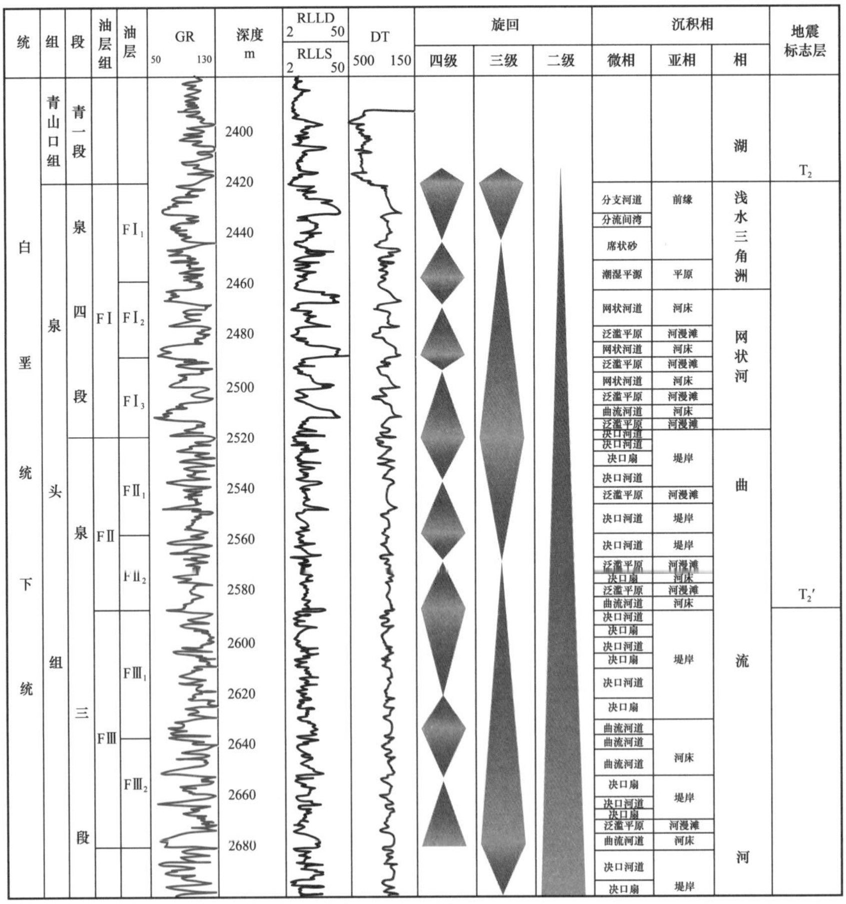

图 4-22　大庆长垣扶余油层层序地层综合柱状图（葡 42 井）

地震标志层的选取在井震联合标定中至关重要。研究区白垩系青山口组的底界面（T₂）是全区最为广泛、稳定、连续分布的强反射界面，很容易识别，在声波测井曲线上位于一个由小到大的突变处的半幅点位置。在井震联合标定剖面上（图4-23、图4-24），可以看出各个四级层序界面基本上都有相对较为稳定的相位特征。其中T₂是泉四段顶界、青一段底界，对应的是一套稳定的烃源岩的底界，在地震剖面上表现为全区特别稳定的强反射波峰；扶Ⅰ上油层组的底界（FⅠ₁）对应于T₂下断续的弱反射轴下面的波谷；扶Ⅰ中油层组的底界（FⅠ₂）对应于T₂下第二套弱反射轴下面的波谷至波峰的转换点；扶Ⅰ下油层组的底界（FⅠ₃）对应于T₂下第三套反射轴下面的波谷位置；扶Ⅱ上油层组的底

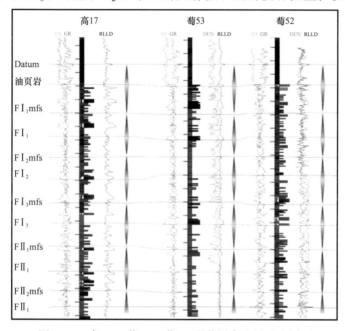

图4-23　高17—葡53—葡52联井层序地层对比剖面

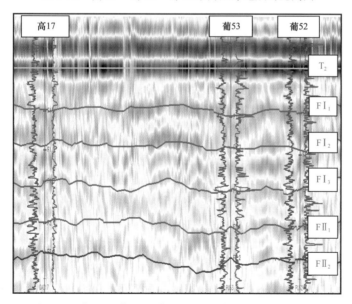

图4-24　高17—葡53—葡52井震联合联井分层对比剖面

界（FII_1）对应于 T_2 下第四套反射轴下面的波谷位置，或者由波谷至第五套同相轴之间的转换点；扶II下油层组的底界（FII_2）对应于 T_2 下第五套反射轴下面的波谷位置。

通过井震联合高分辨率层序地层对比，各个四级层序界面都有各自相对比较稳定的可以追踪的地震界面，不存在地质分层在地震剖面上穿轴的现象。最终的井震联合标定结果不但是对层序地层对比结果的检验，为地震资料的界面解释赋予了地质含义，同时也为接下来的层位解释工作奠定了非常好的前提条件。

同时开展地层对比。首先进行砂层组的划分及对比，研究单井取心剖面的岩性和组合规律入手，包括砂岩的粒度、砂泥岩组合规律、泥岩颜色等，划分各井的沉积旋回；其次对比全区沉积旋回的演变规律，统一沉积旋回的划分与油层的分层；最后利用相序递变规律和沉积旋回特征对砂层组进行细分，其次进行单砂层的划分与对比，局部范围内，同一时期形成的单砂层岩性、厚度以及岩性组合是相似的，反映在测井曲线上的形态特征，如频率、幅度等也相似。根据这一原理，可以依据每个小旋回内砂岩相的发育程度、泥岩的稳定程度、各低级旋回的厚度比例等进行单砂层的划分与对比。具体方法是依据岩性的相似程度和厚度比例，以较稳定的泥岩层为控制层，确定各单层在横向上的层位对应关系，进行单层对比，然后利用建模技术对结果进行检验。

在井震联合高分辨率层序地层对比和标定结果基础上，开展四级层序界面精细解释。井震结合标定使层序界面有了较好的一致性，但是扶余油层还有许多其他解释难点；一是扶余油层地层起伏较大；二是河道砂体薄而且窄，横向变化非常剧烈，地震反射同相轴横向变化也非常快；三是 T_2 附近断层十分发育，使界面形态复杂化。诸多因素都对层位解释造成了严重的干扰。为解决这些问题，采用了一种基于 T_2 参考标准层的拉平精细层位解释技术。

这种解释方法的基础主要有以下几个方面。第一，T_2 为一个相当稳定的界面，为青一段稳定泥岩的底界面，将 T_2 拉平相当于沿最大湖泛面拉平，具有合理的理论依据；第二，扶余油层所在地层泉头组三、四段沉积时期为盆地坳陷缓慢沉降期，沉积时地势很平坦，地层厚度变化较小，层拉平之后能够很好地恢复沉积古地貌；第三，通过构造演化研究发现，T_2 附近的断层几乎都是后期形成的断层，通过拉平消除断层的影响，提高层位解释的精度和效率是正确合理的做法。

三、薄储层地震属性识别关键技术

1. 最佳时窗子体砂体识别技术

地震属性提取的关键在于选择合理时窗，对于薄储层刻画更为如此。一般来说，时窗选取应该遵循以下原则：当目的层厚度较大时，准确追出顶底界面，并以顶底界面限定时窗，也可以内插层位进行属性提取；当目的层为薄层时，应以目的层顶界面为时窗上限，时窗长度尽可能地与目的层的时间厚度一致，目的层各种地质信息基本集中反映在目的层顶界面的地震响应中。

在精细层位标定解释基础上，以目的层为中心向上和向下开时窗，对时窗内的数据体（子体）进行剖面—平面联动扫描，以地质沉积规律、井点岩性等信息作为控制，有地质目标显示的范围就是最佳时窗。在最佳时窗内提取最大峰值振幅属性，通过三维可视化属性雕刻，最终达到精细刻画河道砂体的目的（图 4-25）。

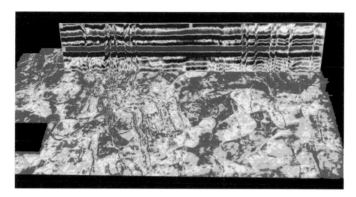

图 4-25　最佳时窗子体地震属性刻画河道砂体

子体扫描确定最佳时窗，避免了时窗长度的不足和冗余。如果时窗过大，则包含了不必要的信息；时窗过小则可能导致部分有效成分丢失。最佳时窗内求取峰值振幅，实际上就是求取地质目标地震响应时窗内的最大振幅。之所以选择这种地震属性，是因为要预测的目标是小于 1/8 地震波长的薄砂体，理论模型表明，在小于 1/8 地震波长的范围内，地震振幅是随着砂体厚度的增加而变大的，理论上砂体越厚振幅越强。

2. 频谱分解薄层识别技术

谱分解技术是近年来发展起来的一项基于频率谱分解的储层特色解释技术，它利用短时窗的傅氏变换或小波变换，把三维地震数据分解成频谱调谐立方体，与薄层干涉、地震子波和随机噪声密切相关。特定的频率调谐立方体可以刻画和表征特定的地质体，有助于对薄层岩性的识别，可以在频率域突破地震分辨率小于传统的 1/4 波长的限制[2]。谱分解技术在利用地震资料对整个三维地震工区内的薄层时间厚度和地质体的非连续性进行检测方面独辟蹊径，是一项进行地层厚度和地质体非连续性成像的技术。

频谱成像技术过去通常采用以离散傅里叶变换为基础的算法。但是，该方法存在着明显的局限性，因为估算的地震振幅谱的重要特征是所选时窗长度的函数。如果所选时窗过短，振幅谱与变换窗函数褶积，便会失去频率的局部化特征。另一缺点是，过短的时窗会使子波的旁瓣呈现为单一反射的假象。增加时窗长度，会改善频率的分辨率。相反，如果所选时窗过长，时窗内的多个反射会使振幅谱产生槽痕特征，很难分清单个反射的振幅谱特征。与傅里叶变换相关的算法的时窗问题，会使振幅谱的估算产生偏差[2-8]。在实际运用中，难以掌握好时窗长度的选择，而且无法定量分析时窗长度产生的偏差。另外，其他一些方法如 Wigner 分布（维格纳分布）、最大熵方法等，前者存在交叉项的影响，后者限制条件太多，方法不够稳定。以小波变换为基础的时频分析技术成为非平稳性信号的重要分析工具，在很多实际应用中已取代了传统使用的傅里叶变换的分析方法，成为谱分解技术中的重要手段。

通过井的模拟和井旁地震道的分频处理结果的解释，可帮助建立储层的特征与振幅谱和相位谱的定量关系，使对分频成像技术处理的结果的解释更具有物理意义和地质意义。通常，地震能量谱由三个部分组成，具有地质意义的薄层干涉振幅谱、地震子波谱和噪声。薄层干涉振幅谱与储层的声学特征和厚度相关，为得到高分辨率的薄层干涉振幅谱，需要在不损失地质信息的同时，去掉地震子波谱的影响。对所有要分析的井，首先利用井的测井资料进行了层位对比和标定，提取地震子波，确定地震子波的最佳相位。可以利用得到的井旁地震子波，对井旁地震道进行处理，从而去掉地震子波的影响。去掉地震子波影响后，地震能量谱由两部分组成，具地质意义的薄层干涉振幅谱和噪声。没有地震子波包络影响的薄层干涉振幅谱几乎沿着同一水平线附近变化，有效的高频部分得到了加强，使薄层干涉的地质现象更易从干涉振幅谱中加以检测。

薄岩层的干涉是最感兴趣的分量，其振幅谱可以描述反射层厚度的变化，而相位谱表明了地质上横向的不连续。在时间域，薄层的厚度可通过地震反射波峰和波谷间的时间距离来确定。频谱成像技术利用了更稳健的振幅谱分析方法来检测薄层。频谱成像技术背后的概念是薄层反射在频率域有其特定的表述，该表述是其时间厚度的指示。

图 4-26 给出了小波谱分解和短时傅里叶变换谱分解的频率切片比较。在 50Hz 频率切片上，小波谱分解切片刻画储层轮廓特征更为细致、准确，由于小波谱分解的时频分辨率高，所以对薄层厚度横向变化响应敏感。而短时傅里叶变换的谱分解频率切片上，由于地层厚度的横向变化，由层位控制的空间窗口并不能准确包含薄层的地震响应，可能不全或引入了别的层位的信息，造成频率切片上成像不准确。

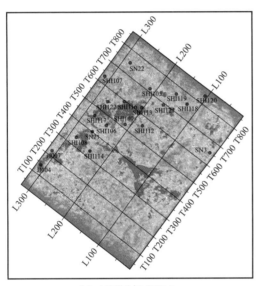
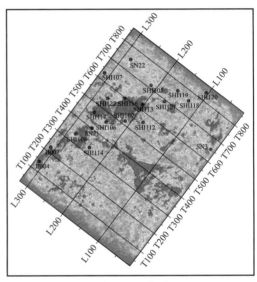

(a) 小波谱分解（50Hz）　　　　　　　　(b) 短时傅里叶变换谱分解（50Hz）

图 4-26　小波谱分解和短时傅里叶变换频率切片比较

3. 匹配追踪波形分解薄层识别技术

沉积间歇面、不整合控制的储层是岩性地层油气藏的重要领域。例如，松辽盆地泉头组砂岩顶部的沉积间歇面 T_2、冀东油田碳酸盐岩潜山的古风化壳、塔中地区桑塔木泥岩底部的不整合面等，地层界面之下通常存在较好的储层发育，且以薄储层为主。由于界面上下地层特征差异较大，地震响应上表现为一个非常强的反射。强反射表现为一个相对稳定的低频子波，旁瓣效应明显，掩盖了之下内幕储层的地震响应。由于界面和内幕储层频率特征的差异，仅仅通过提高分辨率的手段难以有效预测内幕储层。为此，应用波形分解法将强反射剥离，从而突出内幕储层响应。该技术在松辽盆地泉头组扶余薄河道砂储层、塔里木盆地塔中良里塔格组台缘带生物礁内幕薄储层识别取得了较好应用效果。

匹配追踪算法的基本原理是将地震道分解成一系列地震子波的线性叠加，这些子波通常从一个预先设定的子波字典中选择，选择依据是最大相关系数[9]。将匹配追踪算法与

Wigner 分布相结合，可以获得具有超高分辨率的地震记录时频分布图。利用 Morlet 小波和 Sigma 滤波器可改进为多通道匹配追踪算法，该方法以相邻地震道的横向连续性作为约束，能够有效改善匹配追踪算法的稳定性和抗噪能力。

多通道匹配追踪算法能够通过相邻地震道的约束增强地震道分解的横向连续性，该方法已经被证明在噪声压制和稳定性方面具有较大优势。为了进一步减弱噪声的影响和提高算法的稳定性，该算法对原始的多通道匹配追踪算法做出了三个重大改进：

（1）相邻地震道的横向连续性不但作为约束，而且成为校准时间域地震道的参考标准，从而可以大幅度降低分解的子波的数量。

（2）按照最小剩余能量的原则提出了一种算法执行方式，保证了每次迭代中提取的子波是全局最优的，从而减少了合成子波的数量，使得分解过程更加稳定。

（3）允许在每次迭代中提取的子波具有不同的相位。

以上三点改进方式均保持了原始算法的优势，并且通过改进措施，进一步使得多通道匹配追踪方法的性能和适应性得到了增强。在改进的算法中，时间延迟分析可以确定相邻道间的最佳时移，这在地震道分解中起着关键作用，它能够帮助获得更好的平均地震道以尽可能多地保持信号细节，从而使得子波提取能够更加准确，地震道剩余能量更少。由于子波相位对时频谱没有影响，因此，允许在每次迭代中允许子波的相位发生变化可以优化子波提取过程。另外，最小剩余能量原则可以使得提取的子波更加具有全局性，从而有利于下一次的迭代，改进算法的总体效果是在保证地震道完备分解的基础上，以获得有效较少子波分解的总数量。

松辽盆地扶余油层是由一套紫红、灰绿色泥岩，绿灰、灰色泥质粉砂岩与粉砂质泥岩、粉砂岩组成不等厚互层，单砂层厚度 3～5m 甚至更薄。扶余油层上部的青山口组的暗色泥岩在全区分布稳定，既是扶余油层的生油岩，也是扶余油层的盖层。扶余油层砂体薄、储层物性差、非均质性强，储层预测难。而且，由于泉四段顶界面为一个强阻抗差界面，上覆青山口组泥岩阻抗远低于泉四段，因此泉四段顶在地震剖面上为一个强反射同相轴 T_2，屏蔽下伏泉四段储层地震响应，低频旁瓣干涉，使薄河道砂体难以识别。图 4-27、图 4-28 给出了应用匹配追踪波形分解方法去除 T_2 强反射的屏蔽作用、刻画扶余薄河道砂体的效果。从图中可以明显看出，使用该技术之后，由于 T_2 强反射的掩盖作用去除后，薄河道砂体地震响应呈现出来，平面上沉积规律能够较好分析出来。

塔里木盆地塔中地区Ⅰ号断裂带上奥陶统分布广泛，自上而下可划分为桑塔木组和良里塔格组。良里塔格组可根据岩性特征划分为 3 个岩性段，分别为良一段（泥质条带灰岩段）、良二段（颗粒灰岩段）和良三段（含泥灰岩段）。良里塔格组二段是礁丘的主要发育时期，礁主体发育于Ⅰ号断裂带外带，形成粒屑滩和礁丘的多旋回组合，有利于形成较高孔渗的储层。但良二段储集空间多为构造裂缝及溶蚀作用所产生的孔、缝、洞系统，储层纵横向非均质性强；储层埋藏深，地震分辨率低，而且受上覆地层强反射干涉影响，储层预测难度很大。针对这一技术难点，采用波形分解法消除上覆地层强反射影响，突出储层地震响应，进而预测储层分布，取得明显效果，如图 4-29、图 4-30 所示。

4. AVO 梯度—截距组合属性预测薄储层

AVO 技术以岩石物理学和弹性波理论为基础，是利用振幅信息研究不同岩性条件下岩性参数的异常变化、检测油气的地震技术。AVO 分析的关键是分析地震属性和振幅随

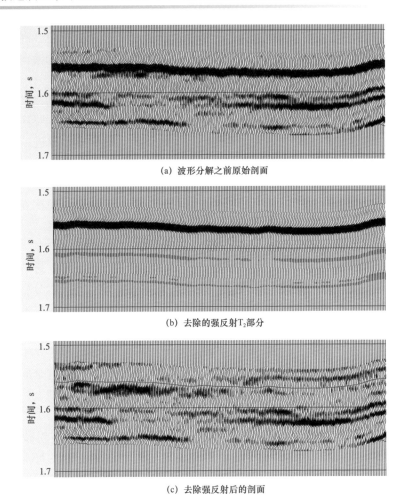

(a) 波形分解之前原始剖面

(b) 去除的强反射T$_2$部分

(c) 去除强反射后的剖面

图 4-27　匹配追踪波形分解去除强反射前后剖面效果

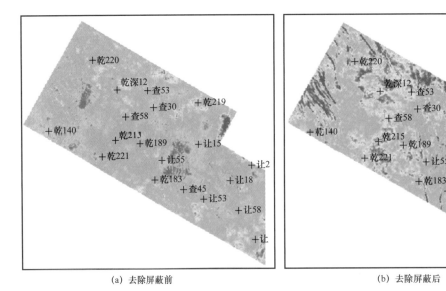

(a) 去除屏蔽前　　　　　　　　　　　　　　(b) 去除屏蔽后

图 4-28　匹配追踪波形分解去除强反射前后平面属性刻画薄河道砂体的效果

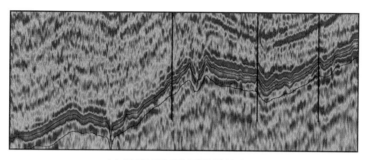

(a) 匹配追踪波形分解前原始剖面

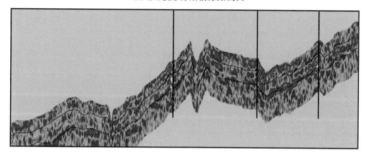

(b) 匹配追踪波形分解去除不整合强反射后的剖面

图 4-29 匹配追踪波形分解去除不整合强反射界面前后对小尺度礁滩体储层刻画剖面图

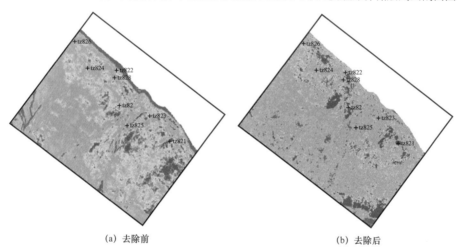

(a) 去除前   (b) 去除后

图 4-30 匹配追踪波形分解去除不整合强反射界面前后对小尺度礁滩体储层刻画平面图

偏移距变化的地质含义。其理论基础是非垂直入射理论，常用 Zoeppritz（佐普里兹）方程描述。精确的 Zoeppritz 方程全面考虑了平面纵波和横波入射在水平界面两侧产生的纵横波反射和透射能量之间的关系。

针对薄储层来说，地震响应本身受到单层调谐、互层干涉影响，储层的 AVO 特征受到破坏。为此，使用叠前技术如 AVO、叠前多参数反演等预测薄储层的关键是如何消除或降低薄层干涉影响。对于叠前 AVO 技术而言，Zoeppritz 方程过于复杂，难以直接看清各参数对反射系数的影响，方程组解析解的表达式十分复杂，很难直接分析介质参数对振幅系数的影响。为了研究和应用 AVO 技术，很多学者从不同的方面对 Zoeppritz 方程进行简化。如 Aki-Richards 近似、Shuey 近似、Smith 和 Gildow 近似等。近似公式是进行 AVO

反演、AVO 交会分析、岩性预测和烃类检测的基础。实践证明，对于薄储层的刻画，使用参数物理意义明确、公式简化明了的方法可以有效降低多解性。

利用不同的近似公式，可以得到不同的 AVO 属性，不同的属性（属性的组合）代表不同的弹性参数。AVO 属性剖面中，截距 P 剖面是真正的反映垂直入射时纵波的反射振幅；梯度 G 剖面是振幅随偏移距的变化率，反映的是岩层弹性参数的综合特征。利用 P 和 G 的线性组合可以表示 AVO 的属性 W，即 $W=aP+bG$，a、b 取不同的值，可赋予 AVO 的属性 W 不同的物理意义。

在薄互层储层刻画方面，通过分析对比，优选出 AVO 组合属性（$0.3P—0.9G$）来刻画储层展布，$P—G$ 属性又称为拟横波反射率。截距 P 反映了纵波反射能量强度，与岩性信息密切相关；梯度 G 与储层物性密切相关，且包含了流体信息。在松辽盆地，由于扶余目的层的储层为高阻抗砂岩，通常呈现为一类 AVO 特征，截距 P 为正，梯度 G 为负，因此使用（$0.3P—0.9G$）组合属性，使两方面信息相加，并给予梯度 G 较大的权系数，使其对储层物性特征更为敏感。实际应用证实，该技术能够较清晰刻画出储层特征。

图 4-31 给出了过杏 69 井的 AVO 拟横波反射率剖面，清晰刻画出日产油 18.56t 的扶 21 层储层特征，该层有效厚度 5.8m。通过综合分析发现，杏 69 井扶 21 层电阻率曲线呈现为明显的箱型，为典型的曲流河点砂坝，储层物性较好。

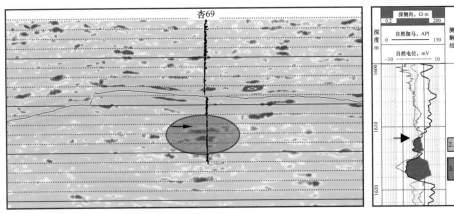

(a) 杏69井拟横波反射率剖面 (b) 杏69综合柱状图

图 4-31　杏 69 井 AVO 拟横波反射率剖面

四、井震联合精细沉积微相分析

虽然根据开发井资料可以确定目的小层的等时格架，并据此制作各类地层切片，实现了小层的储层预测，然而在陆相薄互层条件下，相对较低的地震纵向分辨率必然会导致在目的小层的地层切片中存在相邻薄层的信息，甚至目的小层与多个相邻小层形成一套储层的综合响应信息。所以，仅仅应用地震属性资料无法满足开发小层的精细沉积微相解释需求，只有充分发挥地震资料横向分辨率和测井资料纵向分辨率的优势，井震结合才能进一步提高沉积微相解释的精度。

井震结合储层精细描述遵循以下原则：（1）以地震地层切片为主要储层预测方法，实现储层横向展布趋势的预测；在切片反映不清晰的河道区域，辅以地震反演等信息进一步落实河道特征。（2）井震匹配好的区域，以地貌学为指导，地震趋势为引导，井点微相控制，实现不同类型砂体的描述；在井震匹配不好的区域，以井信息为主，应用模式绘图法预测河道间的展布特征。

1. 目标区精细地震属性分析

首先，根据井震标定结果选取色标，一般选择暖色代表砂岩储层，而冷色代表泥岩。然后，分析大区域（地震工区级）地层切片的振幅冷暖色调相对变化，确定河流体系的平面展布特征。针对砂体钻遇率较高的大规模复合河道，通过"砂中找泥"，即在暖色调中寻找冷色调，初步确定废弃河道（河间砂）的趋势和规模，分析废弃河道（河间砂）的展布特征，识别单一曲流带（河道）的边界，最终确定不同曲流带（河道）接触关系（图 4-32）。

(a) 萨2油层组顶面　　　　　　　　　　　(b) 萨1油层组底部

图 4-32　区域地层切片初步确定河道展布特征

针对砂体钻遇率相对较低的窄小河道砂体，通过"泥中找砂"，即在冷色调背景中寻找暖色调，初步确定河道的趋势和规模，进而确定不同河道之间的接触关系。通过分析不同时期的地层切片，进一步明确不同时期水体的变化，确定不同时期河道的迁移和摆动特征。在区域沉积演化背景控制和沉积模式指导下，结合地震信息反映的河道平面特征，确定不同河流体系的规模、走向、展布及演化特征。

2. 井震结合河道描述及沉积微相分析

在区域沉积规律分析基础上，提取目标区描述层位上下一定时窗内的地层切片，自下而上分析切片信息的变化（即暖色调代表砂岩，冷色调代表泥岩），初步确定地层切片上反映的河道规模、走向以及接触关系等信息。通过综合分析，确定地震储层预测成果反映的单砂体平面组合面貌、河道走向、规模及展布特征。与开发油藏模拟相结合，建立基于井的三维岩相模型，提取目标层位及相邻层位（一般上下各选两个层位）的岩相模型，对比分析对应层位的地层切片，依据目标区地震储层预测分析成果与测井相空间上的匹配关系，确定地震信息反映的河道层位归属。

以齐家高台子高四油层组为例，地层切片反映该目标区发育典型的三角洲前缘分支河道砂体，进一步井震结合，划分沉积微相，形成河道的砂体的综合地质描述（图 4-33）。

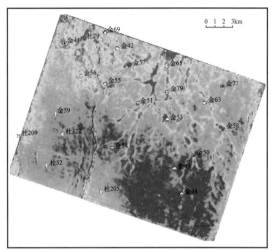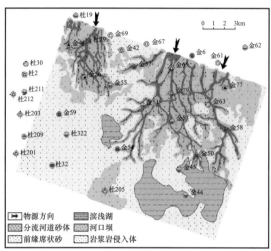

图 4-33　齐家三维地震区高台子油层高四油层组地层切片及沉积微相

第四节　井震联合薄储层地震反演技术

地震反演是正演问题的逆过程，可将界面型反射剖面转换成岩层型剖面，使地震资料变成可与钻井直接对比的形式，因此是油气藏勘探开发中储层横向预测的重要手段，尤其是在以储层为研究目标的油气田开发中。和勘探阶段相比，开发阶段井数增多，提供了更丰富的地下储层信息，地震反演技术在思路上有所改变，井的参与程度明显提高，因此反演方法需要解决好真正意义上的井震联合。近些年来，发展起来适用于开发阶段薄储层预测的反演方法主要有基于模型的反演、地质统计学反演、谱反演、地震波形指示反演等。

一、开发阶段地震反演技术的适应性

高含水油田井网密度大、井数众多，通常 $1km^2$ 有几十口井，甚至上百口井，对于一个开发区块一般有数百口井。中国高含水油田开发地震工作起步晚，目前从业人员绝大部分过去从事的是勘探阶段或是油藏评价阶段的地震工作。勘探阶段和油藏评价阶段已知井少，面对油田开发后期如此大量的井数，工作量数倍、十几倍、数十倍的增加[1]。

地震反演技术从纯地震的递推反演发展到井约束的地震反演，井数据的参与使地震反演精度出现了突飞猛进的飞跃，为此必须格外重视油田开发现场宝贵的井数据的应用。研究表明，在反演的过程中井数据的应用多多益善，油田开发后期大量的已知井在反演中的应用能够更加精细地表征储层空间分布的非均质性。至于由于大量井数据应用带来的工作效率问题，则需要在改进工作方式、方法中加以解决。

老油田开发地震的成图单元是人们关心的重点问题之一。中国高含水油田开发，通常以地质小层为单元，油田开发调整方案的部署、二次开发层系井网的优化等，都需要依托对各个地质小层断层、构造和储层分布情况的翔实认识。针对地质小层在地震剖面上一般不具有连续的可分辨的地震反射特征可以解释，地震资料解释工作仅能够解释少数几个反映大套层系或砂岩组的地震标志层，以及地震反演成果难以解释到小层等问题，提出以地震标志层位解释数据约束的地质分层数据地质统计学插值方法，来实现井震联合的地质小

层构造成图、地质小层约束反演和地震反演后的小层砂体解释与辅助沉积相带图绘制。

二、常用地震反演技术

经过几十年的发展，地震反演形成了一系列技术方法[11-13]，简述如下。

（1）按照数学算法可分为线性反演和非线性反演。前者将非线性地球物理问题转换为线性问题进行求解，往往存在严重的多解性；后者包括比较传统的最速下降法、共轭梯度法、牛顿法、拟牛顿法等以及完全非线性反演方法，如蒙特卡洛法、模拟退火法、遗传算法、人工神经网络、多尺度反演等。

（2）按照地震和测井的相对作用，可分为地震直接反演（道积分和递推反演）、测井约束地震反演（广义线性反演、宽带约束反演、稀疏脉冲反演）和地震约束下的测井内插外推（随机反演）。

（3）按照所使用的地震资料，可分为叠后反演和叠前反演；前者只能得到纵波阻抗，后者可以获得纵波阻抗以外的其他弹性参数。

（4）根据理论假设的不同，分为褶积模型反演和波动方程反演。前者基于射线理论和褶积模型，计算相对简单、快速，实际应用广泛；后者利用叠前地震波场的运动学和动力学信息，具有揭示复杂地质背景下构造与岩性细节信息的潜力，但尚未获得商业化应用。

（5）按照结果的确定性，分为确定性反演和随机反演。确定性反演方法提供一个确定的反演结果，而随机反演提供的是按等概率分布的多个反演结果。确定性反演可进一步分为叠后确定性反演和叠前确定性反演，其中叠后确定性反演包括道积分、测井约束的稀疏脉冲反演、基于模型的测井曲线反演等；叠前确定性反演包括弹性阻抗反演、同时反演、AVO反演等。

三、井震联合薄储层地震反演关键技术

针对中国东部油田薄互层油藏精细描述中对纵向分辨率的要求，重点介绍以下适用于薄储层的反演技术。

1. 基于模型反演

目前常用的测井约束反演就是基于模型的地震反演。该技术通过与测井、地质模型等信息的结合，将反演的波阻抗在地震频带的基础上分别向低频段和高频段进行了拓展，突破了传统意义上的地震分辨率限制，理论上可得到与测井资料相同的分辨率，是油田开发阶段精细描述的关键技术之一。在模型反演中，为了保证低频信息的准确性，选取井震标定关系较好的井建立低频模型，从而减少不确定性。

基于模型反演结果的精度依赖于研究目标的地质特征、钻井数量、井位分布以及地震资料的分辨率和信噪比，也取决于处理工作的精细程度。多解性是基于模型地震反演的固有特性，即地震有效频带以外的信息不会影响合成地震记录的最终结果。减小多解性的关键在于正确建立初始模型。地震资料在基于模型反演中主要起两方面的作用：其一是提供层位和断层信息来指导测井资料的内插和外推以建立初始模型；其二是约束地震有效频带的地质模型向正确的方向收敛。地震资料分辨率越高，层位解释就有可能越细，初始模型就接近实际情况。同时，有效控制频带范围就越大，多解区域相应减少。因此提高地震资料自身分辨率是减小多解性的重要途径。

在基于模型地震反演方法中，不适当地强调两个概念容易给人造成误解。其一是强调高分辨率，因为这种方法本身以模型为起点和终点，理论上与测井分辨率相同，问题的实质在于怎么更好地减少多解性。其二是强调实际测井记录与井旁反演结果最相似。建立初始模型的第一步就是测井资料校正，使合成记录与井旁道最佳吻合。用校正后的测井资料制作模型，实际运算中对井附近的模型不可能有大的修改，因此这种对比并无实际意义，容易造成误导。图4-34给出的是开发阶段测井约束反演结果，从图中可以看出，测井约束反演是井震结合的一种有效手段，适合于开发阶段井数多需要提高井间储层预测能力的研究。

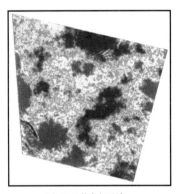
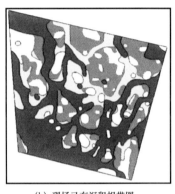
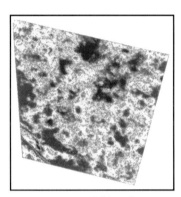

(a) 80口井参与反演   (b) 现场已有沉积相带图   (c) 491口井参与反演

图4-34 测井约束反演中井数对地震反演精度的影响

2. 叠前地质统计学反演

虽然通过叠后地质统计学反演可以提高纵向分辨率，但得不到纵横波速度比等弹性参数。叠前确定性反演虽可得到纵横比等弹性参数（岩石物理分析表明了叠前弹性参数重要意义），但是反演纵向分辨率无法满足类似松辽盆地薄储层预测的需要，特别是开发阶段细化到小层沉积单元的储层预测反演分辨率更是瓶颈难题。为满足地质需要，需要既得到叠前弹性参数，又具有高分辨率的反演，近些年叠前地质统计学反演逐渐发展起来，为薄储层预测和油藏精细描述提供了条件。

叠前AVO反演问题的求解有两种主要思路：（1）通过使得后验概率密度最大化求解；（2）通过直接对后验概率密度取样来求解。第一种方法利用最优化目标函数来求解，属于叠前确定性反演方法，主要有稀疏脉冲反演和基于模型的反演。第二种方法被称为随机反演方法，地质统计学反演属于该方法，主要包括蒙特卡洛和序贯模拟。由于序贯模拟过程是当网格被全部填充后即得到近似的结果，所以任何应用序贯模拟的随机反演方法在统计学意义上都不是严格正确的。相比之下，蒙特卡洛（MC）算法更加适用于模拟。

叠前确定性反演受地震频带控制，其反演弹性参数纵向分辨率低。相对而言，综合地震横向高密度和测井垂向精细尺度的各自优势，叠前地质统计学反演包含了地震中频和测井的低频、高频信息，能够提高弹性参数反演结果的纵向分辨率，有利于用于薄储层的预测和刻画。商业软件常用算法为基于马尔科夫链蒙特卡洛算法（MCMC）的叠前地质统计学反演，同时求得岩性和弹性参数属性体[14-17]。该方法通过贝叶斯理论建立后验全局概率密度函数（PDF），该PDF包含所有关于储层的已知信息（地质、油藏、测井、地震），利用 MCMC 获得符合后验 PDF 的统计意义上正确的样点集。

以松辽盆地齐家金 28 工区为例。高台子油层处于三角洲前缘亚相和前三角洲亚相，沉积砂体分别为河口坝、远砂坝、席状砂为主，砂岩层数多，单砂体薄，平面上呈席状和透镜状大面积错叠连片分布。储层岩性主要为粉砂岩，其次为含泥粉砂岩、含钙粉砂岩、含介形虫粉砂岩。岩性对含油性控制作用明显：粉砂岩普遍含油，含泥含钙重的储层含油性相对较差，物性条件控制储层砂体的含油性。物性差，为低孔、特低渗透储层，孔隙度一般在 6%～14%，平均为 9.9%；渗透率一般在 0.01～0.5mD，平均为 0.38mD。油浸粉砂岩孔隙度一般大于 10%，油斑粉砂岩一般大于 8%，油迹粉砂岩一般在 3%～8%。

依据地震岩石物理分析，定义三种地震岩相，即 I 类砂岩、II 类砂岩和泥岩。利用测井泥质含量和孔隙度，I 类砂岩设定为孔隙度＞8% 且泥质含量＜40%，II 类砂岩定义孔隙度＜8% 且泥质含量＜40%，泥岩泥质含量＞40%。

对于概率密度函数，通过目的层段的测井数据样本点进行直方图统计并且进行函数拟合即可得到某一属性的概率密度函数，它可以描述特定岩性对应的弹性、物性属性值的概率分布可能性与分布区间以及相应的地质沉积特征。变差函数描述的是横向和纵向地质特征的结构和尺度，是一个三维空间的函数，描述不同岩相的空间分布特征。通过测试，选取垂向变程为 2ms（相当于 3m）、水平变程为 2400m。对于水平变程选取 2400m，虽然比常用要大，但其具有一定地质意义，因为砂体处于稳定三角洲外前缘沉积环境，联井小层对比一般可以连续追踪 2～3km。对于反演信噪比，参考叠前确定性反演结果中生成的 QC（Quafity Control）文件，该文件中统计了在反演时窗范围内的每一地震道上的平均信噪比，通过对整个工区的不同角度部分叠加体的信噪比平面分布进行分析，平均信噪比在 12dB 左右。

图 4-35 比较了金 28 工区联井叠前确定性反演和叠前地质统计学反演结果。与井对比分析，叠前确定性反演弹性参数纵向分辨率为 10～15m；叠前地质统计学反演明显提高弹性参数纵向分辨率，可达到 3～5m，适应水平井设计和跟踪评价需求。

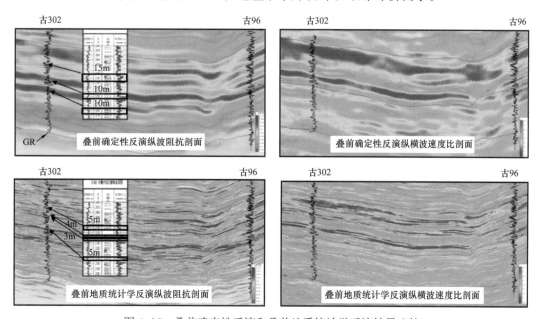

图 4-35　叠前确定性反演和叠前地质统计学反演结果比较

图 4-36 是后验井古 303 叠前地质统计学反演结果。综合后验井进行反演储层预测定量评价，2m 以上砂层符合率 75.3%，3m 以上砂层符合率 79.1%，3m 以上 I 类储层（"甜点"）符合率 70%。

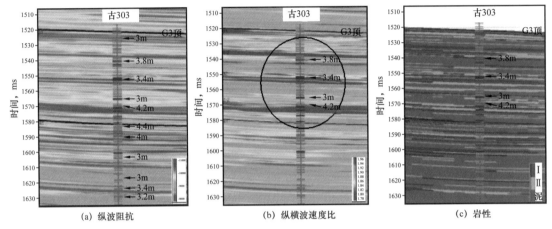

图 4-36　后验井古 303 叠前地质统计学反演效果分析

3. 谱反演

谱反演是近年发展起来的提高地震数据分辨率技术，能够增强小于调谐厚度的薄层地震响应能力，广泛用于碎屑岩储层、碳酸盐岩的储层预测。与反褶积、谱白化、反 Q 滤波等常规叠后拓频不同，谱反演是基于时频分析和谱分解的叠后拓频技术，在保持低频成分不被破坏的同时，有效地补偿了高频成分。根据地震记录和子波的频谱信息，谱反演能够通过消除时变子波影响而得到高分辨率的反射系数序列。由于反射系数反演体在很大程度上受到高信噪比那部分地震数据频宽的控制，因此谱反演对地震数据信噪比的要求较高。受陆上地震资料信噪比的影响，谱反演得到的反射系数剖面中高频信息存在较大的不确定性，需要根据输入数据的频率特征进行适当的高频滤波，由此得到的宽频资料可用于后续的地震储层预测研究[18]。谱反演技术在反演过程中以地震为主，并没有应用井震联合，但其反演获得反射系数体后可以应用井震联合方法进行精细小层解释和储层预测，是一项很有针对性的薄储层预测技术方法。

确定反射系数对中奇偶分量的值是谱反演过程中直接影响处理效果的关键环节。由于可以用多个脉冲成层效果表示合成记录模型，所以对于常规反射系数序列反演用单层模型属性的反演方法就能进行。采用滑动时窗计算的谱与时间的关系可以认为是不同期次的反射模式的一种叠加结果。对影响局部地震响应的所有脉冲对同时进行反演处理，最终获得反射系数和地层厚度。

图 4-37 是杏西工区一个宽频处理效果展示。Well 1 是区内一口有利井，测井曲线显示目的层内发育了两套薄砂层组（椭圆圈内），累计厚度分别为 5.6m（A）和 8.6m（B）。地震资料薄砂层组地震反射响应弱 [图 4-37（a）]，谱反演宽频处理后 [图 4-37（b）]，反射波组特征明显，横向连续性增强，特征与伽马曲线合理匹配。图 4-38 给出了谱反演处理前后的频谱，低频端信号得到很好保持，高频端信号得到加强。

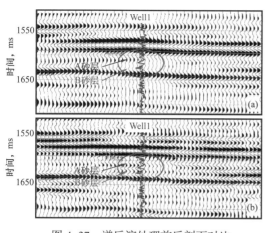

图 4-37 谱反演处理前后剖面对比
（a）处理前；（b）处理后

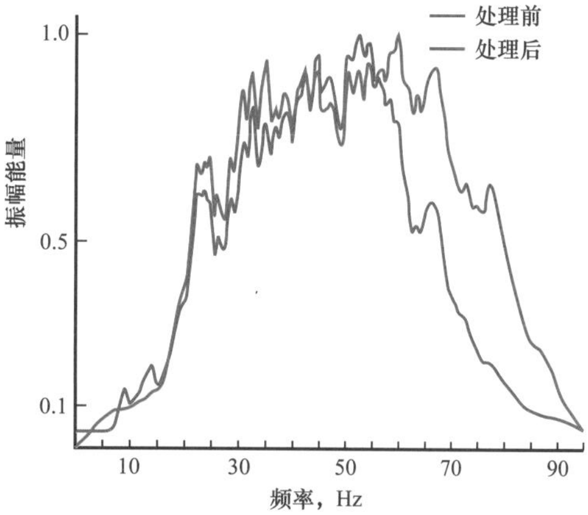

图 4-38 谱反演前后频谱比较

谱反演的重要结果是反射系数体。针对薄层识别需求，通过不同滤波处理加以利用。一是遵从高频端信号衰减规律适当展宽频带，保持横向振幅相对变化特征，为薄储层反射特征分析、地震属性砂体识别提供宽频保幅数据；二是以剖面未出现抖动异常为原则，高频端信号最大化利用，提高地震资料的纵向分辨率，实现细分层序的精细解释。图 4-39 为三肇地区昌德工区扶余油层实例，原始地震剖面纵向分辨率相对较低、横向不连续，细分层无法精细解释，应用谱反演拓频处理提高分辨率，结合井资料，实现 12 分层序精细解释。

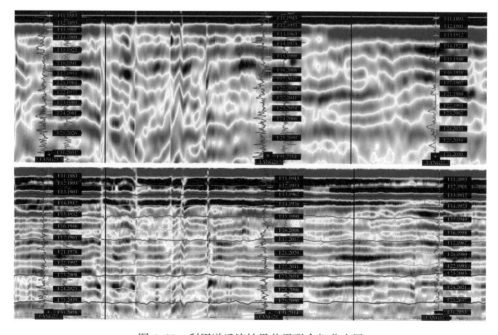

图 4-39 利用谱反演结果井震联合细分小层

4. 地震波形指示反演

传统的地质统计学反演是通过分析有限样本来表征空间变异程度，并依此估计预测点的高频成分。地震的作用是保证中频符合地震特征（后验），高频利用井进行随机模拟。由于地质统计学是基于空间域样点分布的，因此模拟结果受井位分布的影响较大，对井均匀分布的要求较高。此外，变差函数的统计尤其是变程的确定往往不能精细反映储层空间沉积相的变化，导致模拟结果平面地质规律性差，随机性强。地震波形指示反演（SMI）是在传统地质统计学基础上发展起来的新的统计学方法，采用"地震波形指示马尔科夫链蒙特卡洛随机模拟（SMCMC）"算法，其基本思想是在统计样本时参照波形相似性和空间距离两个因素，在保证样本结构特征一致性的基础上按照分布距离对样本排序，从而使反演结果在空间上体现了地震相的约束，平面上更符合沉积规律。该技术能更好实现井震联合，发挥开发阶段地震、井资料丰富的优势并进行充分结合，获得针对薄储层的预测结果，如图4-40、图4-41所示。

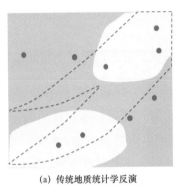

(a) 传统地质统计学反演　　　　　(b) 地震波形指示反演

图4-40　传统地质统计学反演和地震波形指示反演在井震联合意义上对比

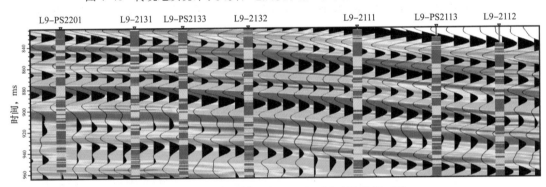

图4-41　应用地震波形指示反演预测砂泥岩薄互层

三维地震是一种空间分布密集的结构化数据，地震波形的变化反映了沉积环境和岩性组合的空间变化。因此可以利用地震波形特征解析低频空间结构，代替变差函数（变程）优选井样本，根据样本分布距离对高频成分进行无偏最优估计。包括如下三步：

第一步，按照地震波形特征对已知井进行分析，优选与待判别道波形关联度高的井样本建立初始模型，并统计其纵波阻抗作为先验信息。传统变差函数受井位分布的影响，难以精确表征储层的非均质性，而分布密集的地震波形则可以精确表征空间结构的低频变化；在已知井中利用波形相似性和空间距离双变量优选低频结构相似的井作为空间估值样本。

第二步，将初始模型与地震频带阻抗进行匹配滤波，计算得到似然函数。如果两口井的地震波形相似，表明这两口井大的沉积环境是相似的，虽然其高频成分可能来自不同的沉积微相、差异较大，但其低频具有共性，且经过井曲线统计证明其共性频带范围大幅度超出了地震有效频带。利用这一特性可以增强反演结果低频段的确定性，同时约束了高频的取值范围，使反演结果确定性更强。

第三步，在贝叶斯框架下联合似然函数分布和先验分布得到后验概率分布，并将其作为目标函数，不断扰动模型参数，使后验概率分布函数最大时的解作为有效的随机实现，取多次有效实现的均值作为期望值输出。实践表明，基于波形指示优选的样本，在空间上具有较好的相关性，可以利用马尔科夫链蒙特卡洛随机模拟进行无偏、最优估计，获得期望和随机解。

第五节　小　　结

近些年，随着油气藏目标复杂程度的提高，开发阶段薄储层预测更强调井震联合、井藏联合，实现多学科信息的有机融合，提高储层预测的精准程度。和以往的以地震属性、地震反演为核心的地震储层预测技术相比，开发阶段薄储层预测技术取得了明显的进步。

薄储层地震响应及岩石物理特征的认识随着技术手段的进步得到明显提升。薄储层地震响应的核心问题是地震波的干涉作用造成地震振幅、相位、频率等信息的改变，将地震波调谐作用的规律进行了进一步延伸，特别是在叠前地震波场中该规律仍然存在，叠前干涉作用规律分析为采用叠前手段井震联合预测薄储层奠定了基础。

近些年勘探开发实践中逐渐发展形成了薄储层地震属性刻画关键技术，以薄互层层序地层发育规律为指导、薄储层等时性解释为核心，形成一系列薄层刻画和精细沉积微相解释技术，充分体现地震信息和薄储层地质发育规律、油藏分布规律的结合，为精细化刻画和预测提供了配套技术手段。

以井震结合地震反演技术为核心的薄储层预测不断获得新技术突破。地震反演方法在薄层油藏参数的预测中具有较多不适应性，高分辨率的反演手段、井震结合的技术手段、更丰富的叠前参数是近些年反演技术进步的明显标志，为薄储层油藏刻画提供了核心技术方法。

参 考 文 献

[1] 刘文岭. 高含水油田油藏地球物理技术——中国石油物探的新领域 [J]. 石油学报，2010，31（6）：959-965.

[2] 凌云研究小组. 应用振幅的调谐作用探测地层厚度小于1/4波长地质目标 [J]. 石油地球物理勘探，2004，38（3）：268-275.

[3] An P. Application of multi-wavelet seismic trace decomposition and reconstruction to seismic data interpretation and reservoir characterization [J]. 76th Annual International Meeting, SEG, Expanded Abstracts, 2006, 973-976.

[4] An P. Case studies on oil and water wells separation and gas sand prediction in a coal formation using wavelet selection and volume-based seismic waveform decomposition [J]. 78th Annual International Meeting, SEG, Expanded Abstracts, 2008, 498-501.

[5] Castagna J P, Sun S, Siegfried R W. Instantaneous spectral analysis : detection of low frequency shadows

associated with hydrocarbon［J］. The Leading Edge, 2003, 22（2）: 120-127.

［6］Partyka G, Gridley J, Lopez J. Interpretational applications of spectral decomposition in reservoir characterization［J］. The Leading Edge, 1999, 18（3）: 353-360.

［7］高静怀, 陈文超, 李幼铭, 等. 广义S变换与薄互层地震响应分析［J］. 地球物理学报, 2003, 46（4）: 526-532.

［8］黄捍东, 张如伟, 李进波, 等. 高精度地震时频谱分解方法及应用［J］. 石油地球物理勘探, 2012, 47（5）: 773-780.

［9］Mallat S G, Zhang Z. Matching prusuit with time-frequency dictionaries［J］. IEEE Transactions on Signal Processing, 1993, 41（12）: 3397-3415.

［10］杨文采. 地球物理反演的理论与方法［M］. 北京: 地质出版社, 1997.

［11］杨文采. 反射地震学理论纲要［M］. 北京: 石油工业出版社, 2012.

［12］撒利明, 杨午阳, 姚逢昌, 等. 地震反演技术回顾与展望［J］. 石油地球物理勘探, 2015, 50（1）: 184-202.

［13］Avseth P, Mukeji T, Mavko G. Quantitative seismic interpretation［M］. Cambridge University Press, 2005.

［14］Bosch M, Mukerji T, Gonzalez E F. Seismic inversion for reservoir properties combining statistical rock physics and geostatistics: a review［J］. Geophysics, 2010, 75（5）: 75A165-75A176.

［15］Merletti G D, Torres-Verdin C.Accurate detection and spatial delineation of thin-sand sedimentary sequences via joint stochastic inversion of well logs and 3D pre-stack seismic amplitude data［C］. 2006, SPE Annual Technical Conference and Exhibition, 24-27.

［16］Tarantola A. Inverse problem theory and methods for model parameter estimation［M］. Philadelphia: Society for Industrial and Applied Mathematics, 2005.

［17］张广智, 王丹阳, 印兴耀, 等. 基于MCMC的叠前地震反演方法研究［J］. 地球物理学报, 2011, 54（11）: 2926-2932.

［18］Puryear C I, Castagna J P. Layer-thickness determination and stratigraphic interpretation using spectral inversion: theory and application［J］. Geophysics, 2008, 73（2）: R37-R48.

第五章 地震约束油藏建模与数模技术

在油气田开发领域，地震的主要作用体现在两个方面：一是地震如何帮助建立更为准确的油藏地质模型；二是地震如何与油藏数值模拟、历史拟合结合，形成对油藏更为深刻的认识。随着油气田开发的不断深入，地震约束建模技术也在快速发展并形成了很多理论方法，例如本位协克里金—序贯高斯模拟、基于贝叶斯条件模拟等地震协同建模方法。目前，国际上地震和油藏数模融合技术主要是以时移地震与数模结合研究为主，而国内由于时移地震数据较少，地震约束油藏数值模拟的研究方式主要是把一期三维地震数据和油藏数值模拟结合，进而发展成为更为通用的基于三维地震信息约束的油藏数值模拟方法。该方法分别在新疆、大庆和辽河等国内油田进行了应用并取得较好的效果，进一步提升了对储层结构及油藏参数预测精度，对开发方案实施及油藏管理具有十分重要的意义。

第一节 地震约束油藏建模技术

自 20 世纪 80 年代以来，随着人们对储层非均质性深化研究的需求，储层研究进入了快速发展阶段，对储层模型精度的要求也越来越高，这也促进了三维地质建模技术的不断发展。在 20 世纪末到 21 世纪初，储层三维地质建模已经发展成为石油地质勘探开发的主流环节和重要手段。到目前为止，已经取得了长足的进展，并随之形成了多种建模方法和软件。它主要是以井数据、地震数据、构造信息等为数据来源，在建立三维构造骨架模型后，采用不同的建模方法进行储层参数模拟，从而建立三维储层地质模型。常用建模方法大多数是以地质统计学为理论基础的，利用地震数据本身来约束的建模方法及其应用还比较少。因此，如何整合具有丰富横向信息的地震数据到地质模型中并进一步提高模型的精度，是目前储层建模面临的挑战。

一、传统油藏地质建模技术

1. 传统地质建模的问题

油藏地质建模是根据观测的地面、地下多种信息对储层特征的定量化表征，是对构造要素、物性、岩石甚至沉积相等地质特征的三维空间定量描述。它不仅要符合实际测试的数据，还需要与前期储层研究成果保持一致，因此地质建模是融合、验证多学科数据和成果的三维定量化研究手段。

在综合利用各领域数据和成果并建立表征储层三维分布的地质模型过程中，主要面临以下几方面的问题。

（1）数据源的多样性。在建模过程中，需要用到多学科的数据和研究成果，包括地震数据、岩心数据、测井数据、生产动态数据等采用不同探测手段识别的储层特征数据，另外，还有一维或二维储层特征研究成果数据。如何把这些数据信息整合到模型中，是地质建模以及定量表征的关键。

（2）数据反映的尺度不同。由于数据测量方法的差别，不同数据反映的尺度也不同，岩心数据通常是几厘米到十几厘米的物理量，测井信息则反映的是十几厘米到米级的岩石特征，地震信息是十几米甚至更大尺度的岩石特性响应。需要将这些不同尺度的数据合理地融入地质模型，从而提高模型精度。

（3）数据的物理意义和测量方式不同。不同的数据来源以及取得这些数据的物理方法不同，如地震数据主要为地震波场的声学或弹性波测量，测井数据主要是电学、声学、放射学等方法的测量，生产动态数据主要是流体在孔隙介质中的流动量和渗流量的测量，与此同时，这些数据品质有时候也差别较大。如何在建模过程中把这些不同物理意义和测量方式的信息应用到模型中也是对建模技术的挑战。

（4）模型数据一致性与验证问题。随着油气藏勘探开发程度的不断深入，基础资料在不断丰富，对储层外部形态及内部特征的研究成果也越来越多，相应地对储层建模的精度要求也会越来越高。整个三维地质建模是一个闭合循环分析与验证的过程，即模型应该回到数据域中，根据其不一致性对模型进行修正，才可以保证最终所建立模型的准确性和可靠性，使之保持模型和数据的一致性，符合数据本身的内涵。因此，如何使得模型与数据、地质认识一致，并在此基础上做好储层特征的不确定性分析和评价，对地质建模定量化表征具有十分重要的意义。

基于上述多数据、多源、多尺度等问题，油藏地质建模需要建立一个基本的理论框架，并在此基础上综合利用各个领域的数据，建立符合储层特征的三维地质模型。目前，工业界常用的地质建模理论主要是地质统计学方法。它是以自然界中测量的数据距离越近则相似性越高、距离越远则相似性越低这一原则为基础，利用统计学手段对未知样点进行估计或模拟的，是以变差函数为基本工具，对具有空间分布特征结构的区域化变量进行表述和研究的一种数学方法。应用这个方法，最终可以获得在统计学意义上满足不同条件的地质模型。

在实际应用中，是以井数据作为主体数据，或叫"硬"数据，地震和地质数据作为辅助约束数据，或叫"软"数据，通过地质统计学理论来建立能够满足各类数据关系的三维地质模型。其优点在于它能保持模型和观测数据（井数据）的一致性，可以通过统计学方法计算误差，从而提供不确定性信息；在模拟过程中可以用地震数据作为"软"数据来约束，为满足不同数据的同尺度信息融合计算提供了工具。

2. 随机模拟方法

随机模拟方法是以已知信息作为基础，考虑地质空间的结构统计特性，用随机函数理论作为指导，对未知区域的属性分布进行模拟并生成等概率的多个模型的模拟方法。它能够将地质认识和观测数据很好的结合起来，同时对储层模型做出不确定性评价，从而建立更能满足地质规律的三维地质模型。

根据研究模拟对象的随机特征，可以将随机模拟方法分为三类[1]。

（1）非连续模拟方法。这种模拟方法主要用于模拟具有离散特征的地质特征数据，如沉积相分布、泥质隔夹层的分布和大小、裂缝和断层的分布和规模等。该方法包括截断随机模拟、基于目标的示性点模拟等。

（2）连续模拟方法。该方法主要用于描述连续变量的空间分布，如孔隙度、渗透率、流体饱和度等参数的空间分布。该方法包括序贯高斯模拟、分形随机模拟等连续随机模拟等。

（3）混合模拟方法。非连续模拟方法和连续模拟方法的结合即构成混合模拟方法，也称二步模拟方法。例如先应用非连续模拟方法模拟沉积相的分布，再用连续模拟方法描述各沉积相内部的岩石物理参数的空间分布。

另外，根据随机模拟的基本模拟单元，又可以将随机模拟方法分为以下两类[2]。

（1）基于目标体的随机模拟方法。这种方法的基本模拟单元为目标体，即将目标体直接"投放"于模型空间，而不是一个一个网格赋值。基于目标的随机模拟方法主要用来描述具有离散空间分布性质的地质特征，如河道空间分布、隔层空间展布等。

（2）基于像元的随机模拟方法。这种方法的基本模拟单元为像元，既可以用于连续储层参数的模拟，也可以用于离散地质体的模拟。基于像元的随机模拟方法按照数据分布特征又可以分为高斯模拟和非高斯模拟。高斯模拟最大的特点是其模拟的随机变量需要满足高斯分布，在实际应用中需要将已知储层物性参数做正态变换，使其满足正态分布。非高斯模拟方法主要包括模拟退火、遗传算法等。

3. 传统地质建模技术流程

传统储层地质建模的基本过程包括数据准备、构造建模、储层相建模、储层物性（参数）建模、模型粗化及可视化检验等技术环节，如图5-1所示。

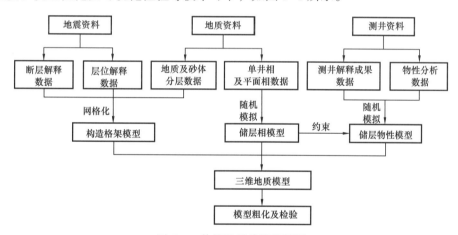

图5-1　传统地质建模流程图

1）数据准备

地质建模所需的数据包括测井数据、地震数据、一维或二维的研究成果数据等。井相关数据包括钻井信息、岩心数据、测井及其解释数据、分层数据等。地震数据包括地震解释的断层数据、层面数据等。这些数据是建立断层模型和构造格架模型的基础，另外从地震数据体中提取或处理得到的地震属性数据、反演数据等研究成果数据体，也可以作为约束数据参与到储层相建模和物性建模中。面对这些多源、多学科、多域的数据，质量检查是储层建模的首要环节，要确保参与建模数据的可靠性，做到每一环节的数据能够相互印证、吻合。

2）构造建模

构造建模是三维储层地质建模的重要基础，主要内容包括三个方面。

（1）将地震及井数据解释的断层数据进行网格化，建立断层模型。即采用准备好的断层数据，通过一定的插值方法计算生成断层面，如果有断面形态或者断层接触关系不合理的地方，可以编辑断层面线段来修改。

（2）在断层模型控制下建立骨架网格，再根据地震解释构造层面和井分层建立构造层面模型。

（3）以断层及构造层面模型为基础，在纵向上再进行层间的网格细分，建立网格分辨率更加精细的三维构造格架模型。

3）储层相建模

沉积相随机模拟方法有很多，包括序贯指示模拟、截断高斯模拟、多点地质统计学模拟等。这里所指的相是广义的，是离散变量，例如沉积相（亚相、微相等）、岩相，也可以是数字化的沉积相图。在上述构造层面模型的基础上，针对不同的层位输入不同的反映各自地质特征的建模参数，分别进行分层沉积相模拟，然后再整合为一个统一的三维相模型，这样保证了所建模型能客观的反映地下实际。

4）储层物性建模

储层物性建模方法有很多种，例如序贯高斯模拟和本位协克里金—序贯高斯模拟，在模拟过程中可以选择加入相约束或者趋势约束。常用的序贯高斯模拟是以基本的克里金方法为理论基础，以井数据为"硬"数据，而本位协克里金—序贯高斯模拟，是以本位（或同位）协同克里金为基础，将二级变量（如地震数据）作为约束数据参与随机模拟。

5）模型粗化及可视化检验

油藏地质模型的网格数通常可以达到上千万个或者更多，而由于目前计算机运算能力的限制，油藏数值模拟能够模拟的网格数一般为十几万至百万级。因此，需要将细网格的地质模型粗化等效为一个可以用于油藏数值模拟运算的粗网格模型。常用的流程是：先粗化网格和构造格架，再粗化属性模型，然后根据需求输出相应的数模文件。与此同时，通过二维、三维可视化对比分析，检验模型的合理性。

二、地震约束地质建模的关键技术

随着油气田开发难度的不断增加，储层研究面临着更高的挑战，地质建模技术需要整合多种信息，特别是利用横向分辨率高的地震信息来提高模型的可靠性。在地质统计学框架下，将地震信息作为约束参与到地质建模的技术流程，已经逐步在实际中展开了应用。

在利用地震约束建模方法建立储层三维地质模型时，需要综合利用地震、测井、地质信息等数据。地震数据具有横向上采样密集和横向分辨率高的优势，因此可以作为建模的约束变量，降低随机模拟的不确定性，提高模型忠实于地下实际情况的程度。主要体现在：第一，采用地震约束的断层和构造层面建模，有利于建立准确的构造模型，确定插值和模拟的边界，这是建立地质模型的基础；第二，地震数据作为二级变量或者趋势约束条件参与建模计算，能够对井间的插值、外推和模拟起到约束作用，从而提高模型精度；第三，地震数据参与模拟计算，为随机建模增加了确定性因素，使其具有确定性的趋势[3]。

目前在地质统计学框架下，地震约束地质建模方法主要分为两类：基于协克里金的地震约束建模方法和基于贝叶斯条件模拟的地震约束建模方法。

1. 基于协克里金的地震约束建模方法

这种方法考虑了地震属性与测井物性参数的线性关系。利用几个变量之间的空间相关性，对其中一个变量进行估计，其他变量作为约束，从而提高估计或模拟的精度。主要包括三种方法：协克里金方法，本位协克里金方法，本位协克里金—序贯高斯模拟方法。

1）协克里金方法

该方法是一种多变量估计方法，通过研究主变量及次级变量的空间相关关系，将次级变量的信息用于约束模拟。它能有效地综合利用地质、钻井和地震资料来估计孔隙度、渗透率和含油饱和度的变化。例如把测井数据作为主变量，地震数据作为二级变量，那么，协克里金估计值可表示成测井数据和地震数据的线性组合形式。

$$Z(u) = \sum_{i=1}^{n} \lambda_i Z(u_{1i}) + \sum_{j=1}^{m} \beta_j Y(u_{2j}) \tag{5-1}$$

式中 $Z(u)$ ——随机变量估计值；

u_{1i} 和 u_{2j} ——空间区域上主变量和次级变量的第 i 和 j 个观测值；

$Z(u_{1i})$ ——主变量（测井数据）的 n 个采样点；

$Y(u_{2j})$ ——次变量（地震数据）的 m 个采样数据；

λ_i 和 β_j ——需要确定的协克里金加权系数。

协克里金算法可以将各种不同类型、不同品质的资料结合在一起进行线性回归，它是一种求最优、线性、无偏估计的方法。

2）本位协克里金方法

该方法克服了协克里金方法的矩阵求解不稳定以及计算量大的缺点，它只保留了跟估计量同位的地震数据值。本位协克里金的计算可以表达为：

$$Z^*(u_0) = \sum_{i=1}^{n} \lambda_{1i} Z(u_{1i}) + \lambda_{2j} \left[Y(u_{2j}) - m_X - m_Y \right] \tag{5-2}$$

式中 $Z^*(u_0)$ —— u_0 位置的估计值；

$Z(u_{1i})$ ——在位置 u_{1i} 上的主变量采样值；

λ_{1i} ——赋给该采样点的加权系数；

$Y(u_{2j})$ ——在位置 u_{2j} 上的次级变量；

λ_{2j} ——赋给该采样点的加权系数；

m_X 和 m_Y ——已知的。

上述估计满足无偏条件。

这种方法只需知道主变量的相关性以及主变量与次变量（如地震数据）的互相关系即可，大大节省了运算时间，并且确保了稳定性。

3）本位协克里金—序贯高斯模拟方法

本位协克里金—序贯高斯模拟是基于序贯高斯模拟的一种协克里金模拟方法。序贯高斯模拟的原理是：对于区域化变量 $Z(u)$ 的每一次取值都可以看成是符合正态分布函数的一次实现，必须确保全体样本空间的取值范围都服从正态分布，需要把已经得出来的估计值序贯地添加到其条件累积分布函数中，然后进行计算；为了使被模拟区域的各个网格结点上都满足条件化的正态分布，需要以已知数据为出发点，不断地将计算出的模拟值添加到条件分布中，再通过重新计算得到新的累积分布函数。基于序贯高斯模拟方法，本位协克里金—序贯高斯模拟过程可以分为以下几个步骤：

（1）将已知样品数据 $Z(u_t)$，$t=1$，2，$\cdots$，n 的概率分布函数 $F(z)$ 进行正态变换，转化为服从单变量正态分布的 $S(u_t)$，$t=1,2,\cdots,n$ 数据。然后再对 S 数据进行正态性检验，如果符合正态性，则认为其服从高斯场模型，可进行序贯高斯模拟。

（2）指定一个随机路径，依次访问每一个网格结点，在每个结点处保留其邻域内的数据，比如在第 j 个结点，根据之前的原始结点数据和访问过的前 $j-1$ 个结点的模拟数据，获得条件分布函数，利用本位协克里金方法来确定在该位置处的参数均值和方差。根据所建立的条件分布函数来进行随机模拟运算，就可以得到该结点的一个随机模拟值。再按照这种方式重复继续访问下一个网格结点，直到所有结点都得到模拟。这体现了本位协克里金—序贯高斯模拟的特点，可以将约束变量（如地震数据）作为"软"数据应用到模拟中。

（3）将最终模拟出来的并且服从正态分布的 S 数据，进行反正态变换，就可以再转换为 Z 数据。

2. 基于贝叶斯条件模拟的地震约束建模方法

1998 年，Ronald A. Behrens 等提出了一种基于贝叶斯算法的序贯高斯模拟方法，用来整合纵向分辨率较低的地震数据[4]。他们给出了用两层地震属性作为约束条件建立三维模型的例子。印兴耀等在 Ronald A. Behrens 等研究结果的基础上，发展了该方法，将它应用到全三维空间上，即用多层地震属性作为约束建立模型，用整个三维地震体作为约束，称之为基于贝叶斯条件模拟的地震约束建模方法[5]。该方法能够整合地震数据和测井数据，生成等同于测井垂向分辨率的模型。与本位协克里金—序贯高斯模拟方法相比，这种方法是一种强地震约束模拟方法。

首先，回顾一下贝叶斯定理：对于事件 X 和 Y，已知 Y 时 X 发生的概率用 $P\{X|Y\}$ 表示，等于已知 X 时 Y 发生的概率 $P\{Y|X\}$ 乘以 X 的概率 $P\{X\}$ 再除以 Y 的概率 $P\{Y\}$，即：

$$P\{X|Y\} = \frac{P\{X\} \cdot P\{Y|X\}}{P\{Y\}} \qquad (5-3)$$

尽管贝叶斯条件模拟方法可以处理多于两种地震属性的数据，但是为了简单，这里将介绍结合两种属性的方法[6]。用 x_i 表示在三维储层模型的网格单元 i 处的储层参数数据，如孔隙度。令 $z_{1,i}$ 和 $z_{2,i}$ 分别表示在包含单元 i 的垂向柱体内的两种地震属性的均值，即：

$$z_{1,i} = \sum_{m \in 1,\cdots n_z} a_m x_m \qquad (5-4)$$

$$z_{2,i} = \sum_{m \in 1,\cdots n_z} b_m x_m \qquad (5-5)$$

其中，n_z 是模型内在垂直方向上两属性 $z_{1,i}$ 和 $z_{2,i}$ 之间的网格数；a_m 和 b_m 包含单元 i 柱体的第 m 层的加权系数，这些加权系数可以是常数也可以是随着空间变化的；x_m 是准点支撑，而 $z_{1,i}$ 和 $z_{2,i}$ 表示整个垂向柱体，是块支撑。目的是产生一个 x 的 3D 实现，这个实现除了要满足已知数据的直方图和空间协方差条件外，还要满足上面的两个限制条件。如图

5-2 所示，让 x_0 表示目前单元中要模拟的值；x_s 表示邻近的单元中已经模拟的值，包括网格 x_1，x_2，x_3，x_4，x_5，x_6；x_c 表示在包含 x_0 的柱体内的已经模拟的值，包括网格 x_2，x_3。x_0 的模拟结果是通过从局部的先验分布函数 $p\ (x_0|x_s, z_1, z_2)$ 中随机抽样得到的，其中 z_1 和 z_2 是在包含 x_0 的柱体处的属性数据。重复使用贝叶斯定理，得到：

$$p\left(x_1|x_s,z_1,z_2\right) \propto p\left(x_0|x_s,z_1\right)g\left(z_2|x_s,x_0,z_1\right) \propto p\left(x_0|x_s\right)f\left(z_1|x_s,x_0\right)g\left(z_2|x_s,x_0,z_1\right) \quad (5\text{-}6)$$

式中，符号 $\propto$ 表示正比于，$p\ (x_0|x_s, z_1, z_2)$ 用序贯高斯模拟的条件分布 $p\ (x_0|x_s)$、第一种地震属性的数据的条件分布 $f\ (z_1|x_s, x_0)$ 和第二种地震属性数据的条件分布 $g\ (z_2|x_s, x_0, x_1)$ 的乘积表示。

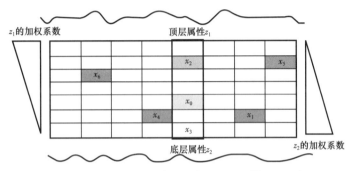

图 5-2　x_0、x_s、x_c 示意图（据 Behrens 等，1998）

假设 $f\ (z_1|x_s, x_0) = f\ (z_1|x_0, x_0)$ 和 $g\ (z_2|x_s, x_0, z_1) = g\ (z_2|x_0, x_1, z_1)$，也就是说 z_1 和 z_2 的条件分布仅仅取决于柱体内已经模拟的值，与邻近的单元中已模拟的值无关。可以得到：

$$p\left(x_0|x_s,z_1,z_2\right) \propto p\left(x_1|x_s\right)f\left(z_1|x_0,x_0\right)g\left(z_2|x_s,x_0,z_1\right) \quad (5\text{-}7)$$

式（5-7）中，右边的第一项是在已模拟的值 x_s 的条件下 x_0 的条件分布；这与在高斯模拟过程中由普通克里金得到的均值（m）和方差（σ^2）的正态条件分布类似，即：

$$p\left(x_0|x_s\right) \propto \exp\left\{-\frac{\left[x_0-m_{\mathrm{sk}}\right]^2}{2\sigma_{\mathrm{sk}}^2}\right\} \quad (5\text{-}8)$$

如果让 x_{0+0} 表示目前柱体内已经模拟值和正在模拟值的集合，那么式（5-7）右边的第二项 $f\ (z_1|x_0, x_0) = f\ (z_1|x_{0+0})$ 称为 z_1 的似然函数，也是按高斯分布的。

$\sum\limits_{j\in c+0}$ 表示在柱体内已模拟的单元和正在被模拟的网格单元上的求和。$\sum\limits_{k\notin c+0}$ 表示在其余的未访问的网格单元上求和，那么 $f\ (z_1|x_{0-0})$ 的均值和方差为：

$$m_f = \sum_{j\in c+0}\left(a_j+\lambda_j\right)x_j \quad (5\text{-}9)$$

$$\sigma_f^2 = \sum_{k\notin c+0}\sum_{l\notin c+0}a_k a_l a_{kl} - \sum_{j\in c+0}\lambda_j \sum_{k\notin c+0}a_k C_{kj} \quad (5\text{-}10)$$

由此过程达到对网格中所需模拟值的模拟。如果要在三维空间上实现，会考虑每个点以及其相关关系，从而使得地震约束更为合理。

3. 地震约束地质建模方法对比分析

由于计算方法的不同，上述两类建模方法的模拟效果也是有区别的，如图5-3所示。图5-3（a）是建立的孔隙度理论模型，在理论模型上抽取三口井数据作为已知数据，分别用不同方法模拟孔隙度模型。图5-3（b）是用直接克里金插值得到的孔隙度模型，图5-3（c）是用本位协克里金—序贯高斯模拟方法得到的孔隙度模型，图5-3（d）是用贝叶斯条件模拟得到的孔隙度模型。通过对比得出以下结论：

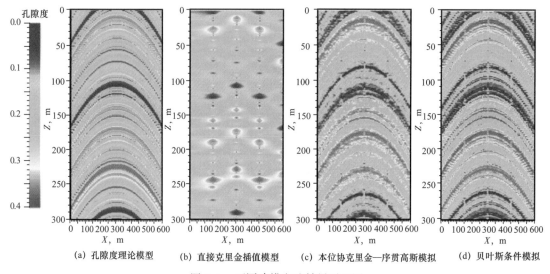

(a) 孔隙度理论模型　　(b) 直接克里金插值模型　　(c) 本位协克里金—序贯高斯模拟　　(d) 贝叶斯条件模拟

图5-3　不同建模方法结果对比图

（1）从模拟结果与理论模型的差别来看，基于贝叶斯条件模拟的地震约束建模方法的模拟结果与理论模型最接近，而其他两种方法的模拟结果较差。在井旁位置，三种方法的估计结果与理论模型都很接近，但是随着与井距离的增大，与理论模型值的差别相对增大。

（2）从横向连续性来看，基于贝叶斯条件模拟的地震约束建模方法的模拟结果与真实孔隙度的横向连续性的差别最小，而另两种方法的模拟结果差别较大。

（3）从垂向分辨率来看，基于贝叶斯条件模拟方法得到的孔隙度模型垂向分辨率最高。该方法可以清晰地辨别出一些其他两种方法不能辨别出的薄层（例如深度50m和250m处的薄层）。

（4）从光滑程度来看，协克里金的估计结果最光滑，但是这种"过光滑"的现象会将一些真实的数据过滤掉，降低模拟结果的可靠性。另外两种方法在部分网格点有"随机噪声"。

三、地震约束油藏建模流程与关键步骤

地震约束油藏建模流程和传统建模流程类似，其差别在于前者在建模过程中需要把地震体数据作为约束。它的前提条件是需要有反演地震体或者属性体，计算这个数据体和所模拟的井中物性参数的相关性，总体而言，相关性越好，约束效果也越好。另外，三维地

质建模都是在深度域进行的，需要把地震数据体转换到深度域，然后再投影到已经搭建好的模型网格中，这样才能使其参与到约束模拟中。具体建模流程如图 5-4 所示。

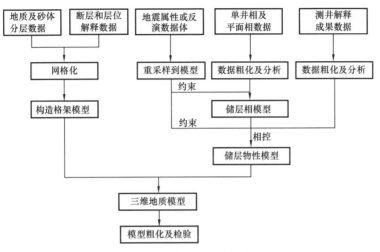

图 5-4　地震约束油藏建模流程图

1. 井震相关性分析

一般而言，地震属性数据和测井数据都能在不同程度上反映储层内部的岩性和物性差异。基于此，可以找到井震信息之间的相互关系，例如通常地震信息反演得到的速度或者波阻抗与测井解释的孔隙度具有较好的相关性，如岩石的孔隙度增大时，其相应的速度和波阻抗会随之降低。因此，应用这样的地震数据体来约束孔隙度建模，可以增加模型的横向预测精度。

2. 时深转换

在地质建模过程中，要将地震数据作为约束数据参与计算，往往需要进行时深转换，也就是说把地震数据转换为深度域数据。而在时深转换过程中需要一个时深关系或速度场，这是连接深度域测井数据与时间域地震资料的纽带，通常是需要利用合成地震记录标定来建立这个时深关系，然后再应用这个时深关系将时间域数据转换为深度域数据。

3. 地震约束构造建模

地震约束构造建模包括断层建模和构造层面建模，主要反映油藏的断层格局和空间框架。具体研究思路如下：按照测井、地震和地质相结合的原则，即根据地震解释成果梳理断层的产状和平面组合关系，结合实际井上的断点位置，确定各个断层的三维空间位置和形态，从而建立三维断层模型；随后通过模型平面网格化搭建三维骨架网格，形成一套由网格化断面、骨架网格面构成的网格剖分方案，它需要将断层面投影在二维视图中，设置模型边界范围、网格大小和方向等参数，网格大小一般可以根据地质体规模及井网井距而定，网格方向则可以参考物源方向、主断层方向、主渗流方向等；基于已经搭建好的三维骨架网格，根据地震解释的构造层面的位置以及形态，建立油组、砂组级别的构造大层面模型，再由测井分层数据建立小层级别层面模型，此过程是划分建模单元的基础，它制定了不同建模单元的纵向分界面；最后，依据每个小层的垂向地层厚度，进行小层间的垂向细分。

4. 沉积相建模

沉积相随机建模方法较多，例如序贯指示、截断高斯模拟等。下面以序贯指示方法为例介绍沉积相建模的主要流程。

首先利用数据离散化的算法将参与建模井的相曲线数据粗化到模型网格上，再将粗化前后的相数据进行对比。如图5-5所示，通过数据直方图来对比相数据粗化前后的误差，从图中可以看出大部分数据在粗化前后，较好地保持了数据的一致性。

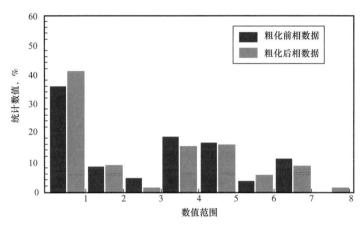

图5-5　相数据粗化前后数据直方图

在完成数据粗化后，需要先进行一些模拟参数设置，例如数据变换、变差函数分析、设定随机种子数等，然后再用协同克里金—序贯指示模拟方法建立储层沉积相模型（图5-6）。

图5-6　三维沉积相模型显示

图中数字代表沉积相：0—河道；1—废弃河道；2—决口河道；3—尖灭；4—主体席状砂；5—非主体席状砂；

6—表外砂体；7—气区

5. 地震约束储层物性建模

地震约束储层物性建模的前提是地震数据需要和用于建模的物性参数具有较好的相关

性，并且相关性越好，约束效果越好。因此，在进行地震约束储层物性建模之前，需要先进行相关性分析，如图 5-7 所示的地震阻抗数据和孔隙度的相关性，从图中可以看出，地震阻抗和孔隙度具有较好的相关性。

通过相关性分析确定需要参与约束建模的地震数据。通常这个地震数据并不能直接运用于地质建模中，需要将时深转换后的地震数据在模型网格上进行重采样（重新网格化），使它与油藏模型的网格相匹配，并且要保证重采样前后地震数据的一致性，这样才能够保持模型域地震数据与井数据的相关性是一致的。图 5-8（a）是实际地震阻抗剖面，图 5-8（b）是重采样到模型网格后的地震阻抗剖面。对比这两个数据，分布基本一致。在实际工作中，可以通过多个这样的剖面来验证重采样的可靠性，在确保重采样前后的数据分布基本一致后，就可以应用这个重采样到模型网格上的地震数据来约束物性建模。

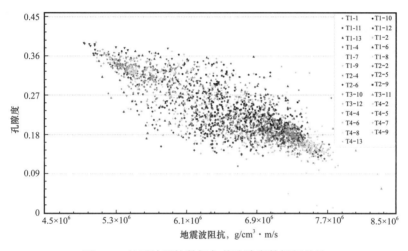

图 5-7　地震波阻抗数据与井孔隙度数据相关性

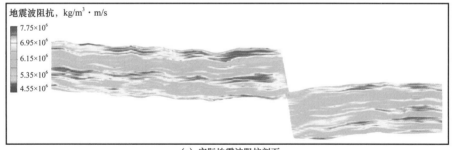

(a) 实际地震波阻抗剖面

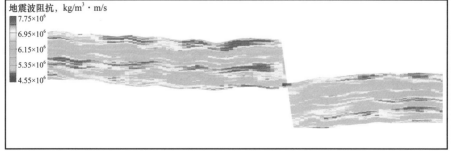

(b) 重采样后的地震波阻抗剖面

图 5-8　地震反演数据重采样前后对比剖面

在建立孔隙度模型之前，首先需要进行数据分析，包括三种数据变换，分别为输入截断（消除奇异值）、移动变换（shift scale）和正态变换。数据变换是变差函数分析的前提条件。图5-9（a）为小层河道微相孔隙度正态变换前数据分布情况，图5-9（b）为小层河道微相孔隙度正态变换后数据分布情况，它符合正态分布特征，其中河道显示远端岩性变细，孔隙度减小，显示为双峰特征。

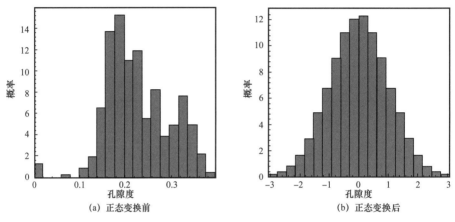

图5-9　小层河道相孔隙度数据变换前后对比分析图

在上述数据分析的基础上，再根据沉积微相平面展布情况，对各小层的不同沉积相类型中的孔隙度数据进行分层分相的变差函数拟合分析。图5-10（a）为一个小层的河道相中孔隙度数据点在经过变差函数分析后的主方向拟合结果，图5-10（b）为次方向拟合结果，图5-10（c）为垂向拟合结果。在变差函数拟合过程中，需要结合实际情况，拟合实际数据与理论变差函数。

在完成数据分析工作后，接下来就可以利用重新网格化的地震反演数据约束模拟并建立孔隙度模型。图5-11是利用本位协克里金—序贯高斯模拟方法，最终建立的地震和沉积相共同约束的孔隙度模型。从模型整体上看，没有异常值区域，整体数值分布符合储层特征。

在孔隙度模型完成后，可以通过二维平面、剖面、三维等不同视角去检查模型可靠性，查看模型内部孔隙度分布规律和前期数据域分析结果的一致性。另外，也可以用不同建模方法分别建立孔隙度模型，对比不同方法之间的优缺点来优选随机模拟方法，如图5-12所示。

通过对比，地震约束的协克里金插值结果较为平滑［图5-12（a）］，相控序贯高斯模拟结果在相边界有突变的痕迹［图5-12（c）］，换言之，可能存在相的控制过度，具有一定的人为性。用地震和沉积相约束的模拟结果兼顾了地震和沉积相信息，没有明显的分带和数据突变的现象，可以尽量保持多信息的一致性［图5-12（d）］。除此之外，对于同一种建模方法还可以选择生成多个模型实现来对比模型效果，这也是随机模拟的特点，同样的参数往往可以生成等概率的多个模型实现，我们需要对随机实现进行优选，选出一些被认为最符合地质规律的模型。

上述就是地震约束物性建模的主要流程。类似的方法不仅可以用于建立孔隙度模型，还可以用于建立渗透率模型、净毛比模型、含油饱和度模型等。通常地震数据与孔隙度、岩性的相关性比较高，与渗透率的相关性往往不高，那么要体现地震信息的约束作用，可以先用地震约束物性建模方法建立孔隙度模型，然后分析孔隙度和渗透率之间的相关性，以地震约束建立的孔隙度模型作为约束，利用本位协克立金—序贯高斯模拟方法建立渗透率模型。

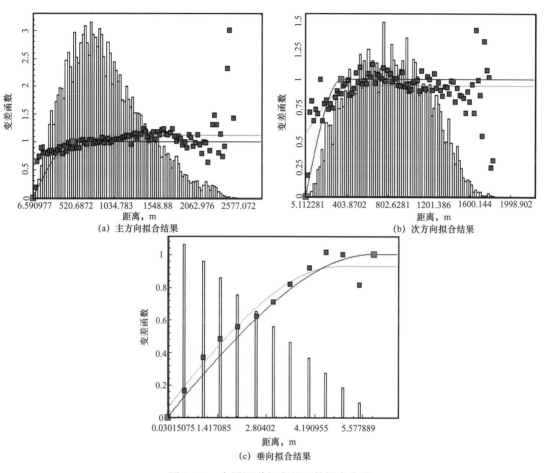

(a) 主方向拟合结果

(b) 次方向拟合结果

(c) 垂向拟合结果

图 5-10　小层河道相变差函数拟合曲线

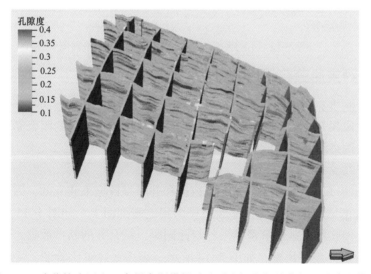

图 5-11　本位协克里金—序贯高斯模拟（地震和沉积相约束）的孔隙度模型

　　在完成数据准备、构造建模、沉积相建模和物性建模后，需要模型后处理操作，主要包括储量计算、模型粗化和导出、模型可视化显示及井轨迹设计，这部分与传统地质建模类似。

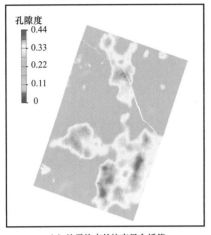

(a) 地震约束的协克里金插值

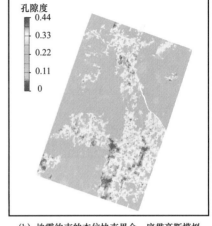

(b) 地震约束的本位协克里金—序贯高斯模拟

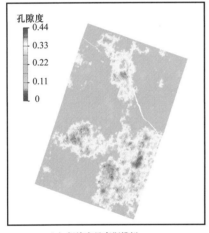

(c) 相控序贯高斯模拟

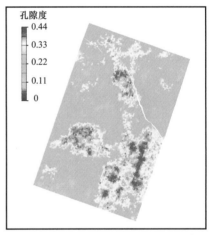

(d) 地震和沉积相共同约束的本位协克里金—序贯高斯模拟

图 5-12　不同模拟方法建立的孔隙度模型平面图

四、地震约束油藏建模质控方法

　　模型质量控制贯穿于地质建模的每个环节，其目的是提高模型的准确性，使模型与前期已有地质研究成果及认识一致，换言之，它是数据域和模型域的闭合循环质控过程。下面介绍一下地震约束油藏建模质控方法。

　　1. 断层模型质量控制

　　断层模型是通过提取地震解释的断层数据和井断点数据来建立的，因此，断层模型质控还需要回到数据域，也就是将模型断层投影到地震剖面上，如图 5-13 所示，通过多个剖面对比分析，使其符合地震解释结果。与此同时，结合井的断点数据，对每条断层的产状及位置进行质量控制和调整，如图 5-14 所示。通过上述对比验证，保证断层模型和地震数据、井断点数据匹配。

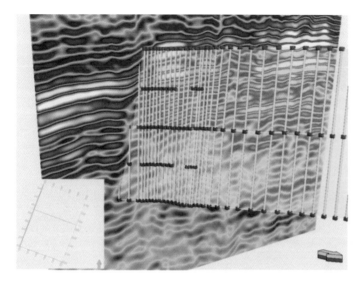

图 5-13 模型断层与地震解释断层对比验证

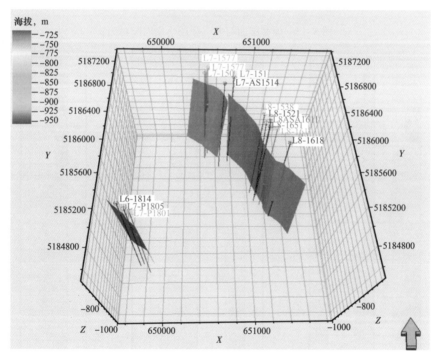

图 5-14 模型断层与井断点匹配验证

2. 构造层面模型质量控制

在构造层面模型建立过程中，首先需要复查地质分层数据，并将分层数据与时深转换后的地震层位进行对比，如图 5-15 所示。如果两者相差较大甚至出现窜层，就需要回到数据域并检查其合理性。对于已经建立的构造层面模型，还需要将它与数据域的数据进行符合度分析，可以用地震剖面特征来验证模型层位是否符合地震响应特征，也可以把模型层位与测井响应特征进行对比，如图 5-16 所示，最终建立符合前期地质认识的构造层面模型。

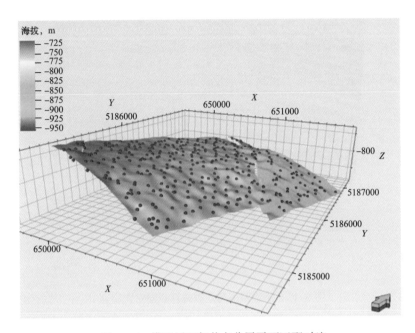

图 5-15　模型层面与井点分层平面匹配对比

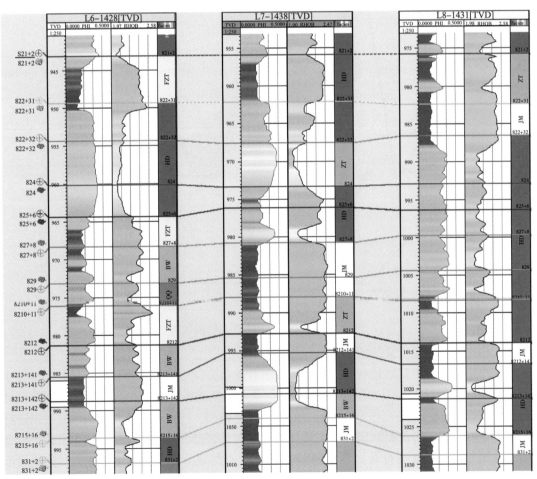

图 5-16　模型层面与井点分层联井剖面匹配对比

3. 模型精度分析

为了检验所建立的模型是否准确合理，可以进行盲井验证，即将不参与建模的已知井数据与该井点处的模拟数据进行比较，优选建模方法，比较不同建模方法的模拟效果（图5-17）。图中 A1 井为一口未参与孔隙度模拟的井，测井曲线第一列为已知孔隙度曲线与序贯高斯模拟孔隙度曲线叠加显示，第二列为测井解释的孔隙度曲线与贝叶斯模拟孔隙度叠加显示。通过对比，两种建模方法所模拟孔隙度与实际孔隙度整体趋势都较为一致，但是贝叶斯模拟的孔隙度与实际孔隙度更为贴近。

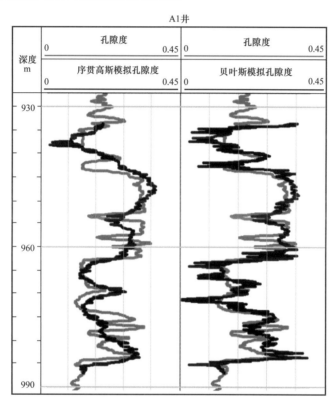

图 5-17　模型预测孔隙度与单井解释孔隙度对比

4. 储量精度控制

对于已经建立的油藏地质模型，可以利用容积法计算模型地质储量，它主要是利用原油密度及体积系数等参数进行三维空间网格数据的储量计算。对计算得到的模型储量要进行可靠性评价，包括各种参数的准确程度评价、储量参数的计算与选用是否合理等。还可以将计算模型地质储量和已知地质储量相比较来进行验证，如果二者相对误差较低，则说明该地质模型与地质认识较为吻合。

第二节　地震约束油藏数值模拟

地震约束油藏数值模拟是于 1997 年分别由黄旭日等[7]和 Jose Landa 等[8]在独立进行了以时移地震属性为约束的油藏数值模拟试验研究后提出的，前者在墨西哥湾利用实际数据体进行方法试验，取得了很好的成效，后者则采用了合成数据进行试验，同样对该方法进行探讨。由此在地球物理界推广了 SHM（Seismic History Matching）的概念。近年来，时移地震约束油藏数值模拟方法已经取得了长足的进展，并在全球很多地区取得良好的效果，也成为开发地震方法真正进入油藏工程的主要方法，为地震和油藏工程的融合提供了有效手段[9]。国内时移地震数据较少，近年来通过对采用单一时间的三维地震约束油藏数值模拟方法的探索和发展，形成了通用的地震约束油藏数值模拟方法。

一、传统油藏数值模拟技术

油藏数值模拟是随着计算机的出现和发展而成长的一门新学科，在国内外都取得了迅速地发展和广泛应用。在 20 世纪 60 年代初期，主要以多维多相的黑油模型研究为主；20 世纪 70 年代初期，开始研究组分模型、混相模型和热力采油模型；发展到 20 世纪 70 年代末期，又针对各种化学驱油模型进行了研究。油藏数值模拟作为油藏工程师认识油藏及其动态特征的主要手段，是定量地描述在非均质地层中多相流体流动规律的主要方法。在工业界，随着计算技术和计算机能力的改善，油藏数值模拟技术与方法也在飞速发展，油藏数值模拟的模型越来越细，模拟网格数达到上亿甚至几十亿，能够处理不同开采方式的各种类型油气藏的数值模拟。这都对进一步认识油气藏动态特征起到了更为积极的作用。

简而言之，油藏数值模拟是在给定油藏地质模型情况下，设定井的生产条件，通过求解流动方程，来"计算"油藏中生产井的生产动态数据，如油、气、水的生产历史和压力变化历史。基于不同解流动方程的方法，根据生产的油量、液量或者井底压力等已知数据，模拟其他的生产动态量。通过这样的模拟，获得油藏模型中动态参数的空间分布及其随时间的变化，如网格中含水饱和度和压力随时间的变化。再根据这些变化认识油藏中动态变化特征，为油藏动态预测提供依据，进而调整井中生产参数来优化开发方案。

油藏数值模拟的目的之一，就是通过历史拟合方法得到更加逼近动态特征的实际油藏地质模型、油藏动态模型。所谓历史拟合方法就是先用已建立的地质模型来计算油藏开发过程中主要生产动态数据的历史变化，再把计算结果与实测的油藏或油井动态数据（如压力、产量、气油比、含水等）进行对比，根据两者之间的差异，对油藏静态参数作相应的修改，如此循环迭代，直到计算结果与实测动态参数相当接近，达到允许的误差范围为止。从工程应用的角度来说，可以认为经过若干次修改后的油藏参数，与油藏实际情况已比较接近，使用这些油藏参数来进行油藏开发动态预测可以达到较高的精度。然而，每一次拟合计算的结果，究竟是更加逼近实际油藏，还是偏离了实际油藏，需要有标准来检验。历史拟合认为拟合了生产历史数据并且符合率高就可以比较好地预测未来，但结果往往并非如此，主要体现在：

（1）油藏数值模拟存在非线性程度比较高的问题，这会导致在解流动方程的过程中，尤其是在逆过程中，使计算结果存在较大误差。

（2）历史拟合动态数据的过程是非唯一的，换言之，多个模型可能都可以拟合历史数据，从而导致预测未来有较大的不确定性。

（3）历史拟合动态数据的依据是多样的，这就需要多种信息约束历史拟合。然而，采用其他数据来约束历史拟合，具体实现起来仍然比较困难，从而导致其他信息如地震、测井、地质信息在这个阶段难以充分利用。

（4）历史数据往往具有比较大的时间跨度，由于测量技术的演变，导致观测数据本身具有不同精度，而在历史拟合的过程中难于区别对待，这样会反向传递到油藏模型，从而带来误差。

因此，历史拟合需要综合利用各类数据，尤其是覆盖广泛的地震数据，把地震应用到油藏开发，再从油藏开发返回到地震进行验证，依据验证结果进一步更新模型。地震数据作为拟合的依据和检验标准，是提高历史拟合准确性的重要途径。

二、地震约束历史拟合关键技术

历史拟合是一个高度非线性、高度非唯一的数值模拟过程，因此需要加强先验知识、增加其他约束尤其是空间约束，这是提高历史拟合可靠性、降低非唯一性和非线性的有效途径。历史拟合首先是对流体响应最为敏感，而流体受渗流能力、构造特征以及物性分布控制，因此在拟合过程中，主要是对控制流动的油藏内部特征进行修改，但这样的修改或者更新往往具有主观性。而地震信息作为空间密集采样的数据，对空间的地质结构、物性变化具有比较好表达，甚至是很多情况下唯一较可靠的空间信息，因此在历史拟合过程中加入地震约束可以大大提高模型的可靠性。地震约束历史拟合主要包括以下几个关键技术。

1. 岩石物理建模及其标定技术

岩石物理建模是基于岩石中的岩性、物性、流体等对多孔介质的弹性、声学响应进行的预测和计算，是油藏静、动态参数与地震响应之间的桥梁。将油藏的静态参数（如孔隙度、岩相等）与流体分布等参数结合，可以确定其对应的地震物理响应。通过对不同流体、不同静态条件下的流体状态的地球物理响应特征进行分析对比，形成不同的岩石物理模型。

在岩石物理建模过程中，首先是选择岩石物理数学模型并对其进行区域标定，通过设置合适的参数来拟合区域中的测井或岩心数据，使其能预测不同岩性、物性及流动状态下的声学响应。下面以 Gassmann 理论为例阐述岩石物理建模及其标定技术。Gassmann 方程是假定岩石处于一个封闭系统，且岩石骨架是由单一固体介质组成，并且为均匀各向同性的，当岩石被流体饱和时，假定饱和流体岩石的剪切模量与岩石空骨架的剪切模量相同。在 Gassmann 方程中所需的岩石骨架体积模量、剪切模量以及岩石基质和孔隙流体的体积模量，通常可以由实验室测得或测井资料拟合获得。常用的岩石物理模型标定方法是测井样本点标定法：首先在地层深度、泥质含量、孔隙度、含水饱和度等参数中，选择一个参数变化而其余确定的情况下，通过岩石物理模型计算，得到纵波速度、纵波阻抗等参数的变化趋势；再根据选取的测井数据样本点，将两者进行对比分析，通过调整岩石物理参数，对两者进行拟合；然后在标定的基础上，对区域不同位置的测井数据进行合成计算，进一步确认模型的正确性；反复调整岩石物理模型参数，比较标定前后的岩石物理参数的变化，最终确定适合该区域的岩石物理模型。

确定岩石物理模型参数后，根据已知的地层深度、泥质含量、孔隙度、含水饱和度、含气饱和度、含油饱和度等油藏属性，就可以计算得到纵波速度、横波速度、纵波阻抗、横波阻抗、泊松比等地球物理响应。

2. 油藏模型地震正演技术

在标定岩石物理模型的基础上，可以把岩石物理模型应用到每一个油藏模型网格上，生成对应三维油藏模型的纵横速度、密度及阻抗体等，经过重新网格化，设定边界条件和子波后就可以进行油藏模型地震正演。通过对比地震正演的合成地震记录和实际地震记录，分析模型质量、不同时间点油藏变化以及地震响应特征，以便能够进一步认识油藏。

此外，在油田的开发过程中，油藏中各动态参数随着开发时间推移而实时发生改变，这些变化会反映在不同时间点的合成地震响应的变化上，因此需要将单一时间点的传统地震正演转换为动态实时正演，这是四维地震研究、应用以及时移地震融合油藏工程研究的基础。该方法通过岩石物理模型的应用，将各静、动态参数转换为实时的地球物理响应参数，从而进行实时的叠前、叠后以及多波正演。

3. 合成地震和实际地震数据差异分析技术

在油藏模型正演的基础上，根据油藏数值模拟的相关数据（包括孔隙度、饱和度的分布、厚度等），获得对应油藏模型的三维合成地震数据体（包括合成的纵波速度、波阻抗等），将油藏模型网格对应的顶界面与实际地震顶界面对齐，这样就可以将油藏模型对应的合成记录与观测记录进行对比分析，如图 5-18 所示，棕色为实际地震记录，黑色是模型合成地震记录，从图中可以看出两者之间存在一定的差别。在实际研究工作中，这个差异存在着很大的多解性，首先需要对地质模型进行地震敏感参数分析与模型筛选，也就是分析正演地震数据与实际地震之间受到不同岩性分布及厚度变化、不同物性变化、不同微构造形态、小断层及流体等变化的影响因子，分析它们与相位、波形、振幅之间存在差异的原因，同时结合生产动态信息，进一步确定需要修改的模型参数。而后，对修改后的模型进行正演，得到新的三维合成地震数据体，再应用类似上述的方法将它与实际地震进行叠合对比，经过若干次循环交互修改后的油藏模型是能够比较客观的反映油藏实际情况。

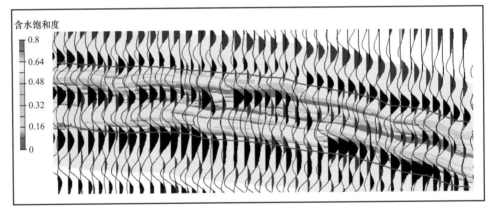

图 5-18　绑定后地震合成记录与实际地震记录叠加图

4. 地震约束油藏历史拟合技术

在获得合成地震和实际地震的差异后，可以进一步把历史拟合的拟合程度定量求取出来，经过空间分析，确定要修改的区域，结合地震拟合程度以及历史拟合程度综合分析，最后更新油藏模型。上述过程经过反复迭代，最后获得既满足地震信息，又满足动态历史的油藏模型，从而达到地震约束历史拟合的目的。

生产历史拟合的重要环节是反复修改拟合模型参数（即扰动模型），从而获得更加逼近油藏实际情况的模型。地震数据本身与动态参数关系密切，可以作为约束生产历史拟合的参数。通过扰动数模模型，改善生产历史拟合的同时，也使地震拟合达到最优。效果评价的目标函数可以用以下公式表达：

$$F = W_1 \cdot \Delta H + W_2 \cdot \Delta S \qquad (5-11)$$

式中 ΔH——生产历史拟合的误差，包括产量拟合和压力拟合等；

  ΔS——合成地震与实际地震之间的差异；

  W_1——生产动态数据不符合率的权值；

  W_2——地震数据不符合率的权值。

历史拟合就是通过扰动模型，使 F 的值逐步减小直至小于预设门限值。按照不同的拟合方式可以分为以下三种情况。

（1）传统历史拟合。$W_1=1$，$W_2=0$ 的情况下，是一个传统历史拟合过程，主要考虑生产动态数据的符合率，来评价拟合的效果，具有较强的多解性。

（2）地震拟合。$W_1=0$，$W_2=1$ 的情况下，得到的是不考虑生产动态数据的地震拟合结果。它是一个定量的地震分析过程，因为数值模拟结果能够给出含油饱和度和压力的定量分布。这种情况下，可以不断修改对地震敏感的油藏模型参数，拟合合成记录和观测记录，从而使得模型与地震数据一致。传统的地质统计学建模方法尽管可以用地震信息作为约束，但是约束的方法相对比较宽松，而且不能完全符合正演地震与观测地震一致的机理。因此，地震拟合方法可以作为对油藏模型的一个检验手段，是检查所建立模型是否符合观测地震的重要方法。

（3）整合地震和生产动态数据的历史拟合。$W_1 \neq 0$，$W_2 \neq 0$ 的情况下（例如值分别为 0.5），该优化方法是通过整合生产动态数据和地震数据来约束历史拟合和修正油藏模型，是同时进行地震拟合和历史拟合的过程。它需要同时符合地震和生产动态数据，达到最优拟合效果。

三、地震约束油藏数值模拟流程和关键步骤

地震约束油藏数值模拟技术的流程主要是：首先对用于数值模拟的初始油藏模型进行正演并获得合成地震记录，将模型合成地震记录数据和实际地震数据进行对比分析，同时结合生产动态数据、地震反演属性等进行综合分析；然后，选择要修改的模型参数（如孔隙度、岩性、渗透率等），根据差异和地震属性分析结果确定修改区域和层位，人工修改模型参数并重新进行数值模拟计算，不断重复以上过程得到更加逼近实际的油藏模型（图5-19）。地震约束油藏数值模拟的优势不但可以使井点模拟结果和实际动态数据相匹配，还保证了油藏模型对应的地震合成记录与实际地震匹配，提高了油藏数值模拟的精度和剩余油分布预测的可靠性。

在地震约束油藏数值模拟的过程中主要包括以下几个关键步骤。

1. 前期数据准备

前期数据主要包括油藏地质模型和开发动态参数。油藏地质模型主要来源于地质建模结果，主要包括网格信息数据、孔隙度、渗透率、净毛比等模型数据。油藏开发动态参数，主要包括相渗曲线、原油和天然气体积系数、黏度参数和开发动态数据等动态模型参数。相渗曲线一般由实际井相渗实验数据归一化得到。动态数据通常需要对各井的注采数据尤其是单层数据进行劈分。油水井的射孔数据一般来源于油田数据库，可以按模拟层与地质层的对应关系设定数值模拟模型的射孔层位。

2. 初始油藏数值模拟

在研究区油藏地质模型上，加入单井生产动态数据、射孔数据、岩石和流体特性参数

等开发动态数据，就可以得到油藏动态初始模型。经过油藏数值模拟初步计算，根据计算结果筛选出历史拟合较差的井或井组，查找这些井在平面位置分布上的关系以及在纵向上射孔位置的对应关系，分析出油藏模型需要改进的位置，聚焦重点区域。

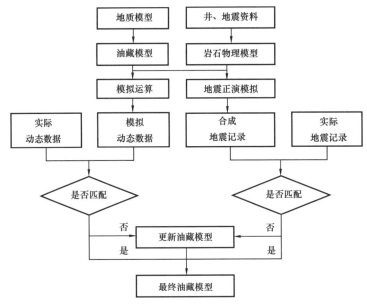

图 5-19 地震约束油藏数值模拟技术流程

3. 地震数据和油藏数值模拟模型综合分析

结合初始油藏数值模拟分析结果，将地震数据和油藏数值模拟模型统一到一个网格空间，在同一剖面上分析比较二者之间的相互关系。图 5-20 是油藏模型含水饱和度场和合成地震的剖面叠合显示，从图中可以看出合成地震对泥岩和砂岩变化的区域响应较强，对油水界面也有较强的响应。通过地震数据和油藏数值模拟模型综合分析，为油藏工程师确定模型修改参数提供了依据。

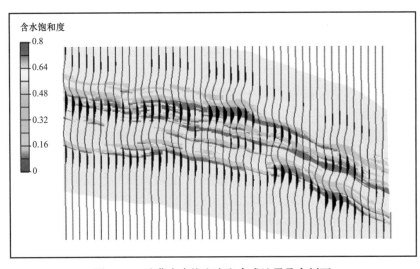

图 5-20 油藏含水饱和度和合成地震叠合剖面

4.地震约束油藏数值模拟交互修改

在传统油藏数值模拟过程中，运用常规井点动态分析方法对模型参数进行修改，只能为井点附近的修改提供了相对可靠的依据，而由于储层非均质性的特征，对井间参数修改存在较强的多解性。地震数据具有横向分辨率高的特点，采用地震约束的油藏模型交互修改，可以为井间参数修改提供可靠依据。

在地震约束油藏数值模拟过程中，模型修改的参数包括油藏地质参数和相关的流动参数，由于井点位置的油藏参数有测井数据进行检验，因此主要是修改井间参数。首先需要进行地震与模型参数的敏感性分析并得到初步认识；在此基础上，再通过合成地震与实际地震对比分析，对砂泥比、孔隙度等油藏静态参数进行修改并随之形成新的渗透率场；反复进行拟合和数值模拟计算，最终实现数值模拟模型正演得到的地震数据和实际地震数据基本保持一致，产油量、含水率等参数与实测值更加吻合，拟合结果基本符合实测生产动态数据，具体流程如图 5-21 所示。

上述流程主要是采用一期三维地震数据约束油藏数值模拟的技术流程。另一方面，还可以应用时移地震差异约束历史拟合并生成新的油藏模型（图 5-22）。假设区块具有两次地震采集的数据，那么可以对研究工区地震属性和油藏动态模型进行详细分析，通过求取振幅差、两次地震采集反演波阻抗的差异、流体因子差异的分布等，通过前面类似方法，更新模型来保持和三维地震的一致，同时拟合误差使模型更为准确。

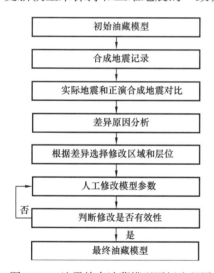

图 5-21　地震约束油藏模型更新流程图

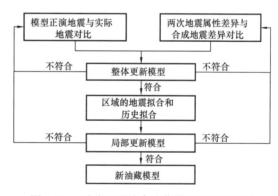

图 5-22　时移地震约束油藏模型更新流程图

5.地震约束油藏模型修改情况分析

在运用地震约束油藏数值模拟技术进行模型更新的过程中，修改工作量很大，并且需要进行反复的模拟运行。因此在不同阶段对历史拟合的修改情况进行综合分析是十分重要的，这样可以帮助油藏工程师从全局的角度来把握模型修改的精确性。根据模型静态参数相互关系及其与地震响应之间关系，在历史拟合的不同时间段，都要进行拟合误差对比分析，避免在模型修改过程中出现数据之间的矛盾。通常情况下，有效厚度和孔隙度对地震响应的敏感性较强，一般允许修改幅度为 ±30% 左右，可以用于拟合地质储量或储层分布，修改后可以生成新的渗透率场，在渗透率改变的同时，压力和流体分布也会随之改变。另外，含水拟合也是地震约束历史拟合过程中较为重要的一步，它的拟合情况好坏直接关系到油藏饱和度场分布准确与否，进而影响到剩余油分布的准确度。在地震约束历史拟合后更新的模型上可以通过计算得到全区含水率拟合误差空间分布情况，帮助油藏工程师锁定下一步修改模型的区域和方向。

四、地震约束油藏数值模拟质控方法

上述是地震约束油藏数值模拟的流程及关键技术。下面介绍油藏数值模拟过程中的主要质控方法。

1. 储量拟合误差分析和控制

储量拟合好坏将直接影响全区及单井动态数据拟合效果，因此储量拟合至关重要。首先需要将地震约束油藏数值模拟后油藏模型的储量与已知地质储量以及地质模型储量进行对比，储量拟合的误差需要符合误差要求。如果它们之间存在较大的差异，就需要对比分析合成地震记录与实际地震记录的差异并结合前期地质认识，优选出影响储量拟合的参数（如净毛比、孔隙度等），对这些参数进行修改。再对比修改前后模型的合成地震记录与实际地震记录差异，如图 5-23 所示，棕色为实际地震记录，黑色是模型合成地震记录。从图中可以看出，修改净毛比后合成地震记录与实际地震记录之间的差异减小。图 5-24（a—b）是修改前的合成地震记录与实际地震记录的差异因子，图 5-24（c—d）是修改后的合成地震记录与实际地震记录的差异因子。从图中也可以看出模型更新后，合成地震记录与实际地震之间的差异因子减小。通过这样的对比分析，说明在储量拟合过程中的参数修改是比较合理的。

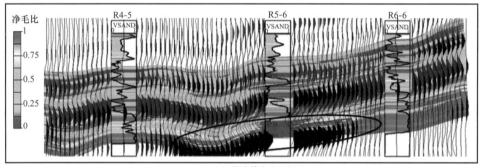

(a) 修改前净毛比剖面

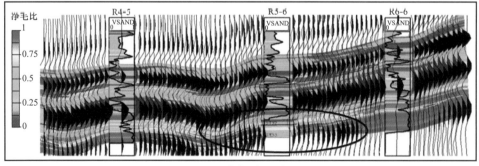

(b) 修改后净毛比剖面

图 5-23　修改前后模型的净毛比剖面对比

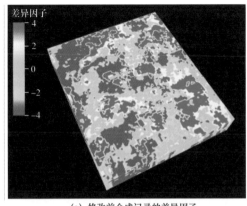
(a) 修改前合成记录的差异因子

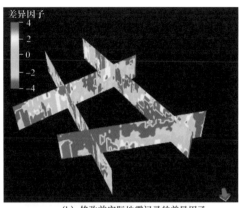
(b) 修改前实际地震记录的差异因子

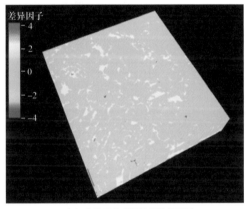
(c) 修改后合成记录的差异因子

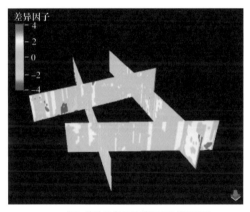
(d) 修改后实际地震记录的差异因子

图 5-24　修改前后的合成地震记录与实际地震记录的差异因子对比

2. 动态拟合误差分析和控制

在拟合动态参数之前需要先拟合压力，对压力变化有影响的油层物性参数很多，如孔隙度、厚度、油层综合压缩系数等都对压力计算值有影响。一般在压力拟合时，可以根据对地质、开发特点的认识，分析这些参数的可靠性及其对压力的敏感性，选择其中一个或某几个参数进行调整。在调整后查看全区压力拟合情况（图 5-25），若计算压力（曲线）与实测压力（圆形散点）基本一致，说明拟合质量比较好。

在储量和压力拟合完成后，需要利用修改模型参数来拟合实测的产液量。地震信息是用来指导这些修改参数分布情况和修改方向的。观察全区拟合情况（图 5-26），若计算产液量（曲线）与实测产液量（正方形散点）基本一致，说明拟合质量比较好。

历史拟合的另一个主要参数是含水率，它的拟合情况好坏直接关系到油藏饱和度场分布准确与否，进而影响到剩余油分布的准确度。拟合含水率主要通过修改相渗曲线、静态参数（如孔隙度、渗透率等）来实现。由地震约束历史拟合后的模型计算得到的全区含水拟合图（图 5-27）来看，模型主要在后期计算含水值比实测值略低。分析认为由于开采历史较长，生产历史过程中，各油水井经历了众多的措施，影响到各层产量组成，进而影响到数值模拟历史拟合的质量。

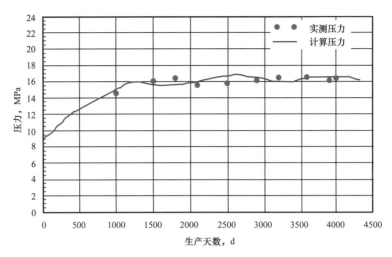

图 5-25　全区压力拟合曲线图

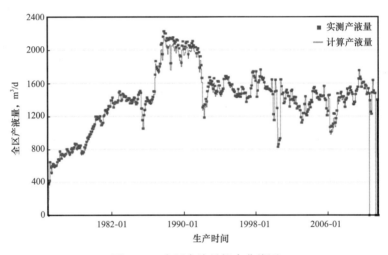

图 5-26　全区产液量拟合曲线图

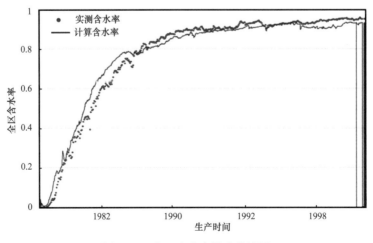

图 5-27　全区含水率拟合曲线图

第三节　小　　结

在油藏建模过程中，采用地震数据作为约束，可以充分利用地震数据的纵向和横向的连续性来减小井间储层分布预测的不确定性。地震约束油藏建模技术充分利用井筒资料（钻井岩心、测井、生产动态等资料）和三维地震资料，是多学科协同研究储层三维分布特征的手段，它最大限度地将地震资料用于地质模型，为后续油藏地球物理研究奠定了必要的基础。

常规软件技术主要是通过建立地震属性数据与储层特征的对应关系来约束预测储层分布。例如，地震波阻抗反演数据体与储层分布的规律性较好，可以作为约束数据。通过分析储层波阻抗数据与对应井点上划分的不同储层类型对应关系，建立了波阻抗数据与不同储层类型的概率分布函数，然后利用这个概率函数关系就可以用地震数据来约束建立储层物性模型。这种对应关系是一种概率分布，反映的是不同区间的地震属性数据所对应的储层特征出现的可能性。因此地震数据的质量对储层分布预测的可靠性有较大的影响，如果地震数据质量较差，不同区间的地震属性数据所对应储层特征的概率分布关系会不清晰，可能会起不到很好的约束作用。

地震约束油藏建模技术还有待于进一步发展和提升，例如，需要在构造建模上充分挖掘地震资料三维空间分辨率高的特点，提高断层模型和层位模型的精度。因此，人们在思考如何能研发一个智能层位、断层建模一体化解释技术，它能够实现构造模型和构造解释、物性建模和属性分析等快速迭代的技术流程，充分利用井—地震数据综合分析以及正演方法提高构造的可信度及物性模型的可靠性。另外，在地震约束的建模过程中，如何能将地质认识或地质模式融入建模过程中，并在类似多点地质统计学方法、指示方法以及其他随机模拟方法中进行地震约束模拟，也将是进一步提高建模精度的重要途径。

近年来，人们进一步思考从地震数据中推出地质模型[10]，摒弃地质统计学，从而在根本上将地震信息是"软"数据中解放出来，这样使得地震在不同油藏开发阶段都能发挥更为重要的作用。

目前在用地震数据来约束油藏建模和数模模型的历史拟合过程中，修改静态模型以实现拟合实际地震与合成地震的过程至关重要。然而已有的油藏数模软件，为拟合实际地震与合成地震，进行的油藏地质模型、岩石物理模型和与流动相关的参数修改，都需要人工操控，还不能实现软件自动闭合循环以达到拟合地震的目的，这样效率比较低，影响了地震约束油藏数模技术的推广应用。

因此可以预见，自动化地震约束油藏数模算法和软件技术是未来的发展方向。换言之，在地震约束下需要多次循环油藏数模，这样就形成了一个反演过程。那么，如何把油藏数值模拟和地震相结合形成油藏—地震的联合反演，这是使地震更深入进入开发阶段的重要途径。

参 考 文 献

[1] 吴胜和. 储层表征与建模 [M]. 北京：石油工业出版社, 2010：347-348.

[2] 胡向阳, 熊琦华, 吴胜和. 储层建模方法研究进展 [J]. 石油大学学报（自然科学版）, 2001, 25（1）：

107-112.

［3］刘文岭.地震约束储层地质建模技术［J］.石油学报,2008,29（1）：64-68.

［4］Behrens R A, MacLeod M K, Tran T T,et al. Incorporating seismic attribute maps in 3D reservoir models［J］. SPE Reservoir Evaluation & Engineering, 1998, 1（2）: 122-126.

［5］印兴耀,贺维胜,黄旭日.贝叶斯—序贯高斯模拟方法［J］.石油大学学报（自然科学版）,2005,29（5）：28-32.

［6］贺维胜.整合多尺度资料建立高分辨率模型的方法及应用［D］.中国科学院地质与地球物理研究院,2007.

［7］Huang X, Meister L, Workman R. Reservoir characterization by integration of time-lapse seismic and production data［C］//SPE Annual Technical Conference and Exhibition. Society of Petroleum Engineers,1997.

［8］Landa J L, Horne R N. A procedure to integrate well test data, reservoir performance history and 4-D seismic information into a reservoir description［C］// SPE Annual Technical Conference and Exhibition. Society of Petroleum Engineers, 1997.

［9］Huang X, Will R, Khan M, et al. Integration of time-lapse seismic and production data in a Gulf of Mexico gas field［J］. The Leading Edge, 2001, 20（3）, 278-289.

［10］李绪宣,胡光义,范廷恩,等.基于地震驱动的海上油气田储层地质建模方法［J］.中国海上油气,2011, 23（4）: 143 -147.

第六章　时移地震技术

　　我国陆相湖盆碎屑岩储层内部结构复杂，非均质性强，岩石内部流体分布与油藏开发动态复杂，导致油气采收率平均值低，大量的剩余油还没有被开采。时移地震油藏监测技术将地质学、地球物理学、岩石物理学和油藏工程学综合起来，实现油藏从静态描述到动态预测的转变，与开发数据有机结合，充分挖掘地震数据体的潜力，提供油藏流体在垂向上和横向上的分布规律，识别出井间剩余油位置，从而优化开采方案，提高油气采收率[1-2]。中国石油在20世纪90年代就开始了时移地震先导性试验研究，先后开展了辽河油田稠油热采时移地震试验、大庆太南油田水驱时移地震研究、冀东油田水驱四维地震研究、彩南油田时移地震试验和辽河曙光油区 SAGD（Steam Assisted Gravity Drainage，蒸汽辅助重力泄油）稠油热采时移地震监测研究，建立了自主的时移地震技术体系，形成了时移地震一体化软件系统，推动时移地震研究从叠后走到叠前，从单分量走向多分量，从定性解释走向定量解释，并在辽河油田成功实现稠油热采时移地震动态监测。本章将介绍时移地震技术体系，并重点叙述时移地震应用中发展的新技术、取得的新进展。

第一节　时移地震可行性分析

　　时移地震应用对油藏条件和地震条件有着特定的要求，因此可行性研究是应用时移地震进行油藏监测必不可少的前提。可行性研究一方面可以确定目标油藏开展动态监测的可行性与结果的可靠性，降低工程风险，另一方面可以明确工作过程中需要处理的技术难题，从而提前设计解决方案[3]。基于油田实际资料的可行性研究，需要结合时移地震油藏监测技术研究现状与发展趋势，从油藏地质条件、储层条件和地震条件三个方面出发，利用油藏实际测量数据和模型数据，系统评价油藏时移地震监测的可行性，并利用岩石物理模型与叠前地震正演分析油藏参数变化定量解释的可行性。

一、时移地震可行性技术体系

1. 基于油藏基础资料的可行性分析

　　时移地震油藏监测可行性研究首先基于油藏基础资料进行分析与评价，明确目标油藏进行监测的可行性与技术难点。以叠后地震资料为基础数据的时移地震可行性分析主要注重叠后资料一致性、叠后数据信噪比、分辨率影响以及单一油藏参数变化引起的纵波阻抗变化。而目前以叠前地震资料为基础的时移地震可行性分析需要分析两次（或多次）数据采集观测系统的一致性、采集参数变化对叠前时移地震研究的影响以及时移地震资料处理的保真性；同时，需要分析多个油藏参数变化引起的纵、横波阻抗变化与叠前地震响应特征差异，以及利用时移地震资料区分不同油藏参数变化的可行性和可靠性。

　　1）油藏地质条件分析与评价

　　在油藏的地质条件中，油藏的埋藏深度、沉积构造条件与断层发育程度都会影响到地震资料的成像质量，是影响可行性的关键因素。总体看，储层埋藏浅时，岩石胶结程度低、孔隙度大且上覆压力小、孔隙流体变化影响大且地震资料质量好，适合进行时移地震油藏监测研究。除了油藏的埋深之外，沉积环境稳定连续、构造特征简单的油藏，厚度较大、非均匀性弱、油水系统简单，反射地震资料连续性好，特征明显，有利于时移地震油藏监测研究。油藏断层越发育越不适合进行时移地震油藏监测研究。但我国大多数油气藏发育于陆相湖盆沉积的薄互层储层中，储层厚度小、非均质性强、构造特征复杂，给时移地震研究造成巨大的挑战。

2）油藏储层条件分析与评价

油藏储层条件分析与评价一方面要研究油藏渗透率、孔隙度、饱和度、有效压力、油藏温度以及流体和岩石骨架弹性参数等的大小和变化量，另一方面还要研究油藏开发过程中有哪些相关油藏参数发生变化，这是后期进行时移地震数据解释的基础。时移地震可行性分析评价要明确哪些相关油藏参数发生了变化，并根据引起的时移地震差异大小，确定相关参数变化的主次，为后期研究基于时移地震叠前数据表征不同油藏参数变化的可行性以及设计方案奠定基础。

3）油藏地震条件分析与评价

油藏地震条件分析与评价需要进行地震资料品质与可重复性研究。地震资料品质主要包括资料的信噪比、分辨率和成像质量三个方面。信噪比评价要求有效时移地震差异不能被淹没于噪声之中。分辨率和成像质量评价要求油藏反射成像清晰，能够准确确定储层位置与顶界面，且分辨率越高越好，并要求可靠且有意义，但单纯追求高分辨率的处理资料往往不适合进行时移地震油藏监测研究。

地震差异不仅受油藏性质变化的影响，还会受地震采集和处理的差异以及导航定位误差等多种因素的影响，因此时移地震监测要求不同时间采集和处理的地震资料有一致性或可重复性。时移地震油藏监测可行性分析评价要对资料采集观测系统的可重复性和时移地震资料的可重复性进行定量分析与评价，以便消除由地震采集处理造成的影响，进而突出油藏本身变化的影响。

时移地震资料的可重复性是指两次采集地震资料的一致性，可以采用以下公式进行定量评价与分析：

$$\text{NRMS} = \frac{2\text{RMS}(a-b)}{\text{RMS}(a)+\text{RMS}(b)} \tag{6-1}$$

式中，a 和 b 分别表示一定时窗内的基础地震数据和监测地震数据；RMS 表示时窗内均方根振幅；NRMS 表示两次地震资料的一致性，其取值范围为 0～2，该值越小，说明一致性越好，完全一致时取值为 0，两次资料极性完全相反而振幅绝对值相同时取最大值 2。地震资料的一致性随着采集过程中时移地震观测系统的距离误差与距离误差偏角的增大而逐渐变差，此外地震资料频率越高其一致性越差，对采集观测系统距离误差要求越严格。

根据菲涅耳原理，来自同一菲涅耳带的地震反射才能进行对比分析，因此根据检波点的误差大小，可以确定时移地震资料的最大有效频率，其计算方法为：

$$F_{\max} = v/(2\Delta x \sin\alpha \sin\beta) \tag{6-2}$$

式中　v——表层速度或海水速度；

　　　Δx——采集过程中检波点在联络测线方向的位置误差；

　　　α 和 β——地震波入射过程中与垂直方向（z 方向）和主测线之间的夹角；

　　　F_{max}——最大有效频率。

从式（6-2）中可以看出，地震检波点误差越大，有效频率越小。观测系统距离误差对有效频率的影响为非线性关系，距离误差较小时对有效频率影响更敏感。

2. 基于正演模拟时移地震可行性分析

在进行时移地震油藏监测可行性分析评价时，如在时移地震二次资料采集前，有很多数据不能测量或还没有测量，即没有第二次采集地震数据，就难以分析时移地震资料的可重复性。因此需要在油藏实际资料分析评价基础上，基于模拟资料对时移地震油藏监测可行性进行进一步评价。基于模拟资料可行性分析评价主要包括岩石物理模型建立与分析、测井曲线重构以及地震模拟与分析。

1）岩石物理模型建立与分析

岩石物理是连接油藏参数与地震参数的桥梁，是时移地震可行性分析与数据解释的基础。岩石物理可行性分析要将油藏流体类型及其性质、储层物性参数以及油藏环境参数的变化相互关联，作为整体进行分析。油藏流体变化是时移地震研究的重点，孔隙流体在很大程度上影响着岩石的地震属性。储层流体在成分和物理属性上差别很大，并组成了一个动态系统，在此系统内，流体的成分和物理相态都随压力和温度变化而变化。油藏含油饱和度变化是时移地震可行性评价的最重要参数之一。不同流体饱和度的岩石弹性模量可以通过 Gassmann 方程进行计算。

油藏开发过程中，采油、注水或注气会引起油藏有效压力变化，因此有效压力变化也是时移地震可行性分析评价中的重要参数之一。砂岩油藏有效压力变化响应计算公式为：

$$v = v_0 - a \cdot \varphi - b \cdot \sqrt{C} + c \cdot \left(\frac{p_e}{p_0} - e^{d \cdot p_e} \right) \tag{6-3}$$

式中，C 为岩石泥质百分含量；p_e 为油藏有效压力，其值为油藏围压与孔隙流体压力的差值；系数 a、b、c 和 d 的值可以基于实验室岩石物理测量数据，采用统计或反演方法进行计算。

对于其他重要油藏参数变化的响应，可以根据测井资料或岩石物理实验室测量数据，对现有相关模型进行修正，或通过统计、拟合建立新的模型，并确保修正或新建立的模型在目标油田的有效性。

2）时移测井速度曲线重构

测井速度曲线是进行时移地震可行性评价的重要基础数据，但实际油田测井只在钻井后进行一次，开发后往往难以获得二次测井资料，而基于测井资料的时移地震模拟与差异分析需要油藏开发前、后的两次数据，因此时移测井速度曲线重构是时移地震可行性分析评价的重要步骤，也是提高时移地震反演与解释精度的重要环节。

油藏开发过程中储层含油饱和度、压力场和温度场都可能发生变化。对于砂岩储层，基于岩石物理模型研究，分析不同储层参数（包括温度、压力和饱和度）的变化对岩石和流体弹性参数的影响，建立油藏开发前后温度、压力和饱和度同时变化时移测井曲线的重构流程（图 6-1）。基于本流程可以重构开发后测井曲线，利用开发前、后的重构测井资料可以模拟时移地震数据及其差异，进行时移地震可行性评价与分析。

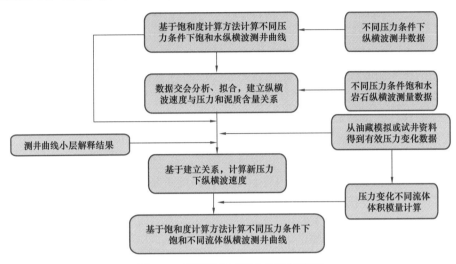

图 6-1 时移测井速度曲线重构流程

3）基于地震数值模拟数据的评价与分析

时移地震油藏监测可行性研究在项目实施之前进行，但实际上可能缺少开发前后的地震资料，因此需通过基于实际油田条件的时移地震模拟来获取油藏开发前后地震数据，并进行处理与差异分析。

由测井数据可以合成开发前的地震数据。根据建立的适合目标油藏的岩石物理模型和开发后的油藏参数，如孔隙度、饱和度和有效压力等，计算开发引起的油藏纵、横波速度与密度变化，并合成开发后的地震数据，再根据开发前、后合成地震记录差异的大小判断时移地震差异是否可监测，分析时移地震的可行性。表 6-1 为某油田储层有效压力变化 1MPa 引起反射系数变化的定量计算结果。该气藏为泥、砂岩薄互层储层，开发前泥岩盖层与砂岩储层纵、横波速度与密度差异小、波阻抗差异小、界面地震反射系数小，所以压力变化后反射系数绝对值变化小，但相对变化值大，因此可行性分析时反射系数变化的绝对值与相对值都需要考虑。实际上，在薄互层条件下，由于储层顶、底反射波的耦合作用，使反射振幅变小，因此需要基于测井资料及重构的开发后测井数据合成叠后数据和叠前道集，分析地震反射振幅变化情况。图 6-2 显示了基于测井数据及重构的开发后测井数据合成的时移地震数据及其差异。该气藏主要有 3 个气组，开发前气组顶界面对应的双程旅行时分别为 1129ms、1177ms 和 1229ms，气藏开发过程中含气储层的有效压力增大，导致含气储层纵、横波速度增大。由于盖层弹性参数不变，从而引起地震波反射系数和旅行时变化，使得含气储层及以下部位时移地震差异明显。

随着时移地震油藏监测研究从叠后推进到叠前，利用叠前地震资料区分不同油藏参数变化的可行性分析成为时移地震可行性评价的重要方面。利用叠前时移地震资料能否实现不同油藏参数变化的有效表征，取决于不同油藏参数变化引起的叠前时移地震 AVO 差异曲线的变化特征。因此需要在储层岩石物理模型基础上，模拟并分析不同油藏参数变化时叠前地震 AVO 差异曲线的变化规律，确定利用叠前地震资料区分不同油藏参数变化的可行性。图 6-3 和图 6-4 分别显示了某油田油藏开发前、后饱和度变化和有效压力变化时，地震 AVO 差异曲线变化特征。AVO 差异曲线的分析结果表明，有效压力增加和含气饱和度降低时，P-P 波 AVO 差异曲线变化较大，因此利用 AVO 差异曲线区分油藏有效压力变化和含气饱和度变化是可行的。对于多波时移地震油藏监测，需要研究 P-S 转换波 AVO 差异曲线的变化特征，综合评价利用多波地震资料区分不同油藏参数变化的可行性。

表 6-1 有效压力变化 1MPa 引起反射系数变化的定量计算结果

项目	纵波速度，km/s	横波速度，km/s	密度，g/cm³	反射系数
油藏盖层	2.5911	1.3120	2.2640	—
油藏开发前	2.6558	1.3079	2.2686	0.0133
油藏开发后	2.7028	1.3333	2.2686	0.0221

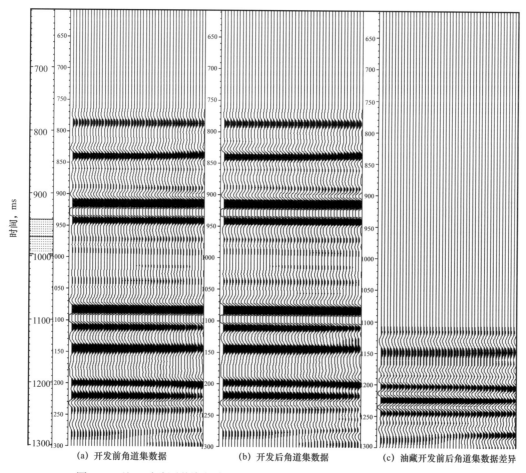

(a) 开发前角道集数据　　(b) 开发后角道集数据　　(c) 油藏开发前后角道集数据差异

图 6-2 基于时移测井资料合成的油藏开发前后地震角道集数据及其差异

分析采集观测系统差异、噪声和处理流程与参数对时移地震可行性的影响时，可以利用波动方程方法模拟叠前地震数据，进行处理与差异可监测性分析，以及地震波在储层中的传播特征对比。稠油热采过程中，注入蒸汽会使储层纵横波速度发生明显变化，并在储层内部形成明显的汽腔，从而使地震波的传播特征发生变化。图6-5显示了基于岩石物理测量建立的稠油油藏开发前、后速度模型。模型深度500～650m间为巨厚高孔稠油油藏，热采开发前储层孔隙内主要为固态稠油，储层速度高；热采开发后孔隙内为液化稠油、蒸汽和水，储层速度下降明显。图6-6显示了基于该稠油热采油藏模拟的开发前、后地震炮集记录。图6-7显示了该油藏开发前、后地震波传播到油藏界面时的波场特征差异。分析图6-6和图6-7可以看出，稠油热采油藏开发前、后炮集记录差异明显，油藏开发后其内部变化使地震波场更为复杂，反射波振幅强度、旅行时以及传播特征变化明显，因此时移地震差异明显，但时移地震一致性处理和差异数据解释将是研究的重点与难点。

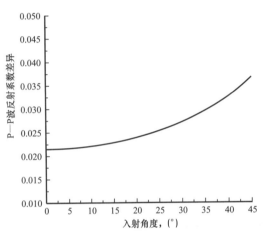

图6-3 油藏饱和度变化时P—P波AVO差异曲线   图6-4 油藏压力变化时P—P波AVO差异曲线

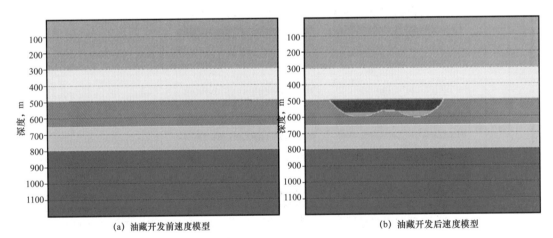

(a) 油藏开发前速度模型   (b) 油藏开发后速度模型

图6-5 基于岩石物理测量建立的稠油油藏开发前后速度模型

3. 可行性综合分析

从整体出发进行综合分析，确定目标油藏时移地震研究的可行性和差异结果的可靠性，并明确实际油藏时移地震研究过程中的重点与难点，提前研究与设计对应的解决技术方案与工程方案。时移地震可行性综合分析可以明确目标油藏时移地震油藏监测研究的有利因素与不利因素，并确定影响可行性的重点方面，并对重点方面进行详细分析与定量评价。定量评价可以采用评分方法，得分较高的说明时移地震油藏监测可行性好，时移地震差异数据可靠性高。

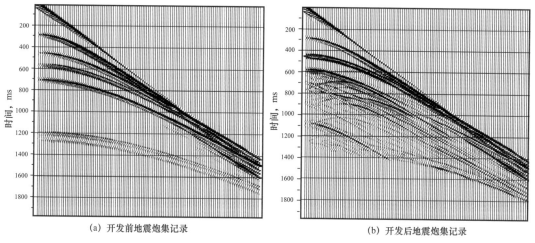

(a) 开发前地震炮集记录 　　　　　(b) 开发后地震炮集记录

图 6-6　基于稠油热采油藏模拟开发前后地震炮集记录

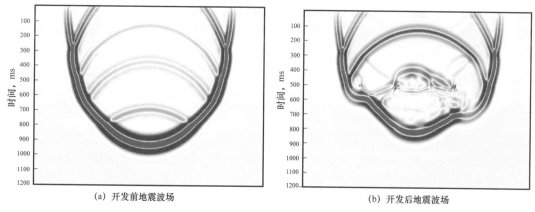

(a) 开发前地震波场 　　　　　(b) 开发后地震波场

图 6-7　基于稠油热采油藏模拟开发前后地震波场快照

总体来说，适于时移地震监测的较为理想的油藏条件是：（1）埋藏深度要浅，沉积环境稳定连续，构造特征简单等；（2）渗透率稳定且均匀分布，孔隙度要大，岩石要疏松，储层厚度要大，流体饱和度变化要大；（3）地震资料的可重复性要高，油藏反射成像清晰，能够准确确定储层位置与顶界面，且分辨率要高并且可靠。此外，采油方式的不同也会引起油藏特性的变化，需要充分认识开采过程的不同对时移地震监测可行性的影响。一般来说，时移地震适用于水驱和溶解气驱，且水驱采油最好是轻油或气；热驱采油应当是重油。

二、长期水驱油藏时移地震可行性分析

水驱开发过程是一个非常复杂的非线性过程[4]。长期水驱过程造成的油藏变化可以归结为三个方面。

（1）储层物性参数的变化，其中孔隙度和泥质含量的变化对地震波速度的影响较大，渗透率与粒度中值对地震波速度的影响机理目前尚不清楚，其影响程度无从考究；水驱过

程会造成孔隙度增加，增加的幅度一般为10%～30%（即3～9个孔隙度）。根据渤海湾盆地统计的声波时差与孔隙度的关系，假定孔隙度的相对变化率为10%，那么初始孔隙度为30%时声波的变化量约为9.3%。注水冲刷过程中黏土矿物被冲出孔隙，造成泥质含量降低。泥质含量降低，砂岩矿物含量并未增加，而是被水替代了，造成速度降低。速度降低的幅度与泥质速度、水的速度以及泥质含量降低的幅度有关，一般降低2%～4%。当泥质含量较低时，速度降低的幅度会更小。

（2）油藏流体类型及其性质的变化，即流体替换及其性质的变化。在实验室将12块砂岩样品（孔隙度13.6%～33.0%）在束缚水状态下进行水驱油至残余油，在不同饱和状态下测量纵横波速度，测量结果是：纵波速度随水饱和度的增加而增加，从束缚水状态到100%水饱和，速度增加为1.9%～7.4%，平均为4.4%，而横波速度随水饱和度增加变化不大。如果考虑其中三个孔隙度大于30%的有效样品，其最大纵波速度相对变化量分别为2.5%、5.5%和8.9%，平均为5.6%，相对于孔隙度低的样品变化幅度要大。某河流相油藏数值模拟研究结果表明，河流相砂岩油藏水驱不同阶段（含水率0～97%）的波阻抗变化约5.5%，速度变化约为4.5%。可见，水替代油造成的纵波速度变化为4.5%～6.4%。

（3）油藏环境参数变化，如温度和压力等的变化。在水驱过程中，油藏温度变化不大，一般不超过15℃，温度对纵横波速度的影响不大，因此在时移地震可行性分析中温度的影响可以忽略不计，主要考虑压力的变化。利用水饱和岩心速度随有效压力变化的分析数据，通过曲线拟合可以得到速度与有效压力之间的关系，由此可以得到初始有效压力为28MPa时，有效压力降低5MPa、10MPa、15MPa、20MPa和25MPa时，纵波速度相对降低量分别为2.4%、4.7%、7.1%、9.4%和11.8%。初始有效压力越低，纵波速度相对变化量越大。可见，与流体替代相比，压力的影响不能忽视。注入井的压力变化比较大，为3～23MPa，平均约10MPa。

假设长期注水后造成10%的孔隙度变化，那么在注水井附近由于油藏压力增加造成的纵横波速度相对降低为4.7%，由于孔隙度增加造成的速度相对降低9.3%，由于泥质含量变化造成2%～4%速度降低。如果注水井在油水界面以下，那么流体替代可以忽略不计，这样在注水井附近速度相对降低16%～18%（表6-2）。实际油田天然开采油藏区采用边水推进开采，压力、孔隙度、泥质含量和温度变化小，可以忽略。只有流体替代造成4.5%～6.4%的速度增加。

很明显就速度相对变化而言注水井附近速度变化比生产井附近大，因此监测注水前沿的推进可能比监测油藏的变化要容易得多。当然，在注水井与生产井之间存在压降，而且注水井附近和生产井附近的冲刷程度不同，流体饱和度在两井之间也是变化的，因此，注水井与生产井之间速度的变化过程虽有一定的规律，但比较复杂。

三、SAGD油藏时移地震可行性分析

1. 岩石物理特征分析

时移地震监测稠油热采油层变化的基础在于加热后稠油油层的两个重要地震属性发生了变化，即地震波速度随温度升高而下降，油层密度随孔隙内注入蒸汽或者水的比例不同而变化，其变化幅度的大小直接决定可否用地震方法监测到储层变化。

表 6-2　实际水驱油藏四维地震可行性研究结果

项目	人工水驱		天然开采
	注水井附近（油水界面以下）	生产井附近	
流体替代，%	忽略	4.5～6.4	4.5～6.4
孔隙度变化，%	−9.3	−9.3	忽略
压力变化，%	−4.7	忽略	较小
温度变化	忽略	忽略	忽略
泥质含量变化	−4～−2	−4～−2	忽略
渗透率变化	忽略	忽略	忽略
合计，%	−18～−16	−6.8～−4.9	4.5～6.4

1）稠油岩心速度与温度依赖关系

选取实际稠油区块的岩心进行系统的实验室声波测试和计算机模拟实验，分别进行了100%、50%、0 三种含油饱和度的纵波速度随温度变化的实验（图 6-8）。实验结果说明：该油藏稠油砂岩的纵波速度对温度有较灵敏的依赖关系，这种关系是稠油油藏时移地震的物理基础，它证明了该稠油油藏具备时移地震实施的地质条件[5]。

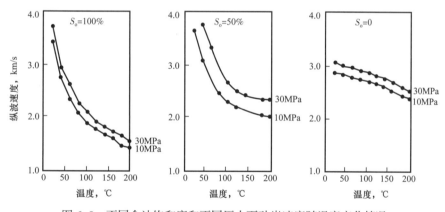

图 6-8　不同含油饱和度和不同压力下砂岩速度随温度变化情况

2）油层密度变化特征

首先，利用理想气体状态方程求气体密度。通过理想气体状态方程求取在温度为230℃、压力为 5MPa 的情况下，气体的密度为 0.0215315g/cm³。在压力为 5MPa、温度为230℃的情况下，随着孔隙内注入蒸汽或者水的比例不同，砂岩的密度也不同，砂岩密度随孔隙中蒸汽比例的变化比较大，而随孔隙中水的比例的变化不太明显。因此，稠油油藏进行 SAGD 开采后，砂岩密度会有明显的变化，将造成显著的波阻抗变化，在地震记录上也会有相应的差异。

3）油藏模型的建立与分析

根据油藏稠油岩心加温加压测试结果、开发前后油藏资料和测井资料建立地震模型，进行地震正演模拟，得到注汽前后模拟正演剖面。若模型正演结果表明油藏开发前后正演地震波场明显不同：地震波传播规律在浅层（油藏以上）一致，在油藏内部差异明显，则表明从岩石物理分析角度看，该油藏时移地震监测可行。

2. 现场先导试验

1）时移先导试验

在稠油区块实际井区进行了时移地震采集先导试验工作，目的层厚度为 20m，埋深 700m，原始含油饱和度为 65%。注汽前后的过井地震剖面（图 6-9）对比表明：（1）稠油地震波速度和振幅值发生很大的变化，能够清楚地描述出热前缘分布的范围，从而确定剩余油的分布。（2）由于多次监测的是同一个油层，油层厚度不变，注汽后温度、压力变化是已知的，多次的"时滞"可以计算出来，利用这些已知条件结合实验室不同含油饱和度、不同温度、不同压力条件下的"时滞"关系曲线能够推算出含油饱和度的变化，而后调整采油方案，提高采收率。

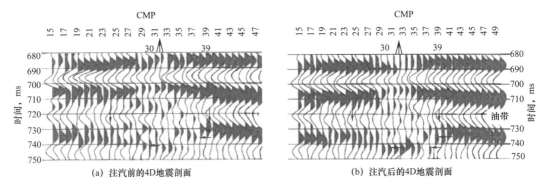

图 6-9　注汽前后地震差异剖面
↓表示热点

综合以上论证，岩样实验证明不同含油饱和度的稠油升温后地震波的速度有很大变化；时移先导试验得到了 9ms 的延迟时，证明了稠油吞吐前后地震波响应有很大变化，说明实际工区适宜时移地震油藏监测。

2）信噪比实验

噪声对信号的改造直接影响解释的精度，利用在稠油区录制的噪声与该区的 VSP 信号，按不同能量比例进行叠加，正演不同信噪比情况下噪声对信号影响的程度。当信噪比为 1～3 时，叠加后信号的波形被严重改造，其振幅比 VSP 信号的振幅错动 10～3ms；当信噪比为 4～5 时，叠加后信号波形恢复较好，但振幅仍错动 2～1ms，当信噪比不小于 6 时，叠加后信号波形与 VSP 信号波形基本一致，振幅完全一致。从"时滞"解释角度来讲，稠油热采地震成果资料的信噪比应该达到 6 以上。根据多次覆盖压制噪声理论的要求，野外原始资料的信噪比应该不小于 2。

3）分辨率要求

分辨率是稠油热采地震是否成功的保证。目前油田开发单位根据稠油开采经济界限值的要求，开采稠油单井有效厚度为 15m 以上，实际稠油目的层埋深在 600～1000m；因此，利用高分辨率地震技术比较容易分辨顶、底界面。但是注汽后，蒸汽在油层中推进具有"超覆"现象，只有厚度的 2/3 受效。因此要分辨受热稠油的厚度还要进一步提高分辨率。研究还表明：提高地震横向分辨率比提高纵向分辨率更重要，拾取稠油底部反射初至比拾取波峰或波谷进行"时滞"解释的横向分辨率更高。

3. SAGD 油藏时移地震可行性综合分析

SAGD 油藏的岩石物理特征分析与水驱油藏的不同之处主要在于分析开采前后温度对稠油油层纵波速度的变化，以及注蒸汽热采方式采油对油层密度乃至速度的影响。适合进行时移地震油藏监测的稠油油藏应是开采前后油层波阻抗变化明显，地震记录在油藏内部差异明显，在油藏以上部分基本保持一致的油藏，这些可以由岩石物理和地震正演模拟结果进行分析。

第二节　时移地震采集质量监控技术

时移地震是基于多期次采集地震数据的差异来预测剩余油的分布，在多期次地震采集中，保持采集方法和施工因素的一致性，减少非油层因素导致的地震数据差异对时移地震研究至关重要。做好时移地震采集质量监控是保证时移地震差异能有效描述油藏动态变化的基础与关键[6]。

一、时移地震资料一致性评价因素

多期次时移地震一致性采集，需要进行一致性评价的主要因素如下。

1. 物理点的一致性

包括炮点与接收点的一致性。物理点变化计算表明，物理点点位变化直接影响 T_0 时间的变化。因此，时移地震开发前后采集过程中，激发点必须尽可能在同一个点位上，保证检波器埋置在相同物理点上，并采用相同的埋置方法来保持接收的一致性，同时利用炮点与接收点高程值变化评价激发条件与接收条件的差异。

2. 仪器及附属设备的一致性

时移地震开发前后采集，使用的仪器及附属设备需要完全相同，才可以消除仪器及附属设备差异对地震资料的影响。开发后时移地震采集前，对检波器进行一致性测试，测试使用与开发前时移地震相同的测试因素。分析测试结果，若开发前后地震子波一致性良好，信号对应起跳时间、起跳点振幅值基本一致，这样就满足了接收设备对信号的一致性要求，达到一致性评估标准。

3. 开发后干扰波调查与分析

在开发后时移地震采集前，根据开发前干扰波调查情况，在相同位置布设两条二维线进行干扰波调查，分析开发前后干扰波变化情况，如干扰源的能量及频谱范围是否基本一致。注意开发后时移地震采集，采用和开发前采集相同的措施，在采集线束范围内继续采取"六停"（停大钻、停作业、停大型施工、停注／排空、停抽油机、停大型车辆）。

4. 处理成果剖面对比一致性验证

将两次采集数据使用相同的处理流程进行处理后，抽取相同位置剖面进行对比。分析开发前后剖面情况，若两次剖面盖层反射 T_0 时间、能量、波形和频率高度一致，油层部分变化明显，剖面相减后盖层信息几乎为零；而油层开发位置信息丰富，与实际开发信息相吻合，说明两次采集达到一致性评估标准。

二、时移地震资料一致性考核标准

考核时移地震各道工序一致性高低的参数是地震反射 T_0 时、振幅、频率、波形这四个基本地震参数，时移地震一致性高低的考核标准也是随采变化程度的大小而定，如果开采引起地震响应很大，则对一致性指标要求就相对低一些，反之对一致性指标要求则高一些。

1. 激发子波的对比分析

激发地震子波是最基础、最原始、最重要的一致性工作，它是考核地震激发质量高低的唯一标准。在野外采集过程中，以基础时移地震观测资料为基准，通过波形、能量、频谱的对比分析，研究不同时期地震子波的差异，及时进行激发工作的补救，为后续处理工作奠定良好的基础。

2. 标志盖层反射信息的对比分析

盖层中的地震反射波在多次时移地震资料中是相对不变的，为了便于对比分析，选择反射连续性好、能量强、波形稳定的层位作为标准层；对标准层进行地震反射 T_0 时、振幅、频率、波形这四个基本地震参数的一致性对比分析。标准层地震反射 T_0 时比对是最简单、最直接、最实用的考核参数，在时移地震"时滞"解释之前必须进行盖层中的地震反射 T_0 时一致性对比，在 T_0 时一致的条件下才能进行"时滞"解释工作；两次地震资料振幅的高度一致反映了地震激发能量合理、接收条件良好；频谱分析是对地震波能量和频率综合的分析，一致性好的地震数据，多次观测的地震数据在盖层中的标志层部位的频谱应该基本一致，可以用以检验频率校正的效果；波形高度一致可反映地震资料信噪比高、激发接收因素合理。

3. 开发前后时移地震数据总能量差异分析

互均衡处理后盖层部分由于没有油气水变化引起的影响，两数据体的能量也应该达到一致，也就是说它们的总能量的差应该减小。总能量分布差异的存在可能是由于存在振幅、时移、相移等多种因素的差异，但仍可作为一个总的标准来检验互均衡处理的整体效果。

第三节　时移地震资料处理技术

时移地震主要利用不同时间采集地震资料的差异来反映地下储层流体变化。我国时移地震研究更多是基于不同阶段多次采集的地震资料。由于没有针对时移地震研究设计地震采集，因此不同阶段多次采集地震资料的时移地震处理难度更大，对处理技术要求更高，但因为省去了地震数据采集成本，因此投资相对少得多。时移地震资料处理分为叠前互均化处理和叠后互均化处理。叠后互均化处理比叠前互均化处理简单、容易实现，但是不能完全消除非油气藏因素产生的响应，而叠前互均化处理可以最大程度地消除由于采集、处理等因素造成的非一致性，应提倡开展叠前互均化处理，最好在叠前互均化处理的基础上，再进行叠后互均化处理。

一、时移地震叠前互均化处理技术

1. 相对保幅的时移地震处理技术

时移地震油藏监测技术主要利用地震振幅信息差异对油藏动态变化进行监测，这就要求两次地震资料必须最大限度保证地震振幅信息，并对单一资料在横向上和纵向上保持振幅的相对保真。

针对时移地震处理的特点和要求，采用相对保幅的提高分辨率一致性处理流程（图6-10），它的主要特点在于尽可能采用简单的满足相对保幅处理的方法和技术，如采用"时频空间域球面发散与吸收补偿"技术补偿大地吸收衰减和近地表影响，炮点和检波点两步法统计反褶积消除近地表鸣震，提高叠前数据的成像分辨率。在相对保幅提高分辨率处理的基础上增加了开发前后时移地震数据的一致性处理和质量监控内容（流程中红色部分所示），主要包括：时移地震采集数据差异分析监控，基于开发前数据的一致性叠前相对保幅提高分辨率处理，开发前后联合一致性叠加速度场求取和剩余静校正求取，基于参考标准层的一致性处理，开发前后联合三维地震资料处理质量监控与地质评价。以上技术充分发挥了处理解释一体化的优势，有效消除采集非重复性因素影响，确保时移地震处理结果满足地质解释的需要[7]。

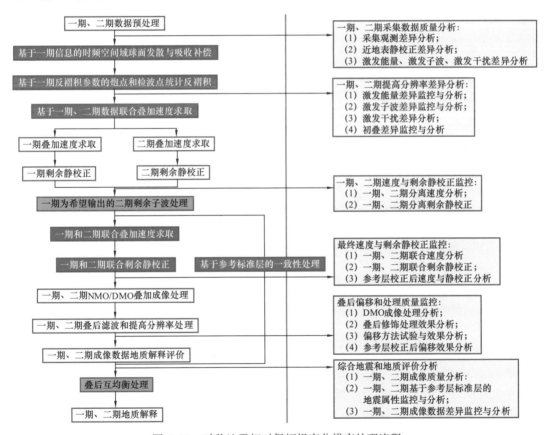

图6-10 时移地震相对保幅提高分辨率处理流程

通过叠前"时频域球面发散与吸收补偿"、炮点和检波点统计反褶积处理以及严格的参数试验和质量监控分析，有效地消除了近地表变化、大地吸收衰减和虚反射影响，提高了成像数据的分辨率。但整个叠前处理流程能否达到在消除近地表影响的同时满足相对保持储层信息的提高分辨率一致性处理要求仍是需要进一步讨论的问题，下面通过综合处理质量监控分析来阐述这一问题。

1）相对保持振幅分析

首先来讨论叠前相对保持振幅处理效果，这是时移地震叠前互均化处理的重点。原始数据由于近地表和大地吸收衰减影响，存在明显的随传播时间的能量和频率衰减，在空间方向存在严重的炮集间能量和频率差异。经过叠前"时频域球面发散与吸收补偿"和炮点、检波点统计预测反褶积处理后，不仅在时间方向上的振幅、频率衰减可以得到很好地补偿，同时也能有效地消除近地表变化引起的激发振幅和频率的空间差异，面波干扰也能得到很好地消除。

2）分辨率分析

开发前后采集数据叠前相对保幅提高分辨率处理要求每一处理步骤之后都要综合统计频谱分析，若每经过一步处理，数据的统计频谱质量都有明显的提高，统计频谱曲线的一致性也非常好，说明采用的相对保幅提高分辨率处理流程满足时移地震一致性处理研究要求。

3）波形保持分析

激发子波是识别储层空间变化的重要信息，处理过程中消除近地表变化对地震子波的影响，相对保持地震子波的一致性十分重要。可以通过子波监控观察对比一致性处理过程中子波类型及子波空间一致性的变化，从控制线的炮集统计自相关分析来进一步分析叠前提高分辨率处理的波形保持和子波一致性问题。

4）高频干扰分析

高频干扰是影响地震数据成像分辨率的主要原因之一，在处理中希望补偿地震波有效高频能量的同时不放大高频干扰的能量。对两次地震数据处理前后的高频噪声能量进行监控，对比原始数据中的强干扰能量在处理后是否被有效地压制，而原本较弱的高频干扰能量在处理过程中有没有被放大，能量的一致性是否有所改善。

5）叠加效果分析

通过以上的振幅保持分析、分辨率分析、波形保持分析、高频干扰分析，监控了叠前的地震属性变化和分析了叠前相对保幅提高分辨率处理效果，但还不能直接获得成像效果的分析。因此要想了解叠前相对保持处理的最终成像效果，叠加成像分析是质量监控中的必不可少的重要指标之一。

图 6-11 给出了实际油田开发前后采集数据 Inline 方向控制线的叠前相对保幅提高分辨率处理前后的叠加剖面，从图中目的层部位（700ms 附近）可以看出，原始数据叠加剖面存在明显的大地吸收影响，中、深成像分辨率很低，并有明显的多次波影响。而最终数据的成像分辨率明显提高，浅、中、深层能量和频率基本一致，多次波干扰得到明显压制，剖面信噪比没有明显下降。图 6-12 给出了 Crossline 方向控制线的叠前相对保幅提高分辨率处理前后的叠加剖面，这一方向的构造相对平缓，原始数据叠加剖面也存在明显的大地吸收影响，成像分辨率低，最终数据的成像分辨率明显提高，信噪比也得到较好地保持。此外，从两次采集数据处理结果对比来看，处理结果保持了良好的一致性，采油区附近的差异依然存在，能够满足时移地震监测研究的需要。

2. 时移地震处理质量监控及地质评价技术

1）时移地震剖面分析与评价

基于空间相对分辨率地震思想，经过相对保持储层信息的叠前提高分辨率处理和 DMO+ 叠后三维陡倾角成像处理以及严格的三维质量监控，最终处理效果能否达到时移地震地质解释的要求仍然是个问题，可通过开发前后时移数据处理效果分析和地质评价来加以讨论。图 6-13 和图 6-14 分别给出了某油田沿主测线方向的两条控制线的最终成果剖面和开发前后差异结果。

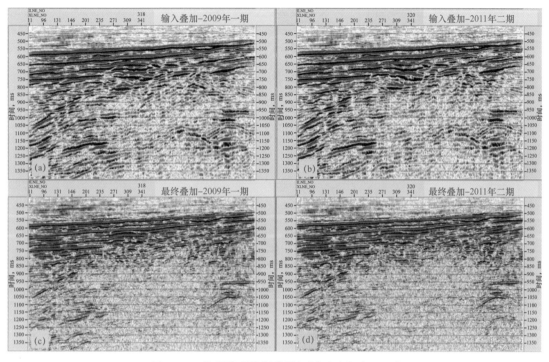

图 6-11　处理前后控制线叠加剖面对比（Inline）

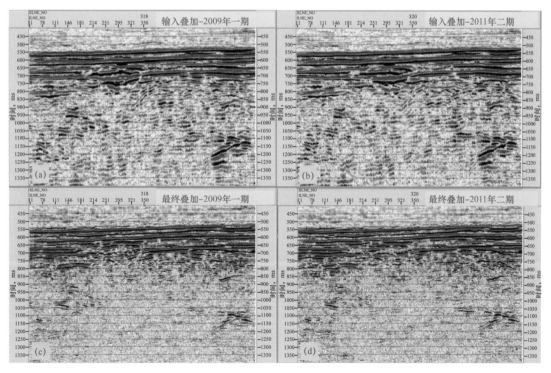

图 6-12　处理前后控制线叠加剖面对比（Crossline）

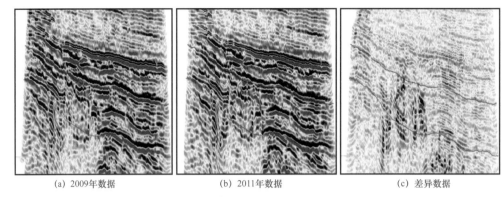

(a) 2009年数据   (b) 2011年数据   (c) 差异数据

图6-13　开发前后时移数据处理结果对比

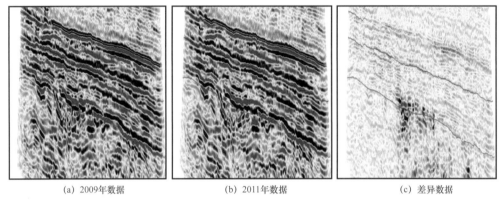

(a) 2009年数据   (b) 2011年数据   (c) 差异数据

图6-14　开发前后时移数据处理结果对比

　　从以上对开发前后时移数据最终成像剖面分析可以看到，时移地震处理的效果十分明显，数据成像分辨率和信噪比都较高，波组特征清晰，相对能量关系保持很好。两次时移数据的差异剖面可以清楚地反映出汽腔变化的影响，而储层以上的地层由于没有受到采油变化的影响基本没有变化，在差异剖面上也没有反映，这在差异结果中也得到很好地验证。这说明本次研究的时移地震数据处理流程和相关技术是切实可行的，能够满足时移地震一致性处理的要求。

　　2）时移地震叠后属性分析与评价

　　为了进一步说明相对保持储层信息的一致性处理能力，以下从沿层地震属性分析进行地质评价监控。图6-15给出了沿层振幅属性分析结果，其中，图（a）和图（b）分别为开发前后成果数据沿层振幅属性，图（c）是开发前后数据差异的沿层振幅属性，图（d）—（f）分别是开发前后差异数据沿某层向下80ms、120ms和160ms的沿层振幅属性。由于是沿层提取的地震属性，因此除了断裂附近外，地震沿层地震属性应该是平缓变化的。从图中可以看出，两次最终成果数据的振幅属性空间变化平缓，具有较好的规律性。从两次时移数据的差异振幅属性可以看出开发前后数据振幅差异很小，这是因为该层在储层以上没有受到采油变化的影响。随着所选层位逐渐向下进入储层部位，在差异数据振幅属性上的反映也越来越明显，这在连续振幅属性切片上可以明显地看出来。以上沿层振幅属性分析可以很好地说明本次时移地震处理的效果十分理想。

通过以上开发前后时移地震数据剖面分析和沿参考标准层地震属性分析表明，时移地震相对保持一致性处理有效地消除了近地表非储层因素和非重复性采集因素的影响，地震数据在到达参考标准层时具有很好的一致性，时移地震数据的差异信息能够反映地下储层的变化，从而能够满足时移地震地质解释的需要，也充分证明了本次研究的时移地震处理流程和相关技术的有效性。

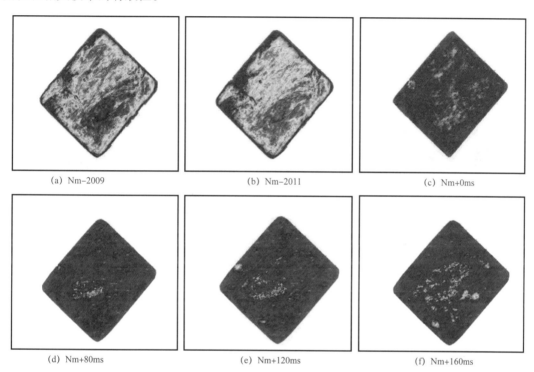

(a) Nm−2009　　　　　(b) Nm−2011　　　　　(c) Nm+0ms

(d) Nm+80ms　　　　　(e) Nm+120ms　　　　　(f) Nm+160ms

图 6-15　开发前后时移数据沿层振幅属性对比

二、时移地震叠后互均化处理技术

1. 面元重置处理与质量监控

由于地震资料重复采集的时间不同，地面设施、技术装备等因素可能发生了变化，使得观测系统、采集参数很难和原有数据完全一样。对于三维地震而言主要表现为反射面元的大小和位置不一样。为了使重复采集的地震资料具有可比性，需要把来自地下不同反射面元或反射点的地震数据校正到同样的反射面元或反射点，这一处理称为面元重置或面元一致性处理。面元一致性处理的方法包括相关抽道法、线性插值法、$F—K$ 域插值法、$T—X$ 域动态求差插值法等，每一种方法都有它自身的优点和不足，适用于不同的情况，但每种方法的处理目的都是在保证尽量不损害地震振幅信息的前提下，使时移地震数据具有最佳一致性[8]。本节重点阐述动态求差道内插的基本原理以及面元重置处理过程中的质量监控。

1）动态求差道内插原理

动态求差道内插利用地震同相轴的横向相干性，采用移动求差的方法来准确求取剖面上每一点的时间倾角，然后逐道进行加权插值。当剖面上出现多道空缺时，在动态求差法准确求取倾角的基础上，结合逆距离加权法，可实现多道数据的插值。动态求差道内插方法既能适应线性同相轴、非线性同相轴插值，又能适应等道距、非等道距插值，并且精度高、速度快，是对地震资料进行道内插的一种有效方法。

2）面元重置质量监控

面元重置处理过程中一般以参考地震资料的面元为标准，对监测地震资料面元进行转换，使其与参考地震资料面元相同，在面元重置处理后还需要对面元重置方法的有效性进行监控。验证面元重置处理有效性的方法有两种，一是分析面元重置前后地震资料波形、频谱等方面的变化，图6-16对比显示了实际油田时移地震资料面元重置前、后频谱变化；二是定量分析面元重置处理误差对时移地震资料处理的影响。

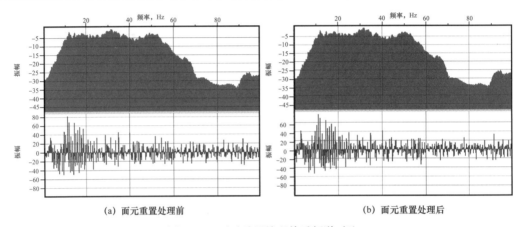

(a) 面元重置处理前　　　　　　　　　(b) 面元重置处理后

图6-16　面元重置处理前后频谱对比

2. 时移地震叠后匹配处理与质量监控

1）时移地震叠后匹配原理

时移地震数据的时间、振幅、频率和相位匹配处理是时移地震资料处理的主要方面。针对时移地震数据在时间、振幅、频率和相位方面的差异，利用多个校正匹配算子分别对地震剖面的主要差异进行匹配校正。匹配校正算子可以是一个全局滤波器，在所有测线和所有道集上整体完成两个数据体的匹配；也可以是局部滤波器，在单线单道上进行局部化校正。时移地震匹配处理包括时差校正、能量校正、频率校正、相位校正、振幅校正、构造校正和基于标志层的匹配处理等几方面[9-10]。

（1）能量校正。

时移地震能量校正包括横向能量均衡和纵向能量匹配处理。横向能量均衡是通过大时窗内地震能量统计和校正，使地震能量分布均匀，减小能量分布不均对地震差异的影响。纵向能量匹配是利用大时窗振幅包络的匹配，在大时窗内实现纵向能量均衡，而不影响局部差异分析。

（2）时差校正。

利用互相关方法计算监测数据时移量，实现数据时差校正。最简单的时移校正是对于整个数据体只有一个时间校正量，即不空变也不时变。如果每道数据使用不同的时间校正量，那么校正过程是空变而非时变的。如果同一道数据不同时窗使用不同的时移校正量，那么时移校正不仅是空变的也是时变的，不同点的时变量通过内插得到。不同阶段多次采集的时移地震资料通常需要进行非线性时移校正。

（3）频率校正。

频率校正需要首先对两个地震数据进行频谱分析，根据参考数据频谱分析结果进行频谱的光滑处理，然后利用光滑后的曲线对监测数据进行校正处理。也可以对两个数据同时进行带通滤波，但在滤波时应注意，要以频率较低、频带较窄的数据频谱为标准。

（4）相位校正。

相位校正是将监测数据的相位校正到与参考数据相同。最简单的处理方式是将两个数据体同时校正到零相位。也可以对监测数据进行相位扫描，并与参考数据进行对比，然后利用相位滤波器对监测数据进行滤波，从而实现监测数据体的相位校正。

（5）空间位置差异校正。

由于不同阶段多次采集在观测系统、采集方向等方面的差异，会导致同一反射点在偏移后的空间位置上存在差异。通过参考数据与监测数据三维空间内小数据体的三维相关计算，确定监测数据体在 X 方向、Y 方向和时间方向上的最佳移动量，从而实现两次地震数据空间位置差异校正。

（6）基于标志层匹配滤波处理。

同一地区两次采集地震数据，对于非油藏部分地震记录理论上应该是相同的。但由于采集方式和采集参数差异等因素的影响，使非目的层地震记录也存在很大差异，而要消除这种差异，就要使目标泛函式（6-4）取极小值。

$$D(t) = \left\| S_{\text{ref}}(t) - NS_{\text{mon}}(t) \right\| \qquad (6-4)$$

式中　$D(t)$——两次地震数据差异；

　　　$S_{\text{ref}}(t)$——参考地震记录；

　　　$S_{\text{mon}}(t)$——监测地震记录；

　　　N——构造的算子。

将构造的算子作用于整个地震道，可以消除采集方式和采集参数不同等因素引起的不合理差异，这就是基于标志层匹配处理。标志层的选择原则是标志层在油藏区域内发育稳定、反射特征明显，且标志层应尽量接近目的层，减少入射角度差异对匹配效果的影响。

2）叠后匹配处理质量控制

时移地震数据匹配处理质量监控主要包括以下几个方面。

（1）原始地震资料分析。

分析两次地震资料的剖面差异、时间切片差异、频谱差异、子波差异、时移差异和能量分布差异。根据分析认识确定时移地震资料匹配处理的可行性，确定质量较高的数据为参考数据，并根据两次地震资料差异确定匹配处理流程。

（2）匹配处理过程分析。

根据每一步时移地震匹配处理的目标，通过匹配处理前后剖面对比、差异大小分析，确定该步处理是否达到处理目标。值得注意的是，由于匹配算子的不稳定性，有些时移地震匹配处理技术可引起地震剖面杂乱，如相位校正处理、基于标志层匹配处理等。因此在应用这些处理时要对匹配结果进行认真分析，通过合理光滑和多条件优化约束控制匹配算子的稳定性。

（3）匹配处理成果分析。

匹配处理成果的合理性需要结合实际油田地质和开发现状进行分析。在剖面上，匹配处理结果要求在标志层部分和非油藏区差异最小；而在平面上，地震差异范围应控制在油藏的砂体分布范围之内。对于不合理的差异从资料采集和处理方面进行仔细分析，并给出合理解释。

3. 多层系油气藏时移地震差异提取与分析

对于多层系油气藏，当上层油气藏因开发导致地震波速度发生变化时，下面油藏的反射波旅行时也会发生变化。因此油藏开发不仅通过改变反射系数引起目的层反射波地震振幅的变化，同时通过改变下层反射波的旅行时而引起地震振幅变化。为了保留反射系数变化引起的振幅差异，同时消除下层反射波旅行时变化引起的地震差异，采用滑动时窗相关求差方法，通过式（6-5）确定小时窗内两次地震数据相关性，从而确定小时窗内监测地震道时移量，并在时移后与参考地震道进行相减。

$$R(t) = \frac{\sum \phi_{ab}(t) \cdot \phi_{ab}(t)}{\sum \phi_{aa}(t) \cdot \phi_{bb}(t)} \tag{6-5}$$

式中，$\phi_{ab}(t)$ 表示地震道 a_t 和 b_t 在时窗 $t_1 \sim t_2$ 内的互相关，$\phi_{aa}(t)$ 和 $\phi_{bb}(t)$ 分别代表地震道 a_t 和 b_t 在时窗 $t_1 \sim t_2$ 内的自相关。当 $R(t)$ 取最大值时，时窗内地震道 a_t 和 b_t 相关性最好，进行求差计算可以消除反射波旅行时变化引起的振幅差异，同时保留反射系数变化引起的振幅差异。图 6-17 对比显示了数据直接求差与滑动时窗相关求差的结果。

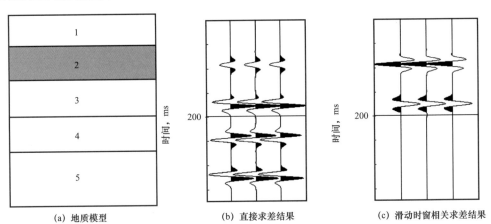

图 6-17　匹配数据直接求差与滑动时窗相关求差的对比
地质模型中仅有层 2 在油田开采前后弹性参数发生变化

第四节　时移地震资料解释

时移地震数据经过一致性处理后，进行差异求取可得到油气藏动态变化对应的地震响应变化。如何将这些地震响应随时间的变化转化为油气藏性质的变化，就需要对时移地震差异数据进行定性或定量的解释。本节重点阐述了时移地震属性解释技术以及时移地震的叠后反演与叠前反演技术。

一、时移地震属性分析技术

时移地震属性分析包含开发前后地震数据、差异地震数据和开发前的测井数据、开发中的生产动态数据 5 个方面的资料。利用这几方面的资料，可以进行开发前地震多属性的定量预测、开发后地震多属性的半定量预测，以及开发前后的属性差异分析。但考虑到不同地区不同的储层及采油措施，时移地震属性分析应该进行深入细致的研究工作[11]。

1. 油藏开发前地震数据的属性分析

开发前的地震属性分析工作主要用来解决地下储层原始状态下的岩性、物性、流体在空间的分布情况，进一步认识原始储层状态的特征，同时可以指导地质、开发等人员对地下情况更好地了解，以及可用来指导开发方案的调整。

1）敏感属性分析

时移地震敏感属性分析一般需要借助于岩石物理测试、正演模拟和井资料约束等手段。通过敏感属性分析可以优选出与储层参数相关性强的地震属性，有利于解释人员直接利用该敏感属性来初步分析研究区储层的横向分布特征，同时为开发后的储层预测提供可靠的敏感属性。

2）多属性联合定量分析

为了减少地震属性定量预测的多解性，提高构造和储层的预测精度，利用各种数学统计方法以及各种智能化技术进行油藏参数的定量表征。目前应用较多的模式识别技术主要是人工神经网络方法，通过优选出的敏感属性集或压缩后的地震属性集作为神经网络的输入，以样本井参数作为输出，利用线性或非线性映射方法来实现油藏特征（含油气性、岩性和流体饱和度等）的定量预测，使解释人员更加直观地了解开发前后储层参数的横向展布情况。

2. 不同开发阶段地震数据的属性分析

时移地震的分析解释技术中，油藏变化引起的反射时间变化应是一个重要的特征参数，但对于地震属性提取的反射层位时间也存在一定的变化，因此开发后地震数据的层位标定与追踪是一个重要的问题。另外，在时移地震属性分析工作中，要结合开发动态数据及一次测井数据粗略地估计当前井旁储层流体特征状况，实现半定量化的油藏流体参数预测。

3. 不同开发阶段数据的属性差异分析

时移地震属性差异分析是利用油藏的敏感属性集，根据时移前后的匹配地震数据或时移前后的地震体属性数据，进行沿层属性求差分析，沿层属性的相关分析，属性差异与动态数据的点、线、面综合分析，以及属性差异的可视化雕刻分析，最终确定时移地震属性差异与油藏特征变化的关系。

二、时移地震反演技术

时移地震反演是利用两次采集的地震数据以及油藏钻、测井等信息，反演得到不同时间弹性参数或者储层岩性及物性参数的变化，为分析油气藏内部动态变化提供依据。根据资料的不同，可将时移地震反演技术分为时移地震叠后反演与时移地震叠前反演。

1. 时移地震叠后反演技术

时移地震叠后反演技术利用一致性处理之后的叠后时移地震资料进行反演，常见的反演方法有分别反演、同时反演与差异反演。

1）分别反演

时移地震分别反演是两次采集的数据体分别反演，得到两次采集数据相应的弹性参数，且反演过程中除了初始模型和子波之外，所采用的反演参数一致。结合两次反演的结果，进而得到反演之后的差异数据体。

假设首次采集的模型参数为 m_1，地震数据为 d_1，油藏开发一段时间之后采集的地震数据为 d_2，模型参数为 m_2。在反演中首先要正演，两次采集正演算子分别为 L_1 和 L_2，则可得到：

$$
\begin{aligned}
d_1 &= L_1 m_1 \\
d_2 &= L_2 m_2
\end{aligned}
\tag{6-6}
$$

求解式（6-6）转化为求取目标函数 f_1 和 f_2 的最小二乘解：

$$
\begin{aligned}
f_1 &= \left\| d_1 - L_1 m_1 \right\|^2 \\
f_2 &= \left\| d_2 - L_2 m_2 \right\|^2
\end{aligned}
\tag{6-7}
$$

即

$$
\begin{aligned}
m_1 &= \left(L_1^{\mathrm{T}} L_1 \right)^{-1} L_1^{\mathrm{T}} d_1 \\
m_2 &= \left(L_2^{\mathrm{T}} L_2 \right)^{-1} L_2^{\mathrm{T}} d_2
\end{aligned}
\tag{6-8}
$$

求解得到的两组地层弹性参数模型 m_1 和 m_2 相减，就可以得到时移地震分别反演的结果：

$$
\Delta m = m_1 - m_2
\tag{6-9}
$$

2）同时反演

时移地震同时反演顾名思义就是将多次采集的地震数据同时进行反演。一般情况下首次采集的数据定义为基础数据，油藏开发一段时间之后采集的数据为监测数据。对两组数据同时进行反演，最终得到地层弹性参数（纵横波阻抗、速度以及密度等）的差异结果。

根据式（6-6）和式（6-9），可以写出如下的方程组：

$$
\begin{aligned}
d_1 &= L_1 m_1 \\
d_2 &= L_2 \left(m_1 + \Delta m \right)
\end{aligned}
\tag{6-10}
$$

写成如下的矩阵形式：

$$
\begin{bmatrix} L_1 & 0 \\ L_2 & L_2 \end{bmatrix}
\begin{bmatrix} m_1 \\ \Delta m \end{bmatrix}
=
\begin{bmatrix} d_1 \\ d_2 \end{bmatrix}
\tag{6-11}
$$

求解式（6-11）转换为求解目标函数 $S(m_1, \Delta m)$，形式如下：

$$
S(m_1, \Delta m) = \left\| \begin{bmatrix} L_1 & 0 \\ L_2 & L_2 \end{bmatrix} \begin{bmatrix} m_1 \\ \Delta m \end{bmatrix} - \begin{bmatrix} d_1 \\ d_2 \end{bmatrix} \right\|^2
\tag{6-12}
$$

即

$$\begin{bmatrix} m_1 \\ \Delta m \end{bmatrix} = \begin{bmatrix} L_1^{\mathrm{T}} L_1 + L_2^{\mathrm{T}} L_2 & L_2^{\mathrm{T}} L_2 \\ L_2^{\mathrm{T}} L_2 & L_2^{\mathrm{T}} L_2 \end{bmatrix}^{-1} \begin{bmatrix} L_1^{\mathrm{T}} & L_2^{\mathrm{T}} \\ 0 & L_2^{\mathrm{T}} \end{bmatrix} \begin{bmatrix} d_1 \\ d_2 \end{bmatrix} \tag{6-13}$$

求解矩阵（6-13）即可得到参数的变化 Δm。

3）差异反演

时移地震差异反演是首先对两次采集的数据进行时差校正、相位校正等一致性处理，得到油藏开发前后的差异数据体，然后直接对差异数据体反演，得到参数的差异值。

假设油藏开发前后地震记录的差异数据体为 Δd，弹性参数差异体为 Δm，即：

$$\begin{aligned} \Delta d &= d_1 - d_2 \\ \Delta m &= m_1 - m_2 \end{aligned} \tag{6-14}$$

在对差异数据体反演之前，首先要做一致性处理，消除非油藏因素的影响。理想条件下，地下地质构造不发生改变，且采集和处理参数相同，则两次正演算子相同，即正演算子 L：

$$L = L_1 = L_2 \tag{6-15}$$

则

$$\Delta d = d_2 - d_1 = L_2 m_2 - L_1 m_1 = L(m_2 - m_1) = L \Delta m \tag{6-16}$$

求解式（6-16）转化为求解目标函数 $S(\Delta m)$，形式如下：

$$S(\Delta m) = \| L \Delta m - \Delta d \|^2 \tag{6-17}$$

即

$$\Delta m = (L^{\mathrm{T}} L)^{-1} L^{\mathrm{T}} \Delta d \tag{6-18}$$

Δm 即为油藏开发前后弹性参数的变化。结合岩石物理理论，将弹性参数的变化转换为油藏参数的变化，即可实现对油气运移规律的监测研究。

2. 时移地震叠前反演技术

叠后地震振幅差异是经过时移地震处理后的最终结果，常规叠加处理在提高地震数据信噪比的同时，也损失了很多重要的振幅变化信息，这给时移地震定量解释带来很大的多解性问题，并可能误导时移地震解释。而时移地震叠前资料包含重要的 AVO 信息，可以区分不同油藏参数的变化，进行油藏定量解释[12]。

1）时移地震差异数据弹性波阻抗反演

Connolly 在 1999 年提出了弹性阻抗的概念，并给出了如式（6-19）所示的表达式：

$$\mathrm{EI} = v_{\mathrm{p}} \left(v_{\mathrm{p}}^{(\tan^2 \theta)} v_{\mathrm{s}}^{(-8 K \sin^2 \theta)} \rho^{(1 - 4 K \sin^2 \theta)} \right)$$

$$K = \frac{v_{\mathrm{s}}^2}{v_{\mathrm{p}}^2} \tag{6-19}$$

由此式可以看出，弹性阻抗是纵波速度、横波速度、密度和入射角的函数，是对波阻抗的推广，声波阻抗是入射角为零时的弹性阻抗的特例。为了提高时移地震反演过程的稳定性，充分利用时移地震差异数据，研究了针对时移地震差异数据体的反演方法，如式（6-20）所示，其中两次采集得到的地震资料分别记为 S_1 和 S_2，对式（6-19）弹性阻抗表达式两次取对数得到的对数弹性阻抗分别为 L_1 和 L_2，B 表示正演算子。

$$\begin{cases} S_1 = BL_1 \\ S_2 = BL_2 \\ S_2 - S_1 = B(L_2 - L_1) \\ \delta S = B\delta L \end{cases} \tag{6-20}$$

以上是差异地震数据与对数弹性阻抗差之间的关系。该关系式和弹性阻抗反演的公式在形式上是一致的，因此反演可采用与弹性阻抗反演类似的方法。利用油藏的岩石物理关系，可以解释基于时移地震差异反演得到的纵波阻抗差异和横波阻抗差异，并将其转化为油藏参数的变化。

2）时移地震叠前 AVO 反演

Zoeppritz 方程分析表明，AVO 属性变化包含了纵横波速度变化与密度变化信息。时移地震叠前 AVO 反演是区分油藏含油饱和度和有效压力变化及实现地震数据定量化解释重要方法。Aki 和 Richards（1980）给出了各向同性介质中简化的 Zoeppritz 方程，并得到了 P 波入射时 P 波反射系数在入射角 θ 较小时的近似表达式。

$$R_{pp}(\theta) = A + B\sin^2\theta + C\sin^4\theta \tag{6-21}$$

其中

$$A = \frac{1}{2}\left(\frac{\Delta v_p}{v_p} + \frac{\Delta\rho}{\rho}\right), \quad B = \frac{1}{2}\left(\frac{\Delta v_p}{v_p} - 4\eta^2\frac{\Delta v_s}{v_s} - 4\eta^2\frac{\Delta\rho}{\rho}\right), \quad C = \frac{1}{2}\frac{\Delta v_p}{v_p}$$

且有

$$v_p = (v_{p1} + v_{p2})/2, \quad \Delta v_p = v_{p2} - v_{p1}, \quad v_s = (v_{s1} + v_{s2})/2, \quad \Delta v_s = v_{s2} - v_{s1}$$

$$\rho = (\rho_1 + \rho_2)/2, \quad \Delta\rho = \rho_2 - \rho_1, \quad \eta = v_s/v_p, \quad \theta = (\theta_1 + \theta_2)/2$$

式中，v_{p1}、v_{p2}、v_{s1}、v_{s2}、ρ_1 和 ρ_2 分别是上、下层岩石的纵波速度、横波速度和密度，θ_1 和 θ_2 分别是入射角和透射角。

简化过程假定各参数的相对变化率 $\Delta v_p/v_p$、$\Delta v_s/v_s$ 和 $\Delta\rho/\rho$ 都很小，对于大多数反射地震这种假定是合理的。将油藏简化成两层地质模型。上面盖层纵、横波速度和密度分别表示为 v_{p1}、v_{s1} 和 ρ_1，油藏开发前后泥岩盖层纵、横波和密度不发生变化；下层为储层，油藏开发前纵、横波速度和密度分别表示为 v_{p2}、v_{s2} 和 ρ_2，油藏开发后相应参数表示为 v'_{p2}、v'_{s2} 和 ρ'_2。根据 Aki 和 Richards 推导的简化 Zoeppritz 方程，当入射角度较小时，导出油藏开发前后 P-P 波反射系数变化公式：

$$\Delta R = \frac{1}{2}\left(\frac{\Delta v_{p2}^{PS}}{v_p} + \frac{\Delta\rho_2^{PS}}{\rho}\right) + \left(\frac{1}{2}\frac{\Delta v_{p2}^{PS}}{v_p} - 4\left(\frac{v_s}{v_p}\right)^2\frac{\Delta v_{s2}^{PS}}{v_s} - 2\left(\frac{v_s}{v_p}\right)^2\frac{\Delta\rho_2^{PS}}{\rho}\right)\sin^2\theta \tag{6-22}$$

式中，Δv_{s2}^{PS}、Δv_{s2}^{PS} 和 $\Delta \rho_2^{PS}$ 表示油藏开发前后，含油饱和度和有效压力变化综合引起的储层纵横波速度和密度变化。参考 Shuey（1985）简化 Zoeppritz 方程得到的 AVO 截距和梯度表达式 $R = R_0 + G\sin^2\theta$，可以将方程（6-22）写成一个截距项和一个梯度项

$$\Delta R = \Delta R_0 + \Delta G \sin^2 \theta \qquad (6-23)$$

式中，ΔR_0 和 ΔG 分别表示截距和梯度的变化。基于式（6-23）可以实现油藏可开发前后时移地震 AVO 属性反演。通过建立 ΔR_0 和 ΔG 与油藏有效压力和含油饱和度等油藏参数变化的关系，可以直接计算油藏参数变化。以上推导了单一界面反射系数变化与含油饱和度与压力变化关系，对于厚层可以针对储层顶界面反射系数直接进行反演，而对于薄互层可以基于反射系数变化进行正演模拟并通过与实际时移地震数据对比实现迭代反演，从而获得不同油藏参数变化。

第五节　小　　结

时移地震能与开发数据有机结合，充分挖掘地震数据体的潜力，提供油藏流体在垂向上和横向上的分布规律，识别出井间剩余油位置，从而优化开采方案，提高油气采收率。中国石油通过理论研究、技术开发与实际应用，已经形成了系统的时移地震可行性研究技术、时移地震采集质量监控技术、时移地震一致性处理技术和时移地震定量解释技术。

中国属于陆相湖盆沉积，薄互层油藏发育。地震波传播受薄层厚度、薄层组合等多重因素影响，传播规律更为复杂，地震油藏动态监测的属性表征机理研究需要进一步考虑薄层调谐效应、散射衰减等因素影响，因此要明确地震薄互层油藏动态的表征机理，需要针对实际油藏进行更深入的研究。实际开发条件下，多种油藏参数将同时发生变化，而要真正实现多种油藏参数变化的精确描述，在研究不同油藏参数变化的时移地震响应差异规律基础上，需要研究结合油藏动态模拟的时移地震多参数同时反演理论与方法。

参 考 文 献

［1］陈小宏，牟永光.四维地震油藏监测技术及其应用［J］.石油地球物理勘探，1998，33（6）：707-715.

［2］陈小宏，易维启.时移地震油藏监测技术研究［J］.勘探地球物理进展，2003，26（1）：1-6.

［3］刁顺，李景叶，唐鼎.基于黑油模型的时移地震正演模拟［J］.勘探地球物理进展，2003，26（1）：19-23.

［4］甘利灯，姚逢昌，邹才能，等.水驱四维地震技术可行性研究及其盲区［J］.勘探地球物理进展，2003，26（1）：24-29.

［5］王丹.辽河油田四维地震先导试验研究与分析［J］.地球物理学进展，2010，25（1）：35-41.

［6］王丹，刘兵，杨大为.陆上四维地震一致性技术研究与分析［C］//SPG/SEG2011年国际地球物理会议，2011.

［7］高军，凌云，林吉祥，等.相对保持储层信息的地震数据处理及其地球物理与地质监控［J］.石油物探，2010，49（5）：451-459.

［8］吕小伟，陈小宏，刁顺.时移地震中面元重置的方法及实现［J］.勘探地球物理进展，2004，27（3）：

177-181.

[9] 甘利灯，姚逢昌，邹才能，等 . 水驱四维地震技术——叠后互均化处理 [J]. 勘探地球物理进展，2003，26（1）：54-60.

[10] 李蓉，胡天跃 . 时移地震资料处理中的互均化技术 [J]. 石油地球物理勘探，2004，39（4）：425-427.

[11] 尹成，赵伟，鲍祥生，等 . 时移地震属性分析技术的基本框架 [J]. 勘探地球物理进展，2006，29（6）：386-393.

[12] Landro M. Discrimination between between pressure and fluid saturation changes from time-lapse seismic data [J]. Geophysics, 2001, 66（3）：836-844.

第七章　地震辅助油藏工程技术

随着地震技术的不断发展和油田开发生产的需求，地震技术越来越多被用于油藏的开发和生产。近年来，微地震监测和地震导向钻井技术是应用最为成功的两项技术，在储层改造和钻井中发挥了重要的作用。

第一节　微地震监测技术

国内外致密储层油气开发实践表明，低产、低效油气资源有效开发面临的最大问题是采取何种开发技术最大限度地提高储量动用率。目前，水力压裂是实现致密储层有效开发的最为可靠的核心技术手段，而微地震监测技术是近几年发展起来的有效监测技术之一，它可以从井中或地面实时监测致密储层压裂改造过程，评估压裂效果，为优化压裂施工参数、改善压裂效果及开发方案提供重要依据。本节主要包括微地震井中监测技术、微地震地面监测技术和微地震监测技术应用。

一、微地震井中监测技术

压裂作业时，在与压裂作业井相隔一定距离的邻井（称为监测井）中放置耐高温高压的多级多分量井中检波器，连接到地面地震仪器，同步记录压裂时储层（围岩）破裂产生的微地震波信号，通过现场处理求解微地震事件，分析压裂所产生的裂缝及缝网特征，评估压裂效果，这种方法称为微地震井中监测。微地震井中监测是致密储层压裂的一种主要监测技术，监测精度较高。井中监测时，检波器放置在井中，从而避免了地面的随机噪声，记录信号的信噪比相对较高[1]。微地震井中监测仪器主要是井中三分量检波器，近十年来，井中检波器的性能虽已明显提高，但由于水力压裂诱生的微地震能量太小，检波器能可靠探测到微地震的有效半径依然有限。如果油气开采诱生的微地震能量较强[2]，最远传播距离可达 2km。实例分析表明，检波器可靠检测到微地震信号的最远距离（或称检波器检测半径）与岩性和水力压裂时注入流体能量关系较密切。因此，在水力压裂微地震监测设计时，检波器可检测到微地震信号的最远距离对监测井位的选择是很重要的。

微地震井中监测可以实施单井或多井同时监测，单井监测的示意图见图7-1。微地震井中监测的主要流程及技术包括：在确定压裂目的层后，选定合适距离的监测井，根据监测井的固井质量信息，尽量把检波器放置在邻近目的层的深度，以便有效监测岩石破裂释放的微地震波信号；利用采集到的射孔信号获得检波器的方位信息，同时优化速度模型；压裂作业时，同步采集记录压裂微地震信号，利用相关软件，进行微地震数据处理。对压裂产生的较大能量的微地震信号，通过滤波处理，精确拾取纵波、横波初至，然后利用纵波的极化信息，采用射线追踪法、双差定位法、线性定位法等联合确定微地震事件位置，并进行微地震解释及压裂评估。对随压裂施工过程中不断发生的破裂事件，分析其出现的空间位置、出现的速率与压裂施工曲线的对应关系，计算裂缝网络的方位、长度、宽度、高度，并根据微地震事件出现的空间位置信息，结合微地震事件的能量和时序属性，解释裂缝的连通性，计算储层改造体积（SRV），评估压裂效果。

图7-1　微地震井中监测示意图

大量研究及现场应用表明，微地震监测技术被认为是非常规油气储层改造最为有效的监测与评估方式，主要具有7个方面的潜在作用。

（1）裂缝描述。缝网描述是微地震监测最基本的作用，就是通过微地震事件的定位，确定储层改造所形成缝网的长度、宽度、高度和方向，进而计算储层改造体积（SRV）。但是比缝网描述更重要的是分析微地震事件准确的空间位置随时间变化的情况，这种时空关系与水力压裂时裂缝的发展演变过程密切相关，对这种过程的描述就是压裂实施现场的微地震实时监测。通过实时监测，观察人工裂缝的延展情况是否符合预期设计，以便在压裂施工时随时调整方案。

（2）了解压裂层破裂响应。不同的致密储层在破裂时的微地震响应和形成的人工裂缝形态是有差异的，将微地震事件和压裂施工曲线匹配显示在三维空间上，可以更加直观、清晰地了解和认识压裂过程中致密储层（或围岩）中裂缝产生与扩展过程，进而研究压裂改造的有效性和压裂参数的适用性。

（3）分析应力场方向。压裂时如果没有断层和天然裂缝的影响，压裂所产生的人工裂缝应该主要沿最大主应力方向延展，这已经在业界形成共识。在实际生产中，考虑到原有断层、裂缝带、致密储层分布等实际情况，有时水平井轨迹的设计方向没有更多地考虑地应力对压裂效果的影响。通过实际压裂及微地震监测数据的对比分析，可以更好地研究和分析地应力场特征及对压裂效果的影响，为后续的水平井轨迹设计提供重要的参考依据。

（4）识别断层和天然裂缝。微地震事件具有时序性和能量差异特性，对微地震事件的分析，可以帮助识别压裂时是否遇到原有断层和天然裂缝，并分析压裂时受断层和天然裂缝的影响，据此进行压裂方案和参数的调整，使压裂达到更好的效果。

（5）段间距及井间距调整。水平井压裂段间距和井间距的设计，对单井改造以及开发区块的井网部署非常重要。根据微地震监测成果，结合压裂施工参数的综合分析，可以为水平井压裂段间距和井间距的设计提供第一手资料和成果，使后续井的设计和调整更趋于合理，以促进致密油气区块压裂改造效果和油气产出的整体提升。

（6）岩性分析。将微地震事件和测井曲线匹配分析，可以发现砂岩、泥岩及碳酸盐岩等不同岩性中微地震事件的响应差异和裂缝扩展的不同规律，进而结合测井数据，对压裂设计做进一步优化。

（7）综合分析。将微地震事件定位结果与三维地震属性、砂体展布、压裂相关数据结合起来，通过综合解释与分析，指导致密油气的勘探开发生产，为致密油井网部署、井轨迹设计、压裂设计优化、油藏建模等提供技术支撑。

非常规储层压裂改造微地震事件具有数量多、能量微弱、以体波为主、地震信号主频较高等特点。记录并求解压裂所产生的微地震事件系列，进而依据微地震事件的求解结果来监测和评估压裂对储层的改造效果，这种方法是专门针对包括致密油在内的非常规油气储层压裂改造而发展起来的一种新的有效监测方法。其基本采集处理解释流程是：① 微地震监测数据采集之前首先要对监测范围进行论证，通过对区域地质情况的了解，从岩石物性、压裂规模、监测井检波器与压裂段的距离、地面及地层噪声、衰减 Q 因子、检波器的灵敏度来综合论证，最终形成监测距离和震级的关系，确定探测范围，从而来论证及确定井中监测的采集观测系统，建立模型并正演，论证监测可行性；② 实施大规模储层压裂改造时，在邻井井中或水平井压裂井段对应的地面区域，布设专用的仪器装备，实时记录压裂所产生的微地震信号；③ 利用专门的处理和解释软件，通过信号分析及偏振分析来分离微地震信号，定位微地震发生的空间位置，分析震源机制和震级规模，反演求解压裂裂缝及缝网的产生发展过程及特征，计算压裂改造体积（SRV），监测及评估压裂改造效果及压裂的有效性，并结合其他信息和成果，对其后的储层压裂改造方案和相关参数的确定提供参考依据，如图 7-2 所示。如果微地震信号的处理求解与压裂时间基本同步，也就实现了储层压裂的实时监测。有效微地震事件的自动识别本质上是对微地震信号到达特征的识别。微地震事件的识别是实时数据处理的基础，自动识别的准确性对后续的微地震事件定位等处理工作有很大影响[3]。

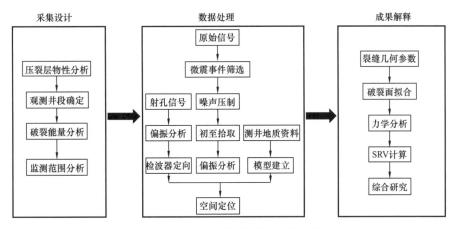

图 7-2　微地震监测采集处理解释流程图

二、微地震地面监测技术

微地震地面监测的兴起受益于检波器性能的提高和处理方法的进步，由于微地震能量弱，传到地面时基本淹没于地面噪声中，需要远离井口一定距离以尽量避开井口强噪声的影响，其布列方式采用放射状和地面阵列的形式。需要的仪器为：单分量的地面检波器或三分量检波器。根据检波器埋设的差异，微地震地面监测又分为地表监测和浅井监测两种形式。

地表监测的检波器埋置深度在地表至几米范围内[4]，埋置耦合要求与常规二维、三维地震采集相同；检波器（串）布设以压裂井（井段）为中心，采用井字形或放射形布设排列线（图7-3），多方位、多偏移距覆盖；排列线长度可达几千米，使用1000道以上的地震仪器及配套采集设备。

图7-3　微地震地表监测两种排列布设示意图
图中黄色线为地表布设的检波器排列线

浅井监测是微地震地面监测的一种特殊方式，将单只三分量检波器埋深在几米至几十米，以避开地面随机噪声的影响，降低地表低降速层对微地震信号的衰减。检波器一般呈矩阵式布设（图7-4）。

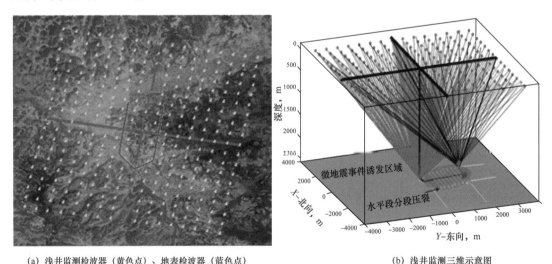

（a）浅井监测检波器（黄色点）、地表检波器（蓝色点）　　　　（b）浅井监测三维示意图

图7-4　微地震浅井监测示意图

地面微地震监测中存在的噪声主要是采集过程中记录到的各种环境噪声，针对这些噪声，国内外已经发展了很多成熟的噪声压制技术。与先进的去噪方法相比，地面微地震资

料更重要的在于根据资料的具体情况，采用一些合适的去噪方法。

1. 单频噪声压制

在地面微地震资料中存在着大量的工业干扰和钻井噪声。这些噪声在很多地震道上存在，而且延续时间较长，它们都可以被归为单频干扰，单频干扰能量往往较强，有时其强度可以超过微地震有效信号很多倍，当这些噪声与有效信号混合在一起时，有效信号的信息往往无法提取。

单频干扰噪声压制主要采用频率中值滤波和陷频滤波方法，这两种方法虽然方法简单，计算快捷，且对单频干扰有一定的压制效果。但中值滤波和陷频滤波在实际处理时要转换到时间域进行处理，实际上做的是一种乘加处理，其实质是将信号与噪声的能量进行再分配而不能真正意义上去除这些噪声，在处理后的地震数据中还残留很强的剩余单频干扰，同时对单频频率附近有效信号的频率成分造成严重伤害。只有在地面微地震有效信号较强的情况下，这些单频干扰消除与压制方法能满足处理的需要。

在地震去噪方法中，减去法越来越受到人们的认可和欢迎。采用减去法进行噪声压制，利用一些不同振幅、相位和频率的余弦函数和正弦函数组合来最佳模拟噪声道中的单频干扰，估算出这些正、余弦函数的振幅、相位和频率三个参数，就可以估算出模拟单频噪声，从含单频干扰的地震道中减去模拟出的单频噪声，即达到去除单频干扰的目的（图7-5）。

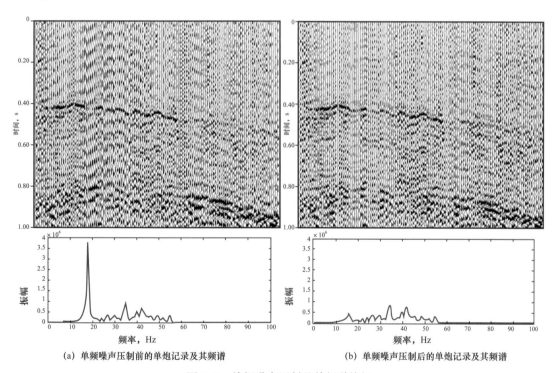

（a）单频噪声压制前的单炮记录及其频谱　　　　（b）单频噪声压制后的单炮记录及其频谱

图 7-5　单频噪声压制及其频谱特征

2. 视速度滤波

经过强能量噪声和单频干扰的压制后，地面微地震资料中还存在着较强的环境噪声和随机噪声，通过对地面微地震资料分析可以看出，这些噪声往往在频域上与信号存在重叠，所以频率域噪声压制效果达不到要求，考虑到地面噪声源产生的噪声在近地表地层中传播，它们的视速度比有效波低，与压裂微地震井中监测不同，地面微地震监测中检波器数目较多，还有设计时考虑到的良好的空间采样，更适合采用各种速度滤波器，以分离与有效信号视速度不同的噪声（图7-6）。目前经常使用的速度滤波器有 Radon 变换滤波器、径向道变换滤波器和 F—K 滤波器等。

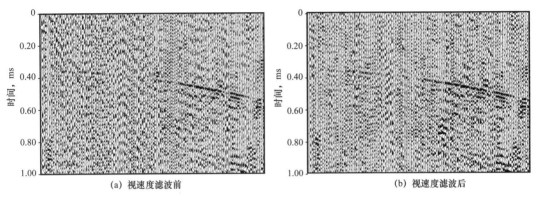

（a）视速度滤波前　　　　　　　　　　（b）视速度滤波后

图 7-6　视速度滤波前后对比

3. 地面监测静校正

地面微地震监测相对于井中微地震监测来说，最大的不同就是检波器沿地面排列，覆盖面积广是地面微地震监测的显著优势，另外，由于检波器安置在这么广的区域内，实际的观测面通常是起伏剧烈的不规则面，同时地下介质也不是均匀的，观测地区的低降速带厚度和速度无规律变化，因此观测到的地面微地震时距曲线与理论情况相比产生了畸变，这种差异给噪声压制、识别定位等后续处理带来诸多不利的影响，导致定位结果不能如实地反映压裂情况[5]。

对于地形和地表结构变化对地震波传播时间的影响，要定量计算接收地表条件变化导致的旅行时差异并加以校正和去除，从而消除它对微地震有效事件旅行时的影响，使资料近似满足理论模型。地面微地震静校正基于以下假设：由于测线覆盖面积的广阔及压裂所产生事件范围的有限性，每个事件传播的路径之间不会有很大变化，在地面微地震实际处理中往往假设不同微地震事件每地震道数据对应的静校正量为相同的。针对地面微地震监测的特点，利用已知射孔位置与射孔事件初至走时，反演地下速度模型，再根据已拾取到的射孔事件和强能量有效事件的初至走时，计算得到对应地震道的静校正量[6]，如图7-7所示，通过计算出的静校正量将原先起伏的有效事件信号同相轴校正为符合透射波走时的双曲线形状，处理后的数据信噪比得到了明显提高，处理后结果不再存在走时局部抖动。

4. 地面监测事件定位

传统的微地震震源定位方法需要拾取微地震有效信号的初至，然后利用同型波（P波或S波）时差或P—S波时差反演震源的位置，这种初至反演的方法在震源定位上有比较高的精度，但是对于弱信号需要人为进行初至拾取工作，地面微地震监测资料信噪比较低，PS波初至很难拾取得到，针对此特点可以借鉴 Kirchhoff 偏移或扫描法叠加偏移的思想，利用路径叠加的方法来进行微地震震源的定位[7]。

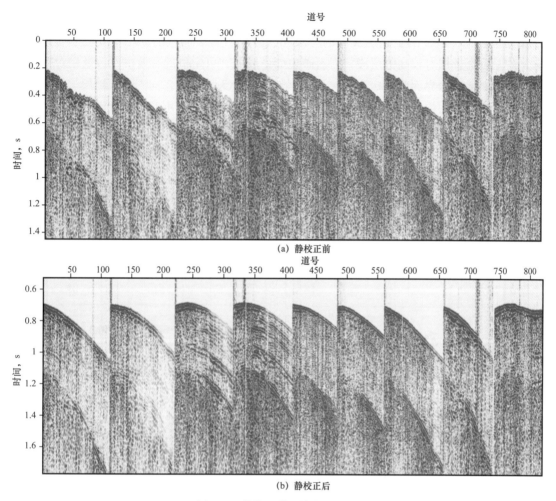

图 7-7　静校正前后资料对比图

　　首先假设有效微地震信号直达波波形受地层带通滤波等因素的影响比较小，即不同检波器直达波信号的波形特征是相似的，在这种情况下，当有效信号的直达波被校平时，它们的叠加能量或波形的相似度达到最大，在得到地面监测采集的数据后，利用测井等资料建立地层速度模型，划分一定密度的网格点，在各个网格点上利用射线追踪正演得到该位置上的直达波初至，利用这些初至信息对直达波信号进行拉平，如果在某一网格点上，拉平所产生的效果最好，即拉平后的叠加能量或相干度达到最大，就可以认为微地震的震源落入这个网格范围内。

三、微地震技术应用

1. 压裂缝网特征描述

　　压裂缝网特征描述是微地震监测的主要作用之一，大量资料表明缝网特征与岩性、天然裂缝和断层等因素有关。

1）致密砂岩储层

　　致密砂岩储层具有低孔、低渗的性质，需要采用体积压裂改造技术实现油井上产，提高单井产能。微地震监测结果显示致密砂岩储层缝网规律较明显，形成规律性较强的主裂缝网络，并伴随一些分支裂缝，增大泄油半径和泄油面积，从而达到增产增效的目的[8]。在水力压裂过程中，由于高黏液体的持续注入，岩石破裂能量的大小受其泥质含量的影响，在泥质含量相对较高的层段，岩石破裂能量较弱，可定位的有效事件数量相对较少。

储层上下围岩界面为稳定泥岩夹层时，地层一般为均质且各向同性，地层岩石形变为线弹性应变，平面应变发生在水平面上，储层与上下岩层之间不产生相互滑移，受上下岩层控制，裂缝高度变化不大，缝网基本不能穿越稳定泥岩夹层。图7-8是松辽盆地南部一口直井（A井）的微地震监测成果图，该井的测井信息表明储层上下有明显的泥岩隔层，且油气显示较好，通过微地震事件成果分析，在该井的储层改造过程中，未将泥岩隔层压穿，压裂施工曲线上的压力变化基本平稳，没有出现大幅波动。

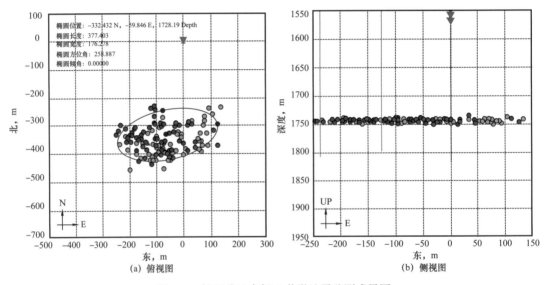

图7-8　松辽盆地南部A井微地震监测成果图

对于砂泥不稳定薄互储层的过渡岩性剖面，一般地层均厚且为各向同性，地层岩石形变为线弹性应变，平面应变发生在水平面上，储层与上下岩层之间产生相互滑移，缝网可以穿越不稳定薄互储层的过渡岩性界面。图7-9是该区块中一口直井（B井）的微地震监测成果图，该井测井信息显示，B井发育5个薄储层，并且5个小层之间都有明显的泥岩隔层，属于典型的薄砂泥岩互层储层，通过微地震事件成果分析，在该井的储层改造过程中，裂缝网络高度较大，将泥岩隔层压穿，压裂施工曲线上压力变化剧烈，出现大幅波动。其中几次压力突降，分析为在压裂液注入过程中，裂缝穿越不同小层之间的泥岩夹层时产生的变化（图7-10）。

2）页岩储层

页岩气是主体位于暗色泥页岩或高碳泥页岩中，以吸附或游离状态为主要存在方式的天然气。页岩气藏物性差，渗透率极低，开发技术要求高，难度大，目前多采用多段多簇水平井压裂改造技术来提高采收率[9]。页岩具有薄页状或薄片层状节理，其成分也较复杂，主要表现为薄页状层理的黏土岩，分为钙质页岩、铁质页岩、硅质页岩、碳质页岩、黑色页岩、油母页岩等。页岩受其沉积环境和矿物组分的影响，其微地震监测的响应与致密砂岩不同。在水力压裂过程中，由于近井地带应力平衡被打破，整体上呈一个面状从射孔位置向外发生破裂；一般压裂初期的前置液阶段主要表现为缝网扩张，伴随有小范围的延伸，随着排量和液量的加大，进入携砂液阶段缝网主要表现为延伸，并伴随一定范围的扩张现象。

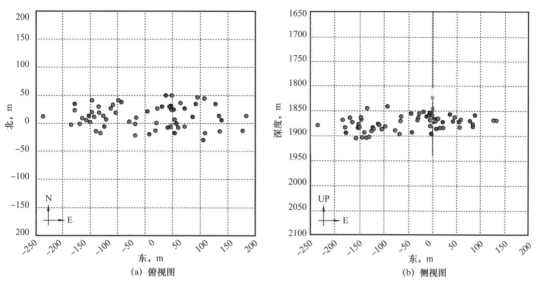

图 7-9 松辽盆地南部 B 井微地震监测成果图

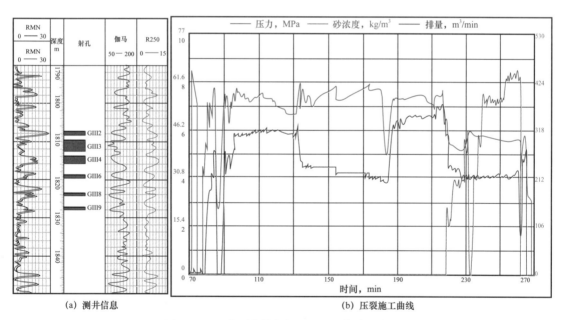

图 7-10 B 井测井信息与压裂施工曲线示意图

3）煤岩

煤层气是一类赋存在煤中的非常规天然气，煤岩本身既是烃源岩又是储层，根据煤层气储层的自身特点和特殊的地质条件，可将其分为水动力型和自封闭型。煤层的弹性模量比围岩低，泊松比比围岩高，节理较发育，天然裂缝较发育。煤的成岩过程伴随着有机质热演化，煤岩的有机质脱去杂基并进行缩合作用后，分子排列更加紧凑和致密，从而晶体化程度增强，镜质组反射率升高，同时煤岩的体积产生一定的收缩，内部的拉伸应力会导致煤岩破裂，故煤岩的裂缝十分发育[10]。由于煤层埋藏浅、速度低、煤层破裂能量较弱、信号在传播过程中衰减较快，在压裂过程中，微地震监测可识别的有效信号较少且信噪比低；另外煤岩的顶、底板封堵能力较差，故整体上煤岩破裂时，微地震监测成果显示缝网呈球面状，结合电阻率测井信息，可判断目的层井壁附近的裂缝发育带对于引导人工裂缝的可能性。

4）碳酸盐岩

碳酸盐岩分为石灰岩和白云岩，主要是由方解石和白云石等矿物构成的沉积岩，泥质含量对于碳酸盐岩较为敏感，而且碳酸盐岩储层溶洞发育。根据微地震监测结果，在压裂液进入已知溶洞时，压力会突然降低，之后上升趋于平稳，持续一段时间后，随着支撑剂的添加，压力会突然升高，裂缝继续延伸，此时缝网可能已经超出溶洞范围，这种"串珠式"的压裂，需要结合地震地质情况，在确认溶洞真实存在的情况下，再设计施工方案；另外结合地震、地质和微地震成果也可以综合验证溶洞的存在性。

5）天然裂缝和断层发育储层

天然裂缝和断层发育储层在压裂施工作业时，一般在压裂施工初期，微地震事件发生在井轨迹附近，随着施工的进行，裂缝沿着天然裂缝或断层延伸，进入断层和天然裂缝带，开启断层。断层或天然裂缝两侧的微地震事件震级、能量和时序性不同，整体特征表现为断层的激活、开启、延伸和闭合四个过程，所以压裂施工应考虑断层带影响，防止套变。

在水平井压裂段附近，储层地质情况相对复杂，受多组裂缝影响，压裂施工需注意适时调整和优化压裂方案[11]。图7-11显示了一口井致密砂岩储层的压裂监测结果，在压裂施工进行了110min左右时，微地震事件向下延伸，施工压力突降，此时出现震级相对较大的微地震事件，最大达-1.53，此时属于断层激活状态，并且S波能量较大，数倍于P波能量，说明破裂以剪切为主，随着施工的进行，产生了大量微地震事件，说明彻底与断层沟通，直至施工结束，压力降低，断层趋于闭合，并伴随少量微地震事件发生。图7-11（a）为施工压力突降前110min内的微地震事件空间展布，图7-11（b）为压力突降后产生的异常微地震事件空间展布，图7-11（c）为该井的压裂施工曲线。

2. 压裂效果评估

由于微地震的产生具有不确定性，定位时也有一定的误差，一般要根据压裂井的实际情况给予合理的解释。在同一区块做过多井微地震监测工作时，可以进行综合对比分析。微地震监测成果综合解释要考虑以下几个方面因素：射孔方式、压裂方式、压裂规模、压裂液类型、水平井段间距和簇间距、监测距离、压裂施工参数、SRV、开发整体效果和后期跟踪等。常规地震与微地震结合的综合解释技术是解释工作的发展趋势，主要技术思路是：地震勘探技术与岩石物理分析技术相结合预测地质甜点，压裂微地震监测技术与综合甜点分析技术相结合预测工程甜点。可分为定性分析和定量分析两个阶段，定性分析主要应用三维地震属性解释微地震事件产生的主控因素，解释微地震异常事件，利用属性融合技术，结合微地震监测的储层改造效果，分析压裂异常的原因等；定量分析主要作用是通过定量的震级与脆性指数或杨氏模量的估计，确定微地震事件发育区域的杨氏模量区间，为后续的压裂施工参数设计提供可用的数据参考，以及为后续井的压裂效果做出预判。持续的定量分析方法，比如对应力差、杨氏模量等属性的研究，可以为实际生产问题提供有效的解决方案[12-13]。其中，结合测井和VSP的岩石物理建模技术、沿水平井轨迹的深度域脆性、压力及应力差分析技术、分段压裂优化设计技术、地震多属性融合技术等是常规地震解释所没有的，并且这些成熟有效的技术可以用于油田开发工程的滚动研究中。

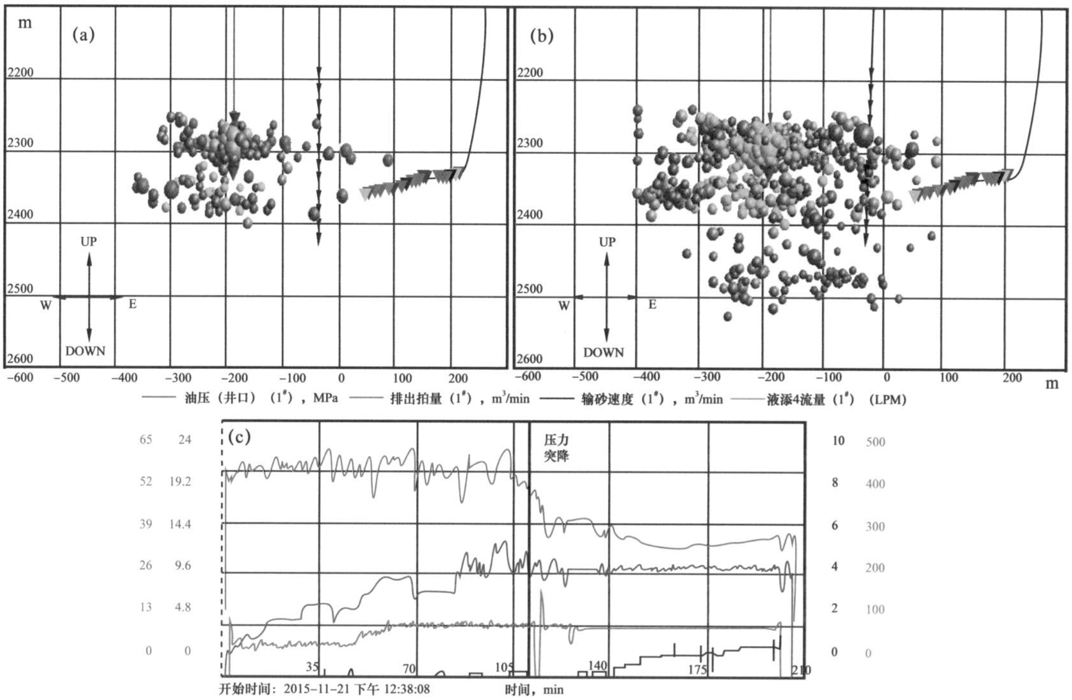

图 7-11　断层激活前后微地震事件空间展布图

四、微地震技术应用实例

1. 松辽盆地南部致密砂岩储层压裂效果监测实例

研究区位于松辽盆地南部，区域构造总体为近南北走向的长轴背斜，储层为致密砂岩，油藏埋深 2245～2365m。地震资料显示目的层断层和天然裂缝较发育，断层和天然裂缝对产量影响明显，因此该致密油储层的大规模、大容量的水力压裂既要避免对断层的开启，又要实现储层与天然裂缝网络的沟通。在采用微地震井中监测技术对人工裂缝网络进行实时监测与评估过程中，为保证监测范围尽可能接近目的层，将井下三分量检波器安置在 2190～2410m 井段，检波器级间距 20m。水平井 A 和 B 为两口储层改造井，水平段长度分别为 1062m 和 1065m，两口井水平段之间距离在 260～400m，监测井为直井，观测系统如图 7-12 所示。射孔段优选原则为避开套管接箍位置，避开最小水平主应力值大的位置，选择簇与簇间最小主应力值相近，桥塞与射孔段前后距离大于等于 10m，故平均段间距 65m，平均簇间距 27m。本井目的层温度 93～97℃。预前置液和段塞阶段使用滑溜水，前置液和携砂液选用冻胶压裂液，替置液选用压裂液基液。通过人工裂缝方位与砂体展布情况分析，确定合理科学的压裂规模为技术思路，最大限度地沟通砂体，追求单井最大产能。在压裂初期采用低砂比段塞式加砂，压裂施工排量为 14～10m³/min、12～10m³/min 和 10～8m³/min。根据该区域前期的压裂模拟与实际经验，储层物性差的压裂段采用中等规模压裂，储层物性较好的压裂井段采用高规模压裂。

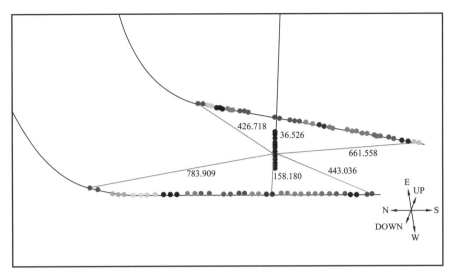

图 7-12 微地震井中监测观测系统示意图（单位：m）
不同颜色代表不同压裂段微地震事件

图 7-13 为微地震监测成果俯视图，不同颜色代表不同压裂段事件。分析压裂微地震事件展布特征，确定多数压裂段形成的裂缝方向基本沿着最大主应力方向，即垂直于井轨迹均匀扩展，且部分事件震级较大，判断存在天然裂缝；有效定位微地震事件 6520 个，最大微地震事件震级为里氏 –1.96 级，最小微地震事件震级为里氏 –4.19 级。为了清晰准确了解微地震事件在目的层附近扩张和延伸情况，把微地震事件分布和该井沿井轨迹方向的地震剖面进行嵌入式联合显示（图 7-14），可以清晰观察到压裂施工初期微地震事件发生在井轨迹附近，随着施工的进行，裂缝向储层的下部延伸，并进入断层和天然裂缝带，开启了断层。综合地震波组反射特征及测井资料，水平井底端深层明显存在断层带，延伸方向主要在目的层下部，但在水平井上部仍清晰可见微小变形。

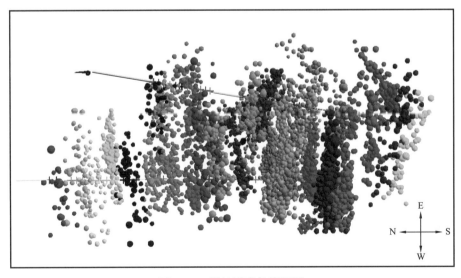

图 7-13 微地震事件俯视图
不同颜色代表不同压裂段微地震事件

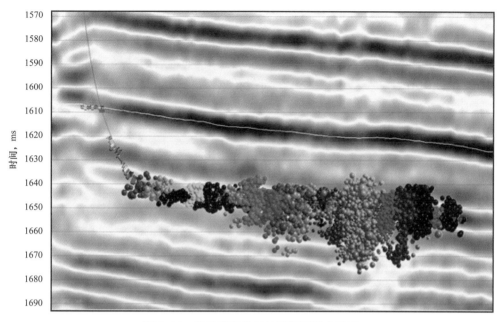

图 7-14　微地震事件与地震剖面联合显示

2. 中扬子地区页岩储层压裂效果监测实例

研究区位于中国南方中扬子地区，主体为当阳复向斜，整体呈近北西—南东向展布，区块西侧为黄陵—神农架背斜，东侧为乐乡关复向斜。根据地震资料解释成果，区块由西向东可划分为宜昌斜坡、远安地堑、河榕树向斜、龙坪冲断带四个次级构造单元。C 井位于河榕树向斜西北翼的中北部，北部以峡口—巡检近东西向断背斜为界。侏罗纪末期的挤压作用形成通城河断层、远安断层以及九里岗背斜等北北西向构造，其后的拉张环境产生远安白垩纪地堑以及主要倾向南东的北东向张扭性断层、河榕树向斜带。河榕树向斜轴线由南向北，由近南北向逐渐转向北西向，其南侧的褶皱也循北西向。

图 7-15 为该项目的观测系统示意图，总测线数为 12 条，共使用 1800 道检波点。在正式压裂之前，利用射孔数据对速度模型进行校正和求取每一地震道对应的静校正量。可以看到山体陡峭部分测线高差较大，这种地表剧烈起伏给后续处理造成了很大影响。

图 7-16 为 C 井观测系统高程量及计算出的静校正量示意图。不同颜色代表不同测线，横坐标对应测线道号。可以看到高程随偏移距变化非常剧烈。静校正量与高程量存在一定对应关系，由于静校正量还受到近地表影响，所以高程曲线比静校正曲线更加平滑。

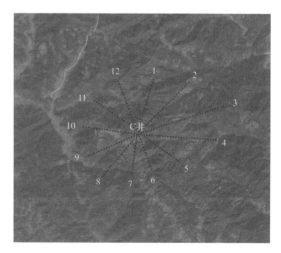

图 7-15　C 井观测系统示意图

　　图7-17和图7-18分别对比了静校正处理前、后的射孔信号和典型微地震事件信号。根据计算出的静校正量，将原先起伏的有效事件同相轴校正为符合透射波走时规律的双曲线形状，处理后的数据信噪比得到了明显提高，并且处理后的结果不再存在局部走时抖动，再利用优化后的速度模型和静校正量对射孔事件进行动校正和静校正处理，有效事件同相轴即被拉平。

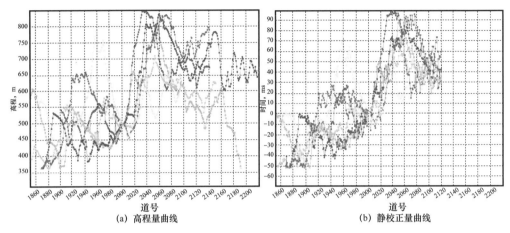

(a) 高程量曲线　　　　　　　　　　　(b) 静校正量曲线

图7-16　C井观测系统高程量和静校正量示意图

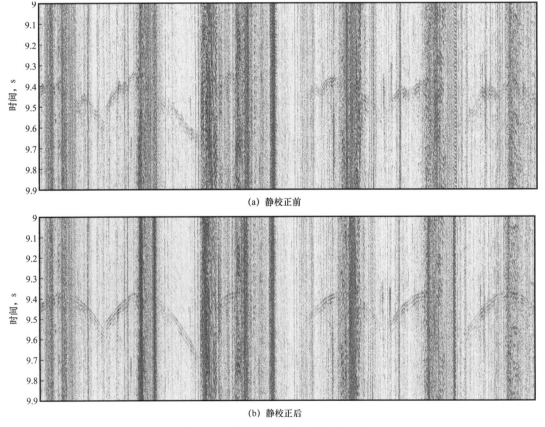

(a) 静校正前

(b) 静校正后

图7-17　射孔信号静校正前后对比图

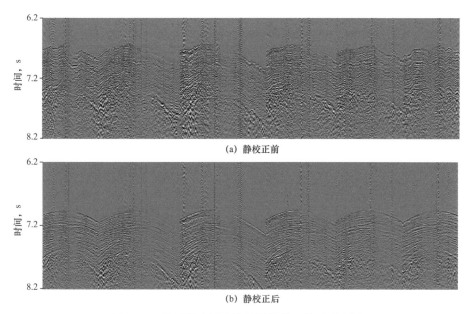

(a) 静校正前

(b) 静校正后

图 7-18 典型微地震事件信号静校正前后对比图

图 7-19 为 C 井微地震监测成果俯视图。总共监测到 257 个微地震事件，主裂缝网络方向为东偏南 7°～10°。

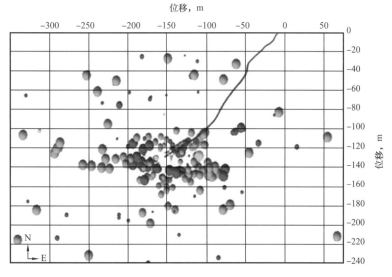

图 7-19 C 井微地震地面监测成果俯视图
事件大小代表能量强弱，颜色由浅到深代表时间先后顺序

第二节 地震导向钻井技术

地震导向钻井技术作为一项新兴的开发地震技术，以地震数据为主，充分利用钻井、测井、录井及开发等专业数据，进行数据驱动与融合，获得最佳的地震反演效果，实时预测断层及岩性突变等地质异常，修正地质模型，帮助钻井部门做出快速决策，优化井眼轨

迹，降低钻探风险，提高储层钻遇率，指导油气田开发，是地震技术在油田开发领域应用的一项重大进步。

一、技术流程与关键技术

1. 地震导向钻井技术简介

地震导向钻井以地震资料为主[14-15]，针对井轨迹附近的地震资料进行实时跟踪处理解释，结合随钻资料不断修正地质模型，完成钻井轨迹的修正。该技术可让钻井工程师预知钻头前方的地质模型，在钻进过程中不断更新油气藏目标参数（高点位置、大小、形态等），从而减少钻井事故的发生，提高钻井成功率。

在传统的钻井设计和钻井流程中，先建立钻前构造模型，将钻探目标靶点位置和深度数据提供给钻井部门进行钻井方案设计，然后按照工程设计钻井。地下构造模型和储层预测成果具有多解性，导致目标地质体及地层属性等也存在不确定性。在实际钻井过程中，在获得实时地层和储层资料后，往往会发现与原有地质模型和储层数据存在较大差异。当钻探目标出现差异时，再优选侧钻目标进行侧钻，会导致钻井周期和成本增加。

有别于传统的做法，地震导向钻井技术可以实时更新目标地层、储层空间位置，调整钻井轨迹，降低钻井风险。地震导向钻井包含钻前静态建模和动态更新两个阶段。在钻前静态建模阶段，需要充分运用地质、测井和钻井等信息来建立准确的地质模型，帮助地质人员部署钻井方案，帮助钻井人员优化钻井方案。在实时更新阶段，利用获取的随钻测井等随钻信息，实时更新目标区域的构造模型和储层空间位置，为钻井人员优化决策提供支撑，如更新井眼轨迹和设计可能的侧钻方案。

地震导向钻井技术的最大优势是能够利用随钻测井获得的准确信息，紧密结合地质、物探、钻井等多学科技术，将地震预测的地层深度、倾角、岩性和孔隙度等数据与随钻数据比较，当地层深度及倾角出现差异时，进行动态地震数据处理、解释，及时更新钻头前方的地质模型，预测钻头与目标靶体的空间关系；当岩性和物性参数出现差异时，开展实时储层预测。以往所有的钻井数据，如随钻测井和录井等数据，都是钻头后方的信息，而地震导向钻井技术可以获得钻头前方和周围的三维空间信息，对指导钻井工程具有重要意义。地震导向关键技术包括实时构造建模技术和动态储层（砂体）预测技术。

2. 地震导向钻井技术工作流程

构造成果的精确与否，直接关系到钻井的成败。地震导向钻井对地震预测精度要求较高，要求构造预测误差不能超过5m，地层倾角预测误差小于2°。常规地震解释技术难以满足该精度要求，需要在钻井过程中开展随钻动态构造精细解释技术研究。精细的储层预测是保证储层钻遇率的重要基础。由于陆相砂体纵向上相互叠置，横向上相互搭接，单层厚度小，横向变化大，需要针对导向钻井开展随钻动态砂体预测技术研究。

在实际钻井过程中，地震导向钻井实时综合应用地质、物探、测井和钻井等技术。在钻至目的层段附近时需要进行精细小层对比，明确储层横向和纵向分布特征，及时利用地震成果分析钻头在储层中距顶、底的距离；在进入目标层段后，要实时将地震预测的地层倾角、孔隙度、伽马等数据与随钻测井数据对比分析，判断地层和岩性变化特征。当地层深度、倾角及油藏位置出现差异时，要进行动态时深转换；当物性参数出现差异时，要实时开展动态储层预测。在钻探过程中，通过上述步骤获得新的参数不断验证和修正油藏模型，并调整钻头钻进轨迹，确保较高的钻探成功率。有关地震导向技术工作流程如图 7-20 所示。

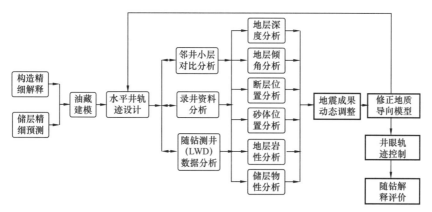

图 7-20　地震导向钻井技术工作流程

3. 实时构造建模技术

1）钻前构造建模

构造模型主要表征构造圈闭特征、地层走向、地层倾角等，同时表述断层的分布、几何形状、产状、发育程度等特征。利用三维地震数据，结合周边测井、录井资料开展精细的地震层位标定，充分利用地震叠加速度和测井地层速度建立合理的速度场，获得可靠的地层构造成果，从而建立精细的构造模型。钻前构造建模及三维显示为目标优选、井位设计奠定坚实的基础，预测倾角为地震导向提供了重要的基础数据。

2）实时地震处理

在随钻过程中，需要根据钻井情况对地震数据进行重新处理[14]，根据处理结果不断修正构造模型。在叠前时间偏移处理中，精确的速度模型是叠前偏移的关键，速度模型的准确与否直接影响地震资料的成像精度。常规叠前时间偏移速度建模主要基于地震资料，采用速度百分比扫描，结合偏移结果，进行垂向分析来调整速度，通过多次迭代逼近真实的速度场。这种常规叠前时间偏移没有应用随钻井的地层速度和倾角信息，缺少判断速度模型是否准确的依据，成像精度缺少判断依据，速度建模的精度不足。随钻速度建模通过地震资料处理与随钻井资料的紧密结合，利用随钻测井资料的速度修正模型和地层倾角等信息校正偏移效果，从而准确快速地完成地震资料动态处理，为实时构造建模提供可靠的偏移成果。

3）随钻实时建模

利用三维地震勘探数据，结合随钻测井和录井资料，开展精细的动态地震解释，重点开展构造动态解释及修正地层倾角的精细分析。结合随钻测井中目标层深度和地层倾角信息，实时调整构造解释和地层倾角，指导钻井方案的调整，从而提高储层钻遇率。

4. 实时储层预测技术

1）钻前储层预测

储层定量预测主要通过地震反演实现，可以获得多种参数反演结果，如波阻抗、速度、密度、孔隙度及伽马反演等。其中由于波阻抗信息是联系地质和地球物理的一座桥梁，因此波阻抗反演成为储层预测的主要方法。自然伽马反演是一种基于神经网络的反演方法，主要用于陆相砂岩储层预测。它利用神经网络技术建立地震数据休属性（速度）与自然伽马或孔隙度等参数之间的非线性关系，然后利用该关系将地震属性数据体映射为相应的拟测井伽马数据体。图7-21为砂泥地层拟自然伽马反演结果，盒8段低伽马（30～80API）砂岩呈席状分布。利用伽马反演剖面，优选目标靶点及优化钻头钻进轨迹。

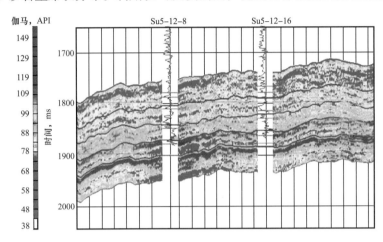

图7-21　砂泥地层拟自然伽马反演

2）实时储层预测

动态储层预测主要是指利用随钻测井的伽马、物性数据与地震预测的数据进行对比分析，以指导钻井。在砂岩储层的钻进过程中，实时利用随测伽马曲线与地震预测伽马剖面进行对比。当地震预测与随测伽马有差异时，开展动态伽马预测并指导下一步的钻井轨迹调整，以避开泥岩，提高砂岩储层钻遇率。

二、实时构造建模应用研究

1. 工区概况

川东七沙温石炭系气藏为低渗透构造—地层复合型圈闭气藏，该区地腹构造断裂复杂，轴线严重扭曲。图7-22为川东七沙温构造石炭系碳酸盐岩气藏三维地震构造图，其顶部构造呈背斜隆起状，幅度较大，但主体构造较窄，两侧断层发育，地震资料品质相对较差。由于构造的复杂性，该区早期实施的多口钻井钻遇构造陡带，被迫实施侧钻，增加了钻探成本。该区石炭系气藏储层主要分为高渗透区和低渗透区，低渗透区物性较差，储量动用率低，目前的开发正向低渗透区扩展，为提高单井产量需要大量实施水平钻井，必须依据三维地震勘探资料厘清构造平面组合关系及层位关系，进行水平井地震导向。

2. 钻前构造建模

图7-23（a）为水平井轨迹设计使用的地震剖面，由图可见，设计水平段位置地震反射同相轴特征稳定可靠，下二叠统地震反射振幅较强，设计水平段为760m。沿水平段井轨迹方向地层上倾，在出靶点附近发育一条大断层。

3. 实时地震处理

BJ-H3井实钻在入靶点后225m，钻遇一条新断层，同时地层下倾（倾角9°），与地震解释的地层上倾相反，说明实际地层情况与设计使用的地震成果出现较大差异，需要重新处理和解释，落实地震层位、断距，确定下一步钻井方案。针对上述差异，对地震偏移剖面进行了重新处理和解释。但由于地下构造复杂，目标层构造主体较窄，偏移准确归位难度大。利用随测声波速度更新早期偏移速度模型，同时利用目标层随测倾角验证新偏移成像精度，经过重新偏移处理最终获得了与实钻较吻合的偏移剖面［图 7-23（b）］。

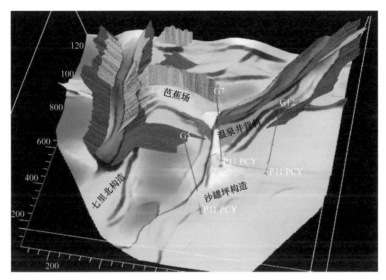

图 7-22　川东七沙温构造三维地震勘探解释构造图

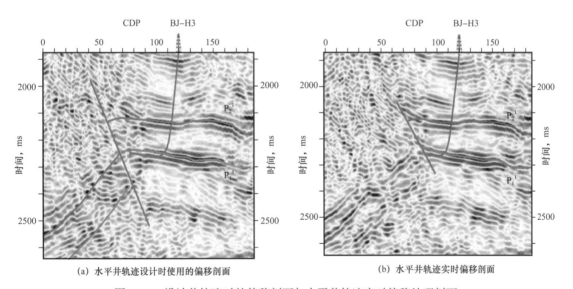

（a）水平井轨迹设计时使用的偏移剖面　　　　　　（b）水平井轨迹实时偏移剖面

图 7-23　设计井轨迹时的偏移剖面与水平井轨迹实时偏移处理剖面

4. 随钻动态建模

从 BJ-H3 井重新处理剖面可以看出（图 7-24），当前钻头位置位于构造最高部位，实际钻遇的断层断距较小，但断层下盘地层向下突然变陡，在该断层下方，存在两条微小断层。由于目前钻头轨迹已经位于构造高点断层位置，难以调整轨迹沿着构造轴线钻进，因此调整井轨迹向断层下盘钻进。在第三条小断层后不远处发育一条大断裂，其下盘为破碎带，因此建议在钻遇第三条小断层后 120m 位置停钻。根据上述地震分析结果，在地震导向下，调整钻井轨迹，钻遇新解释的 3 条断层，其位置与实时处理解释的新预测成果吻合，钻遇第三条小断层后 113m 完钻，图 7-24 为导向后的实钻井轨迹。经地震导向后，由于动态解释的地层形态发生了较大变化，与最初设计的井轨迹相比，实钻轨迹做了较大程度的调整。

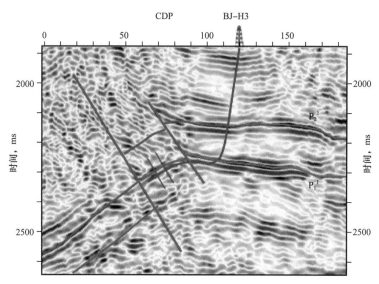

图 7-24　动态偏移处理解释剖面

5. 应用效果分析

BJ-H3 井探取得了较好的效果，根据测井解释结果统计，储层钻遇率为 82.4%，测试获得高产工业气流，产量 $121.5 \times 10^4 m^3/d$。自该水平井完井后的两年里，该气藏又先后实施了 6 口水平井，采用地震导向对每口井的实钻轨迹都进行了调整，均获得了较好的效果。水平井单井测试产量由原来的平均 $43 \times 10^4 m^3/d$，提高到目前的平均 $62 \times 10^4 m^3/d$，储层钻遇率由原来的 45% 提高到目前的 61%。通过以上地震导向水平井的实施，形成了适合于复杂构造气藏的地震导向钻井技术，为四川盆地石炭系二次开发提供了强有力的技术支撑。

三、实时储层预测技术应用研究

鄂尔多斯盆地苏里格气田为低压、低渗透、低丰度的致密砂岩岩性气藏。气藏分布受构造影响不明显，主要受砂岩的横向展布和储层物性变化控制，砂体非均质性强。试采气井产量低，单井控制储量较低，稳产能力较差。为高效开发气藏，需要大量实施水平井[16]。提高单井储层钻遇率成为气藏开发的核心内容，急需地震导向钻井技术。以苏 5 区块盒 8 段为主要研究层段，地震导向钻井技术研究与应用取得了较好的效果。

1. 工区概况

苏里格气田位于鄂尔多斯盆地中北部伊陕斜坡西北侧。构造总体表现为东高西低、由东北向西南倾斜的宽缓单斜，构造幅度高差很小，平均为 3.84m/km。图 7-25 为苏里格气田苏 5 区块盒 8 顶构造图。该区局部构造不太发育，仅在宽缓的斜坡背景上存在北东走向、西南倾覆的低缓鼻隆，在鼻隆的轴部发育了闭合度较低的潜高或潜高显示，断层基本不发育。

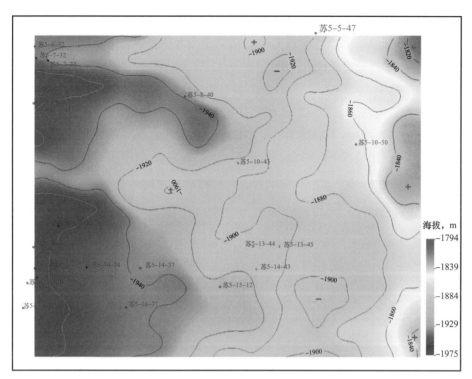

图 7-25　苏里格气田苏 5 区块盒 8 顶构造图

目的层盒 8 段储层整体为处于潮湿沼泽背景下、距物源有一定距离的砂质辫状河沉积体系，由于沉积时水动力条件不同，形成不同沉积相及沉积微相。高能水道心滩微相是粗岩相的最主要沉积单元，能形成连续厚度较大的粗岩相沉积，试气时单井产量大于 $5 \times 10^4 \mathrm{m}^3/\mathrm{d}$ 的产层基本为高能水道心滩沉积砂岩，属于 I 类储层。平流水道心滩下部的粗岩相和河道充填下部的粗岩相一般厚度较薄，若能以一定的叠置方式与高能水道心滩相连通，或自身相互叠置形成一定厚度的连续粗岩相沉积，也可形成较好的产层。

储层岩石类型以石英岩屑类砂岩为主，成分以石英居多，粒度相对较粗，主要为（含砾）粗砂岩或粗中砂岩，约占整个砂岩的 35% 左右，中砂及细砂岩一般不含气。盒 8 段储集砂岩的储集空间主要是孔隙，根据成因分为原生孔隙和次生孔隙。储层较发育，储层厚度占整个砂岩厚度的 62%。孔隙度峰值为 4%～6%，低孔段相对较多，5% 以下孔隙度占 38%。

盒 8 段—山西组为多期辫状河沉积，各套砂体纵向上相互叠置，横向上相互搭接，复合连片，单层厚度比较小，横向变化大，富集程度差。为实现"水平井单井产量达到 5 万立方米 / 天，稳产三年以上，单井稳产期产气量大于 5000 万立方米"经济开发要求，必须充分利用物探技术，精细刻画砂体和储层空间展布，提高储层钻遇率，最终提高储量动用程度和单井产量。

水平井技术是实现经济、高效、环保开发的重要手段。苏里格地区早期地震勘探技术在气藏描述、靶点选择、水平井轨迹地质设计方面发挥了一定的作用，还没有深入到钻井工程环节。早期提高单井产量的主要技术为"三维地震＋气藏精细描述＋水平井部署＋分段压裂"。水平井主要采用单一地质导向，不能高效实时地指导水平井钻井，储层钻遇率较低。随着大量水平钻井的实施，急需地震导向钻井提高储层钻遇率，提高单井产量。

2. 钻前构造建模与砂体预测

以苏里格气田地震导向钻井过程为例，从钻前构造解释、砂体实时预测到地震导向分析，实现高效的水平井地震导向。

1）钻前构造建模

图 7-26 为苏 5 区块苏 5-15-25H 水平井区盒 8 段底界构造模型。整个工区构造地形起伏较小，无断层发育，水平层段地层基本水平，有利于水平井的地质导向，预测钻井过程中在无砂体横向变化情况下，可保持水平钻井。

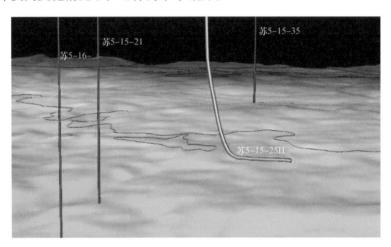

图 7-26　苏 5-15-25H 水平井区盒 8 段底界构造模型

2）钻前砂体预测

图 7-27 为过苏 5-15-25H 水平段伽马剖面，钻井水平段为低伽马砂岩区，横向展布较宽，设计完钻点附近砂体向下延展。图 7-28 为过苏 5-15-25H 井孔隙度三维显示图，目标区域孔隙度较高，高孔砂体分布面积较大，水平段为孔隙度较高的区域。

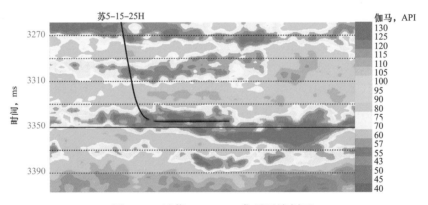

图 7-27　过苏 5-15-25H 伽马反演剖面

3. 地震导向钻井

1）入靶点分析

苏 5-15-25H 井定向钻进至盒 7 砂岩底垂深 3266m，纵向上地层层序、岩性组合与邻井苏 5-15-26 和苏 5-16-24 井对比性好（图 7-29）。

图 7-28　过苏 5-15-25H 井孔隙度三维显示图

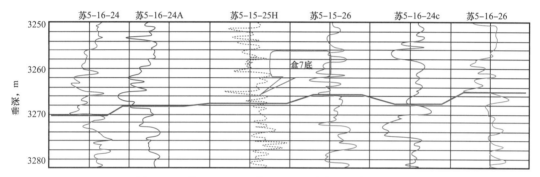

图 7-29　苏 5-15-25H 井盒 7 砂岩底伽马曲线对比图

通过对盒 7 底砂岩的跟踪分析，入窗前与苏 5-15-26 井可对比，选择的着陆点主要参照该井垂深。依据邻井对比，该区域在盒 8 段广泛分布一套砂岩体夹少量泥岩薄层，厚度一般为 16～22m。根据设计，以盒 8 顶部砂体入窗，预计盒 8 高孔段砂岩顶界垂深为 3311.0m，实钻在垂深 3313.1m（图 7-30）处见灰白色中砂岩，气测明显上升。该井入窗点的垂深与预计（3311.00m）吻合，因此开始水平钻井。

图 7-30　苏 5-15-25H 井盒 8 底砂岩体伽马曲线对比图

2）水平段地震导向

通过已钻斜井段分析确定在盒 8 上砂体垂厚 6.8m（垂井段 3311.00～3317.80m），其中夹有泥质薄层。根据该井水平段地震偏移剖面、伽马反演等特殊处理及邻井实钻资料加强了对比分析，预计前方水平段砂体较发育。确定水平段钻进总体原则为：有好的储层均保持井斜在89.5°～90.0°钻进；钻遇泥岩或含泥质砂岩时，及时调整垂深。现场根据实钻情况调整水平段轨迹。

该井自井深3640.0m开始水平段钻进，根据现场对比，首先以井斜90°水平钻进。在实钻中见较好显示尽量保持水平钻进，但总体轨迹依然保持缓慢下行。当钻遇井段垂深3313.36～3314.32m时气测明显变好（图7-31），其平均气测超过15%，伽马平均值为56.0API。对三维地震资料和邻井资料作了进一步的分析对比，认为进入最佳储层段。

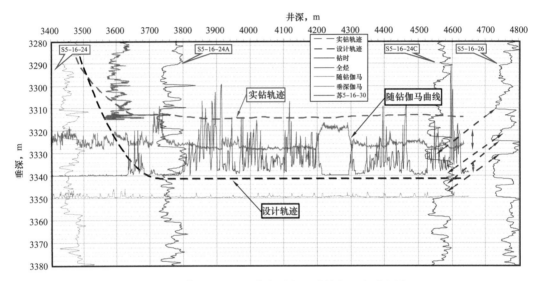

图7-31 苏5-15-25H井水平段地质导向跟踪对比图

钻至深度4201m时，随钻伽马突然增大，全烃异常突然变小，岩性发生突变（图7-31），进入灰色泥岩层，需要根据地震勘探资料重新预测前方泥岩段的长度，确定是否停钻或者大角度调整轨迹。根据实钻情况，开展动态伽马反演和孔隙度反演，图7-32为重新预测的伽马剖面，图中黑色虚线区为当前钻遇的高伽马位置，预计该高伽马泥质砂岩水平长度约为80m。实时预测孔隙度如图7-33所示，钻井轨迹钻遇一段低孔区，砂体形态与早期预测的砂体形态相比发生了一定变化。综合分析认为，目前大角度横向调整钻进方向较难，预测前方泥岩层长度较短，对整个水平段储层钻遇率影响较小，建议向上微调角度继续钻进。实钻井斜调整到90.5°向上钻进，调整钻井轨迹如图7-34所示。钻进至井深4290m进入浅灰色含气中砂岩，后缓慢下行趋于平缓后总体以钻进100m垂深下降0.5m控制轨迹，持续至设计水平段900m完钻。图7-34为最终地震导向钻井轨迹模型对比图。

利用地震导向技术分析了小段泥岩的存在，对钻井轨迹进行了调整，钻探取得了较好的效果。测井解释评价苏5-15-25H井储层钻遇率77%，测试产量$17.96 \times 10^4 m^3/d$。

4. 应用效果分析

针对碎屑岩砂体非均质性强的特点，地震导向技术主要对地层岩性和砂体物性进行实时跟踪分析，明显提高了单井储层钻遇率和产量。通过地震导向技术的广泛应用，水平井储层钻遇率已经由原来的平均 60% 上升到目前的平均 71%，水平井单井测试产量由原来的 $10 \times 10^4 m^3/d$ 提高到目前的 $12.4 \times 10^4 m^3/d$。逐步形成了地震导向在碎屑岩水平井导向中的应用技术和流程，并逐步推广到其他地区。

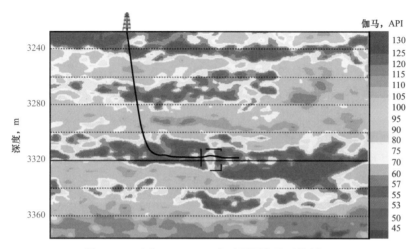

图 7-32　过苏 5-15-25H 实时预测伽马反演剖面

图 7-33　苏 5-15-25H 井水平段孔隙度三维显示

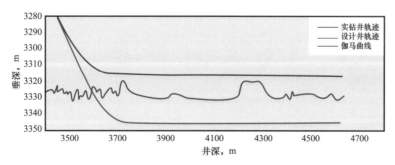

图 7-34　苏 5-A-BH 井水平段地质导向跟踪对比图

第三节　小　结

近年来，微地震监测技术取得了长足进步，是评价致密油气和页岩气储层压裂效果的最有效手段之一，微地震监测正向高精度、操作方便和广泛应用的方向发展，同时也面临着更高的技术挑战和发展要求。井中微地震监测目前虽然取得很大的发展，但在有效SRV计算和震源机制反演等方面仍面临挑战。地面微地震监测技术尚未取得工业化的突破，在可记录的微地震事件数量和定位精度等方面与井中监测相比存在较大差距。因此，微地震监测技术的发展方向包括以下几个方面：一是井中与地面微地震联合监测，实现优势互补；二是以微地震监测为基础的长期动态监测，从而分析压裂改造对非常规油气藏长期注采关系的影响以及剩余油分布；三是微地震震源机制及有效改造体积的研究。目前，利用单井监测的微地震事件不能获取多方向的极化信息，不能解决矩张量参数反演的问题，无法进行震源机制研究和有效改造体积计算；地面监测的震源机制研究也处于初级阶段。因此，有必要深入开展基于多井监测和地面监测的震源机制研究，确定微地震事件的破裂属性，掌握破裂缝网特征，可靠估算压裂改造有效体积（ESRV），为致密油藏建模和开发评估提供更加有效的监测成果；四是微地震与三维地震综合解释，利用三维地震数据和压裂微地震监测数据进行综合研究，将成为针对非常规油气由"地质甜点"预测向"工程甜点"预测的有效技术手段和发展趋势。

地震导向水平钻井的关键是高精度构造建模和高精度储层预测。为此需要优选和建设测井、地质和地震等多数据平台，通过该平台实现远程随钻数据、地质岩性和地震数据的高效融合显示，为导向决策提供保障。在平台建设基础上，大力发展逆时深度偏移技术和基于地震波形指示模拟的储层预测技术，以改善复杂构造建模和非均质、薄储层预测的精度，提高随钻过程中动态偏移和动态储层预测的效率以及储层钻遇率。

参 考 文 献

［1］梁兵，朱广生.油气勘探开发中的微震监测方法［M］.北京：石油工业出版社，2004.

［2］Maxwell S C，Jones M，Parker R，et al. Fault activation during hydraulic fracturing［C］// SEG Technical Program Expanded Abstracts，2009，28：1552-1556.

［3］Pettitt W，Reyes-Montes J，Hemmings B，et al. Using continuous microseismic records for hydrofracture diagnostics and mechanics［C］// SEG Technical Program Expanded，2009: 1542-1546.

［4］Forghani-Arani F，Willis M，Haines S S，et al. An effective noise-suppression technique for surface microseismic data［J］. Geophysics，2013，78（6）：KS85-KS95.

［5］容娇君，张固澜，郭晓玲，等. 压裂/微地震事件地面响应信号模拟［J］.石油天然气学报，2010，32（4）：247-250.

［6］Eisner L，Hulsey B J，Duncan P，et al. Comparison of surface and borehole locations of induced microseismicity［J］. Geophysical Prospecting，2010，58（5）：809-820.

［7］Forghani-Arani F，Willis M，Haines S S，et al. An effective noise-suppression technique for surface microseismic data［J］. Geophysics，2013，78（6）：KS85-KS95.

［8］杜金虎，刘合，马德胜，等.试论中国陆相致密油有效开发技术［J］.石油勘探与开发，2014,41（2）：

198-205.

[9] Glaser K S, Miller C K, Johnson G M, et al. Seeking the sweet spot : Resevoir and completion quality in organic shales [J]. Oilfield Review, 2013, 25（4）: 16-29.

[10] 李传亮, 彭朝阳, 朱苏阳. 煤层气其实是吸附气 [J]. 岩性油气藏 2013 25（2）: 112-115.

[11] Mai H T, Marfurt K J, Chávez-Pérez S. Coherence and volumetric curvatures and their spatial relationship to faults and folds, an example from Chicontepec basin, Mexico [C] // SEG Technical Program Expanded, 2009: 1063-1067.

[12] Warpinski NR, Branagan P T. Altered-stress fracturing [J]. Journal of Petroleum Technology, 1989（9）: 990-997.

[13] Sena A, Castillo G, Chesser K, et al. Seismic reservoir characterization in resource shale plays : Stress analysis and sweet spot discrimination [J]. The Leading Edge, 2011, 30（3）: 758-764.

[14] 刘振武, 撒利明, 杨晓, 等. 地震导向水平井方法与应用 [J]. 石油地球物理勘探, 2013, 48（6）: 932-937.

[15] 刘振武, 撒利明, 张研, 等. 中国天然气勘探开发现状及物探技术需求 [J]. 天然气工业, 2009, 29（1）: 1-7.

[16] 撒利明, 董世泰, 李向阳. 中国石油物探新技术研究及展望 [J]. 石油地球物理勘探, 2012, 47（6）: 1014-1023.

第八章 应用实例

第一节 松辽盆地太190工区地震与时移测井相结合的油藏监测技术与应用

在大庆油田多年的开发建设及高产稳产过程中，油气勘探和油田开发技术起到了决定性作用。本节在总结陆相储层精细描述技术及高含水后期剩余油预测和描述技术的基础上，以松辽盆地大庆油田太190工区为例，通过典型工区解剖，在精细小层划分与对比、沉积相研究、储层综合反演、油藏特征分析的基础上，总结形成了一套地震与时移测井相结合的油藏监测技术，并指出地震反演技术不仅在储层预测与流体识别方面发挥重要作用，而且在油气藏监测领域的作用也日益显现。

一、概况与需求

1. 工区概况

太平屯油田太190工区位于黑龙江省大庆市大同镇北部、高台子镇南部，东北与太平屯油田、北与高台子油田、西南与葡萄花油田相邻，研究区面积约30km²。区域构造位于大庆长垣二级构造带太平屯背斜构造与葡萄花背斜构造衔接的鞍部[1]（图8-1）。研究目的层为下白垩统姚家组一段的葡I油层组。地层厚度约70m，以灰色泥岩、粉砂质泥岩、泥质粉砂岩、粉砂岩不等厚互层为特征，为大庆油田的主力产层。

太190区块含油面积约20.4km²，1984年6月投入开发，采用（400~600）m×450m面积注水井网。投产初期共有油水井63口，其中油井53口，注水井10口，油水井数比为5.3，水驱控制程度只有45.7%，区内有8口油井与注水井不连通，靠弹性能量或边水能量驱油。由于水驱控制程度低，导致该区的油井产能较低，1991年初的采油速度降到0.36%。为了改善开发效果，1991年5月进行了注采系统调整，转注6口油井，注采系统调整后，油水井数比为2.9，水驱控制程度达到63.7%，调整后采油速度一直保持在0.46%以上，开发效果有所好转。

为加快太190区块开发步伐，进一步精确预测地下构造、断层和砂体的空间展布形态以及剩余油分布，进而为大庆油田老区开发井网加密调整及扩边提供解决方案，1998年初在研究区部署了满覆盖面积17.62km²、资料面积27.97km²的高分辨率三维地震。1998年对太56-33井进行了C/O能谱测井，较好地反映油层水淹状况。1999年进行了井网加密，并对加密井也开展了常规测井。此外，还对7口注水井进行了同位素吸水剖面测试，对21口采油井进行了环空产液剖面测试。这些基础资料为研究区后续开展剩余油预测提供了资料基础。

2. 技术需求

太190区块既具有我国典型碎屑岩储层的基本特征，又具有区别于其他工区独有的特点，如受高泥、高钙等特殊矿物的影响，泥岩和砂岩的波阻抗值差异不明显，很难利用传统的储层预测方法预测这类储层。另外，如何在精细砂体预测的基础上，预测剩余油分布，实现油藏监测也是该区实现高效开发的关键。下面进行简要分析。

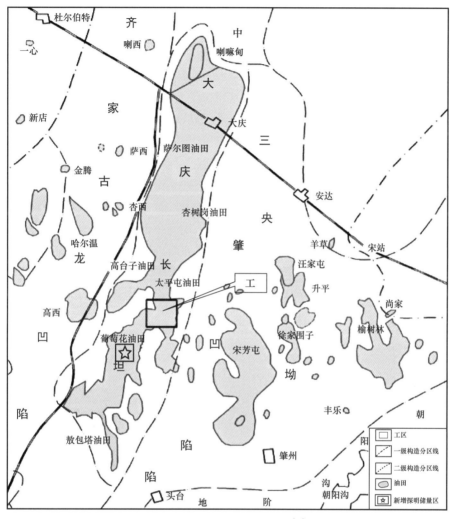

图 8-1 太 190 工区位置图[1]

1）砂体厚度变化较大、相变快、类型多

太 190 工区沉积相研究结果表明，葡 I 油层组中砂体较厚的地方与三角洲分流河道主河道位置相一致，沉积于主河道中的砂体不但厚度大，物性也好，是该区最好的储集层。河道边滩砂厚度和物性均较前者差一些，是次主要储集层；薄层席状砂在工区内分布面积较广，多沉积于水动力作用较弱的三角洲外前缘。

2）沉积环境复杂，物性变化呈现出较强的非均质特征

太 190 工区葡 I 油层组自下而上的演替规律为：三角洲内前缘相（葡 I 9-11）—三角洲分流平原相（葡 I 6-8）—三角洲内前缘相（葡 I 4-5）—三角洲外前缘相（葡 I 1-3）。就储层物性而言，沉积于三角洲内前缘相的葡 I 9-11 层、三角洲分流平原相的葡 I 6-8 层及三角洲内前缘相（葡 I 4-5）砂体其孔隙度和渗透率相对较高，多为中厚层状砂岩

体；而沉积于三角洲外前缘沉积环境的葡Ⅰ1 3层的砂体多为薄层席状，孔隙度和渗透率较低。

3）砂体规模小，注采井距过大，井网适应性差

太190工区砂体的规模窄小，多呈条带状、断续条带状、透镜状分布，砂体宽100～200m，单层钻遇率23.4%～62.3%，平均为40.8%，油水井间压差大，憋压严重，油水井间静压差达到16.26MPa，表明注采井距过大，当前开发井网对砂体的适应性差。

4）断层发育，水驱控制程度低，现井网采收率低

开发地震前认为该区水驱控制程度为63.7%。开发地震后发现该区断层发育，水驱控制程度明显低，加密前实际仅为53.3%。局部加密及注采系统调整后，全区水驱控制程度由原来的53.3%提高到59.1%，提高了5.8个百分点。加密区水驱控制程度由原来的45.7%提高到目前的70.0%，提高了24.3个百分点。

针对上述问题，总结形成了一套地震与时移测井相结合的油藏监测技术系列，实现了薄互层地层岩性识别、砂体空间展布特征研究和剩余油预测。其做法可简要总结如下：首先利用三维地震数据和声波测井数据作为输入，采用高精度波阻抗外推反演得到高精度三维波阻抗数据体，实现薄互层地层岩性识别；再将三维波阻抗数据体和时移测井曲线作为输入，应用Seimpar非线性拟测井曲线反演得到不同时期的拟自然电位和电阻率三维数据体，精细预测砂体展布规律；最后利用时移拟测井电阻率三维数据体，预测剩余油分布规律，为油田开发提供精细开发方案。

二、关键技术

地震反演技术不仅在储层预测与流体检测方面发挥重要作用，而且在油气藏监测领域的作用也日益显现[2]。将地震与时移测井资料进行联合非线性反演，可以用于油气藏动态监测，进而预测剩余油分布，优化油气藏管理，提高采收率。使用的主要方法有高精度波阻抗外推反演和Seimpar非线性测井参数反演。

高精度波阻抗外推反演不同于常规的波阻抗反演方法，它是采用模型约束下的最佳优化外推算法完成波阻抗反演，它比常规的波阻抗反演方法具有更高的分辨率和反演精度[3-4]。

时移测井非线性反演采用Seimpar非线性测井参数反演技术，其要点是在上述高精度波阻抗反演结果的基础上，以时移测井曲线为输入，将Seimpar非线性测井参数反演技术应用于油藏开发初期和后期测井曲线反演，以获得高精度的测井曲线反演结果，进而对比分析两次反演结果，寻找含油饱和度的变化与地球物理参数间的关系，实现剩余油分布预测，为开发方案调整与优化提供依据。

1. 高精度外推波阻抗反演

设地震子波为$w(t)$，反射系数序列为$r(t)$，则适合层状介质的地震记录$s(t)$可以用褶积关系表示：

$$s(t) = r(t) * w(t) \qquad (8-1)$$

设Z为波阻抗，则离散的褶积公式可写成[3]：

$$s_i = \sum_{j=0}^{m-1} \frac{Z_{i-j+1} - Z_{i-j}}{Z_{i-j+1} + Z_{i-j}} w_j \qquad (8-2)$$

式中，$i = 1, 2, 3, \cdots, N$，N 为合成地震记录长度；$j = 0, 2, 3, \cdots, m$，m 为子波长度。

在三维地震数据的一个小面元当中，一般均假设地震道具有较好的相似性，地震波场特征的变化能反映地质体属性的变化（如构造、岩性、岩相变化等）；且在一定的时窗内（一般为 500ms）地震波场稳定，子波基本不变。据此即可进行高精度测井资料和地质层位联合约束下的三维波阻抗反演，其流程（图 8-2）和主要步骤如下。

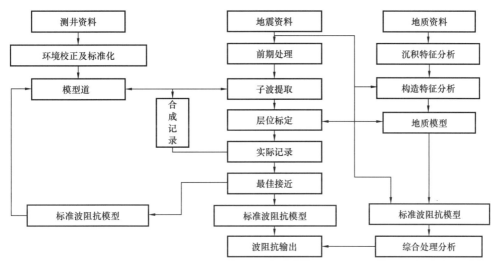

图 8-2　高精度外推波阻抗反演流程图

1）初始波阻抗模型建立

先对声波时差和密度测井资料做环境校正及归一化处理，用零井源距 VSP 资料进行标定后作深时转换，合并厚度不足采样率的小层，得到时间域等时采样的初始波阻抗模型，并以此作为下一相邻道的初始波阻抗模型。这样，通过逐道外推的方式，就可获得每一道的波阻抗模型。

2）子波提取

子波提取包含如下 5 个步骤：

（1）首先选择井点处的地震道 $R(t)$；然后计算该道所选层段的自相关函数 $K_R(\tau)$，计算 $K_R(\tau)$ 的频谱，以及 $K_R(\tau)$ 的衰减系数的初始近似值 τ_0：

$$K_R(\tau) = E\left[R(t)R(t+\tau)\right] = \frac{1}{2N+1}\sum_{t=-N}^{N} R(t)R(t+\tau) \qquad (8-3)$$

$K_R(\tau)$ 的频谱：

$$S(\omega) = \sum_{m=-M}^{M} K_R(m)e^{-i\omega m}$$

$$|M| \leq N-1$$

式中　N——为采样点数。

（2）求取振幅包络线最大值移动的初始近似值 β_0 和子波参数 $\Delta\tau$ 和 $\Delta\beta$ 的偏差范围。

（3）子波求取。

子波模型定义为：

$$W(t) = Ce^{-\tau(t-\beta)^2}\sin(2\pi ft) \tag{8-4}$$

式中　$W(t)$——反演子波；

f——子波主频；

τ——子波能量衰减度；

β——子波延迟时，即子波振幅最大值于子波起始点的时差；

C——常数。

f、τ、β 决定了子波的形态。

（4）子波优化。

采用合成地震记录 $s(t)$ 和实际地震记录 $R(t)$ 二次方偏差最小化法，计算（$\tau_0-\Delta\tau$，$\tau_0+\Delta\tau$），以及（$\beta_0-\Delta\beta$，$\beta_0+\Delta\beta$）范围内的 τ、β 参数。

$$J(\omega) = \sum_i (s_i - R_i)^2 + A\left[\left(\frac{\tau - \tau_0}{\tau_0}\right)^2 + \left(\frac{\beta - \beta_0}{\beta_0}\right)^2\right] \tag{8-5}$$

$$A = \sum_i R_i s_i / \sum_i s_i^2$$

（5）反复修改子波的主频、衰减、延迟时等参数，并采用式（8-4）获得最佳子波。

3）自适应外推反演三维波阻抗数据体

采用三维面元中两级选优的办法，优选出与当前道的岩性、物性参数相似、反演质量最高的已知波阻抗道，经地质层位约束后作为当前道反演的初始波阻抗模型；然后，以步骤2.1.1建立的标准波阻抗模型作为井点处的波阻抗反演起始模型，从井出发，逐道向外外推，即可获得高精度的三维波阻抗数据体。

4）反演控制

采用模型最佳自适应外推法完成波阻抗反演。为增加反演稳定性，减少多解性，提高计算速度，反演中增加了：（1）井点模型约束——采用模型正反演迭代法建立各井点的标准波阻抗模型。即求取最佳的子波和精确的层位，使地震记录与测井资料最佳匹配。并以此作为外推反演控制的基础模型。通常应根据沉积、构造特征，给定每口井的控制范围。在多井情况下，用全局最优化方法对各井模型进行协调处理。（2）地质模型约束——采用层序地层学方法，将反演目的层段的地质层位模型加入，作为外推反演的区域控制，反演中设置了两种地质模式，以控制模型外推反演的纵向变化。"1"模式：正常地层模式，反映控制段由顶到底的变化过程；"0"模式：削截模式，反映控制层段由底到顶的变化过程。沉积控制：用沉积学观点控制反演。主要是利用沉积相带变化特征，控制波阻抗模型的横向变化。（3）地震特征约束——一般情况下，地震波形突变处，指示着地层特征的突变。因此，统计相邻地震道波形特征的细微变化，能正确引导波阻抗模型的横向变化，使其"最佳自适应"。

5）分区段反演

根据构造、沉积特征，控制某一"井模型"的外推反演范围。一般在某一沉积单元内，选择构造渐变区段反演。当遇到较大断层时，在断层两盘分别反演，然后对断层带重新处理。

6）能量校正

由井出发，逐道外推反演时，会产生一些累积误差。在井中波阻抗模型较好的井区（合成记录与井旁实际记录吻合好），加入地质模型和沉积控制后，这种误差会得到有效压制，但要从根本上消除外推累积误差，需要将反演的波阻抗与过井点处的井中波阻抗闭合对比，进行残差校正。具体做法是：当从 A 井外推到 B 井时，若发现 B 井处的反演波阻抗与井中波阻抗有误差，需要将此误差线性内插到 A、B 两井之间并减去，波阻抗相对关系不受影响（图 8-3）。三维情况可在面上进行，原理同二维情况。

在二维、三维波阻抗反演中，该方法均采用模型最佳自适应外推法实现。反演在储层段小时窗内进行，可以免去子波时变的复杂问题，减少计算量，提高反演精度。在反演过程中，采用了地质约束、精细标定、逐道外推、小时窗反演等细致的工作流程，克服了一般反演方法中模型道整体建模、反演受井模型约束过强、难以反映井间波阻抗细节变化的缺点，分辨率较高 (3~5m)，可满足我国陆相砂泥岩薄互层储层反演。

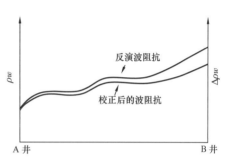

图 8-3 外推累计误差校正示意图

2. Seimpar 非线性拟测井曲线反演

1）理论基础

基于统一场思想：地下同一地质体的相同属性在不同的地球物理场中有类似反映（如对某一砂岩或泥岩层，在地震波形、声波、密度、自然伽马、自然电位、电阻率等方面均有异常反映，虽然这些"异常"表现不一，但都是具体的地质特征反映）；地下同一地质体的不同属性在不同地球物理场中的反映有所侧重（如地震波场侧重于反映地质体的弹性力学性质，地震波场的变化，既可以反映岩性，也可以反映物性及含流体性质的变化，是地下地质体各种特征信息的综合反映，测井曲线如自然伽马反映放射性，自然电位反映渗透性等）；地震信息和测井信息之间存在非线性关系。

经过对地震记录、测井曲线分析表明，在一定条件下地震记录和测井曲线都具有分形特征，这是因为沉积地层经过漫长地质年代的多次地质作用，地下岩石的岩性、孔隙度、渗透性及岩石物理的分布表现出很强的非均质性及各向异性。对于这样的地质模型，一种方法是把它表示成块状或层状，每个规则区块或层段的地球物理变量，如波阻抗和孔隙率，可用其平均值来描述，这种方法难以描述储集体（层）的非均质性；另一种方法是把沉积地层看成在空间变化的随机变量，这种随机性通常被假设为具有高斯概率分布的白噪（如地震反褶积中的反射系数序列），这种假设也不完全符合地质规律。也就是说，对所研究的对象既不能用纯规则理论，也不能用纯随机理论，而应当寻求一种介于传统的规则理论和随机理论之间的一种方法。因此，用分形理论研究地震记录与测井曲线之间的关系是可行的。

地震记录与测井曲线之间的关系可以通过分维数或 Hurst 指数等分形参数将二者联系

起来。通过大量的实验数据和实际资料分析，笔者认为，地下同一地质体的相同属性在地震记录与测井曲线中有类似反映，地震剖面的分维数，经测井曲线分维数精确标定后，可变换为"拟测井曲线剖面"的分维数，进而建立"拟测井曲线剖面"。实际资料处理分析证实了这一点。

2）方法实现

分形几何学由 Mandelbrot[5] 系统地提出，分形或分数维，简单说就是没有特征尺度却又自相似性的结构，分形分为规则分形和随机分形。在自然界中能更好地描述自然现象的是随机分形，它的构造原则是随机的。随机分形的典型数学模型是分数布朗运动 FBM，诸多学者[6] 通过对自然景物纹理图像的研究，证明了大多数自然景物的灰度图像都满足各向同性分数布朗随机场模型 FBR，它具有自相似性和非平稳性两种重要特性，是一个非平稳的自仿射随机过程。地震剖面是一种二维图像，通过对地震剖面 FBR 场模型参数的研究，提取能够充分反映地震剖面的统计纹理特征，就可以有效地进行地震剖面的分析和处理。通常提高地震剖面分辨率的简单有效方法是进行内插，但进行通常的内插后，常会丢失纹理特征，而利用分形插值方法则可以产生高分辨率地震剖面，能很好地保持原地震剖面的纹理特征。本文将分数布朗随机场模型 FBR 应用于油气领域，提出并实现了 Seimpar 非线性拟测井曲线反演，得到了高精度的拟测井数据体，并在储层预测及油藏描述中取得了明显的应用效果。

Seimpar 非线性拟测井曲线反演方法实现主要有如下 3 个步骤[7-12]。

（1）建立地震剖面的分数布朗随机场模型。

分数布朗运动 $B_H(t)$ 是一个非平稳的具有均值为零的高斯随机函数，其定义如下：

$$\begin{cases} B_H(0) = 0 \\ B_H(t) = \dfrac{1}{\Gamma\left(H+\frac{1}{2}\right)}\left\{\int_{-\infty}^{0}\left[(t-S)^{H-\frac{1}{2}}-(-S)^{H-\frac{1}{2}}\right]dB(S)+\int_{0}^{\Gamma}(t-S)^{H-\frac{1}{2}}dB(S)\right\} \end{cases} \quad (8-6)$$

式中　H——Hurst 指数，$0<H<1$；

　　　$B_H(t)$——分数布朗运动 FBR，是一连续高斯过程；当 $H=1/2$ 时，$B_H(t)$ 为标准的布朗运动。

分数布朗运动与布朗运动之间的主要区别在于分数布朗运动中的增量不独立，而布朗运动中的增量是独立的；在不同尺度层次上，分数布朗运动和布朗运动的分维值是不同的，分数布朗运动的分维值等于 $1/H$，而布朗运动的分维值都是 2。

Pentland[6] 给出了高维分数布朗随机场定义：设 X, $\Delta X \in R^2$，$0<H<1$，$F(y)$ 是均值为 0 的高斯随机函数，$P_r(\cdot)$ 表示概率测度，$\|\cdot\|$ 表示范数，若随机场 $B_H(X)$ 满足：

$$P_r\left[\frac{B_H(X+\Delta X)-B_H(X)}{\|\Delta X\|^H}<y\right]=F(y) \quad (8-7)$$

则 $B_H(X)$ 为分数布朗随机场（FBR），$\|\Delta X\|$ 是样本的间距。研究表明[8-9]，H 可以反映地震剖面的粗糙度，据此可获得地震剖面的分形维数 D。由 H 参数值可得地震剖面的分形维数为：

$$D = D_{\text{T}} + 1 - H \qquad (8\text{-}8)$$

式中　D_{T}——地震剖面的拓扑维数。

$B_{\text{H}}(X)$ 具有如下性质：

$$E\left|B_{\text{H}}(X+\Delta X) - B_{\text{H}}(X)\right|^2 = E\left|B_{\text{H}}(X+1) - B_{\text{H}}(X)^2\right|\left\|\Delta X\right\|^{2H} \qquad (8\text{-}9)$$

式中　E——数学期望。

利用式（8-9）即可方便地计算 H。

（2）提取地震剖面局部分维特征。

地震剖面可能从纵向上包括了若干个地质层位，在横向上穿过若干个地质构造单元，若要在整个剖面上谈分形自相似性，显然是不现实的。为此，引入局部分形的概念，把整个剖面划分成若干个具有相似地质特征的单元，且认为各单元内的地震特征是相似的。于是便可采用滑动小时窗，按如下步骤计算地震分形特征参数。

① 计算地震剖面上空间距离为 ΔX 的数值差的期望值 $E\left|B_{\text{H}}(X+\Delta X) - B_{\text{H}}(X)\right|2$。

② 由于实际地震剖面并不是完全理想分形的，所以需要确定一个尺度范围，在此范围内分维保持常数，此范围可用尺度极限参数 $|\Delta X|_{\min}$、$|\Delta X|_{\max}$ 表示。具体可用如下方法求取：绘出分维图，即 $\lg E\left|B_{\text{H}}(X+\Delta X) - B_{\text{H}}(X)\right|^2$ 相对 $\lg|\Delta X|$ 的曲线。分维图中有一段曲线保持为直线，该范围的上、下限即可确定为 $|\Delta X|_{\min}$、$|\Delta X|_{\max}$。

③ 计算 H 和地震数据正态分布的标准差 $\Delta\sigma$。根据分数布朗随机场的性质及式（8-6）可以得到：

$$\lg E = \left|B_{\text{H}}(X+\Delta X) - B_{\text{H}}(X)\right|^2 - 2H\lg|\Delta X| = \lg\sigma^2 \qquad (8\text{-}10)$$

其中：

$$\sigma^2 = E\left|B_{\text{H}}(X+1) - B_{\text{H}}(X)\right|^2。$$

采用最小二乘法求解式（8-10），即可计算出 H 和 σ。

（3）反演拟测井剖面。

根据地震数据，采用 FBR 模型，就可以通过迭代过程实现 Seimpar 反演，其迭代反演过程实质上是一种递归中点位移的过程，其递推公式按如下方式进行。对于点 (i, j)，假定当 i、j 均为奇数时，其对应的 B_{H} 已经确定；当 i、j 均为偶数时，有

$$\begin{aligned}B_{\text{H}}(i,j) = \frac{1}{4}\Big[&B_{\text{H}}(i-1,j-1) + B_{\text{H}}(i+1,j-1) + B_{\text{H}}(i+1,j+1) + \\ &B_{\text{H}}(i-1,j+1) + \sqrt{1-2^{2H-2}}\left\|\Delta X\right\|^2 H\sigma G\Big]\end{aligned} \qquad (8\text{-}11)$$

而当 i、j 中仅仅有一个偶数时，有：

$$\begin{aligned}B_{\text{H}}(i,j) = \frac{1}{4}\Big[&B_{\text{H}}(i,j-1) + B_{\text{H}}(i-1,j-1) + B_{\text{H}}(i+1,j) + \\ &B_{\text{H}}(i,j+1) + {}^{2-H}\!\sqrt{1-2^{2H-2}}\left\|\Delta X\right\|^2 H\sigma G\Big]\end{aligned} \qquad (8\text{-}12)$$

式中　G——高斯随机分量，服从 $N(0, 1)$ 分布。

由此可见，插值点的值完全由描述原始数据的分数布朗函数的 H 和 σ 决定。

实际反演中以深度域波阻抗为地震属性约束条件，计算 H 和 σ，然后利用式（8-10）和式（8-11），以经过敏感性分析选择的敏感测井曲线为基础，在地质模型约束下，可在形式上表示为：

$$\text{IMP} = F(\text{LOG}) \ 或 \ \text{LOG} = F^{-}(\text{IMP}) \tag{8-13}$$

式中　F——非线性映射，是含有横向变化率、时窗样点均值、样点离差、对数频率的一个非线性函数；

　　　F^{-}——F 的逆函数；

　　　IMP——地震数据或波阻抗；

　　　LOG——自然电位、电阻率等拟测井曲线。

3）工作流程

Seimpar 反演思想是放弃线性褶积模型，避免求取地震子波，充分利用地震、测井、地质等资料，在构造层位、层序和岩相约束下基于信息优化预测理论，采用非线性反演技术，通过分解、提取、合成、重建等手段来计算各种拟测井曲线剖面（数据体），然后在多信息融合基础上进行非线性储层反演，最终得到储层参数剖面（数据体），图 8-4 是 Seimpar 工作流程图。

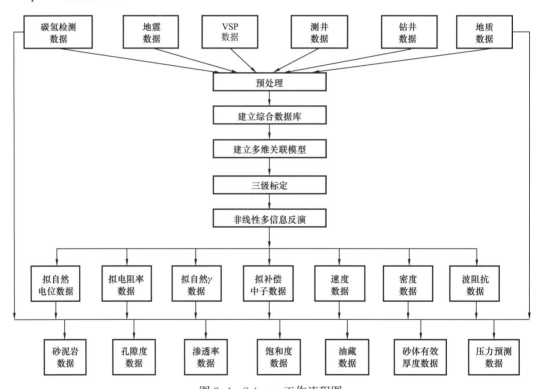

图 8-4　Seimpar 工作流程图

三、应用效果

太 190 工区先后进行过两次三维地震资料采集，两次不同开发井网的调整，有两次测井资料，分别对应开发初期的基础井网和后期的加密井网。从资料条件来看，满足应用地震与时移测井相结合实现油藏监测的资料要求。从该工区的技术需求来看，需要精确的岩性预测结果、可靠的砂体展布特征及剩余油分布特征分析结果。

为了获得精确的岩性识别结果，确定单个砂体的几何形态，评估剩余油和油藏连通性，设计了如下预测流程：（1）利用高精度地震资料开展高精度外推三维波阻抗反演；（2）进行测井曲线敏感性分析，以确定最佳识别岩性曲线；（3）利用声波测井曲线结合地震处理速度场进行速度建模，并将三维波阻抗反演结果进行时深转换；（4）以深度域波阻抗结果为约束，采用多信息Seimpar测井曲线反演技术获得高精度的自然电位反演数据体；（5）开展时移测井曲线反演；（6）引入流动单元概念，开展剩余油预测。实践证明，联合高精度外推波阻抗反演和Seimpar非线性拟测井曲线反演得到的测井参数数据体，用于剩余油分布预测和油藏监测，识别出2m以上单层砂岩符合率达80%以上，依据这一成果部署了32口加密井，全部获得成功。

1. 高精度外推波阻抗反演确定岩性

高精度外推波阻抗反演的优点在于解释砂、泥岩薄互储层时，可有效地识别和划分特殊岩性体储层，划分油水边界。

经过前期精细地震资料解释，并通过抽取联井剖面综合分析，结合约束反演的处理要求，确定出反演处理的地震记录时窗为0.90～1.10s。与此同时，对工区内提供的所有声波测井、自然电位测井资料做环境校正处理和归一化处理，以确保测井曲线的正确性。图8-5为单井波阻抗模型建立及层位标定结果，其中子波为零相位子波，主频为57.9Hz，衰减为1700，延迟为12.5ms。

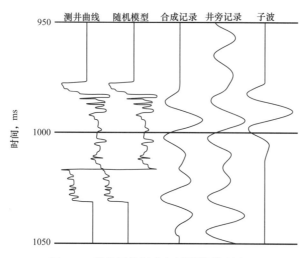

图 8-5 单井层位标定与波阻抗模型建立

在反演处理中，为使反演结果更符合实际地质情况，减少多解性，提高反演精度，需要对该工区的层位进行详细的构造解释，为反演提供可靠的地质模型。在0.90～1.10s的时窗内，以工区内可用的22口井的井旁道波阻抗模型为基础（全工区只有22口井有声波和密度资料）。图8-6为在地质模型、地震特征等条件约束下，采用全局优化寻优算法，迭代反演三维波阻抗数据体。

从图8-6可以看出，在三维波阻抗反演过程中，依据在三维面元中提取的地震特征信息及地质模型迭代修改反演道的波阻抗模型，反复迭代出最终反演道的波阻抗模型，使得反演后各井间的波阻抗特征相似性及分辨率明显高于常规地震剖面，不仅地层间的接触关系清晰，地层岩性信息更加丰富，而且能反映出岩性、岩相的横向变化。

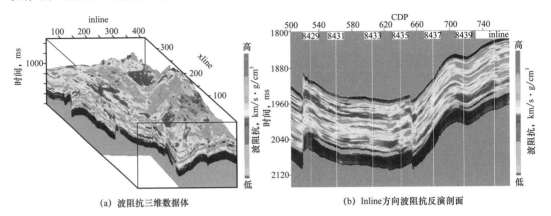

(a) 波阻抗三维数据体   (b) Inline方向波阻抗反演剖面

图8-6　波阻抗三维数据体和Inline方向波阻抗反演剖面

2. Seimpar非线性测井参数反演确定砂体空间展布

敏感测井曲线的选取是实现测井参数反演的重要基础，通过对本区50余口井测井资料的综合分析，发现自然电位曲线能够较好地反映本区储层特征，区分储层和非储层，并在研究区能够较好地实现横向对比，全面反映储层的空间展布特征。因此，最终选择自然电位曲线作为敏感测井曲线，开展以自然电位曲线反演为基础的砂体空间展布特征研究。

在外推波阻抗反演提供的高精度波阻抗数据体基础上，将三维波阻抗数据体作时深转换，得到深度域三维波阻抗数据体。此外为了提高自然电位反演精度，将三维深度域波阻抗数据体重新采样为0.5m，以便反演中进一步借助测井的纵向高分辨率资料。在深度域分12个层位解释三维波阻抗数据体，以获得准确的地质模型约束，并根据井上的自然电位曲线精确标定波阻抗。再根据显示出的变异剖面，确定最佳寻优区间，并以此作为Seimpar反演的基础与精度控制的依据。最终以波阻抗的变化率和自然电位测井资料为约束条件，利用人机交互多次标定和校正，全局寻优计算得到反演的自然电位三维数据体，如图8-7为某Inline方向反演自然电位剖面。

根据反演结果，在自然电位反演结果上进行了单砂体定量解释，对目的层60m的层段区精细解释出12个单砂层，解释的最小单砂体厚度接近2m。综合各层的预测符合率，2～3m以上单层砂岩达80%，极好地解决了砂体识别难题，为计算砂体厚度，落实砂体在空间的展布，提供了有力的证据。

3. 时移测井曲线反演预测剩余油分布

太190油藏非均质性强水驱过程复杂，给高含水期剩余油分布规律研究带来了很大困难。因此在上述反演基础上，首先建立了开发初期油层油藏地质模型，图8-8反映了油藏开发初期油层在三维空间上的分布、构造形态、井间油层连通性等特征。然后建立开发后期油藏地质模型，结合该区碳氧比（C/O）测井资料，引入了流动单元的概念，开展剩余油分布预测，在平面上确定剩余油的平面展布规律。最后根据这些认识，在该区块划分了剩余油分布的有利区，并新部署34口加密井，除两口井地质报废外，其余全部获得成功，地质报废率由原来的 14.28% 下降到 5.88%。由于采用加密调整，开发效果得到改善，采出程度由 11.56% 提高到 15.18%，综合含水由 80.81% 下降到 76.23%。

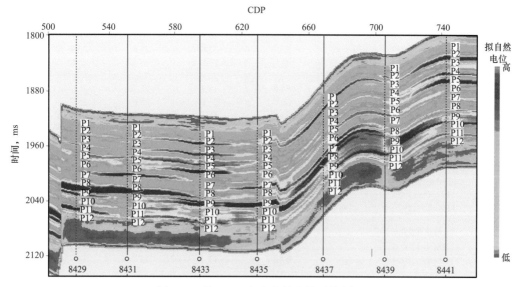

图 8-7　某 Inline 方向自然电位反演剖面

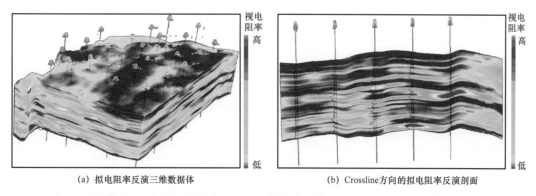

（a）拟电阻率反演三维数据体　　　　（b）Crossline方向的拟电阻率反演剖面

图 8-8　油藏开发初期的拟电阻率反演三维数据体及某 Crossline 方向拟电阻率反演剖面

1）油田开发后期动态地质模型建立

为了了解研究区油层水淹状况，1998 年对位于低幅度构造高部位的太 56-33 井进行了碳氧比（C/O）能谱测井，测量井段为 1138～1176m，共测了 5 层。所测曲线重复性好，能较好地反映地层含水状况。通过对该井所测曲线进行定性分析和定量解释发现，1158.6～1160.3m 的 1 号层，判定为低含水层；1170.1～1171.4m 的 2 号层，判定为中含水层；1189.4～1190.0m 的 3 号层，判定为中含水层；1190.4～1192.0m 的 4 号层和 1199.9～1201.0m 的 5 号层判定为高含水层（表 8-1）。

为了进一步研究该区油层的动用状况，对 4 口注水井进行了同位素测井，测试资料统计结果表明，这些井射开总层数 18 个层，吸水层数 13 个，占 72.2%；射开总厚度 22.7m，吸水厚度 19.1m，占 84.1%（表 8-2），与相邻的太南及葡北油田相比，相差 15.9～26.7 个百分点，表明该区油层的动用状况较差。

表 8-1　太 56-33 井碳氧比解释结果

分层	深度范围，m	层厚，m	目前含水饱和度，%	束缚水饱和度，%	孔隙度，%	泥质含量，%	解释结论
葡 I_{2-1}	1158.6～1159.6		36.9	16.7	26.7	9.6	低含水
	1159.6～1160.3		52.4	32.9	25.6	20.7	
	1158.6～1160.3	1.6	42.9	22.9	26.3	13.8	
葡 I_4	1170.1～1171.1		54.8	15.1	25.7	9.1	中含水
	1171.1～1171.4		60.0	21.0	25.9	15.7	
	1170.1～1171.4	1.3	55.9	16.3	25.8	10.4	
葡 I_7	1189.4～1190.0		54.6	19.4	24.3	12.2	中含水
		1.6	54.6	19.4	24.3	12.2	
葡 I_8	1190.4～1191.4		62.6	18.3	25.0	9.3	高含水
	1191.4～11920		69.5	18.7	26.9	15.2	
	1190.4～11920	1.6	65.3	18.5	25.7	11.6	
葡 I_9	1199.9-1200.9		61.8	15.0	25.5	10.1	高含水
	1200.9-1201.0		66.6	36.1	25.0	24.9	
	1199.9-1201.0	1.1	62.3	17.4	25.4	11.7	

表 8-2　太 190 工区注水状况统计表（部分井）

井号	吸水层			吸水厚度			注入压力 MPa
	射开层，个	吸水层，个	吸水层，%	射开厚度，m	吸水厚度，m	吸水厚度占比，%	
太 54-33	5	3	60.0	4.6	4.0	87.0	14.5
太 58-35	3	3	100	4.7	4.7	100	13.0
太 60-31	7	5	71.4	10.2	7.6	74.5	14.5
太 62-39	3	2	66.7	3.2	2.8	87.5	17.0

　　在一次加密井网中，井网密度相对较大。通过密井网丰富的油藏动态地质信息，建立开发后期油藏地质模型，以此作为模型约束条件，利用随机非线性映射的方法建立测井与地震之间的对应关系，井点以井曲线为准，井间利用丰富连续的波阻抗信息进行拟测井参数反演，最终得到开发后期油藏地质模型（图 8-9）。

(a) 拟电阻率反演三维数据体

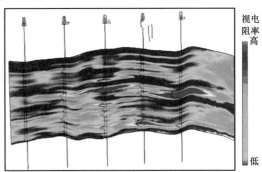

(b) Crossline 方向的拟电阻率反演剖面

图 8-9　油田开发后期的拟电阻率反演三维数据体及某 Crossline 方向拟电阻率反演剖面

2）利用开发后期油藏地质模型开展流动单元的研究

针对该区块砂泥岩薄互层岩性复杂（高泥、高钙）的特点，从开发后期剩余油分布规律研究出发，认为渗流特征是储层流动单元的最基本特征。因此，将储层流动单元定义为：储集体空间上渗流特征有别于相邻储层的最小流体储集和运动单元，也就是说，此储层流动单元可定义为相对独立控制油水运动的储层单元。

流动单元间连通体内部的渗流能力存在一定的差异，这种差异性反映在流动单元的类型上。在流动单元研究中，选择渗透率、孔隙度、存储系数，渗流系数和有效厚度五种参数，应用综合评判的方法，对葡Ⅰ油层组进行分类评价。

根据取心井各流动单元内每个分析样品得分的集中分布程度，应用聚类分析方法，将所有样品按得分分为三类，即将本区储层流动单元分成三类（图 8-10）。

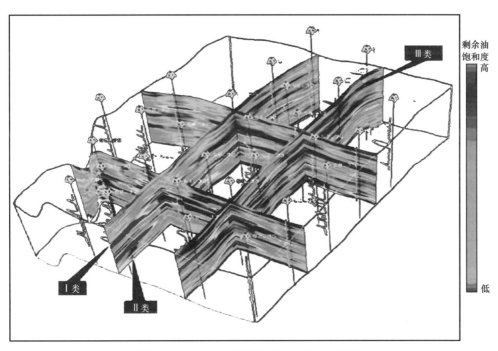

图 8-10　太 190 工区流动单元空间分布模型

Ⅰ类流动性能最好（红色），葡Ⅰ油层组三角洲外前缘相稳定主体席状砂和内前缘水下分流河道砂属于Ⅰ类流动单元，与其他砂体类型相比，其有效厚度、孔隙度、渗透率、渗流系数、存储系数均最大（表 8-3）。

Ⅱ类流动性能中等（黄色），外前缘条带状砂和非主体席状砂属于此类，其流动单元各项表征参数比透镜状砂体高，但比主体席状砂低（表 8-3）。在葡Ⅰ油层组三角洲内前缘砂体中水下分流浅滩砂属于Ⅱ类流动单元。

Ⅲ类流动性能较差（蓝色），各项流动单元表征参数其变化范围和平均值均最低。在葡Ⅰ油层组三角洲内前缘储层中水下分流间透镜状砂体和部分水下分流浅滩砂及外前缘透镜砂体属于此类流动单元（表 8-3）。

表 8-3　太 190 工区葡 Ⅰ 油层组流动单元分类与评价表

参数		流动单元类别		
		Ⅰ 类	Ⅱ 类	Ⅲ 类
砂岩厚度，m	平均值	2.5	1.1	0.9
	变化区间	1.5～4.1	0.3～2.0	0.3～1.9
有效厚度，m	平均值	2.3	0.9	0.7
	变化区间	1.5～3.8	0.2～1.7	0.2～1.5
净毛比	平均值	0.92	0.77	0.77
	变化区间	0.64～1.00	0.20～1.00	0.33～1.00
孔隙度，%	平均值	24.9	24.3	23.2
	变化区间	21.2～28.8	19.1～28.5	18.5～25.8
渗透率，mD	平均值	425.5	326.9	85.7
	变化区间	126.7～1182.0	67.0～695.8	27.9～542.0
存储系数	平均值	57.27	21.87	16.24
	变化区间	38.72～92.72	4.38～42.0	5.16～39.78
渗流系数	平均值	197.31	50.56	14.91
	变化区间	52.53～532.2	4.11～232.91	1.60～66.37
分选系数	平均值	3.66	4.39	6.63
	变化区间	1.56～9.92	1.58～13.8	0.67～13.35
粒度中值，mm	平均值	0.164	0.160	0.127
	变化区间	0.101～0.235	0.101～0.314	0.068～0.198
沉积微相		RM SR SM	RB RS	SS SL RL
比例		35.07	47.76	17.16
评价结果		最好	中等	较差

3）剩余油分布特征分析

太 190 工区开展数值模拟，模拟区面积 3.04km^2，井数 16 口（其中油井 11 口，水井 5 口，油水井数比 2.2）。截至 1998 年底，该区采出程度为 10.6%，综合含水为 63.06%。该区开发井的历史拟合，是在精细沉积相研究基础上，利用沉积微相控制砂体边界，在葡 Ⅰ1_1-8$_2$ 沉积单元上进行的（因后 10 个沉积单元主要发育的是水砂），拟合出 1998 年底的采出程度为 10.1%，综合含水为 67.0%，拟合结果与实际开采状况吻合。由历史拟合的结果可得出模拟区目前剩余油的分布状况（图 8-11），与储量动用状况对应较好。

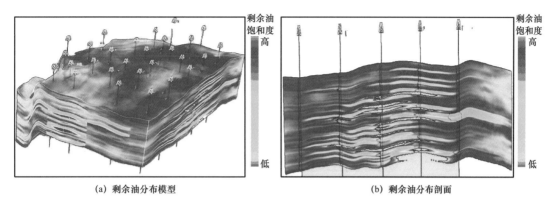

(a) 剩余油分布模型　　　　　　　　　　　　　(b) 剩余油分布剖面

图 8-11　油田开发后期剩余油分布三维地质模型及剩余油分布剖面

从图 8-11 可以看出，剩余油在平面上分布受局部构造及断裂控制，主要分布在断层边部及局部构造高点上。剩余潜力平面分布特征统计结果表明，Ⅰ类流动单元虽然累计有效厚度和地质储量较大，但是大部分层已水淹，水淹比例为 73.2%，剩余储量占地质储量的 31.7%。Ⅱ类流动单元累计有效厚度最大，水淹比例 80.5%，剩余储量最大，占地质储量的 44.6%。Ⅲ类流动单元有效厚度占比较小，但是水淹比例最低，为 71.9%，剩余储量占地质储量的 42.7%。

从纵向剩余潜力统计结果看，油层中部葡Ⅰ6-9 砂岩组为内前缘相沉积，其储层物性好，单层厚度大，平均 1.4m，因而储层动用状况较好，剩余储量占总剩余储量比例仅为 26.3%。该区的剩余潜力主要集中在油层上部葡Ⅰ1-5 砂岩组，这些层以外前缘相薄层席状砂为主，水淹程度低，剩余储量占总剩余储量比例达到 73.7%，表明该区剩余潜力主要分布在葡Ⅰ油层组的上部，中部次之，下部没有剩余潜力。

利用地震、地质、测井和动态资料并结合油藏数值模拟结果综合分析表明，太 190 工区主要存在断层遮挡型、注采不完善型、透镜砂体型和单向受效型四种类型剩余油。

（1）断层遮挡型：太 190 工区断层发育，位于断层边部的油井因为断层遮挡，靠近断层一侧存在剩余油，此类剩余油占该区剩余油地质储量的 40.1%，为主要的剩余油类型。

（2）注采不完善型：主要分布在内前缘及过渡相砂体中，由于现注采井网的局限性，造成整个条带上有采无注或有注无采，使得油层动用差或根本未动用。此类剩余油占该区剩余油地质储量的 37.3%，为主要的剩余油类型。

（3）透镜砂体型：此类剩余油占该区剩余油地质储量的 8.2%。

（4）单向受效型：一般主要分布在内前缘相中，由于条带状砂体的一边靠近砂体变差部位，或只有一个来水方向，从而造成另一方向的区域未动用或动用不好。此外，外前缘相席状砂在断层边或砂体尖灭区附近，一般也多有分布。此类剩余油占该区剩余油地质储量的 6.8%。

四种主要类型剩余油合计占该区剩余油地质储量的 92.3%，其他类型合计剩余油仅占该区剩余油地质储量的 7.7%。

该区油藏特征研究结果表明，局部构造与砂体发育带有机配置是控制油气富集的主要因素，三个局部构造所处部位储层发育，含油层数多，油柱高度大，储层物性好，是加密调整的主要部位。而三个局部构造间的向斜部位砂体不发育，且为油水同层，不具加密价值。

该区位于区块西北部的局部构造上，共有 6 个微幅度构造，圈闭面积 1.52km²，幅度

3～8m（表8-4）。油层有效厚度3.0～10.2m，平均5.5m，主力层为葡Ⅰ油层组2、4、6、7层。

表8-4 太56-33井区微幅度构造要素表

微幅度构造编号	面积，km^2	幅度，m	闭合等高线，m	高点测线位置	备注
葡35	0.38	8	−1015	160/107	太56-33井
葡37	0.17	3	−1025	158.8/146	太56-33井
葡38	0.06	8	−1015	253.8/56.5	太56-33井
太39	0.84	5	−1017	258/198	太56-33井
太40	0.04	4	−1005	319/332	太56-33井
太41	0.03	3	−1015	322.5/328	太56-33井
合计	1.52				

四、结束语

油田开发方案的制订和调整是一项系统工程，如何利用突破常规思维方式，在现有资料基础上，探索真正适合地区特点的解释方法和预测技术，加强多信息的结合，是利用地震技术解决油田开发问题的关键。通过对太190典型工区的解剖，得到如下几点认识[13-18]。

（1）针对我国陆相含油气盆地砂泥岩薄互层油气储层非均质特点，联合应用地震和时移测井资料的非线性反演方法，建立不同开发阶段三维空间油藏动态参数变化分布模型，进行油气藏动态监测，预测剩余油分布，是一种可行的方法。

（2）针对油藏特征预测在空间上具有的不确定性及定量解释地震数据以获得井点之外的更高精度储层参数的尺度问题，引入分数布朗随机场模型来解决不确定性问题，期望通过其自相似性、非平稳等特性能够较为充分地反映地震数据中的统计特征，并指导实现高精度外推波阻抗反演及Seimpar非线性测井曲线反演，经过高精度时深转换，获取深度域波阻抗结果，最后将其应用于时移测井曲线反演，是一种解决尺度缩减问题的有效尝试。

（3）通过建立时移测井反演实现油藏动态监测技术流程，对实现由三维储层静态模型向四维动态模型方向发展具有一定的借鉴意义，对定量四维解释的流程方面做了很多有益的尝试。四维反演流程地质模型对于从地震监测系统中获取地震信息非常关键。未来生产数据和地震数据的联合反演将会是一个非常重要的课题。时移数据不仅包括时移地震数据，也将包括一切与时间变化有关的数据。

第二节　准噶尔盆地红山嘴地区精细构造解释技术研究与应用

强化地震勘探技术应用与地质认识指导解释技术应用是成熟探区增储上产的有效途径。美国近50年来（1945—1995年）油气新增储量分布图[19]表明［图8-12（a）］，每年新增储量的 86% 来自老油田调整、扩边和老油田的新油层，只有 14% 是来自新区、新领域。图 8-12（b）表明，中国石油天然气股份有限公司新疆油田分公司 2005 年成立油藏评价专项，深化老区滚动勘探，尤其是实施"两宽一高"地震采集以来，4 年间（2006—2009 年）滚动勘探新增探明储量 $2.04 \times 10^8 t$，是前 10 年滚动勘探探明储量总和的 1.2 倍，年均探明储量 $5112 \times 10^4 t$，而且这些探明储量可动用程度高，其中已落实产能 $532 \times 10^4 t$，已建产能 $300 \times 10^4 t$，为油田稳产上产提供了有力支撑。

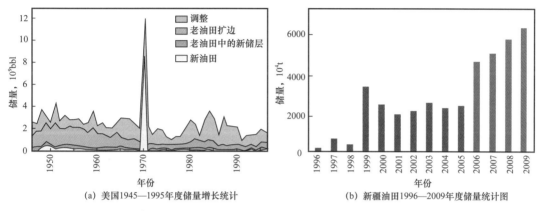

(a) 美国1945—1995年度储量增长统计　　　　(b) 新疆油田1996—2009年度储量统计图

图 8-12　油田各类储量增长及比例分布

由于地震资料品质的大幅度提高，解决了很多过去认识不清的地质问题，发现和落实了一批新的储量。主要体现在 4 个方面：一是老油田扩边挖潜发现了新的储量；二是对过去一些认识不清楚的剩余出油气点，通过新的地震资料解释，改变认识，变成了可动用的规模油气藏；三是在已发现油藏的邻区寻找发现了一批新的油气藏；四是在已发现的油层的上部或下部发现了一批新的油气藏。红山嘴地区的二次高精度地震勘探实施表明：地震资料品质提高是挖潜老油区剩余油气资源的基础，成熟探区仍然是增储上产的重要领域。

本节以新疆油田红山嘴地区评价开发阶段地震技术应用实践为例，总结在不断强化地震资料基础的前提下，地质认识指导地震解释技术应用的成功经验。

一、工区概况

红山嘴地区位于克拉玛依市西南方向 20～30km，面积超过 500km²。工区平均地表海拔 280m 左右，西北部地区为白垩系砂砾岩露头区，西南部为准噶尔盆地腹部（小沙漠分布区）。工区内地表主要是灌木丛覆盖区、黄泥碱滩区、戈壁滩区。总的来说，工区内部地表、地势平坦，克拉玛依—乌尔禾公路横贯油区，交通、水电十分便利，地震采集施工条件良好 [图 8-13（a）]。

红山嘴地区三叠系、侏罗系发育多套砂泥岩储盖组合。目前已发现 7 套油层，自下而上分别是三叠系下克拉玛依组油层、上克拉玛依组油层、白碱滩组油层，侏罗系八道湾组油层、西山窑组油层、齐古组油层，白垩系底砂岩油层。古生界有两套油层，分别是上二叠统乌尔禾组油层和石炭系火成岩油层 [图 8-13（b）]。工区北部、南部、西部均为逆断层围限，在这些断层的上升盘，三叠系、侏罗系基本被剥蚀殆尽，白垩系直接覆盖在石炭系基底上。在这些断层的下降盘，三叠系、侏罗系地层发育齐全，地层整体为一向东南倾斜、向西北抬高的特点［图8-13（c）］。

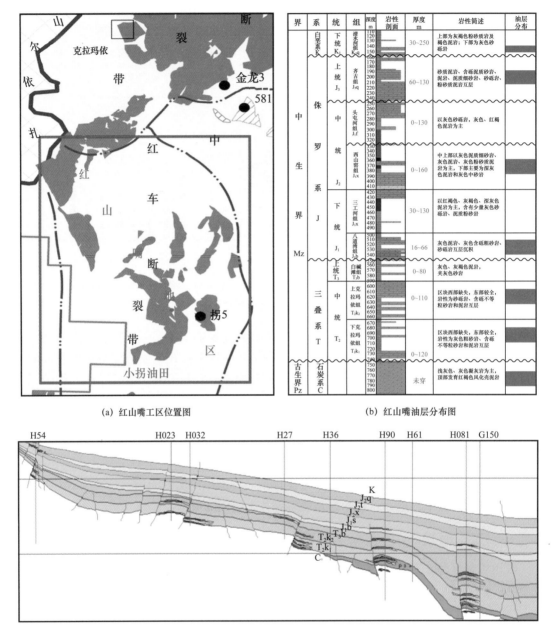

(a) 红山嘴工区位置图　　　　　　　　(b) 红山嘴油层分布图

(c) 红山嘴地区结构图

图8-13　红山嘴工区地理位置及地质条件

　　红山嘴地区是"两宽一高"地震勘探与地质物探一体化研究的成功范例，通过对地震资料的精雕细刻，采集—处理"一体化"、处理—解释"一体化"、解释—油藏研究"一体化"、油藏研究—生产动态分析"一体化"，不仅在老油区发现了大量新的剩余油气储量，同时发现了一批新的油气藏，使当时认为的几近枯竭的油田再次焕发青春。从红山嘴地区年度产量统计（图8-14）可以看出，20世纪末以来，油气产量呈现典型的"V"字形变化趋势。

红山嘴地区勘探始于 20 世纪 80 年代，1984 年红浅 1 井在八道湾组常规试油获工业油流，拉开了红浅 1 井区块稠油油藏的开发序幕。1990—1996 年红浅 1 井区侏罗系进入整体开发阶段，1992 年油田产量达到 61.4×10^4t，1993 年产量达到最高 65.9×10^4t，10 年后递减到年产 13×10^4t。2005 年以红 8016 井三叠系克拉玛依组油层发现为契机，先后在上克拉玛依组、下克拉玛依组、侏罗系齐古组和八道湾组扩大了含油面积。2005 年底据此开展小面元高覆盖三维地震勘探，地震资料品质显著提高，构造解释和岩性预测的精度大大提升，为油田滚动勘探、开发区挖潜奠定了坚实的基础。从 2006 年开始，根据油气储量、产量均超过历史最高水平，2014 年产量增加到 105.7×10^4t。

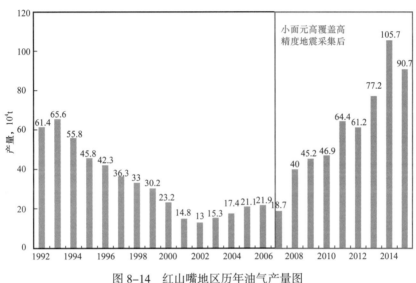

图 8-14 红山嘴地区历年油气产量图

二、地震解释技术

红山嘴地区早期地震资料信噪比低，成像质量较差，严重制约了油气高效勘探开发，在 1992 年发现齐古组、侏罗系八道湾组之后，没有发现新的规模性油气储量。针对这种情况，2005 年底通过充分论证，在老油田区已有多块连片三维地震的基础上，重新部署了高精度小面元（面元为 12.5m×12.5m）地震采集，地震资料品质明显改善，解决了很多过去地震资料不好情况下认识不清的地质和油气勘探问题，发现大量新的油气储量和新的油气田。

1. "两宽一高" 地震采集处理技术

1）采集参数强化

红山嘴地区 2005 年以前采集的三维地震面元较大（面元 25m×50m 和 25m×25m），覆盖次数较低，道密度小，每平方千米小于 4 万道，地震资料的空间分辨率较低，难以保证不同方向各种级别断裂的成像。2005 年新疆油田公司在红山嘴地区先后部署三块高精度三维地震工区（面元 12.5m×12.5m 和 6.25m×6.25m），覆盖次数高，采集强度高，道密度大，每平方千米为 32 万～60 万道。强化地震资料采集的另一个方面是地震资料的纵横比（方位角）不断加大，由过去的纵横比不到 0.3，现加大到 0.6～0.7，一直到最后接近于 1.0。图 8-15 展示了红山嘴地区三维地震资料采集参数不断强化的历程。

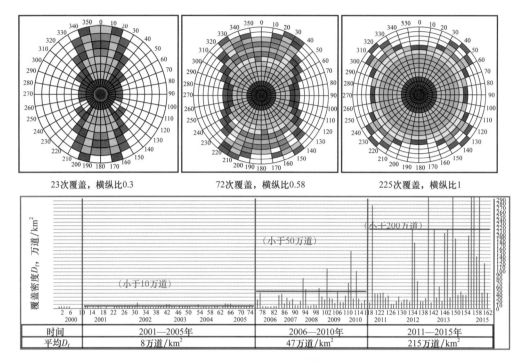

图 8-15　两宽一高地震采集特点

2）加大表层调查力度

红山嘴地区的西北部为露头陡坎区，东南部为小沙丘覆盖区，中部属于戈壁平坦区，静校正量变化较快。为了提高本区静校正精度，充分发挥出高精度、高密度地震资料的优势，在强化采集工作的同时，加大了表层调查力度。

为了更好地了解本工区的近地表情况，在工区西北部白垩系露头陡坎区和东南部小沙丘覆盖区加密微测井密度，达到 1km² 1 口井，中部平缓区 2km² 1 口井，全区共完成 130 口微测井资料。微测井资料揭示多数地区近地表为两层结构（低速层、高速层），部分为三层结构（低速层、降速层、高速层）。低速层的岩性和速度变化较大（300～700m/s），高速层顶界面较为稳定，速度变化范围较大（1600～2200m/s），低降速层的厚度变化范围较大（3～23m），速度介于低速层和高速层之间。

3）多种精校正算法联合使用

微测井积分法静校正：利用微测井初至拾取的结果，求取每口井的微测井速度曲线，用地表和原解释的低降速带的底作为控制层，用克里金内插技术建立微测井速度数据体，拾取相对稳定、平缓的高速层顶面，用积分法计算出低频成分准确的静校正量。

初至波层析静校正（TOMO）：对单炮进行精确的初至时间拾取，用对初至数据进行层析反演，用多次迭代的方法反演出该区的三维近地表模型，根据这个三维近地表模型计算出全区的三维静校正量。该静校正量求取方法的优点是海量的单炮初至数据高频成分准确。

地表一致性反射波剩余静校正：由于工区西北部的白垩系露头陡坎区和东南部的小沙丘覆盖区的存在，使得近地表结构非常复杂，采用了空变剩余静校正参数，收到了明显的效果。最后通过速度分析与地表一致性反射波剩余静校正的多次迭代，使剩余静校正问题得到了比较好的解决，从图 8-16 中可以看出高精度静校正后地震资料反射层的同相性明显提高。

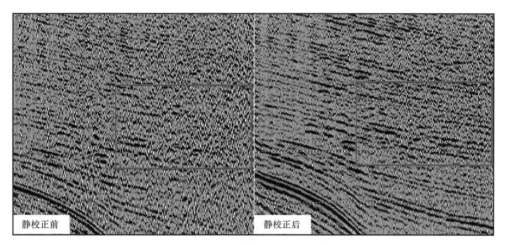

图 8-16 静校正前后成像对比

4）"两宽一高"地震采集处理成效

从 2005 年下半年开始，在红山嘴地区已经部署过 9 块三维地震（红 29 井三维地震、红 29 井西三维地震、红 15 井三维地震、拐 5 井三维地震、80 区三维地震、四二区三维地震、红浅 1 井三维地震、红 96 井区三维地震）的基础上，重新覆盖又连续部署了三块高精度三维地震采集：红山嘴精细三维地震、红山嘴北精细三维地震、车 35 井精细三维地震，新的三块高精度三维地震资料品质明显改善，而且每块三维地震都有新的油气藏发现。

高精度地震资料断裂清晰：从图 8-17（a）可看出，从红 29 井三维地震（面元 25m×50m）到红 29 井西三维地震（面元 25m×25m），再到红山嘴新三维地震（12.5m×12.5m 面元）同一条地震剖面对比来看，随着面元逐渐变小，横向分辨率不断增强，地震资料可识别的断层越来越多，断层的清晰程度也比老三维地震剖面上高。对比表明，地震资料只是地下地质结构的一个近似响应，在现有资料条件下，有些部位地震剖面上没有显示出断层迹象，但不代表一定没有断层。由此引出一个地震资料解释及相应地质认识上一个理念的问题，即使用地震资料解释地质目标时，要依据地质分析做一定的推断、预测。地震资料只是描述地质目标的一方面资料，大量的地质资料也是描述地质目标的不可缺少的内容。在利用地震资料描述或发现圈闭目标时，如何把握好二者的"度"是一个关键问题，要针对不同地质目标灵活掌握。

高精度地震资料分辨率高：从图 8-17（b）可看出，在红 29 井西（面元 25m×25m）三维地震资料上，0067 向斜构造油藏难于识别判断，难于对向斜构造油藏进行工业制图；在红山嘴新地震资料上，向斜构造油藏清晰可见，认识判断准确，完成了精细工业制图（椭圆框内）。在老的红 29 井西的地震剖面上，三叠系和侏罗系之间不整合面不清楚，而红山嘴新三维地震剖面上，三叠系和侏罗系之间不整合面清晰可靠（矩形框内）。

高精度地震资料保真度高：从红 29 井西三维地震与红山嘴三维地震剖面对比可以看出［图 8-18（a）］，新的红山嘴三维地震剖面上石炭系顶面（不整合面）清晰可见，分辨率高，不整合界面沟谷地貌清晰，残余的上二叠统乌尔禾组清晰可解释。而红 29 井西较早的三维地震资料石炭系顶部不整合面、沟谷地貌、残存的上二叠统乌尔禾组都不清楚，可解释对比性差。从图 8-18（b）可以看出，红山嘴新三维地震的中生界盖层保真度很高，其地震剖面反射结构和钻井对比地层结构一致性很高，这是高强度采集的新地震资料"空间分辨率高"的一个体现。

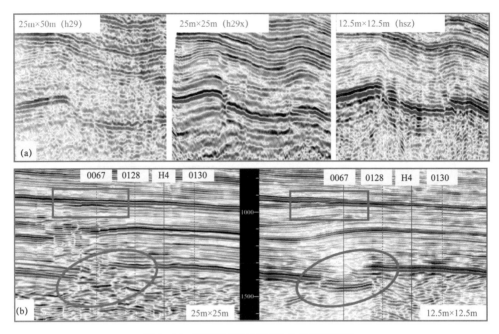

图 8-17　提高勘探精度前后的分辨率对比

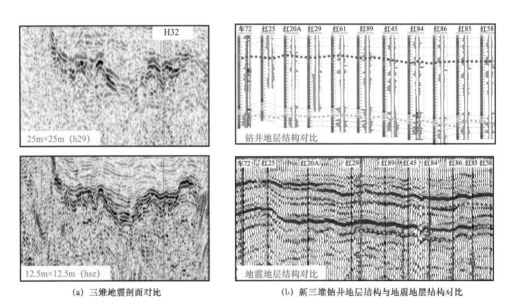

（a）三维地震剖面对比　　　　　（b）新三维钻井地层结构与地震地层结构对比

图 8-18　提高勘探精度前后的保真度对比

2.断层特殊现象分析

构造因素是油气成藏关键要素之一，断层解释是基本功，在本书前面已就断层解释技术做了比较全面的描述，在这里主要对一些特殊的断层现象做一些补充描述。主要核心是在高品质的地震资料基础上，以地质认识为指导，甄别各种断层"陷阱"，是提高地震解释的真实性、客观性，推动油藏再认识和再发现。

1）断裂下盘"断层阴影"现象分析

"断层阴影"现象一般出现在切穿多个强反射界面的深大断裂下盘。图 8-19（a）、（b）

是王愫教授做的一个垂直入射模型正演，其中图 8-19（a）是一个只有一条断层的地层模型，图 8-19（b）是对其用射线路径正演的结果。由于断层面上、下地层速度的突变，在断面的下盘常常发生地层结构一系列的相位错位的"紊乱"，产生一些"假断层"，属于典型的剖面"陷阱"，给客观的地震资料解释带来很多困难。图 8-19（c）是松辽盆地采集的"两宽一高"高精度三维地震剖面，图中深大断裂（正断层）下盘存在一个与强反射断点对应的、垂向分布的反射杂乱带，存在很多"假断层"，在地震资料解释中往往认为是伴生断裂现象，在断层解释中必须加以甄别。在煤层普遍发育的地区，煤层尖灭点造成下伏层产生"断层阴影"现象。这类假断层一般为一条，铅直存在于煤层尖灭线以下，与煤层尖灭线分布一致。

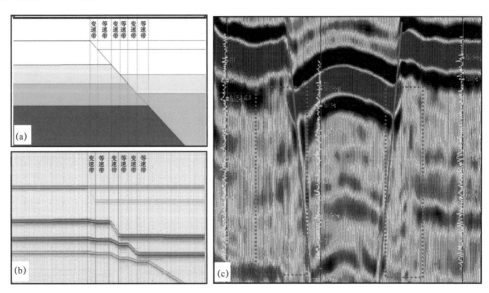

图 8-19　断面下盘"假断层"现象解析

2）"层断波不断"现象分析

"层断波不断"是指在实际地质资料上"断层"是存在的，但在该断层对应的地震剖面上"波不断"现象，或者不易在视觉能够解释出断层来。图 8-20（a）是一个常见的地质剖面，在发生断层时，煤层上下的脆性地层往往发生错断，煤层由于其特定的塑变性质，在断距不是十分大的情况下，可以仅发生一些塑性变形，以"平衡"上下层的错断。一般地震资料的层位解释中，都是选取全区比较连续、反射比较强的同相轴作为解释标志层，这些标志层绝大多数都是高速层与低速层（具一定塑变特征的湖泛泥岩、煤层）之间的反射，一些较小断层的断距往往消失在低速层的塑变中。图 8-20（b）是准噶尔盆地煤层部位的三维地震剖面，在剖面上强反射连续性较好，断层不明显，其上覆层、下伏层断层现象比较明显。如果沿标志层（强反射层）利用沿层相干属性、曲率属性等识别该断层，一般不明显，往往会忽略此断层。这时应该避开标志层，沿标志层的上部或下部开一定的"时窗"，再利用各种相干属性、曲率属性、振幅属性进行预测，一般这些断层就会被"识别"出来。对于这种强反射相位"扭曲"是否是断层的甄别，对于油藏再认识，以及评价开发井部署意义重大。

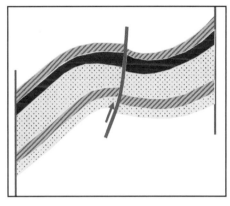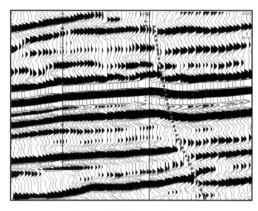

(a) 脆性地层"断"，塑性地层不断（塑变）　　　　　　　　(b) 低频强反射"层断波不断"

图 8-20　"层断波不断"地震剖面解析

　　3）多期断裂"断层反转"现象分析

　　红山嘴地区是一个多期构造运动叠加改造的复杂构造区。一般情况下，早期断层控制和影响晚期断层的发生及分布，晚期断层对早期断层有一定的改造及复杂化作用。在红山嘴地区的印支运动、燕山运动都表现为挤压运动，断层活动方式为逆断层，但喜马拉雅运动在该区表现为拉张运动，断层活动方式为正断层。早期的逆断层和晚期的正断层，由于成因机制、活动方式的差异，两者多数没有必然联系，但在有些部位，两者有着密不可分的关系。在早期的逆断层部位，后期正断层往往较大。在浅部正断层活动时，往往使侏罗系、三叠系的逆断层发生正断层作用，对早期逆断层进行改造。改造通常分为两种情况：一种情况是后期正断层断距小于早期的逆断层，只是使早期的逆断层断距变小，但侏罗系、三叠系仍然是逆断层；另一种情况是后期的正断距大于早期的逆断距，早期的逆断层演化为正断层。无论是哪种情况，对侏罗系、三叠系的层位解释时需要具体问题具体处理。

　　图 8-21 是一条过红山嘴地区的东西向地震剖面，从剖面上可以明显看到一条断穿白垩系、侏罗系的较大的正断层。开始解释时，根据白垩系与侏罗系之间不整合面强反射波（标准反射层）解释，不整合面上（白垩系）、下（侏罗系）均为正断层［图 8-21（a）］，但当拉平白垩系底部不整合面反射波时，发现在白垩系沉积之前，侏罗系为逆断层，目前解释的层位不合理［图 8-21（b）］；同时，发现侏罗系末是逆断层结构，对比解释的层位却是正断层层位，则侏罗系层位解释不合理，自然编制的目标层构造图也是不对的。只有在拉平白垩系底部不整合面的情况下，再解释断层两侧侏罗系目标层的层位［图 8-21（c）］，然后回到现今剖面时［图 8-21（d）］，发现侏罗系的层位仍然是"逆断层"结构，这时再编制的目标层构造图才是比较合理的。

　　3. 不同类型圈闭构造解释对策

　　不同的油气藏有不同的主导控藏因素，不同的主导控藏因素对应不同的解释研究内容，不同的解释研究内容有不同的解释研究对策。因此，在解释研究一个地区时，尤其是在已经发现的油区或开发区首先要梳理本区的成藏特点与可能的油气藏类型，其对应的地质结构因素是什么，地震资料解释关键点什么，然后再确定针对性解释对策。由于油气藏类型众多不尽相同，限于篇幅的限制，下面就几个特例进行说明。

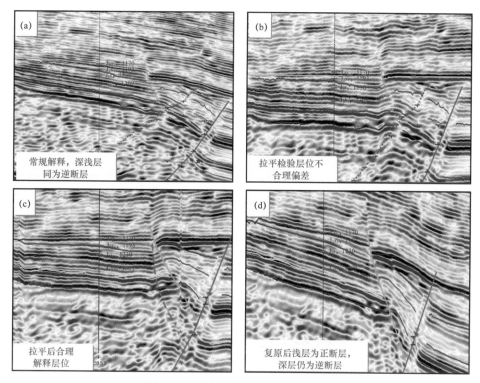

图 8-21 叠合、复合断层解析与解释

1）古潜山圈闭及解释对策

华北油田震旦系雾迷山组大型古潜山油气藏是最典型的一个，单个潜山油气藏年产量上千万吨。古潜山之所以越来越引起人们重视，主要在于它是一种十分普遍的油气圈闭类型：一是储层发育，古潜山主要发育在较大不整合面上，因为是剥蚀后的"残丘"，因此在古潜水面之上，"残丘"水平溶蚀和垂直溶蚀的次生孔隙十分发育。二是由于"残丘"属于局部地质体，横向变化大，是一个类似于独立"砂体"的一个局部储集体，加之上覆层往往为水侵体系域泥质岩覆盖，容易形成良好的储集油气的圈闭条件。

随着石油勘探的领域越来越宽，古潜山油气藏种类越来越多，不仅仅只是碳酸盐岩潜山，按岩性分有碳酸盐岩潜山、变质岩潜山、火成岩潜山，也有碎屑岩潜山。也不仅仅是像任丘古潜山那样自形成后基本没有大的形态变化，而大多数是潜山是随着构造运动的变迁而变得十分"隐蔽"。按潜山形成后构造变动可分为形成后产状变化大的，也有形成后产状基本不变的。在渤海湾断陷盆地区，一般陡坡带的古潜山产状变化不大，但在缓坡带因地层强烈的掀斜运动古潜山产状变化较大，古潜山变得十分"隐蔽"。对于这种后期产状变化较大的"隐蔽"型古潜山，必须开展针对性工业制图才能很好地发现与落实（图 8-22）。

根据大量研究和实践，提出了古潜山圈闭工业制图的方法和步骤：首先在古潜山上覆层选择一个标志层进行追踪对比［图 8-22（a）、（b）］，然后将该层位数据和古潜山顶面不整合面层位数据相减，得到古潜山上覆层沉积厚度图，薄区闭合范围就是古潜山的范围［图 8-22（c）］，潜山的高度就是潜山储层的厚度。然后编制潜山顶面今构造图［图 8-22（d）］，将潜山范围叠至潜山顶面今构造图上，潜山范围的高差就是该古潜山圈闭的闭合度。

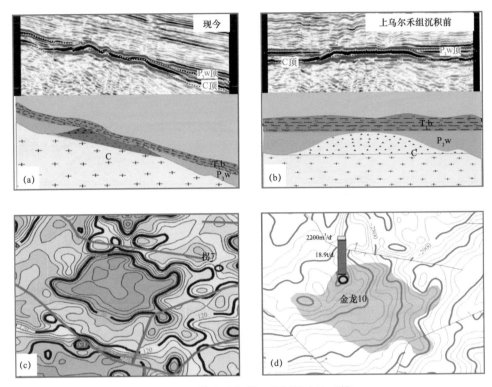

图 8-22　潜山油气藏工业制图方法对策

　　根据上述方法，在红山嘴地区的车 21 井区，利用新施工的小面元高精度地震资料落实了该区石炭系古潜山圈闭，部署了 12 口钻井（车 210 井、车 211 井、车 212 井、车 213 井、车 214 井、车 215 井、车 217 井、车 218 井、车 222 井、车 219 井、车 220 井、车 223 井），经钻探均获工业油气流，2016 年探明石油地质储量 5000 多万吨。

　　2）不同地质结构控藏的因素不同，地震解释研究对策不同

　　在红山嘴复杂构造地区，尽管断层都是主要的控藏因素，但不同区块控藏因素相差很大，针对性解释对策差异也很大。如图 8-23 所示，尽管成藏与断层有关，但不同区带差异很大。在东部的红浅 96-94 断裂构造带、红浅 018 断裂构造带，由于属于偏泥相带，三叠系、侏罗系都是泥包砂地层组合，砂岩一般为 2～5m，只要东倾逆断层（规模较大、油源断层）落实，一般都有油气发现，油气层主要位于断层的上盘，红 018 井钻探证实从浅到深，三叠系、侏罗系整体含油，红浅 96-94 断裂构造带也同样，因此这两个构造带落实东倾的深大断层是核心。

　　在红 36 断裂构造带和红 032 断裂构造带，主要断层西倾，油气成藏主要取决于逆断层上升盘石炭系致密层侧向封堵及三叠系底部有无砂岩储层双重控制，成藏层位主要是三叠系下克拉玛依组，油藏位于逆断层的下盘。由于这两条断裂带向北部断距变小，下克拉玛依组砂岩尖灭，南部断距大，砂岩发育，油气藏主要位于这两条断裂的南部。地震解释的核心主要是精细刻画断距和落实下盘下克拉玛依组砂体沿逆断层下盘向北的变化。

　　在图 8-23 的最西端是红浅"π"形断裂复杂带（图 8-24），由于"π"形的北部是北西西走向的"克—乌"大断裂，西部是北北东走向的"克西"大断裂，南部北北西走向的车前大断裂，是本区"π"形逆断层下盘的三叠系、侏罗系形成北、西、南三面均为石

炭系浅变质岩侧向封堵，向东面地层区域下倾的有利成藏环境，形成多层系连片整体成藏，近几年的滚动勘探评价、开发扩边也证实了这一点。地震解释只要能落实有利储层，就能找到可动用的开发区块。图8-24中各层近几年不断发现的油气藏也证实了这一点。

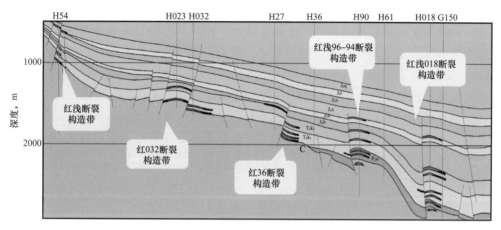

图8-23 红山嘴地区不同断裂带控藏模式

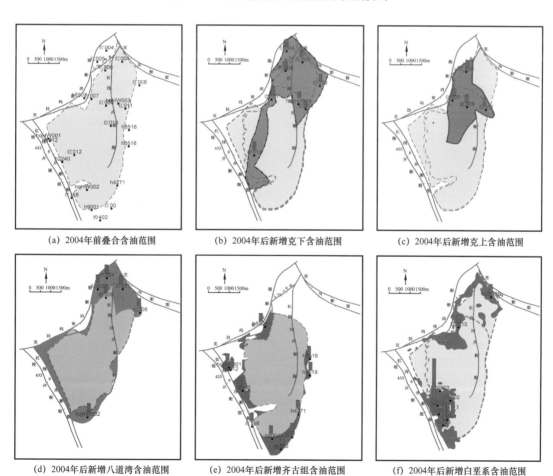

图8-24 红浅地区多层新增探明储量

三、技术应用效果

在实际油气勘探过程中，面临上万米厚的地层，几十套储盖组合，横向千变万化的地层结构，寻找油气目标必须有一定的目标性、目的性，必须在大量了解、分析区域地层的基础上，构建一定的油气成藏模式，才能有效地、事半功倍地发现和落实圈闭目标。在红山嘴复杂断裂区的滚动勘探开发研究过程中，首先是基于高精度三维地震资料分辨率的提高、成像品质的改善，解决很多部位地质结构不清的问题，为研究认识奠定了资料基础。另一方面是地震解释研究—油藏描述、油藏开发动态分析"一体化"理念的进步。

红山嘴地区地震资料解释方法和认识上有很多新的突破，发现落实了一批老油藏的剩余储量和新发现了一批新的油藏，有效推动了地震勘探技术在红山嘴地区油藏再认识、再发现，扩大了油气储量，提高了油气产量，达到和超过了历史上最高产能，使一个已经面临枯竭的油田获得了新生。

1. 红18井区近枯竭油藏扩边

红山嘴油田红18井区位于克拉玛依市南约30km，区内地势平坦，平均地面海拔280m，构造上位于红18井断阶带。本区在石炭系基底中生界地层发育齐全，自下而上发育的地层有三叠系下克拉玛依组（T_2k_1）、上克拉玛依组（T_2k_2）、白碱滩组（T_3b）、侏罗系八道湾组（J_1b）、三工河组（J_1s）、西山窑组（J_2x）、头屯河组（J_2t）、齐古组（J_3q）和白垩系清水河组（K_1q）。

红18井区油藏1956年开始钻探，至1961年完钻4口井，在红18井下克拉玛依组获得工业油流，发现了红18井区下克拉玛依组油藏。1983年又相继在红43井、红48井、红113井和红115井下克拉玛依组获工业油流，基本控制了红18井区内各个小断块的含油范围。下克拉玛依组油藏探明含油面积8.41km²，探明石油地质储量916.9×10⁴t，可采储量175.3×10⁴t。

1984年红18井区下克拉玛依组油藏采用300m井距、反七点面积注水井网投入全面开发，至2013年已经历了近30年的开发历程。目前，区块内共有采油井48口，注水井20口，截至2013年9月累计产油137.7×10⁴t，累计产水208.3×10⁴t，累计注水326.8×10⁴t，累积注采比0.94，综合含水72.5%，采出程度已近80%，单井平均日产油2.6t，日产水8.0t。是一个已经接近开发枯竭的油藏。

依据红山嘴新的高精度对红18油藏重新进行了精细构造解释，发现红18井区油田区由红18断块、红48断块、红91断块和红43断块组成，重新编制完成红18井区下克拉玛依组油层底界构造图。

在解释研究中，首先解释区域内的标志层和边界大断层，再解释次级断层，最后对层位加密解释的顺序进行断层组合和地震层位解释对比。在断层解释与组合过程中，首先针对整个数据体进行多种属性提取与分析，把握断层在平面上的展布特征，开展多地震属性断层识别，通过对常规地震剖面进行滤波处理、相位处理，使断层在地震剖面上的断点更加清楚。同时，通过谱分解技术将地震剖面从时间域转换到频率域，利用振幅谱和相位谱精细刻画小断层，再通过均方根振幅属性、相干体属性、蚂蚁体属性、边缘检测技术、瞬时相位、频率属性、谱分解技术、曲率体属性和时间切片来分析断层的平面展布特征，确保准确和精细描述每一条断层，取得了4个方面的成果（图8-25）。

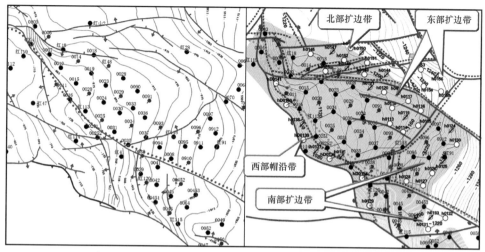

(a) 老三维地震构造解释图　　　　　　　(b) 新三维地震构造解释图

图 8-25　红 18 油藏区新老三维地震下克拉玛依组构造对比图

（1）红 18 井区油藏西扩：通过采取"分断块"局部精细成图，弥补了连片成图中现有解释软件对大断层两侧成图精度不高的缺陷。在重新解释研究中，针对逆断层上下盘地层重复较多，一般的层位追踪与成图方法无法准确刻画地层分布范围的特点，采用上下盘层位单独追踪各自成图的方法，发现断块西南部边界断裂位置调整较大，断层解释方案调整前后局部有明显的差别，由原先高角度逆断层（断层倾角 60°～70°）变成上陡下缓的逆掩断层，发现逆掩断层下盘的帽沿带是尚未动用的剩余油有利发育带。经过重新解释成图向西扩大了下克拉玛依组的有效圈闭范围及含油边界，沿该带新部署了 6 口新的开发井，钻探后均达到设计目的。

（2）红 18 井区油藏南扩：南部下克拉玛依组油层向北在北东向断层（断面北倾逆断层）断开，由石炭系浅变质的火成岩致密层侧向封堵，独立成藏，和红 18 油藏既有连通又有分割，因此在红 18 油藏的南区又部署了 6 口开发井，钻探后均达到设计目的，向南扩大了原有油藏范围，而且还有再向南扩边的趋势。

（3）红 18 井区油藏东扩：研究认为红 18 断阶带的西侧的侧向封堵层为浅变质的石炭系火成岩建造，属于特低孔低渗地层，具有良好的侧向封堵层性能，红 8 断鼻构造应整体成藏，因此在红 18 油藏的低部位又部署了 7 口开发井，向东在北西向断层下盘的断块，根据同样的成藏原理，认为下克拉玛依组同样成藏，也部署了 3 口开发井，通过钻探均达到了设计目的。向东扩大了油藏范围，而且还有再扩边的趋势。

（4）红 18 井区油藏北扩：从新老构造图对比来看，红 18 北侧断裂解释方案和断裂组合变化较大。老资料的三维地震构造图上，主要认为两条向北西方向相交的断层控制了红 18 油藏的北部边界。而新资料的三维地震构造图上，增加了两条近南北向西倾的逆断层，近东西走向的断层向西延伸距离更远，与近南北向断裂相交，在时间切片、相干属性、曲率属性上均支持新的解释方案。根据同样的成藏原理（逆断层上盘侧向封堵），这样在红 18 油藏北部，东西向南倾断层的下盘就增加了相当大的一个新的含油区块。同样在这个新油藏区部署了 6 口开发井，经钻探均达到设计目的。而且可以看出，这些井的钻探成功标志着该区还有相当大领域可以部署新的开发井。

通过高精度三维地震资料的精细刻画和油藏模式再认识，在红 18 断鼻构造西部、东部、北部、南部均部署了一批新的开发井。采用不规则反七点法面积注水井网，井网井距 220～300m，部署开发井 42 口，其中，注水井 14 口、采油井 28 口，设计平均井深 1489m，钻井进尺 6.2551×10⁴m，单井产能 4.5t/d，新建产能 3.78×10⁴t/a。钻探后均获工业油气流，达到了设计目的，在较大范围内扩大了含油边界，而且还有进一步扩大的趋势。

2. 红 032 井构造带和红 36 井构造带逆断层下盘下克拉玛依组油藏新发现

红山嘴高精度三维地震实施后，利用新的高精度三维地震资料在红山嘴地区新发现了一批新的油藏，据 2008 年不完全统计，至少有 8 个油气藏是新发现的（图 8-26）。

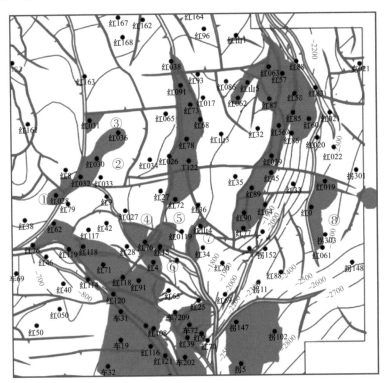

图 8-26　新发现油藏

①红 023 油藏；②红 032 油藏；③红 031 油藏；④红 76 油藏；
⑤红 15 油藏；⑥红 4 油藏；⑦红 014 油藏；⑧红 018 油藏

在 032 断裂构造带及其东侧的红 36 断裂构造带，由于主断层均为近北北西走向的西倾逆断层，油层主要发育于断层东侧的下降盘，油藏成因主要是三叠系下部砂岩受西侧石炭系致密层侧向封堵而成。由于近北北西向断层的断距南大北小，而且三叠系下部储层物源自南而北，北薄南厚，北部基本没有储层发育（图 8-27），因此这类油藏主要发育在南部。在北北西向断层的上升盘，由于地层在喜马拉雅期向北西方向不断抬升，难以形成有利成藏圈闭。从目前发现的这些油藏的分布可以看出（图 8-26），红 032 断裂构造带及东侧的红 36 断裂构造带是这类油藏的集中发育区。这些断裂的发育自南而北几乎贯穿工区的南北，但油藏都主要集中在工区的南部，且有一个共同特点是含油层位于下克拉玛依组，且油层都位于下克拉玛依组的底部，这些油藏的控制因素主要有以下几点。

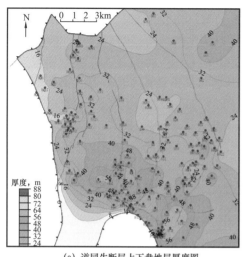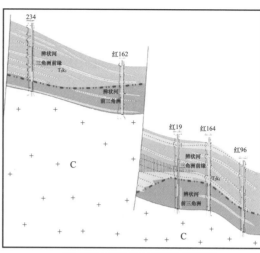

(a) 逆同生断层上下盘地层厚度图　　　(b) 逆同生断层上下盘砂体分布特征图

图 8-27　红 18 断阶带逆同生断层上下盘地层厚度、砂体分布特征图

（1）受控于断裂构造带主断层的断距：红 032 断裂带和红 36 井断裂带的下降盘的油藏，主要受控于向西上倾方向石炭系致密岩层为侧向封堵成藏，断层垂向断距都较小。由于构造变形、构造活动强度的源动力主要受南部车排子凸起和红 18 断阶带控制和影响，因此在红 032 断裂带和红 36 断裂构造带南部断距大，向北部逐渐变小，乃至消失。

下克拉玛依组底部地层在南部的大段地层被西侧上升盘的石炭系致密岩层封堵，具备良好的成藏条件，形成了大量这类油气藏：②红 032 油藏、③红 031 油藏、④红 76 油藏、⑤红 15 油藏、⑥红 4 油藏、⑦红 014 油藏。而北部由于断距变小，只有很少下克拉玛依组的地层被西侧石炭系致密层封堵，成藏概率很低，基本上没有发现这类油气藏。另一方面，克拉玛依组上部地层，由于红 032 断裂带和红 36 断裂构造带断层两侧的地层，由于自身为"砂泥岩"对接"砂泥岩"，侧向封堵条件差，自然成藏概率很低，加上向西为一个逐渐抬升的斜坡，没有明显的背斜构造（构造发育史恢复表明，在三叠系末的印支运动期，在红 032 断裂带和红 91 断裂构造带上升盘曾有比较大的西倾，具有明显的背斜圈闭特征，但这些背斜构造在喜马拉雅期由于北西方向强烈的抬升，西倾幅度消失，背斜圈闭遭后期构造运动破坏）。从目前钻探结果看，只有个别的出油气井点，而且含油气范围很小。如红 032 断裂带上部的红 023 油藏、红山 5 油藏、红 062 油藏。

（2）油藏受控于断层下盘储层的分布：从下克拉玛依组大于 5m 砂岩（一般为有效储层）等厚图来看，三叠系的物源无疑来自南部车 50 井凸起区，砂岩南厚北薄，而且物源水系由南向北注入过程中，受南北向的红 032 断裂体系和红 36 断裂体系控制明显，也就是说在下克拉玛依组沉积时，这些南北向逆断层已经在活动，性质为"逆同生断层"，在断层的上升盘部位地势相对较高，砂岩沉积较少，砂体不发育，而在下降盘部位，地势相对较低，砂岩沉积较多，砂体发育。因此在红 032 断裂构造带和红 36 断裂构造带南段部位有效储层发育，北段储层不发育，这也是断裂带南段油藏发育，北段油藏不发育的主要原因。

（3）油藏范围主要受控于砂体的分布，油藏类型主要为断层—岩性油藏：图 8-28 是红032下克拉玛依组油藏（位于下克拉玛依组第一套砂组S7）的油层顶面构造图、油藏分布范围图、S7砂体厚度图。红032井是该油藏的第一口发现井，前期研究认为该区为断块控藏，该断块圈闭由西侧较大的西倾逆断层和南北两侧的逆断层组成，砂层顶面东倾，是一个典型的断块圈闭，红032钻探后在S7砂体获得了70t/d的高产，紧跟着又部署了红030井、红033井、红32004井、红32005井四口评价和开发控制井，但除红030达到预期目标外，其余三口井全部失利，没有钻遇到S7这套砂岩，说明S7这套砂岩在这个断块圈闭内只有局部分布，在S7砂体地震相应精细标定、解析的基础上，针对目标层地震相应反射层，利用谱分解、均方根振幅预测出S7的分布特征，编制了该该断块圈闭内S7的砂体厚度图与分布区。在此基础上部署了一批开发井均获得成功，也就是说，该S7油藏在西南部为断层封堵，北界、南界和东北部边界均为S7砂体尖灭，是一个典型的断层—岩性圈闭油藏，形成了一个高效开发的油藏区块。

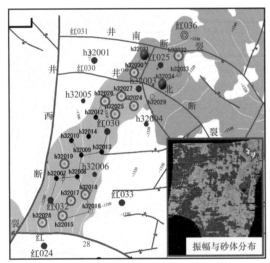 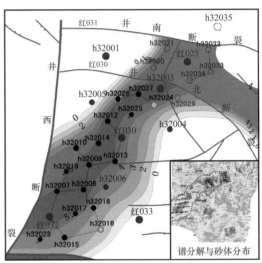

(a) 红032井区下克拉玛依组S7⁵油层分布图   (b) 红032井区下克拉玛依组S7⁵油层等厚图

图8-28　红032断层—岩性油藏顶面构造图及油藏分布与砂体分布关系图

3. 红018构造带断鼻油气藏的发现

红018断裂构造带位于红山嘴地区的东部，该构造带和西部032构造带的最大区别是其北北西向的边界断层面为东倾，和红032断裂带主边界断层西倾正好相反。在红018构造带主边界断层的上升盘为背斜构造，油藏主要位于上升盘，需要指出的是该区的成藏及相应地震解释描述有两个关键问题。

（1）根据储盖组合特点，该区的三叠系远离南部物源区，属于偏泥相带，表现为泥夹砂特征，砂岩层薄（一般为2～5m），只要有油源断裂，有构造背景，均可成藏。因此，利用小面元高精度地震资料落实断层、落实构造是核心工作。

（2）针对"层断波不断"（图8-20）的认识和解释研究是关键。从图8-21左侧的地震剖面上可以看出，同一条断层沿不同反射层提取相干信息，特征相差可能较大。这主要是煤层由于在断层两侧发生塑性变形，致使在地震反射波上层位不能断开（只是在大断层处相干有响应），而相邻的脆性地层是断开的。前期研究认为红018断裂构造带只是鼻状构造，难以圈定断鼻构造特征。在解释红018断裂构造带时，尽管在地震剖面上其西侧断层不明显，尤其是一些强反射波上断层很不明显，但是在地震资料解释与构造工业制图中，还是根据一些高频反射组的错断现象解释出了这些断层，将过去一些仅仅表现为"鼻状"的构造，准确地描述为"断鼻或断背斜"构造，落实了断鼻圈闭构造，提出了一批钻探井位（图8-29）。

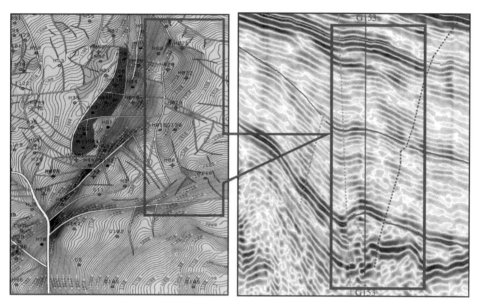

图8-29 红08油气藏平面分布图和地震剖面

首批部署的红018井、红019井、在多个层位（石炭系、下克拉玛依组、上克拉玛依组、白碱滩组）都获得高产油气流，后续部署的020井、021井、022井、063井也都获得了高产油气流，这些井的钻探成功也佐证了层段波不断解释的合理性与必要性。该构造带的发现落实也是小面元高精度地震实施后发现与落实的另一个高效开发区块。

4. 向斜构造成藏认识与油藏新发现

石油地质学问世以来，人们已经非常习惯高点或高部位含油，低部位含水，向斜相对于背斜来说，自然背斜是高部位，这就是背斜含油理论的来历。随着石油勘探开发的不断实践，油气成藏的方式、类型越来越多，越来越复杂，只要在空间上具备"圈闭"的条件，均可以成藏。

在红山嘴地区深入研究中，由于地震资料品质大幅度提高，不同岩性地层的接触关系清楚，在红18断阶带与红122构造带的结合部，发现了一个"向斜构造"的成藏圈闭类型（图8-30）。

图8-30（a）是一条近北西—南东方向的地震剖面，可以看出两条大断层夹持的断槽内的地层是三叠系，为砂岩与泥岩构成多套储盖组合，和两侧以断面方式与石炭系接触，石炭系均为致密非渗透性地层（侧向封堵层），形成良好的侧向封堵，其油藏剖面如图8-30（c）所示。

图8-30（b）是一条北东—南西方向的地震剖面，南西方向为地层的上倾方向，在上倾方向三叠系地层断面方式和致密非渗透的石炭系地层接触，形成良好的侧向封堵层，向东地层呈单斜下倾。也就是说三叠系总体在北、西、南三个上倾方向以断面接触方式被石

炭系致密层侧向封堵，而东侧呈单斜向东倾没，形成一个圈闭条件良好的"向斜型"圈闭，其油藏剖面如图8-30（d）所示。

图8-30（e）是利用红山嘴高精度地震资料对该圈闭进行精细工业制图，圈定了油气分布的范围，以及根据储层储盖组合认识油藏模式（层状边水）后［图8-30（d）］，部署的新的开发井网，部署扩边13口，其中9口采油井，4口注水井，并分两批实施，第一批实施6口井，第二批实施7口井，实施效果良好，并对0083井、0084井、0099井进行补孔补层措施，共计11层70.4m。钻探实施后达到了设计目的，而且油气藏向北东方向扩大趋势明显。

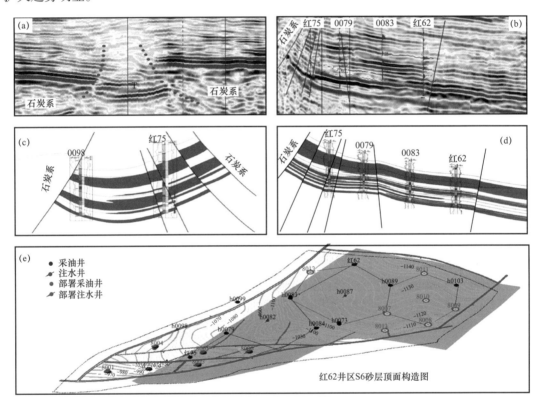

图8-30 红山嘴地区向斜构造地震剖面、油藏剖面及新开发井部署方案

5. 多期复合断层解析与油藏新发现

在长期的地质历史中，有多期构造运动活动发生，早期可能是以挤压作用为主，主要表现为逆断层活动，晚期可能以张性拉张作用为主，主要表现为正断层活动，无疑新一期构造运动的作用都会对早期的构造进行改造。在红山嘴地区的车21井区，即红50凸起东侧的红67井断阶段，在侏罗系上部和白垩系底部，发育一条明显的、近南北向东倾的正断层，本区早先的钻井中在侏罗系齐古组已发现油层，为了评价该油层的分布范围，需要精细落实齐古组油层顶面构造图，以部署新的钻井。由于本区早先钻井较少，齐古组油层顶面又缺乏标志层，因此正确认识正断层两侧的层位尤为重要。

一般情况，正断层下降盘层位肯定要比上升盘层位低，因此在第一轮做出的构造图上，在断层下降盘一侧提不出圈闭目标，难以部署评价井位。在认识到（拉平白垩系底部标准层）侏罗纪末（燕山运动）的构造活动方式为挤压运动，应以逆断层活动为主，而古近纪（喜马拉雅运动）的构造活动方式为拉张运动，这时才是正断层的发生发展阶段（图8-31）。

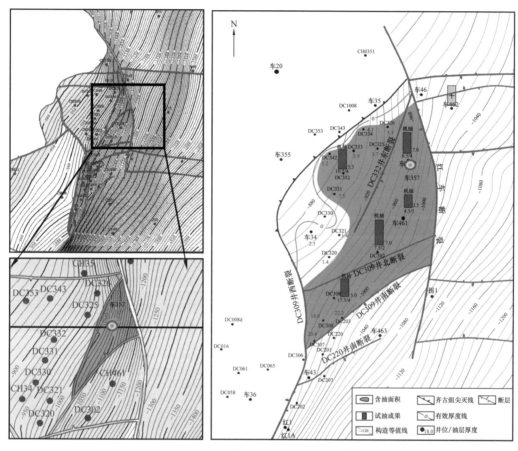

图 8-31　车 357 油藏断裂解释与油藏分布图

　　根据上述研究认识，在对侏罗系齐古组油层进行精细构造描述中，首先将白垩系底界标志层拉平形成新的地震数据体，这时可以清楚地发现，这条正断层在侏罗纪末为一较大的逆断层，早期解释的断层（正断层）两侧的层位对比存在严重错误。因此在拉平数据体上，根据该断层早期为逆断层来解释断层两侧的层位才比较客观。在这一解释方案基础上，将数据体再恢复到现今实际数据体，发现新解释的层位，仍然表现为逆断层，也就是说，后期正断层的断距并没有将早期的"逆断距"全部拉回，该断层是一个"上正（白垩系）下逆（侏罗系）"的复合断层。

　　用新的解释对比层位对侏罗系齐古组油层顶面进行精细工业制图，发现在该断层东侧原层位工业制图是一个低部位，而现在用新层位工业制图则是一个"断垒"型高块，自然是个良好含油构造，利用新的构造图提出并实施的车 357 井获得了齐古组厚层的油气发现，进一步评价后探明优质地质储量 670×10^4t（图8-31）。

四、认识与展望

　　红山嘴地区地震精细构造解释实践表明，地震资料精细构造解释贯穿在油气勘探、评价及开发的不同阶段，深化地震技术应用是成熟探区增储上产的有效途径。

（1）高精度地震资料是深化解释的基础：对比红山嘴地区新老地震资料可以发现，新的地震资料纵横向分辨率都有很大提升，但最为重要的是地震资料横向分辨率和空间分辨率的提高。尽管目前的地震资料为12.5m×12.5m的小面元高覆盖资料，但地震勘探仍有进一步挖潜的必要，一方面是空间分辨率不够，在红032断裂带和红91断裂带下降盘仍有很多出油点的油藏范围落实不清。另一方面是浅层地震资料覆盖次数很低，致使地震资料成像差，保真度不高，对于红山嘴地区大量岩性油藏落实困难。进一步挖潜野外地震资料采集也是必要的，建议在红山嘴地区下一步将野外采集面元缩减到5m×5m，并确保足够小的近偏移距覆盖次数，进一步提高地震资料横向分辨率和提高浅层地震资料的成像质量和保真度。

（2）地震资料是地下目标的近似响应：在地震资料解释研究中一定要把握好这一点，比如说地震资料上分辨不出断层并不代表地下就一定没有断层，只是当前地震资料的精度还不够高，在地震资料上难以识别目标层的尖灭，也不代表地下该目标层就真的会延续很远，只是当前地震资料的分辨率还不够高。可以预见的一定阶段，对于岩性目标圈闭或断层—岩性圈闭的描述地震资料只是一种近似，解释人员通过"处理解释一体化"深化地震资料本身的认识以及地质目标地震响应的解析要始终贯彻于解释研究的全过程。也正因为如此，解释人员在研究过程中根据地震资料的蛛丝马迹进行一定的主观认识、合理推断也是必须的。

（3）地震资料解释中模式指导是不可或缺的：将地震解释研究与构造样式、沉积储层、油藏模式"一体化"研究，用构造模式、地层模式、油藏模式来指导地震资料解释是非常必要和有效的。

第三节　松辽盆地长垣油田井震结合精细油藏描述

大庆长垣油田为大型浅水湖盆河流—三角洲沉积，构造具有平缓、幅度小、断层发育、断距小的特征，储层具有砂泥互层、平面非均质强和单层砂岩厚度薄的特点。投入开发50多年来，依赖大量不断增加的钻井、测井资料深化构造、储层等地质认识，有效指导了精细开发调整挖潜。随着油田开发进入特高含水后期，剩余油分布更加零散，挖潜技术难度不断增大。井网逐渐加密过程的调整效果表明，单纯依靠井点资料对微幅度构造形态、小断层分布以及砂体预测存在不确定性。因此，按照"整体部署，分步实施，示范先行，稳妥推进"的长垣开发地震部署原则，2007年8月在萨尔图油田部署了690km²高密度三维地震，旨在通过井震结合进一步提高构造和储层描述精度，深化地质特征再认识，为老油田精细调整挖潜提供有效技术支撑。以大庆长垣油田萨北开发区北二西区块为例，展示密井网条件下地震目标处理、井震结合精细构造和储层描述技术，以及利用研究成果指导剩余油精细调整挖潜方案编制的应用效果。

一、概况与需求

1. 地质背景

1）构造特征

萨北开发区构造上为长垣北部不对称短轴背斜,地层倾角 1°~2°。在葡萄花油层顶面构造图上,构造最高点为 -696.9m,以 -1024m 圈闭线计算,闭合高度 327.1m,闭合面积 118.8km²。油藏地面海拔 148~152m,油层深度 700~1200m。在含油面积内发现断层 55 条,其中断失油层部位 43 条,断层类型都属正断层,走向多为北北西向,延伸长度最大为 7.4km,断距一般为 25~30m,具有良好的封闭性。

2）储层特征

萨北开发区属于松辽盆地北部沉积体系的大型叶状三角洲沉积。该时期湖泊的水域受构造运动、气候周期变化及河流—三角洲位置变迁等因素的影响,湖面波动频繁,湖岸线摆动大而迅速。主要储层位于中部含油组合,从下到上高台子油层沉积主要为三角洲内外前缘相,平均地层厚度 75.8m,平均储层厚度 8.2m;葡萄花油层主要为泛滥平原—分流平原相沉积,平均地层厚度 59.6m,平均储层厚度 17.9m;萨尔图油层主要为三角洲内外前缘相沉积,平均地层厚度 106.8m,平均储层厚度 29.8m。储层在纵向上层数很多,单层厚度从 0.2m 至十几米以上,高低渗透层、厚薄油层交互分布。

3）油藏类型

萨北开发区油藏类型为背斜型砂岩油藏,无气顶,短轴背斜构造。边水底水不活跃,天然驱动能量小,采用人工注水驱动方式开采。油水分布基本上受构造控制。在构造形成时伴生一些中小型正断层,断层对原始油水分布不起封隔作用,各油层属同一水动力系统,油水界面在海拔 -1050m。在纵向上,从上至下是纯油层、油水同层、水层。

萨北纯油区包括北二西、北三西、北二东、北三东 4 个区块,其中,研究区北二西区块位于萨尔图油田萨北纯油区西部(图 8-32),面积 23km²。工区构造较为平缓,地面平均海拔 150m 左右,地层倾角 1°~3°。该区断层较多,共发育断层 18 条,均属正断层。断层走向均为北北西向,平均倾角 52° 左右,最大延伸长度为 6.6km,最小只有 0.5km。断距较大,最大断距 92.0m,最小断距 1.2m。精细地质研究结果表明,区内共发育萨尔图、葡萄花和高台子三套油层,属于早白垩纪中期松辽盆地北部一套大型河流—三角洲沉积。储层形成于松辽盆地青山口组水退旋回晚期至姚家组—嫩江组水进旋回早期,油层埋藏深度 870~1200m,沉积地层总厚度约 380m,划分为 8 个油层组、32 个砂岩组、108 个沉积单元。砂泥质交互分布,非均质性严重。

2. 开发历程

北二西 1964 年投入开发,目前共有 6 套开发井网。1964 年投产的基础井网分萨尔图油层和葡萄花油层两套层系开采,采用行列注水井网;1973—1976 年对萨、葡主力油层的中间井排进行点状注水,为完善断层区块注采关系进行了注采系统调整;1981 年对葡Ⅱ、高台子中、低渗透油层进行了一次加密调整;1986 年对基础井网、一次加密调整井网进行全面转抽。1994 年对萨尔图、葡Ⅱ、高台子薄差层进行全面二次加密调整;同年又对葡Ⅰ组主力油层进行了聚合物驱开采,其中北二西东块调整对象为葡Ⅰ 1-7 油层,采用注采井距 250m 的五点法面积井网;2004 年对萨尔图、葡萄花、高台子所有动用较差或未动用的

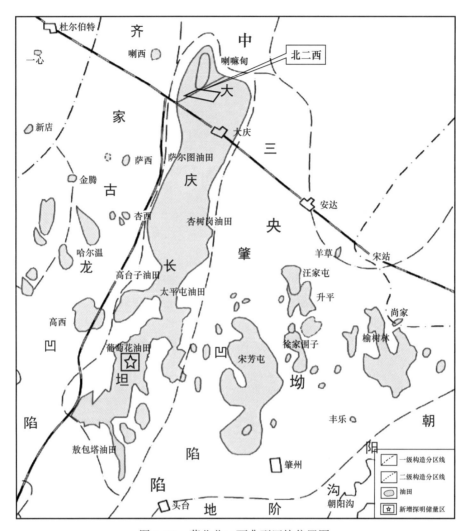

图 8-32　萨北北二西典型区块位置图

剩余油层进行三次加密调整，主要是表外储层和有效厚度小于 0.5m 的薄差层，采用注采井距 250m 的五点法面积井网；2004 年又对萨Ⅱ、萨Ⅲ二类油层进行聚合物驱开发，采用注采井距 150m 的五点面积井网（表 8-5）。研究区现有井数 2276 口井，井网密度 99 口 /km²。经过 50 多年的开发，现已进入特高含水开发阶段，水驱和聚合物驱在该区共同开发，平均综合含水率已经超过 90%，剩余油分布复杂，挖潜难度很大，各类油层动用状况不尽相同。

3. 资料条件

1992 年为了搞清断层分布，在大庆长垣萨尔图等油田进行了二维地震勘探数据的采集。为了进一步落实小断层和薄储层的分布特征，2008 年底完成了萨尔图油田 690km² 高密度三维地震勘探采集，涵盖了萨北北二西区块，2010 年完成了高保真地震资料处理和一次地震解释工作。研究区井资料丰富，具有齐全的井位、小层数据、沉积相数据库、断点数据库及测井曲线等基础数据，齐全翔实的数据为后续井震结合精细油藏描述奠定了可靠的数据基础。

表 8-5　萨北开发区北二区西块开发历程汇总表

井网	开采层系	开采年份	开采对象	井网方式	井排距离，m×m
基础井网	萨尔图主力油层	1964	主力油层	行列井网	500×500
					600×500
	葡萄花主力油层			行列井网	900×500
					1000×500
一次加密	葡Ⅱ、高台子	1981	中、低渗透油层	反九点	250×300
二次加密	萨尔图	1994	差油层	不规则线状 + 反九点	250×250
	葡Ⅱ、高台子		差油层	五点法	
聚驱井网	葡Ⅰ	1994	主力油层	五点法	250×250
三次加密	萨尔图、葡萄花、高台子	2004	差油层	五点法	250×250
二类油层聚驱井网	萨Ⅱ、萨Ⅲ	2004	主力油层	五点法	150×150

4. 地质需求

随着油田开发进入特高含水期，剩余可采储量逐年降低，新增可采储量难度很大。随着井网不断加密，井间断层和储层变化依然难以确定，注采关系及井网形式出现的不适应性制约着剩余油挖潜。主要地质需求有两点。

1）井间微幅度构造和断层分布特征需要进一步落实

2008 年以前仅利用井资料进行断点组合的组合率最高只有 85% 左右，还存在部分小断层及孤立断点无法组合；在井网密度平均高达 90 口 /km² 情况下，仍然存在井资料无法认识的井间断层，影响井间注采关系的完善；沿断层走向设计水平井或沿断层面倾向设计定向井时，断层三维空间分布特征及断层边部微构造不能精确刻画；利用水平井挖潜厚油层内部剩余油时，井间构造精度不够高；过渡带边部构造特征不清，过渡带外扩潜力不明。

2）井间砂体预测精度需要进一步提高

井网加密后，解释的河道砂体连续性发生改变、多期河道叠置、河道边界变复杂且河道规模变化较大，井间砂体认识存在多解性；三类油层砂体分布更加零散和复杂；沉积微相组合结果往往因人而异，砂体平面微相组合存在多解性，现有地质模式绘图方法更多地依据井资料、地质模式和经验。

5. 地球物理问题

三维地震技术具有空间密度大、地质信息丰富的优势。引入高精度三维地震技术，开展井震结合精细油藏描述技术研究，对于解决井间断层和构造认识不足、井间砂体预测精度低等问题具有重要意义。但是，对于油田开发后期，如何将已有的地质研究成果与三维地震信息有机结合进行精细油藏描述、提高密井网条件下陆相多层砂岩油田构造解释精度、减少储层预测多解性，尚无成熟的地震解释思路和技术可供借鉴，主要存在以下难题。

（1）在有着近50年开采历史的老油区和大面积现代化城区开展高密度三维地震资料采集国内外尚属首次。如何在不影响油田正常生产的前提下，解决油城建筑集中、采油区井网密布、地面湖泊众多、地下管线纵横交错、表层激发岩性横向变化剧烈等诸多不利条件对采集带来的影响，获得高品质的三维地震采集资料，是开发地震研究要解决的首要问题。

（2）现有地震处理技术难以满足密井网、多层砂岩油田开发中后期精细刻画小断距断层和预测井间窄小砂体展布规律的要求，如何进一步利用好已经获得密井网资料，实现在地震资料处理过程中消除地表和近地表因素的影响，正确保留反映砂体所需要的地震动力学信息，是面向开发后期油藏描述的地震资料高分辨率保真处理的关键问题。

（3）密井网条件下，构造描述精度要求高、井资料识别井间断层难、地震识别小断层精度低，如何充分利用大量密井网断点及地震信息，提高小断层解释精度，构建长垣油田新的构造认识体系，是油田特高含水期进一步提高采收率的第一要务。

（4）地震资料虽然空间采样率高，横向分辨率高，但是纵向分辨率较低，而钻测井资料能准确提供岩性信息，但反映的只是地下地层中某一井点的纵向变化，因此密井网条件下实现地震资料与井点信息有机匹配，正确描述和预测井间薄单砂体变化是开发地震研究的核心问题。

二、关键技术

1. 油城区高密度三维地震资料采集技术

在老油区和现代化城区建筑物密集、地下管网纵横交错等不利条件下开展高密度三维地震资料采集，由于激发药量、激发深度、激发岩性、表层结构等对地震波的吸收衰减和油区生产井的干扰噪声都会影响地震资料采集频带、高频信号能量和地震子波稳定性等[20]，为了克服上述因素对地震采集的影响，经过不断试验研究，形成了油区和城区高密度三维地震资料采集技术。

1）观测系统关键参数设计

线束方位角：一是尽量与相邻工区一致，便于后续构造和储层整体研究和认识；二是与油田开发井排的方向尽量一致，便于井震对比研究；三是与主体构造和断层走向尽量垂直，便于提高构造成像精度。综合考虑上述因素，确定工区线束方位角109°。

观测系统类型：考虑到主要目标为小断层和薄砂体，采集时必须保证对极小地质目标体有足够的采样，并减少由观测系统造成的采集"脚印"。因此，采用小面元、高覆盖、较宽方位角的观测系统，确保各个面元的属性尽量均匀。

面元大小：一是根据地震成像原理，满足偏移成像时不产生偏移噪声、30°绕射收敛的要求，提高横向分辨率；二是满足假频不污染有效信号、不降低分辨率、能识别窄小河道的采样要求。

经充分论证，最终确定16线6炮正交线束状观测系统，3520（220道×16线）道接收，10m（纵）×10m（横）面元，总覆盖次数80次（表8-6）。

表 8-6 长垣油田萨尔图工区三维地震工区观测系统参数一览表

项目	参数	项目	参数
观测系统类型	正交	检波线方位角	109°
面元尺寸	10m × 10m	炮点距	20m
覆盖次数	10（纵）×8（横）次	接收线距	120m
观测系统	16L 6S 220R	炮线距	220m
接收道数	3520 道	最小非纵距	10m
道距	20m	最大非纵距	950m
线束横向滚动距	120m（1 个检波线距）	纵向最小炮检距	10m
纵横比	0.43 / T1：0.48 / T2：0.63	纵向最大炮检距	2190m
纵向排列方式	2190-10-20-10-2190	最大炮检距	2387m

2）障碍物区域变观技术

利用高清卫片，根据楼区、建筑分布情况，结合特观设计技术，设计城区炮点和检波点位置。采集过程中，技术人员配备了双星系统 GPS 设备，根据障碍物的分布特点，实时调整点位，确保了炮点和检波点的位置精度；使用平底座检波器，用石膏粘紧在地面上，并盖上砂袋，解决了水泥、沥青及大理石地面无法正常插置检波器的问题；通过管线分布图，了解地下管线分布情况，及时调整炮点位置，杜绝了管线穿漏现象发生。

3）单炮地震记录质量评价

按照上述观测系统，通过野外严格的施工和质量控制，取得了高质量的地震采集资料，单炮记录信噪比高。从 BP 50Hz，60Hz，120Hz，140Hz 单炮分频扫描记录看，全区主要目的层萨尔图、葡萄花、高台子油层位于 T_1—T_2 地震反射层之间，连续性较好；从 BP 60Hz，70Hz，140Hz，160Hz 分频扫描记录看，大部分区域 T_1—T_2 层之间可见连续反射，部分区域为断续反射（图 8-33）。从质量平面分布特点看，长垣内部呈现出高点处信噪比低、平缓处信噪比高、西部信噪比低、东部信噪比高的特点。

影响地震采集资料质量的主要因素是城区附近噪声强，水域激发接收条件差，表层结构异常区吸收衰减以及长垣构造顶部散射作用影响。

2. 沉积模式指导下的高保真地震目标处理技术

地震资料处理旨在消除野外地震采集过程中的各种干扰因素，恢复地下介质的真实地震反射特征。无论是构造解释还是储层岩性预测，其解释和预测效果在很大程度上依赖于地震资料处理质量。近年来，松辽盆地针对岩性油藏的地震资料处理技术得到了长足发展，提高了长垣两侧构造解释和薄层储层预测精度，在薄互层岩性目标识别和井位设计中发挥了重要的作用。面对油田开发的需求，地震资料处理成果的分辨率和保真性均需进一步提高，为此，发展了沉积模式指导下的高保真地震目标处理技术。

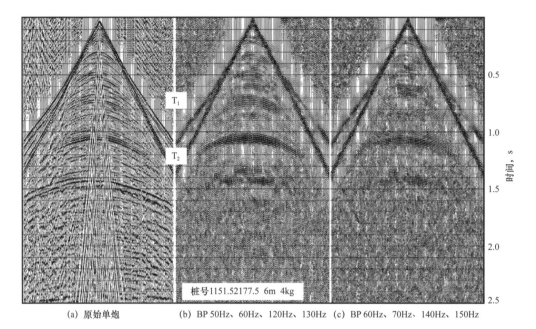

（a）原始单炮   （b）BP 50Hz、60Hz、120Hz、130Hz （c）BP 60Hz、70Hz、140Hz、150Hz

图8-33　三维地震工区单炮地震记录

1）密井网开发区地震目标处理思路和流程

利用地震技术能否可靠刻画小断层和预测砂体的展布特征，关键在于地震资料处理过程能否实现振幅高保真前提下的高分辨率成像。萨北北二西区块位于油城区，地震工区地表条件复杂，油井密集、建筑集中、水泡众多、交通发达，地下管网纵横交错，导致变观多、激发药量不一致，使地震资料中干扰严重，横向能量不一致。同时原始地震资料中面波、浅层折射波、交流电、异常道、次生波、厂矿固定源以及油井干扰等噪声发育，类型众多，降低了地震资料的信噪比。处理过程中仅依靠现有的处理内部质控手段，还难以判断复杂地表及近地表条件引起的地震资料横向能量变化及子波影响是否得到有效去除。地震处理成果保真度的判别一直制约着地震处理参数和方法的优选，增加了地震资料保真处理的难度。通常的地震处理区块仅有少量井资料，处理目标往往依据"高信噪比、高分辨率、高保真度"的"三高"标准[21]。对萨北北二西区块而言，地震处理的有利条件是具有多年基于密井网解剖形成的地质研究成果，包括密井网地质精细解剖所获得的构造形态、断层特征和沉积微相等先验信息，能够客观地反映地下构造和储层的整体分布特征。这既可以为地震处理过程中的流程和参数优选提供依据，又可以检验地震处理资料的地质解释能力，指导处理方法和处理参数的优选。基于这种开发地震处理思想，设计一套基于沉积模式认知的高保真开发地震目标处理技术流程（图8-34）。要求针对开发地质目标进行处理流程和参数优选，处理结果基本能够反映基于井资料研究的地质先验信息。北二西区块目标处理采取解释全程反馈式质量监控模式，在高保真地震处理流程、参数优选及质量控制中，一方面依据地震处理原理和"高信噪比、高分辨率、高保真度"的"三高"标准；另一方面，在基于处理内部精细的参数试验和严格质量控制的基础上，在静校正、振幅补偿、反褶积和叠前偏移等关键环节进一步优化处理方法和参数过程，充分利用研究区井网密集、地质认知程度高的有利条件，用密井网地质分层数据与地震同相轴起伏形态是否一致检查静校正参数，用地震沿层振幅切片与砂岩等厚图的相似性检查反褶积处理参数，用地震断层与井点断层位置偏差检查偏移参数等，使开发地震处理目标更加明确和具体，最终实现振幅高保真基础上的高分辨率地震处理。

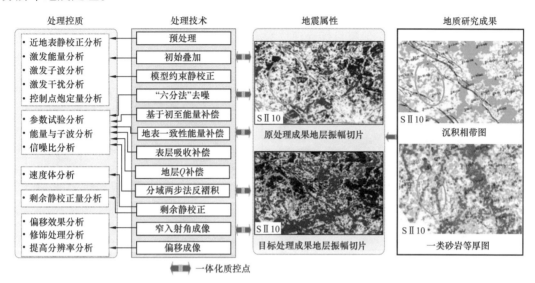

图 8-34　地质模式指导下的地震处理技术流程

2）地震目标处理效果分析

以储层沉积模式为参照，通过地震处理与解释 30 余次的反复结合和 1800 余张沿层属性切片的分析对比，逐步优化处理方法和参数，在对保真处理起至关重要作用的反褶积环节上做出改进。与常规地震处理类似，通过地表一致性反褶积和预测反褶积组合，实现消除地表影响、同时提高纵向分辨率的目的。另外，通过不同反褶积处理解释结果与目的层地质研究成果匹配程度分析，改进了常规的反褶积方法，形成了"分域两步法地表一致性反褶积"技术，提高了地震处理成果的保真性（图 8-35）。从图中可看出，采用"分域两步法地表一致性反褶积"处理的 SⅡ9 层振幅变化特征［图 8-35（c）］比采用"地表一致性 + 多道预测反褶积"方法［图 8-35（a）］时更明显，砂体展布的趋势及其边界更清晰，与图 8-35（b）中的河道砂体展布趋势有较好的一致性。针对河道砂的沿层地震振幅与储层岩性的符合程度达到 67%，而"地表一致性 + 多道预测反褶积"方法的符合程度为61%，说明"分域两步法地表一致性反褶积"方法的保真性更好[22]。

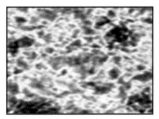
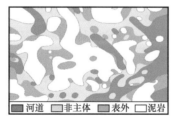
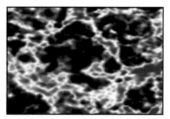

（a）地表一致性+多道预测　　　　（b）SⅡ9层沉积相带图　　　　（c）分域两步法地表一致性

图 8-35　不同反褶积方法与沉积相带图对比

应用上述技术流程，完成萨北油田地震处理。从图 8-36 所示地震目标处理成果剖面可以看出，整体上信噪比较高，反射同相轴连续性较好，构造特征清楚；断点干脆，断裂特征清晰；波组特征清楚，与井点信息吻合好，能够较好地满足构造解释的需求。从地震振幅切片可以看出，整体上振幅异常与密井网砂岩等厚图具有较好的一致性，但反映储层的横向变化信息更丰富，窄小河道砂体边界处的地震振幅条带性异常清晰，表明采用基于沉积模式认知的高保真开发地震目标处理技术流程，得到的地震成果具有高保真度和空间分辨能力。

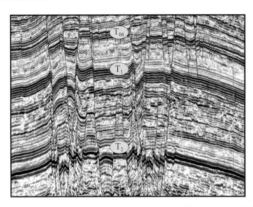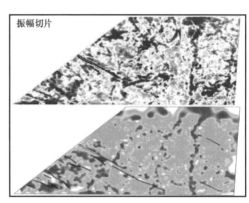

图 8-36　地震目标处理结果

3. 井震结合构造精细描述技术

以往构造研究是在早期二维地震资料解释成果的基础上，应用井点数据对构造形态和断层展布特征进行描述，在精细地质研究、布井方案编制和注采系统调整等方面起到了支撑作用。但随着开发调整的不断深入，井数据空间密度难以控制小断层和微构造的矛盾逐步显现，而应用三维地震资料进行构造解释与建模是目前最有效的地下构造形态分析及描述的技术。因此，通过大量的井震标定，采用以保幅处理的地震资料为主、充分挖掘地震中的构造信息、并以井点信息为约束的构造解释方法，形成了一套以断层精细表征为核心的井震结合精细构造描述技术流程（图 8-37），实现了北二西区块的精细构造解释和构造建模。

1）井震结合小断层精细解释

长垣油田储层厚度薄，小断层对注采关系也有影响[23]，油田开发需要准确识别断距 3m 以上的断层[24]，大大超过地震理论分辨率极限；因此，需要综合地震、测井、地质等多种信息提高小断层的识别能力。密井网条件下，井钻遇的断点是井震结合构造解释中判定断层存在、确定其空间位置的直接依据。为此，充分利用老油田井多、井距小、很多井钻遇到小断层、断点数据库信息完善、齐全的优势，研究形成了一套井震结合多属性三维可视化断层精细解释技术（图 8-38）。

（1）地震资料中断层的初步识别。在常规地震剖面断层解释的基础上，采用蚂蚁体、相干体、倾角方位角、时间切片、沿层切片等断层解释技术对断层进行识别。不同的断层规模采用不同的参数（时窗、相关道数、方式等），综合对比多套相干体、蚂蚁体，去伪存真地对小断层进行解释，最大限度挖掘地震资料本身对断层的识别能力。

（2）井断点指导小断层识别与组合。把井断点数据批量深时转换，加载到三维地震数据中，利用时间域的断点信息对断层解释结果进行验证，同时指导地震资料难以确定准确位置的小断层的解释。通过地震数据体、蚂蚁体、相干体等属性体与井断点在三维空间进行可视化解释，有效解决了断距3m左右低级序断层的识别问题。

（3）深度域的断点数据对断层进行二次空间校正。地震解释的断层位于时间域，在时深转换过程中，由于断层附近难以建立准确的速度场，因而深度域的地震断层面空间位置有偏差，需要利用深度域的断点井数据对断层进行二次空间校正。对于存在矛盾的断层，需检查原始地震解释和井断点解释的准确性，反复修改，直至得到准确的断层解释结果[25]。

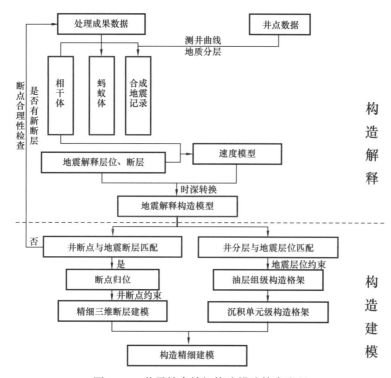

图 8-37 井震结合精细构造描述技术流程

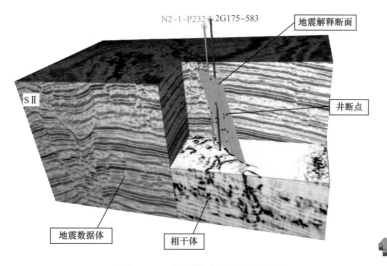

图 8-38 井震结合断层精细解释

2）井震结合构造建模

在地震资料精细解释的基础上，加入井点信息，采用"震控形态、井定位置"的原则，形成了目标区井震结合构造建模技术，提高了构造模型的精度。

（1）井震结合断层建模。

由于地震资料空间连续性强、井资料纵向分辨率高，所以地震描述的断层空间展布形态更加合理，而井断点深度在纵向上更准确。因此，地震解释断层控制总体形态，加入井信息，确定断层的准确位置，在三维空间相互检验断层合理性，以精确描述断层形态，合理组合井断点，使得以井断点为准的同时保证断层空间延展形态与地震解释断层一致，最终建立井震匹配的精细断层模型，精细刻画断层空间展布特征。

井震结合断层建模方法与步骤包括：首先，以时深转换后的地震解释三维断层面数据为基础，建立断层初始模型，将井断点在三维空间显示，观察分析井断点与初始断层模型的匹配关系，并结合蚂蚁体等属性体由点（断点）、线（地震剖面）、面（断层发育面）、体（地震属性体）进行断点三维空间归位组合。井震结合断点归位时，按照断层级别由大到小、先易后难的顺序，分层次归位组合。断点归位组合中需要遵循原则：一是钻遇同一条断层的所有井均应有断点，即断层发育范围内不应有未钻遇断层的井通过；二是断点归位组合后，同一条断层的走向、倾向、倾角及断距等断层要素信息应基本一致；三是组合后的断点反映的断距、断层位置等信息与断层两侧层位落差应一致。其次，利用断点锁定的方式将断层模型的顶界面（Pillar）与断点锁定，最终完成所有断点处的断面精细调整。然后，根据蚂蚁体等属性体进一步精细调整无井点钻遇或控制井点少的断层的位置，并根据断层两侧井分层应该有落差的原理，参照井点的地质分层数据，对无井或少井控制的断层局部位置进行精细调整，使断层空间要素与井点地质分层落差信息一致。最后，对于长垣油田单井钻遇多个断点的情况，鉴于目前地震分辨率只能对一组小断层有一个综合响应，而测井分辨率可解释出多个断点但无法描述断层产状，因此在现有技术条件下，单井多断点的断层解释应参照断点深度、断距等信息，以断点深度与地震剖面匹配较好、断距尽量相近的为主断点进行解释及建模。

通过以上方法，最终建立井震匹配的精细断层模型，精细刻画断层空间展布特征。

（2）井震结合层面建模。

老区井网密集、地质分层工作精细，在纯油区范围内断层相对简单的区域，单纯利用密井网地质分层数据进行层位模拟基本能够满足常规开发需求，但对于断层比较复杂的地区或井网密度相对较低的过渡带或边部地区，尤其是断层附近，构造模拟精度不能够满足精细挖潜的需求。

大庆长垣地震资料显示油层组顶面反射波组特征相对清晰、横向连续性强，因此地震解释油层组顶面构造趋势是准确可信的。为了充分利用地震解释层位的井间趋势信息，提高断层附近及井间微构造模拟精度，对于地震反射特征相对清晰的油层组级构造，采用地震解释层面协同模拟方法，即以井点地质分层数据为硬数据、以地震解释层位为约束模拟构造层面，使模拟结果既遵从于井点硬数据，井间构造又与地震趋势一致，使得构造模拟结果更加合理。在油层组格架控制下，采用厚度插值的方式建立砂岩组或沉积单元级构造模型。

首先，应用油层组顶面地震解释结果生成时间域构造层面，并对时间域构造层面进行时深转换，得到深度域地震解释构造层面。

其次，以深度域地震构造层面为趋势约束，应用井点地质分层数据产生油层组顶面构造层面。地震约束建立构造层面的算法在于找到趋势面 Trend 与线性变量 a、b，其公式为：

$$Trend = a Surface\,(X,\ Y) + b \qquad\qquad (8\text{--}14)$$

Trend 作为中间成果不输出，Surface（X，Y）是地震趋势面。

用输入的井上地质分层数据计算残差面（Rasidual）：

$$Rasidual = Input\ Data - Trend \qquad\qquad (8\text{--}15)$$

最终构造层面结果由以下公式得到：

$$Result\ surface = Rasidual + Trend \qquad\qquad (8\text{--}16)$$

最后，采用厚度插值的方式建立砂岩组或沉积单元级构造模型，即通过计算各砂岩组或沉积单元厚度，将厚度面作为趋势约束，井点细分层地质界限点作为硬数据，进行细分层位模拟，最终建立高精度构造模型。

4. 井震结合储层精细描述技术

1）思路和技术流程

长垣油田随着井网密度的增加，各种类型砂体均表现出规模的不断变化，仅依据井资料，采用"模式预测"方法进行砂体平面微相组合存在一些不确定性。地震资料具有横向分辨率高的优势，经过高保真处理的地震资料是地下地质信息的客观反映，因此，高精度三维地震技术与井资料精细解剖相结合就成为长垣油田储层精细描述新的重要技术手段。通过技术攻关，在客观认识地震资料的辨识能力和技术现状的基础上，形成了以井震协同分析为核心的储层精细描述方法和技术流程（图 8-39），改变了传统的河道砂体刻画方式，实现了不同类型河道砂体描述由"沉积模式指导"的定性描述转化为"地震趋势引导"的半定量描述，提高了河道砂体描述精度。

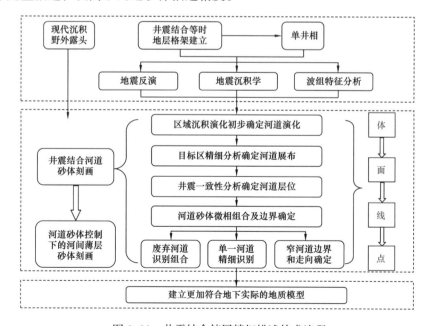

图 8-39 井震结合储层精细描述技术流程

2）技术要点

针对研究区储层描述的难点，在地震岩石物理分析的基础上，以提高井间砂体刻画精度为主要目的，根据不同类型储层特点及地震响应特征，形成了适合研究区的地震波组特征分析、地震沉积学、地质统计学反演及井震结合储层精细刻画等关键技术，提高了储层非均质性描述效果。

（1）地震波组特征分析。

研究区地震岩石物理分析及正演模拟结果表明，萨Ⅱ油层组及以下地层的砂岩波阻抗明显低于泥岩波阻抗，且随着孔隙度和含油饱和度的增加，二者波阻抗差也随着增加；与物性等其他因素相比，岩性差异在形成地震反射中起着主要作用；随着砂地比的横向变化，地震反射波形随之变化。同时大量的井震对比也表明，由于陆相储层横向上的非均质性，砂泥岩在垂直于河流沉积方向上存在突变的边界，当沉积单元顶、底隔层厚度较大时，这种突变就能够引起边界两侧地震响应的变化，因此根据地震反射波形特征的横向变化可以预测井间砂体的变化。其实现方法和步骤如下：

首先，将井震匹配相关性85%以上的井作为目标井，提取井旁平均子波并分析该子波相位即为地震数据体估算相位角，在此基础上，对地震数据进行90°相位调整，得到砂体与地震反射对应关系更好、厚砂体地震响应特征更加明显的三维地震数据体。

其次，根据研究区实际砂泥薄互层沉积分布规模、接触关系等建立不同类型砂体精细地质模型，通过地震模型正演模拟技术，明确地震波峰、波谷是高含砂反射还是低含砂反射，建立不同类型砂体边界地震响应图版。

最后，综合研究目的层厚度与地震纵向分辨能力确定对应的时窗范围，在该时窗内分析地震波形、能量及各种地震属性变化规律，通过定性及定量方法，优选出目的层段对储层敏感的地震属性进行井间储层预测。

（2）地震沉积学储层预测。

地震沉积学在继承地震地层学和层序地层学思想的基础上，强调地层切片的等时性、岩性标定、资料处理及解释方法[26-27]，利用沉积体系的空间地震反射形态与沉积地貌之间的关系研究沉积建造，核心内容是地震岩性学和地震地貌学[28-29]。针对研究区的开发需求和地质条件，在地震沉积学现有方法的基础上，进一步探索形成了一套密井网条件下地震沉积学储层预测技术，实现了薄层河道砂体分布的有效预测。

地震沉积学方法和步骤：一是在高保真接近零相位化处理的基础上进行90°相位处理，使地震反射与储层对应；二是以研究区地震典型标志层萨Ⅱ和葡Ⅰ组顶面反射为控制，按照厚度比例剖分方法建立准确的时间地层格架，使地震切片与沉积单元对应；三是在时间域小层级等时地层格架的基础上，根据系列切片信息在垂向上的变化分析砂体的垂向沉积演化规律，从而确定反映各沉积单元储层沉积特征所对应的地震反射时窗范围。在该范围内，以基于密井资料的沉积微相图为引导、相应沉积单元井点解释砂岩厚度平面分布图为控制，从多个属性切片中优选出宏观上最能够反映该沉积单元砂体展布规律的属性切片，为后续井震结合储层刻画奠定基础。

研究区实际应用表明，地震沉积学储层预测方法适用于泛滥平原、分流平原和三角洲内前缘沉积类型储层，单层砂岩厚度 2m 以上，且上下隔层相对较厚情况下，预测效果较好。如图 8-40 所示，北二西萨Ⅱ10+11b 单元地层切片预测砂体边界清晰，反映砂体厚度的相对变化明显，厚度 2m 以上储层与地震振幅暖色调（红色、橙色）区具有较好的对应关系。

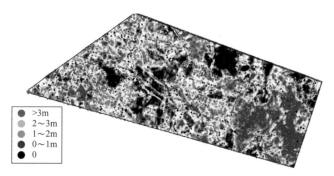

> \>3m
> 2～3m
> 1～2m
> 0～1m
> 0

图 8-40　北二西萨Ⅱ10+11b 单元储层井震对比

（3）地质统计学反演储层预测。

地质统计学反演方法是密井网条件下开发中后期薄储层预测有效技术之一[30-33]。该方法在井点处以测井数据为主，井间变化利用地震波阻抗作为约束，应用随机模拟方法、井震结合产生多个等概率的储层模型，经过正演计算后与地震数据进行残差分析，从中优选出与地震信息最接近的模型作为预测结果。通过系统研究影响地震反演精度的地震子波、地震采样率、构造模型、地震信噪比、变差函数变程、储层砂地比等关键参数，给出了一套优选方法，建立了基于盲井检测和正演验证的两种反演效果评价方法，形成了一套基于地质统计学的密井网约束地震反演方法和技术流程。

① 测井曲线标准化，消除多井之间因不同时期测井曲线幅度的误差引起岩性、岩相横向变化的假象，选取标准井及标志层进行测井曲线标准化，使多井纵波阻抗识别储层精度得到明显提高。

② 井震精细标定，利用声波、密度曲线制作地震合成记录，并与原始地震反复调整匹配关系，从而确定时深关系，使地震与测井曲线在同一时深域内进行计算。

③ 构造模型建立，基于地震解释断层、层位和井点地质分层资料，精细调整地质分层与解释层位、断层与层位交切关系，建立高精度构造模型，并用它约束整个后续储层反演流程。

④ 变差函数分析，变差函数一般通过已知井点数据统计得来，包括三个参数：基台值、变程和块金效应。其中最重要的为变程，变程的大小可一定程度上反映砂体的规模和物源方向，包括主变程、次变程和垂向变程。

⑤ 地震正演约束，通过正演残差分析质控，将反演每次实现得到的砂体模型通过正演得到地震记录，并与原始地震记录相减得到残差，残差越小，反演结果越符合地震的趋势。

应用地质统计学反演方法进一步提高了井间砂体刻画精度，如图 8-41 所示。图中 A 井、C 井、D 井、F 井、G 井是参与井，B 井、E 井是后验井，用来检测预测结果的有效性。从图中可以看出地震反演纵向分辨能力得到明显提高，参与井岩性分布与反演结果吻合较好，可分辨2m砂体分布。反演结果与后验井砂体分布特征一致，并符合地震横向趋势。统计研究区盲井检查结果表明，在现有井网密度条件下，随着砂厚增大，地震预测精度明显增强，砂体厚度小于2m的预测空间位置和厚度存在一定偏差（图中蓝色椭圆内），厚度3m以上砂体相对误差25%以下的符合率达到87%。

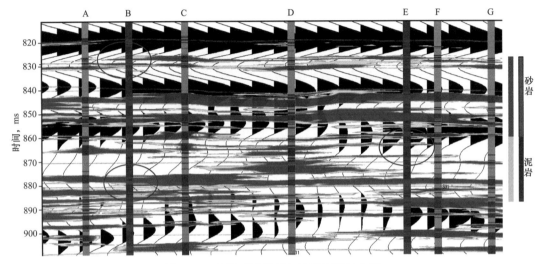

图 8-41　地震反演结果与地震波形叠合图

通过与仅用井资料模拟结果对比分析表明，基于地质统计学的井震联合反演方法在井间砂体预测方面具有优势，特别是在井距大于100m、枝状三角洲内前缘相和分流平原相大型河道砂体预测中精度较高。该方法充分利用了井点纵向分辨率和地震横向分辨率的优势，有效融合了地震和井信息，所以反演结果可以在垂向与横向上比较好地反映储层的非均质性，适用于开发阶段对单砂体的精细描述。

（4）井震结合储层精细刻画。

地震信息揭示了丰富的地质信息，如河流体系、沉积演化、砂体之间的接触关系以及分布组合面貌等。因此，在地震储层预测和基于密井网测井资料储层认识的基础上，形成了"地震属性沉积面貌宏观趋势引导，井点微相整体控制"的井震结合储层精细刻画方法，提高了对储层平面非均质性的认识。

首先，进行单井相分析。通过取心井观察，描述不同岩石相类型的岩性、颜色、含有物、沉积构造、自生矿物及岩石组合特征，确定研究区的沉积微相类型。根据岩心组合及测井曲线之间的对应关系，建立各种沉积微相的测井响应模式。

其次，进行区域地震储层预测成果分析。分析大区域地震属性切片的振幅变化，明确地震属性宏观分布特征，根据河道砂体的平面展布特征确定区域沉积环境；通过垂直物源方向地震剖面的波形变化特征，确定不同规模河道砂体剖面分布特征，在区域沉积演化背景分析的基础上，采用沉积模式指导，确定不同河流体系的规模、走向、展布及其演化特征。

再次，进行研究目标区精细分析及井震一致性分析。根据目标区描述层位上下一定时窗内地震属性信息的变化，初步确定地震属性反映的河道规模、走向以及接触关系等信息。同时受地震垂向分辨率影响，一张地震振幅属性切片可能包含多个单元信息，提取目标层位及相邻层位（一般上、下各选两个相邻层位）的测井相信息，将河道砂测井相信息与地震预测河道砂信息相叠加，分析地震储层预测成果与测井相空间上的匹配关系，综合确定地震信息反映的河道砂层位归属，明确目标层位信息（图 8-42）。

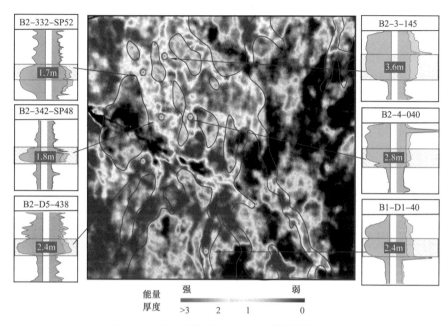

图 8-42 北二西萨 II 15+16b 地震沿层属性切片

最后，进行河道砂体平面组合。以"地震趋势引导，井点微相控制，平面与剖面结合，动静结合，不同类型砂体区别对待"为原则，精细刻画不同类型河道砂体。其中，复合河道砂体精细描述关键点：一是废弃河道精细组合和识别，依据平面上沿层切片的振幅属性突变、剖面上地震波形异常，结合井资料，综合判断废弃河道边界及平面分布特征；二是单一河道（或单一曲流带）边界确定，依据沿层切片的振幅变化或一类砂岩厚度、砂岩有效厚度定量预测分布图，结合废弃河道或河间砂的展布特征，综合确定单一河道（单一曲流带）的边界及走向。窄小河道砂体精细描述关键点：以地震信息反映河道趋势为引导，依据地震剖面的波形变化、沿层切片的振幅变化以及一类砂岩厚度、砂岩有效厚度定量预测分布图，综合判断窄小河道砂体的走向、边界及展布特征。

3）效果分析评价

为了评价井震结合储层精细描述方法的应用效果，以萨北纯油区西部北三西为方法应用区块，选取一类油层、二类油层和三类油层 3 种砂体类型的代表层位对描述方法进行应用。该区面积 19.48km²，共有 2241 口井。应用后验井对北三西 2001 年基于井相图与 2013 年井震结合相带图进行精度分析，其中基于井沉积微相图参与井 1069 口，后验井 1163 口，井震结合沉积微相图参与井 1904 口，后验井 337 口。后验井分析表明，曲流河大规模河道砂体符合率变化不大，分流平原及内前缘相河道砂体符合率提高 10 个百分点以上（表 8-7）。总体上，井震结合较基于井的河道砂体刻画精度有较大提高。

表8-7　北三西区块井震结合储层精细描述符合情况统计表

沉积类型	河道砂体预测符合率，%	
	基于井	井震结合
曲流河	92.3	92.4
分流河道	77.4	89.0
水下分流河道	51.4	75.3

三、应用效果

1. 技术应用

1）深化构造特征认识

应用井震结合构造精细描述技术，实现了萨北开发区井震结合构造描述全覆盖。描述后大的构造格局没有发生改变，局部构造形态发生较大的变化。与以往以井资料为主进行的断层研究认识相比：一是断层数量明显增多，构造西部断层多，东部少，断层数量增加28条，其中新发现孤立断层24条，8条大断层碎裂成20条，核销断层8条，最终落实69条断层分布，其中北二西区块断层52条；二是断层走向和倾向基本一致，但在组合关系及延伸长度变化较大，断层更为破碎，增加和完全核销的断层多为小断层；三是断点组合率得到较大提高，由86.2%提高到96.3%，构造精度达到千分之一，深化了构造特征认识（图8-43）。

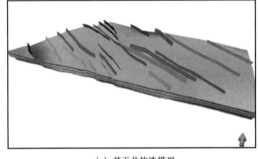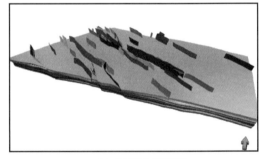

(a) 基于井构造模型　　　　　　　　　　　　(b) 井震结合构造模型

图8-43　北二西井震结合前后构造变化

2）储层特征再认识

应用井震结合储层精细描述方法，在河道砂体边界、走向、单一河道追踪、点坝识别等方面对储层进行精细刻画，使河道砂体的边界及走向刻画更加可靠，单一河道砂体间连通状况的认识更加清楚，复合曲流带中单一曲流带平面组合关系认识更加明晰，点坝识别更加可靠，实现了2m以上河道砂体由定性到定量的描述，减少了中小型分流河道砂体边界识别和组合的多解性，不同类型的河道砂体刻画得更接近地下实际。例如，萨北北二西萨Ⅱ15+16b单元为三角洲分流平原相沉积，研究区西部河道砂体大面积分布，河道最宽处超过900m。通过地震属性趋势引导，井间逐条剖面综合分析，结合周围相邻井的测井曲线形态、废弃河道、河间砂体发育状况及层位差异，精细刻画了单一河道边界

及形成期次。解剖后，该复合砂体是由 4 条单一河道侧向拼合、垂向切叠而成，河道宽度
80～400m 不等，属于同层、不同期单河道（图 8-44）。

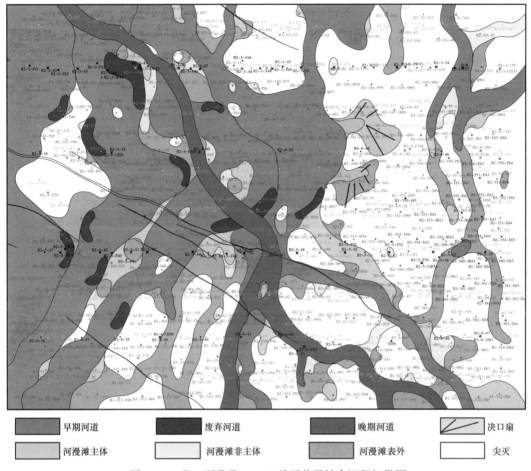

图 8-44　北二西萨Ⅱ15+16b 单元井震结合沉积相带图

2. 开发应用

1）指导断层区注采系统调整

萨北开发区断层密集区位于北二西和北三西交界处西部，共有大小断层 18 条，区域
内砂体被断层切割呈窄条状分布、展布面积小，一注一采或有采无注现象严重。按照断层
区注采系统调整原则，根据井震结合研究成果，结合纯油区西部油层发育特点及开采现
状，在全区共新钻井 184 口，转注 35 口，转采 9 口（表 8-8）。

井震结合断层区，萨尔图基础、一次加密和萨尔图二类油层聚驱井网调整较大，以新
钻井为主。调整后，水驱控制程度由 80.1% 增加到 89.5%，提高了 9.4%；多向连通比例
由 20.6% 增加到 30.4%，提高了 9.8%。投产初期 103 口新钻采油井平均单井日产液 49.1t，
日产油 6.6t，含水 86.6%。其中 2012 年北二区西部完钻新井 94 口，53 口采油井投产初期
平均单井日产液 49.1t，日产油 6.9t，含水 85.9%。2013 年北三区西部完钻新井 90 口，50
口采油井投产初期平均单井日产液 49.0t，日产油 6.4t，含水 86.9%。截至 2015 年底，纯
油区西部新井累计产油 37.24×10⁴t。

表 8-8　纯油区西部井震结合注采系统调整工作量

层系井网	注采系统调整及井震结合断层区						其中（井震结合断层区）				
	新钻井，口			转注 口	转采 口	补孔 口	新钻井，口			转注 口	补孔 口
	油井	水井	合计				油井	水井	合计		
水驱	86	64	150	32	9	41	27	8	35	6	5
二类油层	17	17	34	3		3	17	17	34	3	3
合计	103	81	184	35	9	44	44	25	69	9	8

2）部署大位移定向井挖潜断层边部剩余油

按照大位移定向井井位部署在断层边部构造高点、与断面距离保持在 50m 左右、井点与周围注采井距离 100m 以上及与原注水井能形成注采关系的设计原则，依托井震结合精细油藏描述研究成果，2014—2015 年在纯油区西部 75#、76#、78# 断层区部署 4 口大位移定向井。2014 年 7 月，4 口大位移定向井全部完钻，井轨迹与断层面距离保持在 45～50m，平均单井钻遇砂岩厚度 123.8m，有效厚度 73.5m。按照逐步上返射孔原则，初期射孔目的层葡二（PII）、高台子（G）油层平均单井钻遇砂岩厚度 46.9m，有效厚度 21.5m，射开砂岩厚度 35.3m，有效厚度 18.3m。投产后初期平均单井日产液 32.6t，日产油 22.6t，含水 30.5%（表 8-9），取得了较好的挖潜效果。

表 8-9　已投产 4 口大位移定向井生产情况表（截至 2015 年 11 月）

井号	全井		射开厚度 PII、G		初期生产情况（2014 年 11 月）			目前生产情况			累计产油 t
	砂岩 m	有效 m	砂岩 m	有效 m	产液 t/d	产油 t/d	含水 %	产液 t/d	产油 t/d	含水 %	
北 2-丁 4-斜 33	111.4	70.4	28.1	16.9	63.7	49.7	22.0	23.7	10.2	57	3710.3
北 2-丁 5-斜 27	135.9	83.3	47.6	27.8	23.7	22.1	6.8	16	15.2	5	5244.2
北 2-丁 5-斜 25	121.9	67.0	37.8	20.0	21.4	15.0	29.9	33.6	19.4	42.4	4850.4
北 2-丁 3-斜 26	125.9	73.4	27.5	8.4	21.4	3.7	82.7	17.3	1.1	93.4	371.4
平均单井	123.8	73.5	35.3	18.3	32.6	22.6	30.5	22.7	11.5	49.5	3544.1

3）部署水平井挖潜厚油层内部剩余油

根据井震结合储层精细描述成果，认为萨北纯油区北三区西部萨 II 1+2b 沉积单元属于分流平原相远岸沉积，发育多条单一河道，且废弃河道、点坝发育。该点坝砂体内平均砂岩厚度为 3.55m，有效厚度 2.72m。废弃河道与内部的点坝砂体及其东北部发育的一条 81# 断层形成近封闭的注采区间（图 8-45），仅有两口采出井，无注入井，动用较差，剩余油相对富集。结合隔夹层、含油性分析结果，在该点坝砂体内部署 1 口水平井北 2-331- 平 47，挖潜厚油层顶部剩余油。北 2-331- 平 47 井水平段 452.61m，其中钻遇砂岩 391.40m，全部为低水淹，含油饱和度 53.8%～58.5%。2011 年 12 月投产，初期日产液 86.2t，日产油 48.3t，综合含水 44%。随着地层能量的逐渐减弱，自喷生产 4 个月后，在现有的井网情况下，在水平井的水平段两侧各补开一口注水井，补充地层能量。同时，北 2-331- 平 47 井采取自喷转抽方式开采，日产液 107t，日产油 31t，综合含水 71%。目前日产液 99t，日产油 15.5t，综合含水 84.3%，已累计增油 9770t，保持了良好的开采状况。

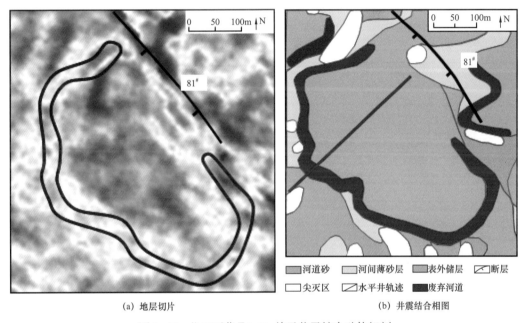

(a) 地层切片   (b) 井震结合相图

图 8-45 北三西萨 II 1+2b 单元井震结合砂体解剖

图例：河道砂   河间薄砂层   表外储层   断层   尖灭区   水平井轨迹   废弃河道

井震结合精细油藏描述进一步深化了地质认识，断层特征清楚，砂体边界清晰，使得开发敢于向剩余油分布潜力区采取挖潜措施，提高了各类措施方案效果。截至目前，井震结合精细油藏描述成果广泛应用于长垣油田的开发调整，指导了滚动扩边、注采系统调整、高效井挖潜和油水井综合调整等方案编制，取得了较好开发效果。其中，截至 2016 年底，在高效井、完善注采系统调整、优化井位等开发应用中，总计调整井数 1627 口，已实施井数 1534 口井，累计产油 232.4×10⁴t，为进一步完善"水聚两驱注采关系、挖潜剩余油、提高采收率"提供了重要技术支持。

第四节　准噶尔盆地车排子油田 3.5D 地震技术与应用

在油气田开发中，时移地震在国外多个油田中取得了成功的应用，在现阶段油藏监测中得到长足发展，并逐步成熟的重要手段。中国目前已进入开发晚期的陆上油气田大多发现于 20 世纪 60—90 年代，缺乏三维地震勘探的基础观测，不具备开展时移地震勘探的条件。部分油田二次三维地震资料采集的资料也因为采集、处理参数及流程不同，其非重复性制约了时移地震技术的广泛应用。

2006 年，凌云等在准噶尔盆地西北缘车 76 井区，针对车 2 井油田开发中、晚期寻找剩余油和滚动目标的实际需求，创新性提出了综合单次高精度三维地震数据和油田动态信息寻找剩余油气分布的技术思路与方法，并将其命名为 3.5 维地震技术。该方法是在油田开发中、后期，在缺乏油田开发前基础观测条件下，通过高精度三维地震与油田开发动态信息相结合，综合地震、地质、测井和开发的一体化油田开发地震方法[33-34]。

一、研究区油藏地质特征及问题分析

研究目标区位于新疆克拉玛依市五五镇东部，距克拉玛依市区约 80km，构造上为准噶尔盆地西北缘南部车排子油田区的车 2 井油藏（车 76 井三维地震区，图 8-46）。

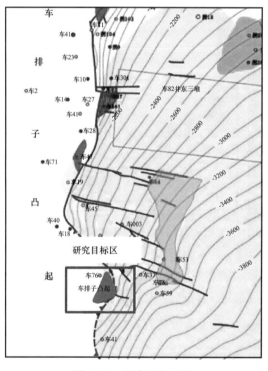

图 8-46　研究区位置图

根据前人研究成果，综合钻井、测井、地震及古生物资料，车排子地区发育有古生界石炭系、二叠系，中生界三叠系、侏罗系、白垩系和新生界（图 8-47），含油层系有白垩系、侏罗系八道湾组、齐古组，主要地层沉积特征如下。

古近—新近系发育特征：古近—新近系埋深 1000～2151m，平均为 1850m；古近—新近系厚度 1824～2000m，平均为 1900m；古近—新近系上部以泥岩、粉砂质泥岩为主，夹泥质粉、细砂岩薄层；中部以砂砾岩、泥质小砾岩为主，夹褐色及灰色泥岩、粉砂质泥岩；下部为泥岩、泥质粉砂岩；底部为泥质小砾岩。岩石颜色以褐色为主，具有明显的氧化环境沉积特征，为河流、滨湖相沉积。

白垩系发育特征：白垩系埋深 2000～3200m，平均为 2650m。白垩系厚度 887～1124m，平均为 1100m。车 76 三维地震勘探区内白垩系沉积稳定，发育了东沟组（K_2d）、连木沁组（K_1l）、胜金口组（K_1s）、呼图壁河组（K_1h）和清水河组（K_1q）。岩性主要以粉—细砂岩、泥质粉砂岩、砂砾岩、泥质小砾岩和泥质细砂岩为主，为河流—滨浅湖相和浅湖相沉积。

侏罗系发育特征：侏罗系埋深 3230～3480m，平均为 3355m；侏罗系厚度 76～196m，平均为 130m；侏罗系岩性在各个岩组中的发育程度差别较大，八道湾组以粗碎屑最为发育，规模和面积最大，次之为头屯河组。反映侏罗纪早、晚期以湖退为特征，湖水面收缩，而其余大部分时期以湖进为特征，处于湖水扩张的时期。

系	统	组（群）	代号	岩性剖面	岩性描述
白垩系	下统	吐谷鲁群	K_1t		砂砾岩、粉砂岩不等厚互层
侏罗系	上统	齐古组	J_3q		砂砾岩、泥岩、砂岩互层为主
	中统	头屯河组	J_2t		泥岩与砂岩互层
		西山窑组	J_2x		砂砾岩、泥岩夹少量煤层
	下统	三工河组	J_1s		不等粒砂岩、泥岩互层
		八道湾组	J_1b		砂砾岩、泥岩与煤层互层
三叠系	上统	白碱滩组	T_3b		厚泥岩与砂质泥岩、粉砂岩互层
	中统	上克拉玛依组	T_2k		泥岩与砾岩、砂岩互层
		下克拉玛依组			
	下统	百口泉组	T_1b		砾岩、含砾不等粒砂岩、泥岩互层
二叠系	上统	上乌尔禾组	P_3w		下部厚层砾岩为主，上部为泥岩
	中统	下乌尔禾组	P_2w		砂砾岩与泥岩互层
		夏子街组	P_2x		厚层砾岩为主，夹部分泥岩层
	下统	风城组	P_1f		厚层砾岩为主，含安山岩与泥岩
		佳木河组	P_1j		砂砾岩与泥岩互层为主
石炭系	上统	泰勒古拉组	C		安山岩、凝灰岩、砾岩为主

图 8-47　车排子地区地层综合柱状图

工区构造上位于准噶尔盆地车排子隆起红车断阶带，是一个被众多断裂切割的较为复杂的断块区，早期（隆起期）断层性质大多为逆断层，后期主要为正断层。其中，红车断裂是车拐地区的区域性大断裂，是控制隆起的边界断裂，众多条小断裂是车排子油田油气运移的主要通道。红车断裂横跨工区将其分为上下两盘，整体构造形态为众多断裂切割的单斜构造。从图 8-48、图 8-49 是过油藏的 NW—SE 向地震剖面和白垩系底界构造图，区内地层表现为由北西向南东方向倾斜的单斜构造，古生界及中生界三叠系、侏罗系尖灭于中部的隆坳结合部，古生界为剥蚀尖灭，中生界三叠系、侏罗系表现为超覆尖灭。车2 井油藏就发育于侏罗系上倾超覆尖灭部位，构造上表现为单斜背景下的低幅度鼻状构造，并有多条正断层发育，油藏类型为地层—岩性油藏，埋深 3230～3480m。

油藏主力油层为侏罗系齐古组，并以大段砂岩为特征。岩性主要为中、细、粗砂岩和不等粒砂岩。砂体厚度由西北向东南逐渐增厚，厚度为 0～80m，油区内储层厚度一

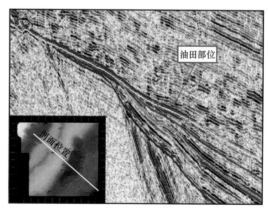

图 8-48　研究区 NW—SE 向地震剖面

般为 15～80m，油层同储层的厚度变化趋势一样，也是由西北向东南逐渐增厚，厚度为 0～30m。储层孔隙度的主要分布在 9%～21%，主频范围为 15%～18%，平均为 15.6%；储层渗透率的主要分布在 5～300mD，主频范围为 10～20mD，平均为 54.6mD；为中低孔、中低渗储层。

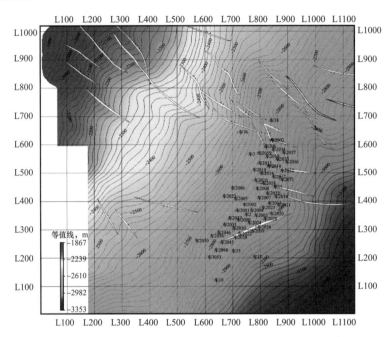

图 8-49　准噶尔盆地车 76 井区三维地震吐谷鲁群（K_1tg）底界反射层构造图

车排子地区从 1953 年起开始地球物理勘探（主要是磁法和电法），地震勘探主要经历 20 世纪 70 年代的地震普查、80 年代的地震详查和 80 年代后期—90 年代的三维地震勘探，以及 2000 年后的高精度地震勘探等 4 个阶段。本区的钻探始于 1956 年，20 世纪 70 年代末，随着准噶尔盆地西北缘勘探重点的转移，重新对车排子地区投入了大量勘探工作量，相继发现并探明一批含油气圈闭。其中，车 2 井油藏发现于 1985 年，并于 1991 年正式投入开发，1995 年产量达到高峰，随后进入稳产和递减阶段（图 8-50）。截至 2006 年 8 月，该油藏累计产油 121.06×10^4t，产水 51.51×10^4t，采出程度为 22.67%，综合含水率超过 60%。

研究收集研究区 55 口钻井、测井、油田开发动态资料和相关的研究报告，以及 2006 年度采集的高精度三维地震数据（满覆盖面积 $93.5km^2$）。

三维地震资料采用的野外采集方法为：观测系统为 10 炮 12 线接收，每次滚动 1 条线；面元 12.5m×12.5m；纵、横向覆盖次数分别为 10 次和 6 次，总的覆盖次数为 60 次。炮检距集中在 1000～3000m，最大炮检距为 4000m，正好集中在主要的目的层段，纵横比为 0.43，为窄方位采集。

历经二十多年的开发生产，该油田已进入开发中、后期，但采出程度相对较低，仅为 22.67%，剩余储量相对较多，剩余油分布规律和主控因素是本次研究将需要求解的主要问题。在油田开发区外存在相对孤立的出油井（图 8-51），其中，A 井位于油田的构造低部位，B 井地处高部位。这表明该油田具有较大的滚动扩边的潜力，如何精细刻画滚动目标是本次研究面临的又一难题。

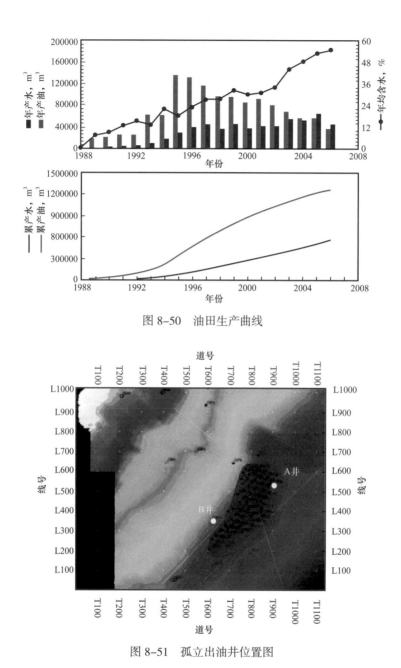

图 8-50 油田生产曲线

图 8-51 孤立出油井位置图

二、主要技术与措施

3.5D 地震技术是一项多学科高度综合的集合技术方法，其技术构成主要有：（1）相对保持储层信息提高分辨率的处理及质量监控技术；（2）基于空间相对分辨率的地震构造与沉积演化解释技术；（3）地震与测井联合储层解释及静态建模技术；（4）油藏开发动态信息解释技术；（5）综合多学科信息的剩余油气预测技术等多项技术（图 8-52）。油田开发中、晚期的高精度三维地震野外数据，在严格质控条件下开展相对保持振幅、频率、相位和波形的提高分辨率与高精度成像处理；在常规三维地震解释基础上重点开展储层三维构造演化和沉积演化解释研究；同时开展单井和多井，以及井震储层解释研究。在此基础上开展储层静态建模，同时开展油田开发信息的分析研究工作，最终在多学科、多信息相融合的条件下开展剩余油气的研究工作。3.5D 地震方法要求地震、地质、测井和油藏开发间高度一体化的紧密结合，因此，需要多学科、多专业人才的研究团队是协同工作是必不可少的，而方便快捷的协同工作平台（软件）能更好地提高工作效率和质量。

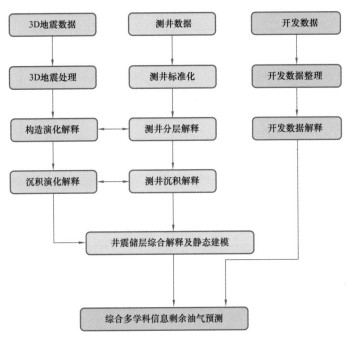

图 8-52　3.5D 地震勘探技术流程图

3.5D 地震技术遵循地震空间相对分辨率的技术理念，具有地震、地质、测井和油藏开发高度融合的一体化研究特点，重点解决油田开发中、晚期复杂储层和剩余油气分布问题，具有：（1）相对 4D 地震成本明显较低；（2）适合解决在油田开发初期没有基础三维地震观测的中国老油田开发问题；（3）可以应用现今最新的高精度三维地震设计理念和采集设备，而无须考虑 4D 地震的非一致性问题等优势。

1. 相对保持储层信息提高分辨率的处理及质量监控

相对保持储层信息提高分辨率的处理及质量监控技术是指尽可能地消除非储层因素（如近地表地层变化、大地吸收衰减作用、环境干扰等）引起的地震数据变化，在保持储层空间变化信息的基础上提高地震数据的分辨率，并在过程中实施地球物理和地质监控的系列技术。

相对保持储层信息提高分辨率处理与质控流程如图 8-53 所示，主要特点是：尽量消除近地表吸收衰减空间变化影响，补偿大地吸收衰减影响和消除近地表引起的鸣震和子波的空间变化影响（如图中蓝色框所示），在相对保持储层振幅、频率、相位和波形以及严格处理质量监控（如图中红色框所示）的条件下，达到提高地震数据成像分辨率和成像精度的目的。

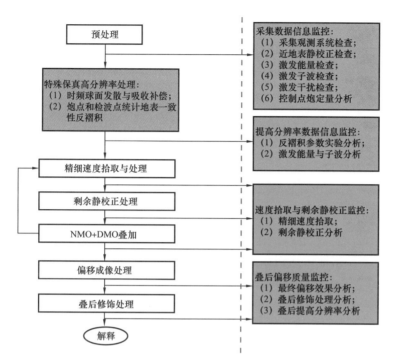

图 8-53 相对保持储层信息提高分辨率处理及质控流程

主要技术包括：（1）"时频空间域球面发散与吸收补偿"的技术，该技术能够有效地补偿近地表和大地吸收衰减引起的能量、频率衰减并满足相对保持储层信息的要求。（2）利用两步法炮点和检波点统计反褶积处理技术来消除近地表变化引起的激发子波差异，与常规地表一致性反褶积方法的不同在于分别采用炮点和检波点统计反褶积进行处理，可以较好地解决炮点和检波点虚反射周期不同的问题。（3）严格的三维质量监控和控制点数据定量分析，对采集数据质量和地震资料处理进行包括三维激发能量监控、三维激发子波监控、三维高频干扰监控和数据质量的定量分析。通过地球物理监控方法对关键处理步骤进行严格的质量监控和最终处理参数的确定，有效地消除非地质因素造成的影响，确保相对保持储层信息的提高分辨率处理效果。

1）叠前相对保持振幅和波形的高分辨率处理及效果分析

（1）时频空间域球面发散与吸收衰减补偿。

近地表和大地吸收衰减是陆上地震勘探的主要影响因素之一，并且近地表和大地吸收衰减是时间域、频率域和空间域的函数，因此要消除大地吸收衰减与近地表引起的衰减，就必须在时间域、频率域和空间域进行补偿。为此采用时频域空间域的球面发散与吸收补偿方法，通过时频空间域补偿方法较好地实现时频域逐点补偿大地吸收衰减的影响，同时可以实现空间振幅差异的补偿，并且该方法满足相对保持振幅的条件。

（2）统计预测反褶积处理。

由于近地表岩性的空间变化和激发、接收的变化，通常炮点和检波点存在明显的激发和接收子波的差异。其振幅差异可以通过以上的时频空间域球面发散与吸收衰减补偿方法来补偿，但其波形的差异，特别是虚反射的影响只能靠地表一致性反褶积方法来消除，从而达到消除近地表的影响和提高分辨率的目的。实际中激发子波主要取决于激发点和井深以及近地表风化层引起的虚反射组成。而检波点的子波主要与近地表结构有关，可以看出检波点子波和激发点间子波的形成机理不同。因此，处理时先做炮点统计预测反褶积消除激发点的近地表影响，然后视具体情况再做检波点统计预测反褶积来进一步消除近地表影响和提高分辨率。

统计反褶积的目的有两个：一个是提高分辨率，另一个是消除激发点产生的虚反射。从保持相对振幅、频率、相位和波形，以及提高分辨率的最终目的，有效地消除近地表引起的虚反射差异尤为重要。在此基础上，尽可能提高分辨率。因此，选择预测步长的主要标准是消除虚反射的影响和提高成像信噪比，并在保证成像信噪比的基础上尽可能选用较小的预测步长来获得高分辨率的处理结果。

（3）效果分析。

通过时频域球面发散与吸收补偿、炮点、检波点统计反褶积以及严格的参数试验和质量监控处理，处理结果能否达到在消除近地表影响的同时满足相对保持振幅和波形的提高分辨率的要求仍是需要讨论的问题，下面让我们通过综合分析来阐述这一问题。

① 振幅保持分析。

图 8-54 为控制点原始输入炮集与最终相对保持振幅和波形提高分辨率处理后相同的炮集数据的纯波显示，从图中可以看出经过时频域球面发散与吸收补偿和炮点、检波点统计子波反褶积处理后不仅可以在空间上的补偿振幅、频率之间的差异，同时可以在一定程度上消除近地表引起的激发子波空间变化，表明本次提高分辨率处理效果较为明显。

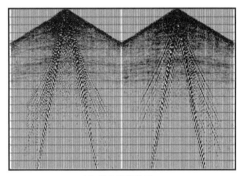 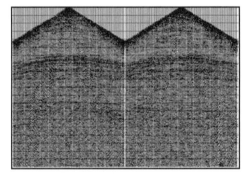

(a) 输入炮集数据　　　　　　　　(b) 最终处理炮集数据

图 8-54　控制点输入炮集与最终处理效果对比图

图 8-55 为目的层 30Hz 的三维地震激发能量分析图，从图中可以看出，经过本次最终处理后由近地表引起的空间激发能量变化被有效地消除了，激发振幅的变化范围从 0～0.8 减小到 0.42～0.58，范围减小了近 80%。

② 波形保持分析。

图 8-56 是三维地震子波的空间质量监控结果。从处理前后的空间子波监控对比可以看出，经最终相对保持振幅和波形提高分辨率处理后，子波的空间差异被消除了。另外，从图 8-57 输入控制线和最终处理对应的控制线统计自相关监控对比可以看出，经相对保持振幅和波形提高分辨率处理后基本消除了近地表引起的激发子波变化，而且数据的分辨率也有了明显提高。

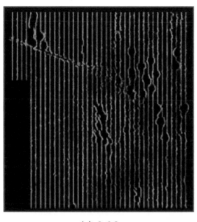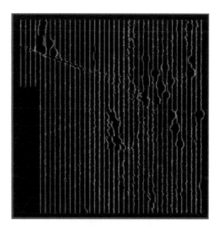

(a) 0~0.8   (b) 0.42~0.58

图 8-55　输入与最终处理激发能量统计平面分析图

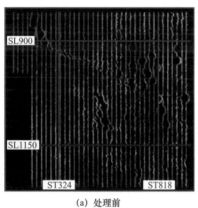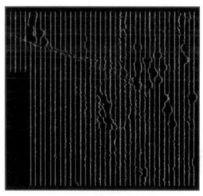

(a) 处理前   (b) 处理后

图 8-56　输入与最终处理子波统计平面分析图

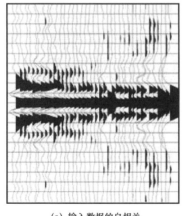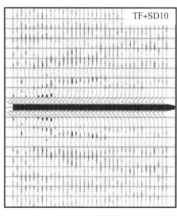

(a) 输入数据的自相关   (b) 最终处理数据的自相关

图 8-57　输入与最终处理控制线统计自相关分析

③ 分辨率和高频干扰分析。

常规的频谱分析方法通常难以比较不同处理步骤之间的频率改善程度，为此凌云研究组[35-36]（2002）提出了时频统计频谱分析方法，该方法可以较准确和直观地分析处理数据间频谱的定量变化关系和效果。图 8-58 是时频域统计频谱分析。从图中可以看出：时频域吸收衰减补偿比较好地消除了炮间时频差异，同时在 150Hz 频率上补偿了 10dB 左右的大地吸收衰减；炮点统计预测反褶积在 150Hz 处提高了 15dB 左右的吸收衰减量。整个叠前提高分辨率处理最终在 150Hz 处提高了近 25dB 的能量。这说明叠前提高分辨率处理是十分有效的。

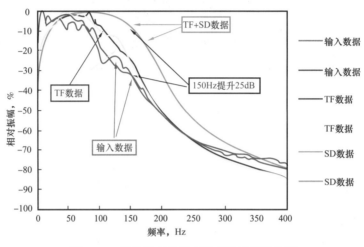

图 8-58 叠前提高分辨率处理统计频谱分析

处理过程中，我们都希望在补偿地震波有效能量的同时不放大干扰波的能量。图 8-59 给出了处理前、后噪声能量三维监控结果，A、B、C 和 D 表示控制炮位置。从图中可以看出原始数据中的强干扰能量在处理后被很好地压制。显然通过相对保持振幅、频率和波形的高分辨率处理没有放大高频噪声，而相对减小了高频干扰的影响。

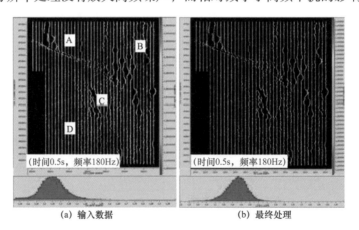

（a）输入数据　　　　　　　　　　（b）最终处理

图 8-59 叠前提高分辨率处理前后高频干扰对比图

④ 叠加效果分析。

图 8-60 给出了输入数据和相对保持振幅和波形提高分辨率处理后的控制线的叠加剖

面，从对比分析可以看出近地表引起的激发、频率差异得到很好地消除，虚反射影响也消除了，数据成像分辨率明显提高，而且数据的信噪比没有明显降低。

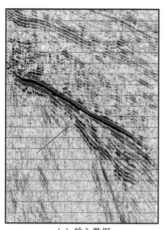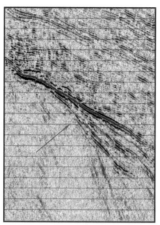

(a) 输入数据   (b) 最终处理

图 8-60 叠前提高分辨率处理前后控制线叠加剖面对比图

综上所述，本次处理有效地消除了近地表的影响，而较好地保留了地下的储层信息，达到了相对保持振幅、频率、相位和波形提高分辨率的处理目标。

2）高精度速度场求取与剩余静校正

在叠前相对保持振幅和波形的提高分辨率处理后，另一个影响最终成像分辨率的重要因素是成像速度。采用严格的沿层速度拾取和目的层放大的高精度速度拾取方法。速度场质量监控主要采用速度切片和均方根速度剖面、层速度剖面的监控。分别从平面上、Inline方向和 Crossline 方向检查速度变化的合理性，有无速度突变点，并对存在的速度异常点做进一步分析检查。另外，通过层速度曲线和剖面，检查有无层速度反转现象和异常点。

图 8-61 给出了 2500ms 处的速度切片。从切片上看速度场是均匀平滑变化的，没有孤立的速度异常变化，整个速度场呈现南高北低的变化趋势，这是因为速度场切片是等时切片，而实际地层是倾斜的原因造成的。速度和剩余静校正的求取是地震资料处理中的一对矛盾，速度拾取不准确会影响剩余静校正的计算精度，而静校正量的误差又反过来影响速度计算的精度。因此，速度和剩余静校正的迭代处理是常规处理中提高速度精度和改善叠加成像的重要步骤，采用三次速度和剩余静校正迭代来提高速度和成像的精度。第三次迭代的剩余静校正精度：检波点静校正为正负 1.0ms，炮点静校正为正负 0.6ms。显然，小于正负 1ms 的剩余静校正精度是达到了精度的要求（图 8-62）。

速度时间切片：T2500ms

图 8-61 最终速度场切片质控图

3）DMO+ 叠后储层成像处理

在完成高精度的速度拾取和剩余静校正处理后，成像理论将直接影响成像的精度。由于本次研究未涉及叠前偏移，因此从成像角度讲，DMO 仍是重要的成像方法，它比 NMO成像理论更接近实际地震波在地层中的传播规律，因此成像的效果要好于 NMO 成像。研

究区的目的层存在明显的断层和陡倾角的地层，因此采用 DMO 成像处理对提高成像质量
是有益的。图 8-63 给出了控制线 NMO 与 DMO 叠加成像的对比结果。从箭头所指部分可
以看出，绕射波成像有所改善，这可以增加断层的成像精度。另外，DMO 的成像结果和
NMO 叠加相比，改善的效果有时可能是由于成像速度的作用，此外最终的 DMO 成像效果
仍然要通过叠后的偏移成像效果来评价。

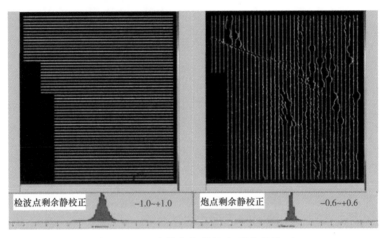

图 8-62　三次炮点与检波点剩余静校正

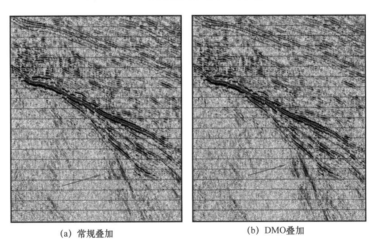

(a) 常规叠加　　　　　　　　　　　　(b) DMO叠加

图 8-63　NMO 与 DMO 叠加成像分析

　　常规 DMO 成像处理后，显然要想获得正确的成像位置，叠后偏移成像处理是重要
的成像步骤。叠后的偏移方法很多，如何根据实际研究地层的特点应用偏移方法仍是十
分重要的。空间不变速的三维叠后相移法偏移是比较理想的成像方法，它在获得较好的
陡倾角断层成像的同时可以获得较高的成像分辨率。当目的层构造比较复杂，空间变化
剧烈时，为了更好地使深部的陡倾角地层成像，仍需要考虑空间能够变速成像的差分陡
倾角偏移算法。图 8-64 给出了经三维差分陡倾角偏移处理前后控制线的对比剖面，从
Inline 方向的目的层 DMO 叠加成像结果来看，主要地层空间变化十分明显，地层倾角很
大。尽管三维相移法偏移能满足 90° 陡倾角的三维成像，但由于该方法难以满足空间的
剧烈速度变化，从而该方法在陡倾角部位偏移存在明显的不足。而只能采用空间满足剧

烈速度变化的陡倾角差分偏移进行处理。从陡倾角差分的偏移结果中可以看出，不整合面下部的陡倾角地层可以获得明显的成像。从其他的控制线偏移对比中也可以明显地看出，最终的深部陡倾角地层成像偏移效果很好。因此，最终采用差分陡倾角偏移进行叠后的成像处理。

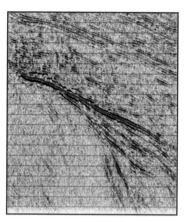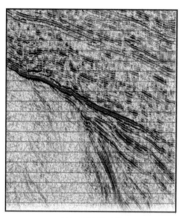

(a) DMO叠加   (b) 有限差分偏移

图 8-64 陡倾角差分法叠后偏移剖面

2. 三维地震数据的储层构造演化与沉积演化解释

三维地震数据的构造演化与沉积演化解释技术是结合了平衡剖面技术和层序地层学的理念，通过地震数据反射层的逐层拉平地震剖面解释和基于参考标准层提取的等时地震属性切片，获得目标区构造及储层动态演化和对储层沉积起控制作用的古地理信息，从而开展储层的空间展布规律研究，以及薄储层的空间性质（如岩性、沉积物颗粒的粗细、厚度和油水关系等）等方面的研究工作[36]。

三维地震数据的构造演化解释是基于三维地震数据内具有连续反射同相轴的控制线剖面及其参考标准层，通过垂向层拉平技术快速地获得构造演化的近似解释结果，同时检验参考标准层解释的合理性。构造演化解释技术并非仅希望获得静态的构造图，而是通过构造演化解释获得某一时期地层沉积前、后的古地貌和古沉积环境信息。

构造演化研究主要是将区内主要目的层侏罗系各层段层拉平显示这一时期的古地貌和古沉积背景信息。图 8-65 为穿越油田主体部位沿侏罗系底界拉平的地震剖面。从图中可以看出，在侏罗系沉积以前，研究区处于隆起边缘地带，侏罗系和下伏地层间呈角度不整合接触。图 8-66 是白垩系底界侏罗系沉积充填的解释剖面，侏罗纪早期工区东南部最早开始接受沉积，并受控于西北高、东南低的古地貌背景。侏罗纪早期地层可划分为三个次一级沉积旋回，物源主要来自西北方向。此后，东南部地区继续下沉，开始了侏罗系中期沉积，这一时期经历了两个次一级的沉积旋回，形成了两个叠置沉积体，物源主要来自西北方向。侏罗纪晚期经历了两个次一级沉积旋回的沉积，形成了该区的主力储层，其沉积特征为东南厚、西北薄，在地震剖面的西北部明显具有前积反射特征，表明沉积物源仍主要来源于西北方向。侏罗纪晚期的沉积特点可以通过（图 8-67）清晰地展示出来，该时期的沉积仅局限于研究区的东部，西部缺失。东部沉积区内的一道低凸起将沉积区分隔为两部分，形成两个主要的沉积区域，外部是较广，而内部较为局限。

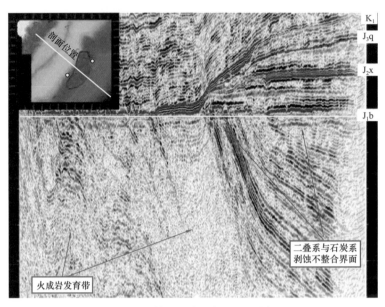

图 8-65　侏罗系底界拉平地震剖面

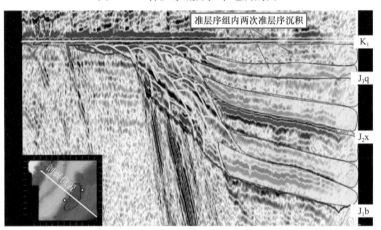

图 8-66　侏罗纪沉积充填解释剖面

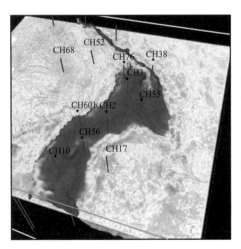

图 8-67　侏罗纪晚期古地貌形态

储层沉积演化解释则是建立在参考标准层标定基础上，通过对提取的等时地震属性切片的动态空间相对变化的分析获得储层形成过程的一种解释方法。储层沉积演化研究的是层序格架间的一个沉积旋回内储层沉积演化过程，可有效地获得三维地震区内储层微观沉积演化的信息。

本区的储层沉积演化解释是基于参考标准层（白垩系底），将侏罗系齐古组分成 10 个等份，得到该层段的地震属性切片（图 8-68）。从图中各个等时地震属性切片的储层沉积演化解释结果可以看出，齐古组早期为低位体系域沉积环境，主要为扇三角洲沉积环境，存在三条主要的河流，在山间沉积区，随着沉积时间的推移，水深逐步增加，扇三角洲平原面积逐步减小，河流逐步退缩（从沉积区域变迁可以看出），这一时期研究区的沉积环境由扇三角洲平原向扇三角洲前缘变迁，形成了与早期扇三角洲平原相关的沉积砂体和晚期的退积砂体，在现今油田部位形成了较好的岩性圈闭和储层。

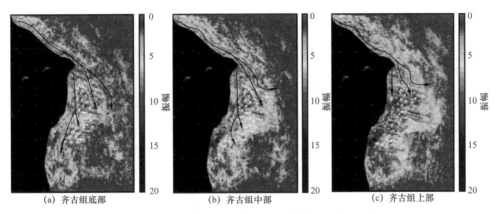

(a) 齐古组底部　　　　　　(b) 齐古组中部　　　　　　(c) 齐古组上部

图 8-68　基于振幅属性的齐古组储层沉积演化解释

3. 地震与测井联合储层解释及静态建模

测井信息具有较高的垂向分辨能力，但仅仅局限于井眼周围地层，无法准确刻画井间储层参数的分布特征。地震具有丰富的空间信息，能够表征储层的宏观分布规律，但自身垂向分辨能力较低。地震与测井联合储层解释及静态建模技术是基于地震储层相对等时界面和储层沉积演化分析结果，综合测井和地震数据各自的优势，进行测井与地震数据的储层相对等时面的精细标定和储层测井与地震的空间与垂向联合解释，从而最终获得三维储层精细描述结果。

地震与测井联合储层解释是基于井震精细时深标定结果，通过不同方向过井控制线的岩性标定解释与对比、联合地层沉积层序解释与对比、储层内部流体分布特征解释与对比来获得储层砂体空间叠置演化规律以及砂体内部流体的分布规律。

地震与测井联合静态建模技术是利用已知井点储层参数为基础，基于地震与测井联合储层构造、沉积解释结果与地质认识约束，利用计算机技术结合地质统计学方法实现对地下储层地质认识的三维表征。

研究区主力储层为侏罗系齐古组，沉积环境为扇三角洲沉积，储层在空间上具有较强的非均质性，采用了序贯高斯地质建模方法进一步研究储层和盖层（顶、底板）。基于白垩系底界层拉平进行地质建模结果如图 8-69 所示，从白垩系底以上 30m［图 8-69（a）］和 18m［图 8-69（b）］的泥质含量切片上，可见白垩系下部地层泥质含较高，是较为优质的区域盖层（顶板）。从白垩系底以下 8m［图 8-69（c）］的泥质含量切片上可见，除北部外，这一时期油田区进入了储层发育相对稳定，北部主要受河口下切河道作用影响，岩性存在不均匀性的现象，随着深度的增加，北部齐古组古地貌高点开始表露，表明这一部位开始出现沉积间断；白垩系底以下 32m［图 8-69（d）］建模切片上可以明显看出，这一时期在油田区北部存在一个河道，河道被两边的古高地所夹持，这一精细解释结果更进一步刻画了北部主物源的部位，随着地层深度的增加，地层泥质含量增加，构造成了油藏的底板层。

仅利用高精度三维地震数据的静态构造演化和沉积相解释是难以分离储层沉积信息与储层动态信息间的关系，为此 3.5D 地震解释方法需要油田开发动态信息的研究。

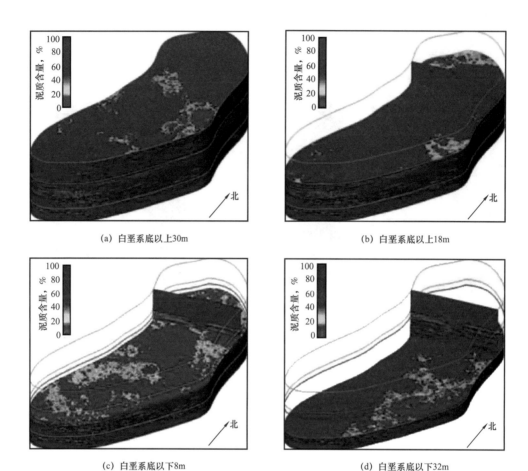

(a) 白垩系底以上30m   (b) 白垩系底以上18m

(c) 白垩系底以下8m   (d) 白垩系底以下32m

图 8-69　泥质含量模型

4. 油藏开发动态信息分析

油藏开发动态信息分析包括对生产动态资料、岩心及流体资料、油藏监测及生产措施资料的整理和分析，通过整理单井生产动态，分析注采井间连通关系及井组开发状况，结合储层解释成果来判断油藏油水运动规律及油藏总体开发特征，指出油藏存在的开发问题。研究过程可以分成两个大的步骤：首先，收集和整理油藏生产动态数据、岩心和流体分析数据、油藏监测和生产措施数据，并建立相应的动态数据库；然后，针对研究目标开展宏观开发特征分析和微观开采机理分析。

图 8-70 为历史上油田动态累计产油的空间变化图，从油田早期（1990 年）开发井投产顺序和其累计产油量看，油田开发始于油田的南部，此后逐步向北部发展，直到 1994 年油田大部分开发井投产，进入油田年产峰值。1996 年后油田南部开发井的产量逐年递减，含水上升；而北部的产量逐年增加，截止到 2006 年，油田累计产油量南部略高于北部，西部高于东部。图 8-71 给出了油田累计产水的空间变化情况，从 1994 年以前油田累计产水的空间分布来看，产水较高的井主要位于油田南部和东南部（图中蓝色区域），表明水侵方向主要为东南方向的边水突进。1996 年到 2004 年累计产水井的空间变化关系进一步证实了这一点。通过对油田生产动态信息进行归纳总结和平面成图，是开展多信息综合解释中一个重要的技术环节。

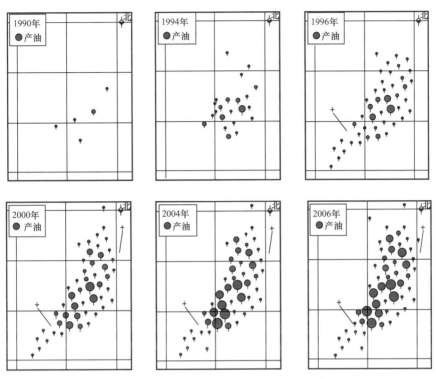

图 8-70　油田开发动态累计产油空间变化结果

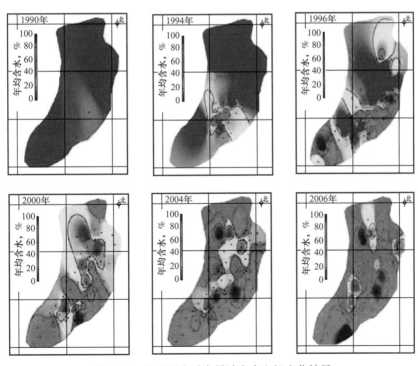

图 8-71　油田开发动态累计产水空间变化结果

三、应用效果与研究结论

1. 多信息综合解释研究及应用效果

综合多学科的剩余油气预测技术是指利用地震、地质、测井和石油工程等多学科信息预测储层中剩余油气分布的技术。与单一学科相比，利用多学科的信息预测剩余油气分布可以有效地减少单一学科的不确定性，从而提高剩余油气预测的精度。

在三维静态地震数据解释和开发动态信息空间解释结果的基础上，绘制了油田区三维地震储层振幅信息与开发动态信息的平面关系图（图 8-72），从图 8-72（a）可以看出，油田现今含水量较低的产油井主要位于三维地震的强振幅区，而含水量较高的井位于振幅较弱的区域，显然，与现今油田含油量高对应高精度三维地震振幅强、含水量高对应振幅弱的特征十分吻合。表明高精度三维地震资料精度很高，可以反映油田现今的油水关系。但从图 8-72（b）上看，累计产油量高的井并非都位于现今三维地震振幅强的部位，累计产油量低的井也不一定位于地震振幅弱的部位，这表明现今采集的高精度三维地震信息中包含了油水置换后的储层变化信息。因此，应将开发动态变化因素从三维地震信息中去除。

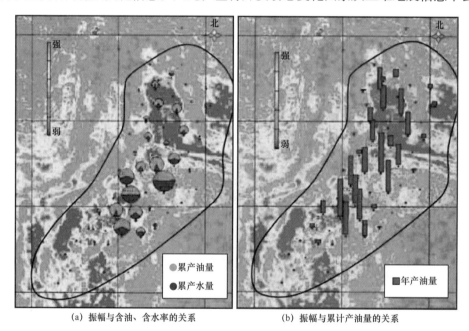

(a) 振幅与含油、含水率的关系   (b) 振幅与累计产油量的关系

图 8-72　地震振幅与油田开发动态信息的平面关系（2006 年）

图 8-73 是由泥质含量模型得到的一组产层段储层切片，反映了产层段储层空间的分布特征，与地震信息对比差别很大。在油田北部指示的一块较大的储层不发育区与弱振幅区对应，其余区域储层广泛发育，产层段仅存在少量隔夹层，与振幅信息没有太大的相关性。这剥离了储层因素对地震信息的影响，表明强振幅区为剩余油的反映。

根据高精度三维地震数据的构造—沉积演化解释、储层静态建模和动态开发信息的空间解释，以及综合信息解释结果可知（图 8-74），油田开发的水侵方向源于现今油田的东南方向，疑问井——A 井、B 井，均与主力开发区块位于不同沉积相带上，为不同含油砂体，其面积分别为 1.5km² 和 1.1km²。

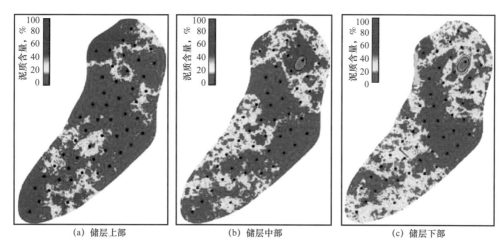

(a) 储层上部　　　　　　　　(b) 储层中部　　　　　　　　(c) 储层下部

图 8-73　产层段储层空间分布特征

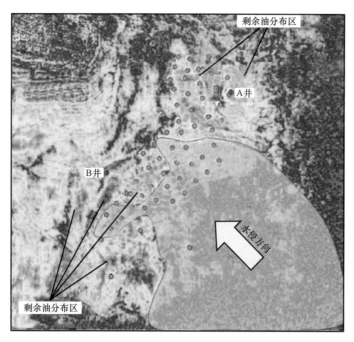

图 8-74　3.5D 地震解释结果

2. 主要研究结论

　　针对油田开发中、晚期采集的高精度三维地震数据，在严格相对保持振幅、频率、相位和波形的高分辨率与高精度成像处理条件下，经过精细三维构造和精细储层解释研究，结合油田开发动态信息综合解释可以比较有效地解决油田开发中的问题，发现剩余油气的分布范围。同时，3.5D 地震有效回避了时移地震中的非重复性噪声影响，并解决了一些油田没有早期三维地震或早期三维地震数据质量十分差的问题，因此可减少油田开发阶段的地震投入。但 3.5D 地震方法要求地震、地质、测井和油藏开发间高度一体化的紧密结合，在此基础上才能有效地解决油田开发阶段的问题和发现剩余油气的分布。

3.5D 地震技术先后在新疆塔里木、准噶尔、中原、中国海油等油田地震处理解释和剩余油气预测一体化研究项目中得到应用，在油藏开发动态监测和剩余油气预测方面都取得了很好的效果。实践表明，3.5D 地震技术是解决中国老油田面临的高含水、陆相沉积复杂储层和开发效益等问题的一条经济有效的技术途径之一。

第五节　松辽盆地喇嘛甸油田密井网条件下井震藏一体化技术与应用

本节以大庆长垣喇嘛甸油田试验区为例，介绍以共享油藏模型为核心的（测）井（地）震（油）藏（模拟）一体化技术理念。通过井震融合和震藏融合技术的研究，建立了老油田剩余油分布预测技术流程。该技术流程和系列在研究区应用中取得了明显的效果。

一、概况与需求

1. 地质背景

喇嘛甸油田面积约 100km²，位于大庆长垣背斜的最北端，为一不对称的短轴背斜构造，被北西方向延伸的两大断层切割，分成面积不等的北、中、南三大块。断层均为正断层，基本上为北西向和北北西走向，长度一般为 2～4km，倾角为 45°～60°。

喇嘛甸油田是一个受构造控制的短轴背斜气顶油藏，自下而上发育有高台子、葡萄花、萨尔图 3 套油层、8 个油层组、37 个砂岩组、97 个小砂层，油层总厚度为 390m。研究目的层为萨尔图油层，属于盆地北部沉积体系的大型叶状三角洲相沉积，地层厚度约100m。上部萨一组为嫩一段沉积地层，是一套灰黑色泥岩与薄层粉砂岩、细砂岩的岩性组合；下部萨二组、萨三组为姚家组上部沉积地层，是一套灰绿、紫红色块状泥岩与中厚层砂岩交互出现的岩性组合。萨尔图油层又分 3 个油层组、10 个砂岩组、19 个小砂层，重点研究层段是萨 II 油层组，可分为 12 个小砂层。

喇嘛甸油田油气水纵向分布受重力分异作用制约，具有统一的油气界面和油水界面。油、气、水平面分布受构造控制呈环带状分布明显，气顶分布在构造顶部，从构造轴部向翼部可分为纯气区、油气过渡带、纯油田和油水过渡带，边部有边水衬托。

2. 勘探开发历程

喇嘛甸油田勘探开发历程大致经历了 4 个阶段。第一个阶段从 1960 年至 1964 年，为油藏发现与勘探阶段；第二个阶段从 1965 年至 1972 年，为油藏评价与气藏发现阶段；第三个阶段从 1973 年至 1975 年，为油藏开发与气藏评价阶段；第四个阶段从 1976 年至今，为油藏开发调整与完善阶段。在开发调整期间，油藏经历了开发初期的高产稳产、开发层系调整、全面转抽稳产、注采系统调整、二次加密调整、聚合物驱接替稳产等阶段，现已进入高采出和高含水的"双高"开发阶段。目前油田已经被开发初期的基础井网、一次加密、二次加密、三次加密和四次加密井网所覆盖。

研究工区位于喇嘛甸油田北部的北北区二次开发试验区内，面积 4km²。截至 2010年，研究工区共钻井近 400 口，平均井网密度近 100 口 /km²（图 8-75）。

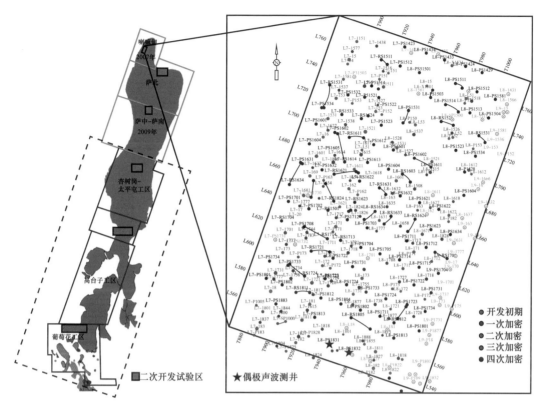

图 8-75 研究工区位置与井网分布图

3. 资料条件

2005 年底以前，喇嘛甸油田开展过二维地震资料采集，测网密度 1km×1km，基本覆盖全油田。随后为了满足"二次开发"的需求，2007 年完成 104.31km² 三维三分量地震资料采集。其观测系统为 16L8S168R 斜交，20m×20m 面元，14×8 次覆盖，采样率 1ms。2010 年末又开展了多种地震资料采集试验，主要包括：数字与模拟检波器对比采集试验、四维地震采集试验、高密度三维三分量地震资料采集试验以及三维三分量 VSP 采集试验和 Walkaway 资料采集试验。本项研究以 2007 年采集的三维三分量地震资料为基础。

研究中收集整理了 373 口井的测井资料。由于研究工区钻井时间跨度大，每个阶段采用的测井系列、钻头尺寸、钻井液密度等都不相同，因此不同时期测井资料可对比性差（表 8-10）。

表 8-10 喇嘛甸油田不同开发阶段测井系列与测量环境参数

开发阶段	代表年份	测井系列	钻头尺寸，mm	钻井液密度，g/cm³	钻井液电阻率，Ω·m
开发初期	1974	横向测井	198	1.32	4.7
一次加密	1985	JD581	190	1.70	8
二次加密	1992	DLS	203	1.80	4.7
三次加密	1996	DLS	203	1.70	3.1
四次加密	2005	DLS	215	1.60	4.1

另外收集整理了研究区采油井和注水井历年的生产动态资料，建立了 373 口井的油水井措施数据库。

4. 地质问题

喇嘛甸油田开展了多次油藏描述研究，但仍然不能满足现阶段开发的需求，主要表现在以下几个方面。

1）构造

首先，构造解释精度有待提高。其次，大庆油田发育多种断层组合如阶梯状、地垒、"Y"形等，目前利用井资料的断点组合率只有 89.2%，部分 1～2 口井钻遇的小断层无法组合。最后，落实断层封堵性。断层在注水开发中的作用主要取决于断面两侧的岩石性质（即砂泥对接关系）。由于大型河道砂体厚度比较大（一般可达 15m），断层两侧油层仍然接触，形成连通的可能性大，一般是以连通作用为主，如喇嘛甸油田的葡 I2 层；而薄层砂岩厚度小，油层不发育，断层两侧油层可能不互相接触，形成连通的可能性小，一般是以隔绝作用为主，如喇嘛甸油田的葡 I1、葡 I4 和葡 I5+6 小层。

2）储层

储层研究主要涉及薄砂体识别和砂体边界圈定，包括大面积分布河道砂体边界与单一河道识别、窄小河道砂体边界预测、河间薄层砂预测和河道砂体内夹层识别与表征。

3）剩余油潜力

寻找剩余油富集区需要搞清断层及各种渗流屏障分布以及构造、储层及油水分布。

5. 地球物理问题

喇嘛甸油田是东部老油田的典型代表，挖潜的中心任务是提高原油采收率，关键是预测剩余油相对富集区[38]。我国东部老油田储层多为陆相碎屑岩沉积，储层纵横向非均质性强，加上开采时间长、开采过程复杂，深化地震油藏描述面临巨大挑战[39]，主要表现为以下 4 个方面。

（1）目标尺度更小，精度要求更高，如要求识别 1m 以上的砂体，3m 左右的断层，3m 左右的微幅度构造，以及准确识别砂体边界和泥岩隔层，提高物性预测精度等。

（2）资料时间跨度大，如大庆长垣最早采集的测井资料与地震资料采集时间相差近40 年，井震匹配难。

（3）井网密，测井资料多，地震油藏描述的时效性低，影响了地震技术在开发阶段的应用。

（4）资料种类丰富，缺乏一体化工作模式、流程和相应的技术与软件平台，无法实现高效率多学科资料融合研究。

6. 技术需求与对策

开发阶段地震油藏描述的关键任务就是建立高精度共享静态和动态油藏模型，前者为油藏开发方案设计提供依据，后者为剩余油分布预测、调整井位部署和挖潜提供技术支持。所谓共享包含两个含义：一致性与实时更新能力。一致性包括不同阶段（勘探、评价、开发和生产）、不同学科（地质、测井、地震、钻井、油藏工程），以及不同尺度（微观、中观和宏观）的一致性；实时更新能力就是要求任何修改都能实时呈现在所有相关人员面前。这就要求做好多学科一体化，首先是地震和测井的融合，其次是地震与油藏的一体化，最终实现井震藏一体化。井震融合可以实现两个目的，一是充分利用井点资料，如测井资料和井筒地震资料等，二是保证测井与地震的一致性。地震油藏一体化旨在增强地震在油藏工程中的作用。传统上，地震与油藏建模和数模的关系是接力式的，即油藏建模使用地震油藏描述的结果，油藏数模利用粗化后的油藏建模结果；粗化的结果是无法从油藏数模回到地质建模和地震，如图 8-76（a）所示。不粗化的震藏一体化可以保证油藏模型与地质模型的等价性。通过历史拟合更新油藏模型就是更新地质模型，实现从数模到建模的闭合循环，其次通过动态地震岩石物理和正演模拟技术实现从建模到地震资料解释，甚至是地震资料处理的闭合循环，最终形成从地震到油藏，再回到油藏的闭合循环，如图 8-76（b）所示。

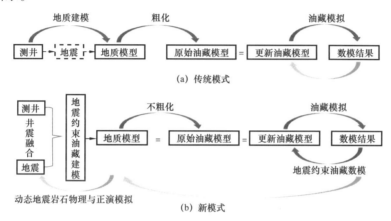

图 8-76　地震与油藏建模和油藏数模的关系

　　老油田井震藏一体化技术体系如图 8-77 所示。关键技术包括动态地震岩石物理、井控保幅高分辨率地震资料处理、井控精细构造解释、井震联合储层研究（随机地震反演）、地震约束油藏建模和地震约束油藏数模。

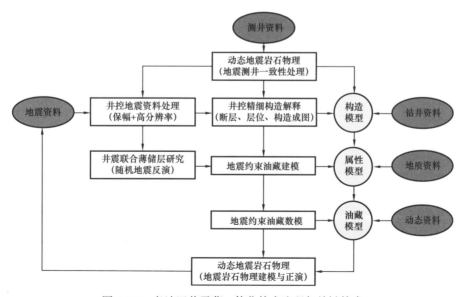

图 8-77　老油田井震藏一体化技术流程与关键技术

二、关键技术

1. 动态地震岩石物理技术

油田经过长期开发后，储层岩性、孔隙结构和孔隙流体都随时间发生变化，因此动态地震岩石物理分析更关注时间变化对储层弹性性质的影响，以及由此造成的井震匹配问题。

1）井震匹配

开发阶段井震不匹配的原因有三个方面：（1）由于老油田测井时间跨度大，采集队伍、采集设备和采集参数不尽相同，造成测井响应空间不一致性。（2）地震与测井资料不一致性，首先是频散效应引起地震速度与测井声波速度的差异；其次是常规测井处理获得的体积模型与地震岩石物理中使用的体积模型有差异，前者通常由不同岩性含量（如砂岩和泥岩）和有效孔隙度构成，后者需要各种矿物含量（石英和黏土）和总孔隙度进行岩石物理建模；最后常规测井资料处理和解释往往基于单井，而地震岩石物理分析要求工区内所有井采用统一的模型和参数。（3）地震和测井资料采集时间差异造成的时间不一致性。井震一致性校正主要包括空间一致性处理、井震一致性处理和时间一致性处理。

（1）空间一致性处理。

空间一致性校正也称测井标准化，其目的是使同类测井数据具有统一刻度、相同测井响应和相同解释模型。直方图法是一种最常见的标准化方法，以标准井和待校正井的直方图峰值差异作为校正量。单峰校正通常只考虑泥岩标准层一个峰值的多井吻合程度。双峰校正既考虑标准层泥岩峰值的影响又兼顾砂岩的峰值，可改善多井标准化的效果[40]。

（2）井震一致性处理。

井震一致性校正主要解决常规测井资料处理与解释中体积模型与地震岩石物理建模中体积模型不一致性和频散造成的速度不一致问题。如图 8-78 所示，该流程将测井评价与岩石物理分析有机结合，使之互为验证和质控手段。通过该流程获得的岩石体积参数可以直接用于地震岩石物理建模。频散校正必须依赖井筒地震资料，特别是 VSP 资料。由于 VSP 资料与地面地震频带接近，可以联合 VSP 得到的速度与声波测井速度建立频散校正模型，从而改善井震标定的匹配程度[40]。

（3）时间一致性处理。

工区地震资料是 2007 年采集的，而测井资料是从 1974 年开始分 5 个时间段采集的。由于长期水驱造成的储层孔隙度、泥质含量和饱和度等变化会引起波阻抗的变化，因此井震标定存在较大差异，如图 8-79（a）所示，主要体现在储层段。为此利用岩心和测井数据拟合测井响应随时间的变化规律，以校正时间造成的测井响应差异。如图 8-79（b）所示，校正后井震匹配程度大大提高。

2）动态地震岩石物理模版

动态地震岩石物理模版与静态模版制作方法相似。制作前需统计油藏参数随时间的变化，主要包括孔隙度、泥质含量、饱和度、温度、压力等。研究区采用保持压力和常温注水开采，油藏温度和压力变化较小，可忽略不计。考虑到地震采集时间是 2007 年冬天，因此分两段进行统计。一段是开发元年到 2007 年，此间泥质含量呈减小趋势，最大变化 3%；孔隙度呈增加趋势，最大增加 3%；含水饱和度最大增加 30%。另一段是 2007 年至 2010 年（项目研究启动时间），期间泥质含量与孔隙度基本不变，含水饱和度最大增加 30%。根据以上油藏参数变化制作动态岩石物理模版，如图 8-80 所示。1974—2007 年间油藏岩性、物性和孔隙流体均发生变化，导致纵波阻抗和速度比的显著变化，可通过叠后反演的波阻抗差异或叠前反演的速度比差异来检测。2007—2010 年间油藏只有流体饱和度发生变化，因而纵波阻抗没有明显变化，但速度比有可观的变化量，因此可通过叠前反演进行检测。

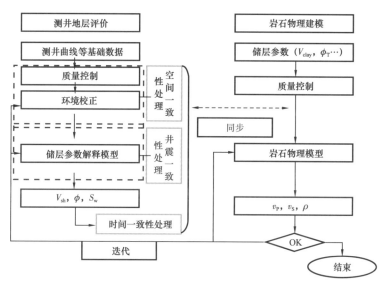

图 8-78　测井评价与地震岩石物理分析一体化技术流程

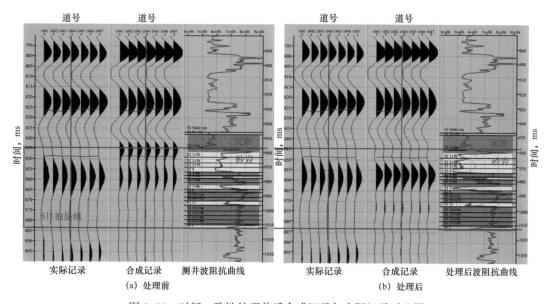

图 8-79　时间一致性处理前后合成记录与实际记录对比图

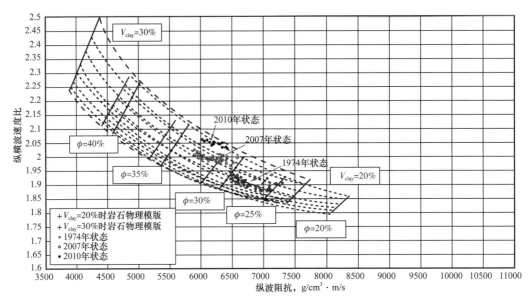

图 8-80　动态地震岩石物理模版

2. 井控保幅高分辨率地震资料处理技术

1）地震地质条件

喇嘛甸油田处于人口密集区附近，地震地质条件复杂，主要表现在以下几个方面。一是观测系统不规则和采集参数不一致性严重。地表建筑物众多，地下管网密布，往往需要进行变观或特观设计，进一步加重观测系统先天的不规则。二是自然环境和人文因素产生的噪声类型多且复杂。地表噪声源主要包括钻井平台、各类井、电机、电泵、计量站、变电站、注水 / 气站、加热 / 压站、配气 / 水站、电网、道路、地面管网、建筑物、水域、盐碱地等，地下噪声源包括各种集输管道、地下电缆、油气藏生产等。噪声类型主要包括猝发噪声、面波、声波、随机噪声、周期性噪声等。三是近地表结构复杂。东部老油田虽然地势平坦，高程相差不大，但盆地第四纪沉积非常不均匀，低降速带横向变化较大，速度变化剧烈，潜水面变化复杂，加上油田开采、注水、近地表改造等人为因素，造成近地表结构横向分布不稳定。四是激发条件差、横向一致性差。在油田开发过程中，近地表结构受到不同程度的改造和破坏，难以激发出高频子波；地表覆盖混凝土路面，与下伏地层构成连续振动体，产生很强的次生干扰，有效信号难以下传；地表建筑物和设备仪器多，激发能量低、横向差异大。

2）地震资料处理要求与难点分析

喇嘛甸油田地震资料处理的总体要求是高信噪比、高保真和高分辨率。处理难点主要包括：精确的近地表结构调查和高精度静校正，保幅去噪，横向一致性，针对微幅构造和岩性类油气藏描述的相对保幅，针对陆相薄储层表征的高分辨率处理，针对井、震、藏一体化的质控。

3）井控地震资料处理理念

该理念是 20 世纪末 Schlumberger 公司提出的，旨在利用井中观测数据对地面地震资料处理参数进行标定，并对处理结果进行质控，以达到优化参数、提高分辨率和保持相对振幅，最终实现井震匹配。主要技术包括井控子波提取与反褶积、井控 Q 值估算与 Q 补偿、井控零相位化处理和井控速度建模等。

4）保幅处理关键技术

相对振幅保持处理的关键技术主要包括组合静校正、保幅去噪、振幅和子波一致性处理、叠前数据规则化和道集优化处理技术等。

组合静校正技术先应用表层模型静校正解决超出一个排列长度的长波长问题，再应用折射波静校正解决一个排列长度内的中短波长问题，最后利用剩余静校正和分频剩余静校正解决小于 1/2 视周期的剩余静校正量。组合静校正技术结合了多种静校正方法的优势，既保证叠加成像质量，又确保成像构造的正确性。

保幅去噪针对不同干扰源产生的噪声，采用"六分法"即分区、分类、分时、分频、分域、分步的多域分类逐级去噪思路和方法。为尽可能保留有效信号，去噪与振幅补偿、反褶积和速度分析应迭代进行。

一致性处理包括振幅一致性和子波一致性处理，以尽量消除近地表因素引起的反射能量与子波的空间差异。振幅一致性处理包括三维空变速度场球面扩散补偿和基于模型的一致性振幅补偿，以基本消除时域和频域的振幅差异；子波一致性处理主要通过炮检域分步反褶积等技术来实现，以进一步消除近地表风化层厚度和潜水面变化造成的相位和虚反射差异影响。

为了保证生产时效，实际资料的规则化处理一般采用基于面元的借道法以及基于能量的加权补偿和基于覆盖次数的加权补偿。

道集优化包括道集拉平、提高信噪比、角道集生成、部分叠加设计、有效炮检距优选等。

5）高分辨处理关键技术

高分辨率处理技术包括井控反褶积和井控反 Q 补偿等技术。井控反褶积利用井中提取的反射系数和井旁地震道直接求取双边反子波，因此反褶积抗噪能力更强，分辨率更高。地层吸收衰减是影响地震分辨率的主要因素，吸收衰减补偿即反 Q 补偿是提高地震分辨率的有效手段，其关键是求取准确的 Q 场。一种比较实用的做法是，针对目的层对工区中的井采用统一频率的子波做 AVO 正演，然后对井点实际 CRP 道集进行 Q 补偿扫描，选择一个产生的 AVO 响应特征与模型道非常接近的 Q 值；然后对多个井点求取的 Q 值进行插值获得空变 Q 场，再对所有道集进行补偿处理。对目的层埋深变化较大的地区，这种补偿方法效果较好。

6）地震资料处理质量控制

处理质控包括两个方面，一是常规质控，包括基础资料可靠性、处理参数优化和处理结果的对比分析，目的是优化处理流程和参数，保障资料处理质量。二是保幅质控，通常包括垂向、水平和偏移距方向的振幅保持，重点是偏移距方向的振幅保持，即 AVO 关系。传统 AVO 质控对比叠前合成记录与实际记录的 AVO 曲线，是对偏移结果在井点处的定性质控。基于 AVO 属性的质控方法（图 8-81）则可对每一步处理进行质

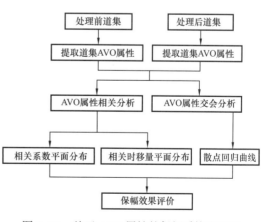

图 8-81　基于 AVO 属性的保幅质控流程图

控。两种方法联合使用可以实现全过程的定量质控，为 AVO 分析和叠前地震反演奠定了数据基础。

3. 井控精细构造解释技术

小断层和微幅构造识别以及提高构造成图精度，对开发方案调整、完善注采关系、提高水驱开发效果具有重要影响，是油田开发阶段构造研究的重点[40]。

1）井控断层解释

井震联合小断层解释通过井点引导、断层增强处理、井震结合、开发动态检验等手段提高小断层解释的可靠性和精度[41]，其流程如图 8-82 所示。该技术在研究区应用中见到明显的效果，主要体现在三个方面。一是井解释断层均为北西走向，联合解释发现北东向断层，如过断点 5 和 6 的断层，该断层通过干扰试井法得到验证，是封闭的断层。二是断层组合关系发生变化，如井解释认为断点 1 和 2 属一条断层，而 3 和 4 属于另外一条断层；联合解释认为断点 1、3 和 4 属一条断层，2 属于另外一条断层，两条断层相交于断点 3 附近。三是小断层解释方案变化更大，增加了 11 条，延长了 3 条，重新组合了 10 个断点（图 8-83）。

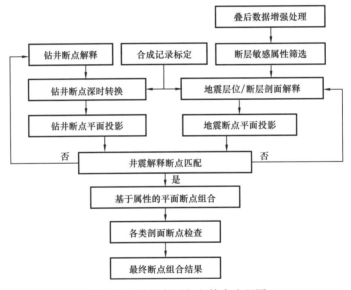

图 8-82　井控断层解释技术流程图

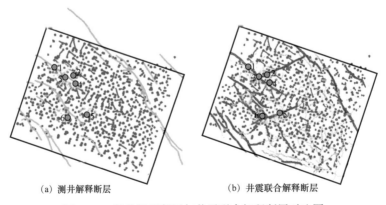

（a）测井解释断层　　　　　　（b）井震联合解释断层

图 8-83　测井解释断层与井震联合解释断层对比图

图像反褶积[42]、小波变换和蚂蚁追踪有助于提高小断层识别精度。图 8-84（a）是原始资料的蚂蚁体切片，黄色数字为测井解释的断距。工区 3m 以上小断层均有显示，但断层成像不够清晰。图 8-84（b）为经过图像反褶积和小波变换处理后的蚂蚁体切片，可以识别工区 2m 以上的小断层。

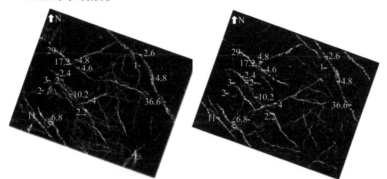

（a）原始资料的蚂蚁体切片　　（b）经图像反褶积和小波变换处理后的蚂蚁体切片

图 8-84　原始资料蚂蚁体和增强处理后蚂蚁体切片对比图

2）井控层位解释

首先在井震标定后，采用自动追踪方式进行层位解释，在低信噪比区域采用手动追踪，并对不连续和不合理的地方进行修改。其次，进行地震层位与地质分层的匹配校正。利用已知井时深关系，对地质分层进行深时转换，求取井点地质分层和地震层位的误差，分别从地质分层、时深关系和地震层位解释三个方面进行调整，最终得到在时间和深度域都与钻井分层一致的地震层位。

3）井控构造成图

传统构造成图方法可以分为两大类。第一类是利用时深关系和等 T_0 图获得深度构造图，第二类是当井网密度足够大时，可以利用钻井分层直接绘制构造图，但这两种方法均不能同时保证井震一致性和井间的地震约束。井控构造成图法[43]以时间域地震层位为外部漂移变量，对构造成图进行层面趋势约束，然后利用钻井分层深度值进行地震约束下的克里金插值。利用该方法在断层附近发现了一批新的 1～2m 微幅构造（图 8-85）。

4. 井震联合储层预测技术

地震反演因其物理意义明确，是开发阶段井震联合储层研究的关键技术之一。

1）确定性反演

确定性反演假定波阻抗在空间上是一个确定值，通常以褶积模型为基础，利用最小化准则进行求解，得到平滑（块状）的波阻抗估计值。反演结果所缺的低频成分通常用叠前时间/深度偏移速度谱或测井声波低频来弥补，高频则主要通过测井资料来补充。约束稀疏脉冲反演和基于模型反演是开发阶段常用的反演方法。

2）随机反演

随机地震反演假设波阻抗在空间上是一个随机变量，可以用概率分布来表示。这个概率分布由地震资料、测井资料和地质统计学信息融合而成，利用马尔科夫链蒙特卡洛（MCMC）方法对其任意采样一次即得到一次反演实现。

确定性反演是所有可能的随机实现的平均。而随机反演则研究整个概率分布的性质，具有如下优势：首先，它综合利用了测井信息和地质统计学信息，且反演过程不做局部平滑处理，可以从地震资料中提取更多的细节，反演结果分辨率更高。其次，随机反演从井点出发，反演结果与井吻合程度高。再次，综合分析多个实现可以对反演的不确定性做出定量评估。最后，最新随机反演方法建立在贝叶斯公式基础上，可以方便地融合不同多尺度的多学科信息。

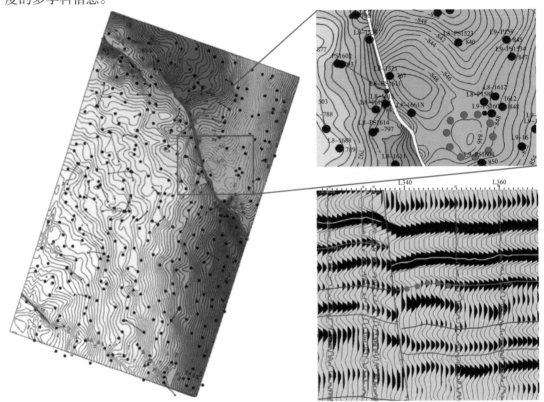

图 8-85　井控精细构造解释发现的微幅构造平面图与剖面图

3）反演结果对比

图 8-86 对比了三种方法反演结果，插入曲线为自然电位（SP）。砂岩在 SP 上表现为负异常，在波阻抗上表现为低值（红色和黄色）。图 8-86（a）为约束稀疏脉冲反演结果，整体变化特征和井基本一致，但纵向分辨率低，单砂体和钻井结果匹配差。图 8-86（b）为基于模型反演结果，时间采样率为 0.25ms，纵向分辨率大幅提高，薄层砂岩的边界比较清楚，和钻井解释的砂岩基本符合。由于薄层通常规模小、相变快，因此该方法必须有足够的井数以确保内插的可靠性，比较适合于评价与生产阶段地震油藏描述。图 8-86（c）为随机反演结果，薄砂体可辨识性进一步提高，反演结果与测井砂体匹配程度更高，因此该方法最适合生产阶段油藏描述。

在井网密度影响分析中，分别使用 42、118 和 291 口井参与建模，对应井距约 400m、200m 和 100m。盲井统计砂体预测符合率时，按砂体厚度分成三组：大于 4m 砂体、2~4m 砂体和小于 2m 砂体。预测结果见表 8-11。由此得到如下结论：（1）砂体越厚，井距越小，反演识别精度越高；（2）随机反演识别精度整体上高于确定性反演，而且井网越密，砂体越薄，随机反演效果越佳；（3）对于 4m 以上砂体，两种反演在小于 400m 井距条件下都可以准确识别，2~4m 砂体，两种反演需要 200m 以内井距才能有效识别（符合率大于 75%）；2m 以下砂体只能通过随机反演才能有效预测，而且井距需小于 100m（符合率大于 86%）。可见，当井网密度足够大时，采用随机反演能够比较准确预测 2m 以下薄储层。

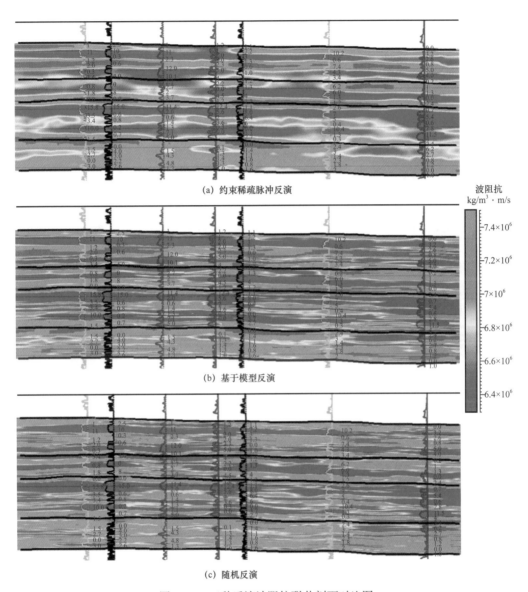

(a) 约束稀疏脉冲反演

(b) 基于模型反演

(c) 随机反演

波阻抗
kg/m³·m/s

图 8-86　三种反演波阻抗联井剖面对比图

表 8-11　基于模型反演和随机反演单砂体预测精度统计表

砂体厚度 m	井网密度					
	400m		200m		100m	
	模型反演	随机反演	模型反演	随机反演	模型反演	随机反演
>4	95%	94%	100%	100%	100%	100%
2~4	66%	65%	75%	80%	91%	94%
<2	32%	42%	36%	57%	60%	86%

图 8-87 对比了不同反演方法以及测井解释结果内插得到的单砂体厚度，红色实心圆大小正比于测井解释砂体厚度。在厚砂体分布区（红色和黄色），两种反演结果都与井吻合较好，砂体边界也十分相似。在砂体较薄区域（蓝色和紫色），确定性反演预测的厚度误差较大，有些砂体没有反演出来；而随机反演除了能较好保持砂岩边界形态外，预测砂岩厚度还和测井解释厚度基本一致，因此更适合开发后期单砂体描述与油藏地质建模的需求。

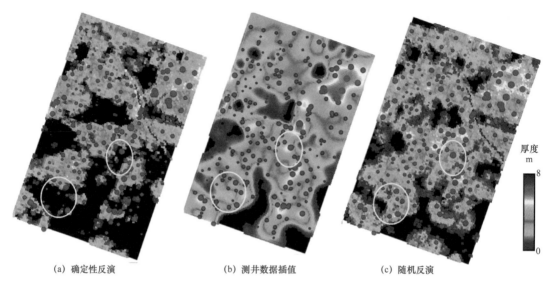

（a）确定性反演　　　　　　（b）测井数据插值　　　　　　（c）随机反演

图 8-87　测井插值与地震反演预测砂体厚度分布对比图

5. 地震约束油藏建模技术

地震约束油藏建模作用主要体现在两方面，一是利用地震断层和层面约束提高构造建模精度，为储层属性建模确定可靠边界；二是利用地震信息或反演结果约束提高属性建模精度。

1）方法与流程

地震约束油藏建模流程如图 8-88 所示。该流程是一个迭代过程，如果不满足质控条件可以返回任何一个环节，如地震反演、构造建模、井控精细构造解释等，进行修改，直到满意为止。

2）关键技术

地震约束油藏建模主要包括时深转换、构造建模和属性建模等技术。时深转换包括构造模型转换和三维地震数据体（反演结果）转换。转换完成后，通过检查时间域与深度域模型在构造趋势、地层厚度等方面是否一致以及与钻井结果是否吻合等进行质控。

构造模型反映储层的空间格架，由断层模型和层面模型组成。构造建模包括三个方面内容。第一，利用井控断层解释结果建立断层模型。第二，在断层模型和井控层位解释结果的控制下，建立各个地层顶、底界层面模型；建模中遵循由大到小的原则，先开展油层组和砂层组构造层面的建模，再进行小层级别构造层面的建模，以避免内部小层的窜层现象。第三，以断层及层面模型为基础，建立一定网格分辨率的三维地层网格体模型。目前主流建模软件大多采用一体化构造建模流程，即将断层、层面以及地层网格体作为一个整体进行建模。

地震约束相控属性建模的一般步骤为：（1）将时间域反演数据转换到深度域，建立地震反演体模型；（2）在测井相和地震属性体的约束下，利用序贯指示模拟与确定性模拟相结合的方法，建立沉积相模型；在沉积相模型和地震属性体约束下，运用基于象元的序贯高斯模拟和协同克里金方法，建立孔隙度模型、渗透率模型和净毛比模型。

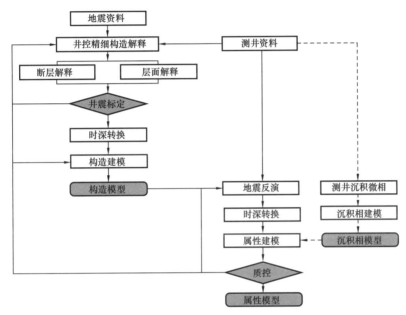

图 8-88　地震约束油藏建模技术流程

3）质控与效果

地震约束建模效果和井间预测精度通过储量核实、钻井对比和井间对比来验证。储层地质模型中的孔隙度、渗透率、含水饱和度以及泥质含量决定了油气的空间分布，参数非均质性和不确定性给储量计算带来不确定性，反过来储量拟合程度也对模型的准确性起到验证作用。模型储量拟合结果与原地质储量计算结果相对误差低于 1.0%，模型提取曲线与原始单井解释曲线较为一致，说明模型准确可信。

图 8-89 对比了地震约束前、后建模得到的砂体分布和对应层位地震波形叠合图。地震约束前砂体分布范围与振幅变化边界不一致，约束后砂体分布范围与弱振幅边界非常吻合，油藏模型与地震信息的一致性得到提高。

6. 地震约束油藏数值模拟技术

油藏数值模拟通过生产历史拟合，再现从投产到当前的全部生产过程，可得到油藏目前剩余油饱和度的分布状况，并可根据剩余油分布及生产情况进行开发方案调整，进一步预测不同调整方案下的油气生产情况，优选最佳开采方案。在传统历史拟合中，判断参数调整是否合适的标准是单井动态符合率是否提高。油藏开发引起的流体变化会产生声学属性和地震响应的变化[44]，因此可利用地震约束改善生产历史拟合，以减少历史拟合的不确定性，提高油藏模型和剩余油分布预测的可靠性。

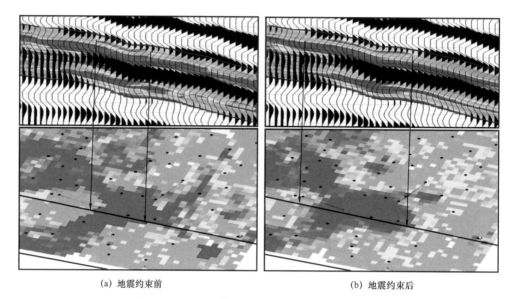

(a) 地震约束前　　　　　　　　　　　　　　　　(b) 地震约束后

图 8-89　地震约束前后砂体分布剖面图与平面图

1）方法与流程

地震资料约束油藏数模的关键技术是不粗化、动态岩石物理分析和地震正演模拟［图 8-76（b）］，可以利用原始地震记录、地震反演结果、两次采集的地震属性差异等单独或联合约束，地震拟合和历史拟合同步进行。首先分析全区地震属性拟合与油藏历史拟合情况，优化整体油藏模型；然后聚焦到局部，如井组和单井。对于存在差异的区域，通过修改油藏局部参数，如渗透率、有效厚度、孔隙度等，在改善生产历史拟合的同时，也使实际地震属性与数模结果对应的地震属性逐步趋于一致，其流程如图 8-90 所示。

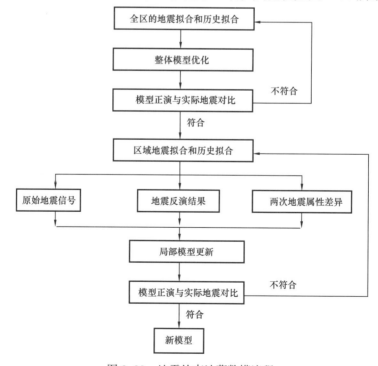

图 8-90　地震约束油藏数模流程

2）关键技术

地震约束油藏数模的关键技术包括油藏模型与参数确定、生产动态数据准备、油藏模型地震正演、历史拟合与地震拟合分析和模型更新等。

（1）油藏模型与参数确定。

油藏模型以地质模型为基础进行网格化得到。油藏模型参数主要包括储层孔隙度、绝对渗透率、净毛比、油层岩石和流体性质（密度、黏度、相对渗透率、毛细管压力等）随压力、饱和度和组分变化参数、原始状态（压力、饱和度、溶解气油比、挥发油气比）、产量、注水量控制和限制、模拟时间长度、垂向流动的动态曲线和油管模拟参数等。油藏模型的相渗曲线由多个探井相渗实验数据归一化得到，经过了束缚水饱和度端点校正，将相渗曲线与 PVT 曲线进行"光滑"处理，得到萨Ⅱ油组油水和油气相渗曲线。

（2）生产动态数据准备。

生产动态数据是油藏数模的关键数据。萨Ⅱ油组共有生产井 61 口，其中注水井 13 口，基本都是从 1974 年就开始注水。由于开采历史较长，生产历史过程中各油水井经历了众多的措施，包括补孔与封堵改层、压裂与酸化改造、配产与配水调整等，给注采数据劈产带来了很大困难。劈产基本原则是按打开层的地层系数值比例进行，并参考油田实际测试数据。油水井的射孔、补孔数据取自油田开发数据库。按射孔深度对照油田单井地质分层数据表进行了层位归位，归位后按模拟层与地质层的对应关系产生模拟模型的射孔层位。地层系数值取自射孔数据表的渗透率和有效厚度解释值。对于有注采贡献但未测井解释的薄差层，未解释渗透率的层一律赋值 10mD，未解释有效厚度的层一律按 1/3 射孔厚度作为有效厚度，最小取 0.2m。对于有补孔或封堵换层的井，按新的打开层位计算目标层系的地层系数比例，按地层系数比例劈产。在开采过程中，有些油井曾进行过多次油层压裂改造，且压裂增产效果明显。为了正确劈分压裂井产量，需要确定压裂层地层系数的变化。为此对压裂效果进行评价，估算地层系数变化，统计压裂前后 6 个月的产量变化，取得产量提高倍数，按压裂段的地层系数比例，计算压裂段地层系数提高倍数。

（3）油藏模型地震正演模拟。

通过动态岩石物理模型，将油藏模型的动静态参数，如岩性、孔隙度、压力、含水饱和度等，转换为实时变化的纵、横波速度与密度，进而得到波阻抗模型；然后由已经建立的时深关系完成深时转换，并计算反射系数序列；最后利用褶积模型计算合成记录。由于油藏模型的纵向范围通常较小，如萨Ⅱ油组纵向仅有 30ms 左右，小于子波长度。因此除了萨Ⅱ油层组外，还必须加上上覆萨Ⅰ油组和下伏萨Ⅲ和葡萄花油组，共同组成正演模拟层段。采用 Zeoppritz 方程或其简化形式就可得到叠前合成记录，也可以通过波动方程实现叠前正演。

（4）历史拟合与地震拟合分析。

生产历史拟合就是修改油藏模型参数（即扰动模型），让油藏模型计算结果与实际动态数据逼近的过程。由于地震数据与油藏动态属性关系密切，也可以作为另一个约束生产历史拟合的参数。通过扰动数模模型改善生产历史拟合的同时，也使油藏模型对应的合成地震记录与实际地震记录最佳匹配。因此，评价拟合效果的目标函数可以用以下公式表达：

$$F = W_1 * \Delta H + W_2 * \Delta S \tag{8-17}$$

式中，ΔH 为生产历史拟合的误差，包括产量拟合和压力拟合等；ΔS 为合成地震与实际地震属性之间的差异；W_1、W_2 分别为生产动态数据和地震属性的权值。通过扰动模型，使 F 的值逐步减小直至小于预设门限值。

（5）油藏模型更新。

三维三相黑油模型参数很多，主要包括厚度、孔隙度、初始压力、PVT 参数、相渗曲线、渗透率、表皮系数、边水能量大小、综合压缩系数等。总体上，拟合时模型更新遵循以下几个原则。① 不确定参数优先。拟合前必须先研究所取得的各油层物性参数的可靠性，尽可能调整不确定性比较大的物性参数，如不易测定或因资料短缺而借用的参数；不调或少调整比较可靠的参数。② 敏感参数优先。在历史拟合过程中，要掌握油层物性参数对目标函数影响的大小，在条件允许的范围内，尽可能调整较为敏感的参数。③ 先全局后局部，优先调整对全局动态有普遍影响的参数，如相对渗透率曲线、压缩系数、边水体积等；其次调整对局部动态有影响的参数，比如某井附近的渗透率分布等。

从油藏工程角度看，相渗曲线对动态资料最敏感，要优先优化，而且相渗曲线的特征与区域沉积有关，因此是全局参数。通常，来自实验室的原始相渗曲线仅有端点值相对可靠（残余油对应的水相相对渗透率值，或束缚水饱和度对应的油相相对渗透率值），因此，全局参数优化主要集中在相渗曲线上。由于研究区基础数据全面，油藏情况清楚，参数可靠性强，因此不考虑改动对全局动态有普遍影响的基本参数，如相对渗透率曲线、压缩系数、边水体积等参数。

局部参数是指网格属性参数，进一步优化局部参数的目的是让模型更好地描述油藏的非均质性。局部模型更新包括油藏地质参数和与流动相关的参数。由于井点位置的油藏参数有测井数据进行检验，因此在约束模拟过程中，局部参数更新主要体现在井间油藏参数的修改上。正演分析表明，岩性、断层和油气界面对地震响应有较强的影响，在模型修改过程中要予以重点关注；实际上，这个问题在地震约束建模中已初步得到解决。由于渗透率场最不确定，因此在数模中主要通过修改渗透率来调整流体场，其次是砂泥比，在某些情况下对孔隙度作小幅调整。图 8-91（a）为 L7-1617 井动态生产拟合曲线。实测数据（散点）表明该井含水缓慢上升，而模拟数据在生产初期即表现为高含水并很快导致水淹。利用地震约束修改渗透率模型后，L7-1617 井产油量和含水率拟合有所改善 ［图 8-91（b）］。

3）质控与效果

历史拟合的对象主要包括油气储量、单井和全区产液量、含水率、产油量、产水量，以及单井和全区的压力等。储量拟合主要调整砂体分布和孔隙度局部值，研究区储量拟合的误差为 1.4%，达到了储量拟合误差要求。一般利用修改局部渗透率和有效厚度来拟合实测产液量，修改时参考地震资料。如果采用定液求产方式，是否完成产液量将直接影响拟合结果，此时产液量误差容忍范围较小。含水率拟合直接关系到油藏饱和度场的准确性，主要通过优化相渗曲线、扰动局部渗透率等来实现。产油量和产水量是油藏工程计算的重要参数，关系到油藏物质平衡计算，主要通过调整注采井网的连通性来拟合，方法之一是扰动局部渗透率，可通过地震同相轴连续性约束来实现。通过全区参数优化和局部参数调整，全区实现了较好的生产拟合（图 8-92）。

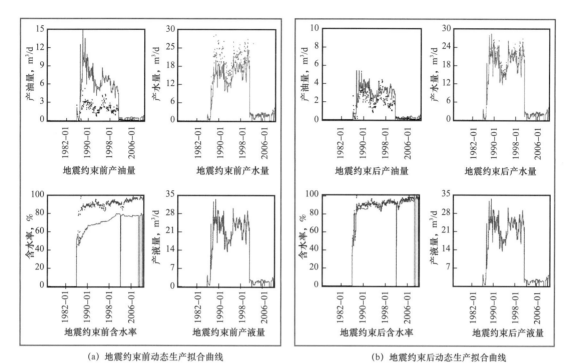

(a) 地震约束前动态生产拟合曲线　　　　　　　　　(b) 地震约束后动态生产拟合曲线

图 8-91　地震约束前后 L7-1617 井历史拟合曲线图

散点为历史生产数据，曲线为拟合数据

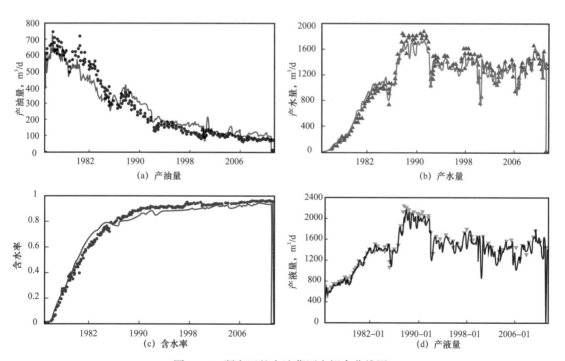

图 8-92　研究区整个油藏历史拟合曲线图

散点为历史生产数据，曲线为拟合数据

三、应用效果

技术系列应用效果主要体现在三个方面。一是通过井控精细构造解释和井震联合储层描述提高了构造和储层描述的精度；二是通过地震约束油藏建模和数模，提高了油藏数模的精度和剩余油分布预测的可靠性；三是在提高构造、储层和剩余油分布预测精度的基础上，指导补孔方案设计，提高挖潜措施的效果。

1. 构造解释

通过断层增强处理和井控断层解释技术实现了断距2m以上低级序断层的识别［图8-84（b）］。通过井控层位追踪和井控构造成图实现2m以上低幅构造度识别［图8-85］。通过井控精细构造解释技术大幅提高了构造成图的精度，通过工区内17口没有声波曲线的盲井验证表明，构造深度绝对和相对误差明显减小（表8-12），平均相对误差小于0.08%，平均深度误差0.6m，误差大于1m的井只有3口，基本满足了水平井开发的需求。在储层预测方面，通过随机地震反演大幅提高了薄砂体的预测精度，2m以下薄砂体预测符合率达86%［图8-86（c）和表8-11］。

表8-12　井控精细构造解释误差统计表

井名	井分层深度，m	地震解释深度，m	绝对误差，m	相对误差，%
L7-1627	−779.2	−779.2	0	0.00
L7-171	−774.4	−774.83	−0.43	0.06
L7-172	−766.6	−766.08	0.52	−0.07
L7-181	−762.2	−762.01	0.19	−0.02
L7-J1711	−771.5	−771.84	−0.34	0.04
L8-151	−834.7	−833.86	0.84	−0.10
L8-1537	−792.7	−792.63	0.07	−0.01
L8-1538	−794.3	−795.28	−0.98	0.12
L8-1566	−819	−820.02	−1.02	0.12
L8-1612	−847.6	−846.85	0.75	−0.09
L8-1627	−797.1	−795.77	1.33	−0.17
L8-17	−783.7	−782.37	1.33	−0.17
L8-1788	−788.7	−788.94	−0.24	0.03
L8-1818	−793.6	−793.06	0.54	−0.07
L8-183	−770.4	−770.8	−0.4	0.05
L8-P182	−782.6	−783.42	−0.82	0.10
L8-P1855	−778.5	−777.88	0.62	−0.08

2. 剩余油分布预测

研究区地震约束前历史拟合比较好的井有 19 口，不好的井有 29 口，符合率 40%。地震约束后历史拟合比较好的井有 25 口，不好的井有 23 口，符合率 52%，提高 12%。剩余油分布预测也得到新钻井的验证。L8-PS1502 井为研究区内新完钻的调整井，完钻时间与数模结果完成时间相近，其测井实测的剩余油饱和度能真实地代表该点当时地下实际油藏情况，因此可以用该井目的层水淹解释成果验证数模成果。该井萨 II 油层组有效厚度 9.8m，测井解释低、中水淹层厚度达到 6.7m，占目的层有效厚度的 68.4%；数模结果显示目的层剩余油饱和度普遍大于 60%，二者符合较好。图 8-93 为 L8-PS1502 井测井解释水淹情况和数模结果对比，新钻井解释的未水淹和低中水淹层与油藏数模结果中剩余油饱和度大于 60% 的层非常吻合。因此，地震约束油藏数模和建模提高了历史拟合精度，从而提高剩余油分布预测的可靠性。

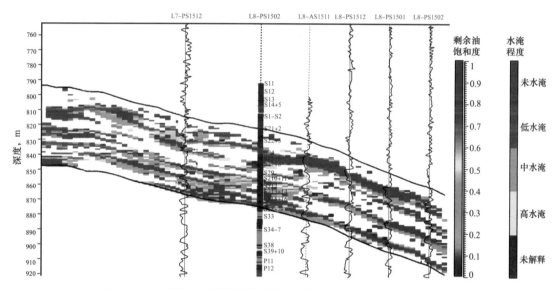

图 8-93　地震约束油藏数模结果与新钻井水淹层测井解释结果对比图

3. 剩余油挖潜

剩余油挖潜主要依据沉积微相和数模结果，前者为砂体分布再认识提供依据，后者为剩余油分布再认识提供指导。当前采油厂编制沉积微相图主要通过测井相手工内插，井间缺乏约束，可靠性低，为此提出井震结合沉积相图绘制方法。在测井相解释的基础上，以地震约束建模获得的沉积单元厚度为约束确定沉积微相边界，再以孔隙度分布为依据落实砂体宽度和连通性，最终确定沉积微相分布。根据各小层沉积微相和剩余油分布，平面上研究区剩余油相对富集区主要有 4 类，一是断层边部注采不完善区，二是河道边部相变部位滞留区，三是河道砂末端及河间砂边部注采不完善区，四是孤立型砂体区；纵向上厚油层顶部是剩余油相对富集的地方。利用该研究成果指导了 15 口井补孔方案编制，措施后平均单井日产液 74.3t，日产油 10.1t，含水 86.4%，与措施前相比，平均单井日增液 44t，日增油 8.9t，含水下降 9.7 个百分点，见表 8-13。其中有 12 口井含水下降大于 3 个百分点，增油大于 5t，与数模结果吻合，符合率达 80%。

表 8-13 研究区补孔效果表

井号	措施前			措施初期			差值		
	日产液 t	日产油 t	含水率 %	日产液 t	日产油 t	含水率 %	日产液 t	日产油 t	含水率 %
7-1811	46	3.0	93.9	35	22.0	37.0	-11	19.0	-56.9
8-1777	5	0	97.1	70	25.0	64.5	65	25.0	-32.6
8-1801	50	3.0	93.7	60	21.0	65.0	10	18.0	-28.7
9-1801	41	1.9	95.4	59	13.6	78.5	18	11.7	-16.9
9-1811	25	3.6	89.6	43	10.0	76.7	18	6.4	-12.9
8-1537	22	0.7	96.7	50	6.1	87.8	28	5.4	-8.9
9-1718	18	0.8	95.8	64	6.6	89.6	46	5.8	-6.2
8-1431	22	0.5	97.7	84	6.6	93.1	62	6.1	-4.6
9-1818	30	1.0	96.7	86	7.2	91.6	56	6.2	-5.1
8-1818	60	0.7	98.7	108	6.8	93.7	48	6.1	-5.0
7-1601	50	2.0	96.2	88	7.0	91.8	38	5.0	-4.4
7-1711	31	0.6	98.2	129	6.2	95.2	98	5.6	-3.0
7-1714	24	1.0	94.3	82	6.4	93.2	58	5.4	-1.1
7-1437	9	0	94.6	59	5.1	93.6	50	5.1	-1.0
9-1431	22	0	98.1	97	3.0	97.3	75	3.0	-0.8
合计	455	17.8	96.1	1114	151.6	86.4	659	133.8	-9.7
平均单井	30.3	1.2	96.1	74.3	10.1	86.4	44	8.9	-9.7

第六节 渤海湾盆地冀东油田水驱油藏动态监测技术与应用

时移地震技术就是在油藏开发生产过程中，在同一区块，利用不同时间重复采集的、经过互均化处理的、具有可重复性的三维地震数据体，采用时间差分技术，综合岩石物理学和油藏工程等多学科资料，监测油藏变化，进行油藏管理的一种技术，是老油田增加可采储量和提高采收率的重要手段[45]。目前，我国东部老油区大都进入二次三维地震资料采集阶段，这为时移地震研究提供了资料基础。本章主要介绍基于重复采集数据的长期水驱油藏时移地震监测技术的应用。

一、技术需求与工区优选

据统计，注水采油是我国最主要的一种开采方式。以中国石油为例，注水采油量分别占总储量与产量的 84.38% 和 84.03%，而且平均含水率高达 84%，所以高含水后期地震监测是时移地震监测的主战场。此外，我国大部分储层为陆相沉积，非均质性强，采收率低，平均仅有33%，未波及的可动剩余油储量高达28%，可见，我国碎屑岩油藏的调整挖潜能力是相当大的。但是，随着老油田进入高含水、特高含水期，地下油水分布十分复杂，缺少有效的手段认识剩余油分布状况，时移地震技术为预测剩余油分布提供了一条有效的途径。

渤海湾盆地三维地震资料采集始于1983年。早期的三维地震资料采集以构造圈闭勘查为目标，由于激发与观测方式单一、排列短，地震数据覆盖次数低、面元大、方位角窄、炮检距分布不均匀，使得中深层地震资料频带窄、能量弱、资料信噪比低、横向分辨率低，不但不能满足中深层及高角度断层成像的需求，更不能满足岩性油藏静态描述与动态描述的需求。因此，2000年左右开始了大面积高精度二次三维地震资料采集。二次三维地震资料采集优化了观测系统，加大了覆盖次数和排列长度，采用了最佳岩性、多井、小药量组合激发，以及小面元、小道距和先进的大道数地震仪接收，强化了野外质控，地震资料质量得到了大幅度提高。如在冀东油田，通过二次三维地震资料采集和处理，提高了中深层资料的品质，重新认识了高柳断层，为岩性勘探奠定了资料基础，也为时移地震技术研究提供了可能。

图8-94为冀东油田高尚堡浅层（新近系上新统明化镇组Nm和中新统馆陶组Ng）两次采集的地震剖面对比图，由图可见，两次采集的资料品质都比较高，适合进行时移地震研究。其中高29断块、柳102区块最佳，特点是油藏埋深较浅；构造比较简单；目标储层孔隙度比较高，平均孔隙度接近30%；油质较轻，黏度小；两次三维地震资料采集间隔时间长，在目的层段地震资料品质高；工区内测井与动态资料较全。

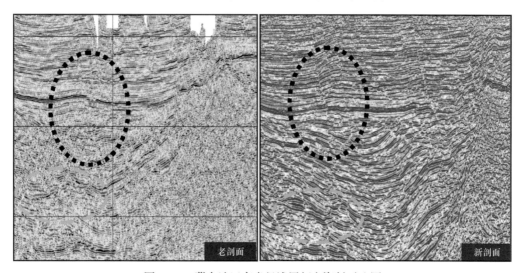

图8-94　冀东油田高尚堡浅层新老资料对比图

二、高29断块人工水驱油藏应用实例

1. 工区概况

高尚堡油田地处河北省唐山市唐海县东南约6km，构造上位于渤海湾盆地黄骅坳陷北部南堡凹陷的高尚堡构造带。高南浅层指的是高柳断层下降盘的明化镇组下段和馆陶组油藏，高29区块位于高尚堡浅层构造的南端，北以高93-12井断层为界，东临高36区

块。区块被高 29 断层分为两个断块，其南部的高 29 断块为一近南倾的断鼻状构造。断块内没有大的断层发育，构造相对完整，断块地层总体呈南偏东倾向，地层平坦，倾角为 3°～6°。构造高点分别位于高 29-9 井附近和高 194-1 井偏东部位。断块主力油层为 NgⅣ2 小层，高点埋深 -2220m，闭合高度 50m，面积大于 5.2km²，倾角 4° 左右，如图 8-95 所示。

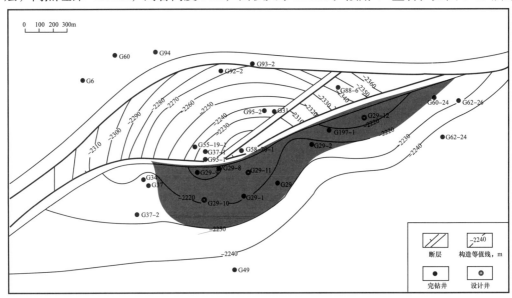

图 8-95　高 29 断块 NgⅣ2 油层顶面构造图

高尚堡浅层（Nm下—Ng）为辫状河沉积，储层疏松，胶结较差。主要岩石类型为粗岩屑长石砂岩和长石岩屑砂岩夹粉细砂质泥岩，砂岩的泥质含量低，主要是泥质胶结和钙质胶结。有 4 个含油层组：NmⅢ、NgⅠ、NgⅡ、NgⅣ，包括 NmⅢ9、NgⅠ1、NgⅠ2、NgⅡ2、NgⅡ3、NgⅡ7 和 NgⅣ2 含油小层，各含油小层分布范围、厚度横向变化较大，其中 NgⅣ2 小层含油范围分布最广，为主力含油小层，其含油范围主要在构造的高部位。处于断块较高部位的 6 口井统计表明，平均单井钻遇油层 12.1m，最大 38.5m。邻区 G59-35-1 井 NgⅣ2 层钻井取心分析结果表明，NgⅣ2 为长石岩屑砂岩，孔隙类型以粒内、粒间溶孔为主，有效孔隙度 22.3%～32.9%，水平渗透率 4500～9700mD，为中高、特高孔渗储层。

高 29 断块单层油水界面清楚，但各油层之间没有统一的油水界面，断块边、底水活跃，地层能量充足，多数井生产初期产量较高。油气分布受断层、构造、岩性等因素的共同影响，为边、底水活跃的岩性构造断块油藏。NgⅣ2 油藏的地层压力 19.45～22.17MPa，平均 21.39MPa，压力系数 0.864～1.003，平均 0.962，属正常压力系统。井间压力变化很小，而且随时间变化也很小，这说明在采油过程中，由于边水能量供应充分，弥补了采油造成的压力降低。对于注入井，压力变化要比生产井大得多，因为在注水过程中，为了将水压入油藏，在东部地区通常要施加 10MPa 左右的压力。高尚堡油田的地温梯度为 2.8℃ /100m，地层温度偏低。由于边水能量充足，注入水对油藏温度影响弱，整个注采过程引起的温度变化不大，大约在 10℃。

高 29 断块于 1988 年投入开发，经历了滚动开发阶段、天然能量开发阶段、注水开发阶段、调整完善阶段。2002 年拥有各类井 17 口，其中三口注水井，分别是 G29-2 井、G37-2 井和 G49 井，但是已全部停注。采油井 8 口，它们是 G29 井、G29-1 井、G29-8 井、

G29-9 井、G29-12 井、G197-1 井、Gc29 井和 Gc37 井，目前 G29 井、G29-1 井已停产。

1999 年通过二次三维地震资料采集与处理，地震资料的品质得到明显的改善。利用新的三维地震资料重新落实了主力油层顶面微构造；通过测井约束反演，搞清了区块目的层砂体的平面展布特征；结合剩余油分布研究，在构造、储层及剩余油分布集中的有利部位部署了 G29-9、G29-10 两口井。其目的是完善 NgⅣ2 油藏开发井网，挖掘油藏西部剩余油潜力，提高储量动用程度，改善区块开发效果，同时兼顾探明上部储层的含油情况。两口井都由南向北钻进，贴着北掉的断层造斜，确保各目标靶点占据各层构造的最高部位，都取得较好的钻井效果，证实了断块潜力分析的可靠性。随后，在断块东部小断鼻构造中高部位部署的 G194-1 井成功钻遇 NgⅣ2 油层，并获高产。在此基础上，以小层为单元重新计算了各含油小层的石油地质储量，结果为 94×10^4t，比 1995 年上报地质储量增加了 46×10^4t。NgⅣ2 小层含油面积 0.67km^2，地质储量 48.6×10^4t，占断块总储量的 51.5%，仍为主力油层。开展时移地震研究的目的就是进一步落实了 G29 断块开发调整的潜力，为井位部署提供帮助。

2. 静态油藏描述

静态油藏描述是以地震资料为主，以地质、测井、测试等其他学科资料为辅，通过多种数学工具，对油藏进行时空定量化表征及预测的一种技术。根据其研究内容可分为两个部分：（1）构造描述，主要解决油藏的形态与分布；（2）储层描述，主要解决储层空间分布、厚度与连通性等问题。主要技术包括地震属性与反演，由于地震反演消除了调谐效应，可以更好地刻画薄储层横向变化与展布。在地震反演中，使用了两种地震反演方法，一是传统的测井约束反演，它以声波测井为约束，可以获得波阻抗或速度反演数据体。二是基于地震属性的反演，它以速度反演数据体以及 1999 年地震数据体为基础提取的地震属性为输入，可以获得自然电位反演数据体。最后以自然电位数据体为基础进行储层顶底的解释，以此顶底为约束对速度反演数据体求储层的平均速度，然后利用平均速度求孔隙度，完成储层厚度和储层孔隙度平面分布图。

3. 重复采集地震资料互均化处理

该区于 1985 年与 1999 年进行了两次三维地震资料采集。其目的是为了改善深层地震资料的质量。但是两次采集的浅层地震资料质量都很高，为明化镇组与馆陶组油藏的时移地震研究提供了资料基础。由于不是针对时移地震而采集的，所以在观测系统和采集参数上差异很大（表 8-14）。

由于两次采集时间间隔长（约 15 年），野外采集技术水平不同，因此，造成数据品质差异很大，2000 年采集的三维地震资料品质明显好于 1985 年采集的地震资料品质，主要表现为覆盖次数高、信噪比高和分辨率高，因此，在互均化过程中尽可能多地使用高品质的地震资料，如层位解释等。由于两次施工的三维地震观测系统差异大，覆盖次数差别也很大，在叠前处理过程中采用从一开始就让新老数据具有相似的偏移距、覆盖次数的方法，其处理流程如图 8-96 所示。主要步骤有面元重组、预处理、地表一致性处理、DMO速度分析和偏移成像和匹配滤波等。图 8-97 和图 8-98 是常规处理和时移互均化处理效果对比图。图 8-97 是常规 DMO 叠加剖面，两块三维地震差别较大。图 8-98 是经过互均化处理的 DMO 叠加剖面，可见叠加剖面形态一致，但是老数据体的信噪比不如新数据体的信噪比高，这是由于采集质量造成的。与常规资料处理结果相比，互均化处理后的新老三维地震数据相似性增强，主要表现在两块数据体的时差很小，频带宽度相近，能量大小一致，更加有利于叠后互均化处理。

表 8-14　1999 年与 1985 年采集参数对比表

项目	新三维地震	老三维地震
采集年度	1999—2000 年冬季	1985—1986 年冬季
采集队伍	物探局地调处 2254 队	大港物探公司 2276 队
观测方式	八线十二炮	四线六炮
仪器型号	OPESEIS	DFS-V
总道数	1120 道	240 道
最大覆盖次数	150 次	25 次
采样率	2ms	2ms
记录长度	6s	6s
震源类型	炸药	炸药
最大炮检距	4695m	3200m
面元大小	30m×15m	50m×25m
线束	4 束	13 束
总炮数	8667 炮	2722 炮

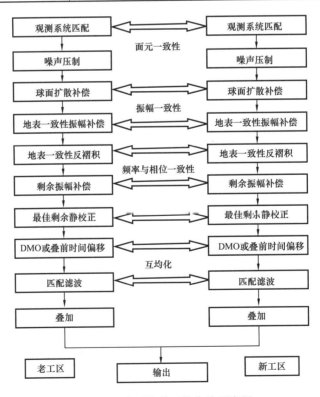

图 8-96　典型叠前互均化处理流程

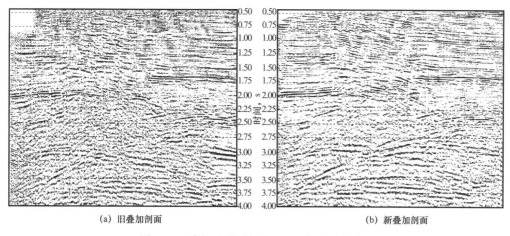

(a) 旧叠加剖面   (b) 新叠加剖面

图 8-97 常规处理后新老 DMO 叠加剖面对比

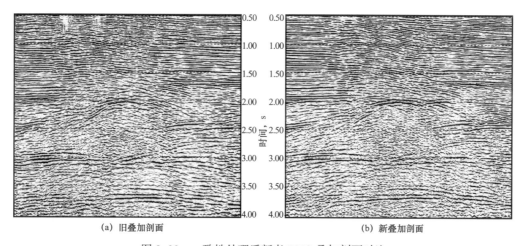

(a) 旧叠加剖面   (b) 新叠加剖面

图 8-98 一致性处理后新老 DMO 叠加剖面对比

经过叠前互均化处理后，尽管构造形态相似，但在时间、振幅、频率和波形上仍存在较大差异，需要进一步进行叠后互均化处理，其流程如图 8-99 所示。为了便于对处理过程进行评价和参数优选，将以上处理过程划分为三步：（1）带通滤波 + 增益调整 + 全局时移；（2）空变时移 + 相位匹配；（3）整形滤波 + 互均化。评价的方法主要采取剖面对比、相干分析提供的最大相关函数和最大相关函数对应的时移量对比等。互均化的内容包括振幅、频率和时差。首先，经过第一步校正后基本上消除了全局性差异，从统计角度来看，这一步主要消除差异的均值，使得经过校正后的差异围绕零附近分布（图 8-100）。由图可见，第一步校正使得时移量分布在零附近，这样使用统计方法就更加方便，同时基础更加牢固。由图 8-100 可见，经过第一步校正后，虽然

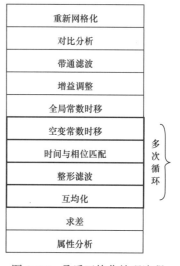

图 8-99 叠后互均化处理流程

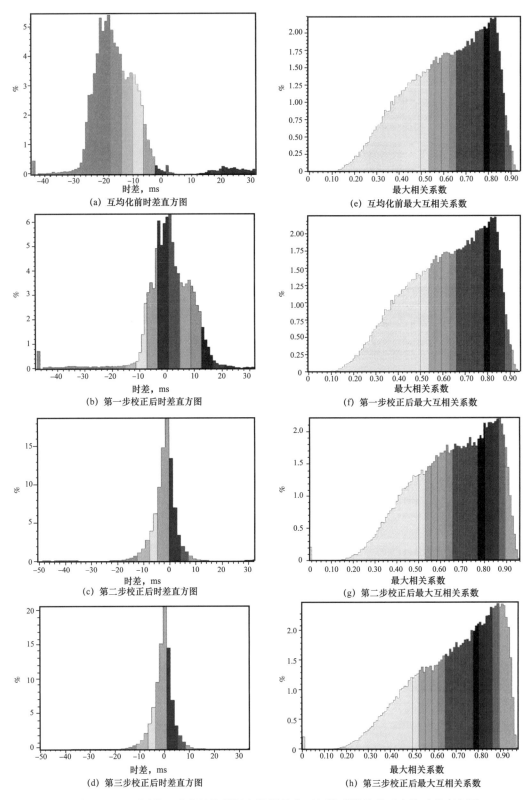

图 8-100　不同处理阶段目的层新老数据最大互相关系数及其对应的时差直方图

时移量分布围绕在零附近，但其分布范围和形态没有变化，但是经过第二步校正后，其分布范围明显缩小，时移量小的成分明显增加，说明两个数据体的时移量差异得到明显改善。第三步校正对时差的改善不大，这是因为第三步主要是进行波形和增益方面的校正，与时差没有直接的联系。但是对于两次数据之间的相关性而言，空变时移和整形滤波可以大大地改善相关性，主要表现为相关系数高的成分明显增加。经过第二步校正后层位基本落在波峰或波谷上，即空变时移得到了有效克服。第三步校正的目的是改善两次观测数据之间波形与增益的差异，提高整体波形的相似性。通过第二步和第三步校正的交互进行，两个数据体的时移量越来越小，相关程度越来越高，波形越来越相似。实际处理中，每进行一步校正，都要进行求差分析，利用差异剖面来监控各个处理步骤的质量。当非油藏部分差异与油藏部分差异相比较小时，就达到的处理的目的，此时的差异基本上可以反映油藏的变化。图8-101为G29-2井的差异剖面，由图可见，在G29-2井附近差异较非油藏部分大。

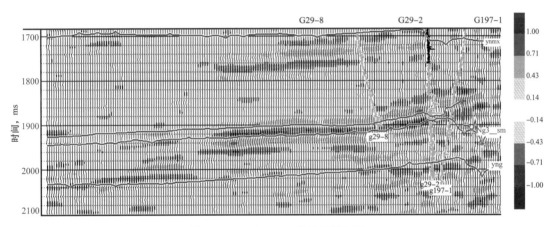

图8-101 过G29-2井的差异剖面

4. 时移地震解释与油藏数值模拟

为了了解目的层段内差异大小的平面分布，可以制作沿层切片。根据层位标定结果，所有井点处目的层均位于地震解释层位Ng3附近，上下偏移约15ms，这为差异振幅分析的时窗确定提供了依据。图8-102为Ng3为中心30ms时窗内差异体RMS振幅平面分布图。

由差异数据体可知，储层以外的地震振幅差异较小，而储层内差异较大，尤其在G37-2井、G49井以及G29-2井附近（图8-102）。传统的时移地震解释认为在水替代油的地方才有可能产生差异，如果仍然按这个思路，那么就无法解释G37-2井与G49井附件大的振幅差异，因为这两口井均位于油水界面以下，在注水之前是不可能有油的，即没有油水替代。那么在这两口井附近产生的差异是否是假象呢？通过多次的反复处理，这两个井附近的差异仍然存在，而且都在全区差异最大之列，排除了假象，证明它是客观存在的。是什么原因造成如此大的差异呢？第6章水驱时移地震可行性研究结果表明，长期水驱后在注水井附近将产生16%~18%的速度相对降低，而在生产井附近速度相对增加4.9%~6.8%，这与互均化处理后注水井处差异大、生产井处差异小是吻合的。这暗示着在时移地震解释中要着重研究水驱前沿与路径，一旦水驱的前沿与路径清楚了，剩余油的分布也就明了。

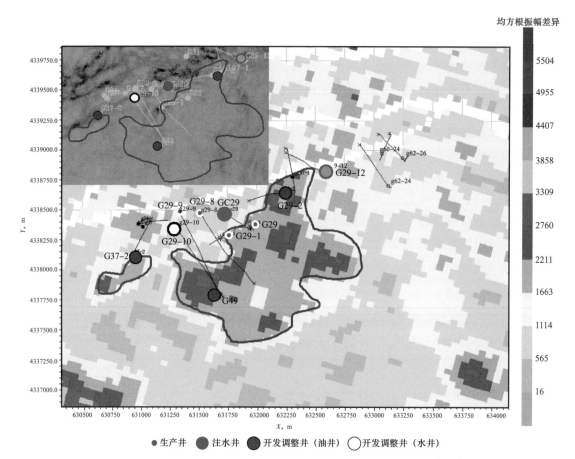

图 8-102　目的层段附近差异数据体 RMS 振幅平面分布图（蓝线为预测注水前沿）

由图 8-102 可见，有两口生产井 G29 井和 G29-1 井落在差异较大的区域，而其他两口生产井（G29-8 井和 G29-9 井）落在差异较小的区域内，这是否意味着时移地震资料处理结果与可行性研究结论相矛盾呢？恰恰相反，分析这些生产井的产液量数据（表 8-15），不难看出，G29 井和 G29-1 井的产水量远高于其他两口井的产水量，这说明这两口井已被水淹，而 G29-8 井和 G29-9 井的产水量非常低，说明还没有被水淹。由此可以推断，注水井附近和被水淹的区域差异大，差异大的边界可能就是注水前沿。

表 8-15　生产井和注水井产（注）液量统计表

井号	起始时间	截止时间	产油量，$10^4 m^3$	注（产）水量，$10^4 m^3$	累计注（产）液量，$10^4 m^3$
G29-8	1998.12	1999.12	1.5890	0.1460	1.7350
G29-9	1999.08	1999.12	0.2119	0.0681	0.2800
G29-1	1989.10	1999.12	3.7631	15.2607	19.0238
G29	1986.05	1999.12	2.4725	9.9357	12.4082
G29-2	1991.06	1999.12	——	28.7209	28.7209
G37-2	1991.01	1999.12	——	40.8334	40.8334
G49	1991.01	1999.12	——	26.2594	26.2594

在研究过程中，该区又完钻了三口开发调整井，它们分别是 G29-10 井、GC29 井、G29-12 井。相干体切片（图 8-102 左上角）显示在 G37-2 井与 G29-10 井之间似乎有一个小断层（或岩性突变）阻挡了来自构造低部位注水井的水驱。考虑到这条小断层，开发调整井的钻探结果就很容易解释。GC29 井位于该小断层分隔的北断块的高部位，而且地震差异相对较小，所以试油结果最好；G29-10 井刚好位于小断层处，而且在低部位，这就是为什么该井出砂、治完砂 100% 产水的原因；G29-12 井位于 G29 井断块主断层的南面地震差异较小的区域，所以初采产量高，但含水率上升快，这可能与其临近西部 G29-2 井高含水区以及比 GC29 井位置低有关。

前面已经说明，时移地震结果与已知生产井和注水井是吻合的，而且与静态油藏描述中的孔隙度分布是一致的。实际上，时移地震结果还与油藏数值模拟结果是一致的。目的层的高渗透带基本上是北东向分布的，在 G29-1 井西南面有一个北西向的分叉，这与时移地震中振幅差高值区分布是一致的（图 8-103）。图 8-104 是二次地

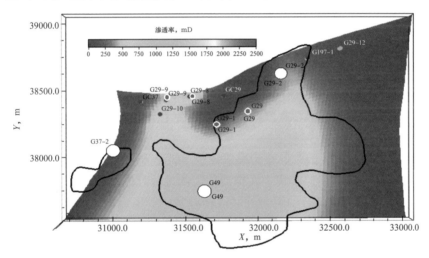

图 8-103　高 29 断块 Ng Ⅳ 2 渗透率分布与地震振幅差异高值区对比图

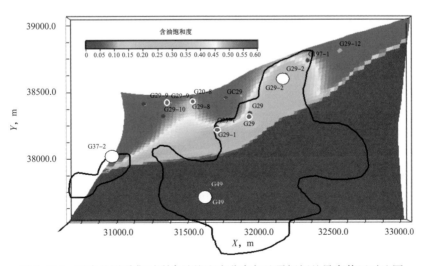

图 8-104　二次地震采集时剩余油饱和度分布与地震振幅差异高值区对比图

震采集时剩余油饱和度分布与地震振幅差异高值区对比图，由图可见，在油水界面以上，时移地震预测的水驱前沿与油藏数值模拟的含油饱和度分布趋势在大多数地方是一致的，G29-1井西南面有一段不一致是小断层造成的，因为这些小断层在油藏数值模拟中没法考虑。此外，与油藏数值模拟相比，时移地震结果可以更好地反映储层的非均质性。

三、柳102天然水驱油藏应用实例

1. 工区概况

柳南地区位于南堡凹陷东北部，处于柏各庄断层与高柳断层交汇处的下降盘一侧，是受高柳断层控制的并被次级断层复杂化的逆牵引背斜构造。构造走向近北东—南西向展布，西南翼为构造较完整的L102断鼻构造，东北翼为L25断鼻构造。高点在L25-11井和LN3-6井附近，地层产状北陡南缓，北翼地层倾角15°左右，南翼地层倾角4°左右，整个逆牵引背斜构造被高柳断层的三条派生断层所切割形成多个断块。

该地区主要开发目的层为新近系明化镇组与馆陶组，其沉积特征与高尚堡地区和老爷庙地区类似，都属新近系河流沉积，地层以砂泥岩互层为主。明化镇组划分为明上段和明下段，其中明下段细分为三个油组、23个小层，主力油组为Ⅱ、Ⅲ油组。馆陶组划分为4个油组、20个小层，主力油组为Ⅰ、Ⅱ、Ⅲ、Ⅳ油组。研究目标层段是NmⅢ段的第十二小层，该层段是曲流河沉积，储层为主河道砂体和分支河道砂体，砂体形态以条带状为主，少部分为透镜体，砂体展布宽度一般为500m左右，连通率在90%左右。储层平均厚度15m，最小厚度2m，最大厚度25m。

柳南地区明化镇组与馆陶组油藏为构造背景下的次生层状断块油藏，油藏主要受构造和断层控制，其特点是：油层多集中在构造较高部位，且厚度较大，低部位油层少且薄。从各井油层段分布情况看，各油组含油井段相对集中；但纵向上叠加含油井段较长（约320m），具多套油水系统，无统一油水界面。而各小层具有独立水动力系统，油水界面一致。按油水产状划分，明化镇组Ⅱ、Ⅲ油组、馆陶组Ⅲ油组以边底水层状油藏为主；馆陶组Ⅰ、Ⅱ、Ⅳ油组以底水块状油藏为主，油藏驱动类型为天然边、底水驱动为主。

柳102区块开发历程大致可以分为上产阶段、稳产阶段和开发调整增储上产阶段，目前已处于开发中后期。NmⅢ段的第十二小层共有生产井三口（L102井、L103-1井、LN5-6井），至今三口井的平均含水率已从最初的35%达到65%左右，平均变化率约为30%。截至2001年4月底，柳102区块日产油308t，综合含水82.61%，采油速度3.05%，年产油量11.0×10⁴t。

2. 静态油藏描述

静态油藏描述的重要工作就是进行构造解释和储层参数预测。储层参数包括储层厚度、孔隙度、渗透率、饱和度、砂泥岩含量等。储层参数估算的目的就是预测这些参数的井间变化。主要储层参数预测方法大致可分为四大类：（1）仅用测井资料的Kriging内插方法；（2）测井资料与地震属性结合的线性回归方法；（3）测井资料与地震属性结合的地质统计方法；（4）测井资料与地震属性结合的神经网络逼近方法。第一种方法仅适用于井资料较多的时候，但难以刻画储层参数的变化细节，随着储层描述精度的不断提高，已经越来越少使用此类方法。后三种都强调与地震属性的结合，这代表了储层参数估算的发展趋势，并且已从单属性向多属性发展，可以说，基于多地震属性的储层参数估算方法是未来的发展方向。

利用多地震属性预测孔隙度和泥质含量的关键是寻找与孔隙度和泥质含量密切相关的地震属性。逐步多属性分析结果表明，该区预测泥质含量和孔隙度的最佳属性都是两个，而且是相同的，分别是声波速度和密度。也就是说，只要得到速度和密度的资料，利用多属性分析和神经网络方法就可以得到泥质含量和孔隙度的资料。针对这个特点，提出了静态油藏描述的思路和流程（图 8-105）。该流程首先进行密度曲线重构，然后，利用所有井的声波和密度曲线进行测井约束反演，再把波阻抗反演结果分解成速度和密度，最后利用速度和密度体预测孔隙度和泥质含量。反演预测结果不仅和该工区的曲流河相沉积背景相符合，而且和井吻合率达到 90%。这充分说明用常规测井约束反演和神经网络多属性反演的方法对该工区进行储层静态描述是可行的，准确的静态油藏描述为后面的动态油藏描述打下了坚实的基础。

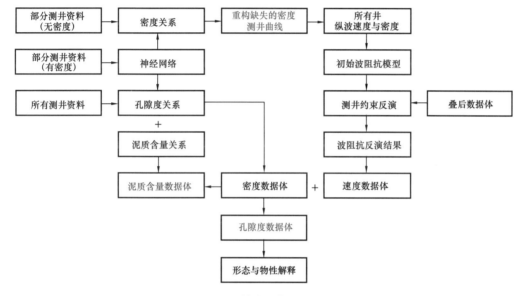

图 8-105　静态油藏描述流程图

3. 重复采集地震资料互均化处理

柳 102 工区内两次三维地震资料采集相隔 13 年，且不是针对时移地震采集，具体采集参数见表 8-16。由于观测系统差异大，新老数据的面元大小、偏移距、工区方位都存在不一致，宜采用从一开始就让新老数据具有相似的偏移距、覆盖次数的处理方法。这种方法适用于方位角、覆盖次数、信噪比差异大的数据，且能够满足叠前反演的需要。

若从开始就统一地下反射面元，则会改变面元大小，这将导致覆盖次数产生畸变，呈不规则条带状分布，其结果是偏移结果能量不均匀、噪声大、画弧严重，而且在道集上产生 AVO 假象。因此，实际处理中，在观测系统匹配之后，使用了叠前道内插来归一化覆盖次数。具体做法是在每一个道集给定的时窗范围内以一定的倾角间隔进行扫描，求出所有倾角的相关值，然后按给定的步长进行时窗滑动，求出整个道集的相关谱。最后在离输出道位置最近的两道之间插出输出道，两道的权重由倾角的最大相关值确定。图 8-106 是应用该模块前后叠前时间偏移的共反射点道集对比，其中图 8-106（a）是仅仅将新工区旋转 15.08°，再将面元大小定义成与老工区一致（50m×25m），对两块三维地震资料进行叠前互均化处理之后的叠前时间偏移结果。图8-106（b）是对新工区进行旋转和重新网格化，再对覆盖次数进行规则化之后对两块三维地震资料进行叠前互均化处理之后的偏移结果。可见使用该模块之后，两块数据体的相似性进一步加强。

表8-16 两次三维地震资料采集参数表

项目	老三维地震	新三维地震
施工日期	1987年冬季	2000年冬季
施工队	大港物探公司2197队	物探局地调四处2254队
观测角	北东0°	北东15.08°
观测方式	2线11炮	8线20炮
总道数	96道	1120道
最大覆盖次数	24次	150次
采样率	2ms	2ms
记录长度	6s	6s
震源类型	炸药	炸药
最大炮检距	3100m	4695m
面元大小	50m×25m	30m×15m
线束	14束	9束
面积	70km^2	73km^2
所占磁盘空间	50GB	140GB

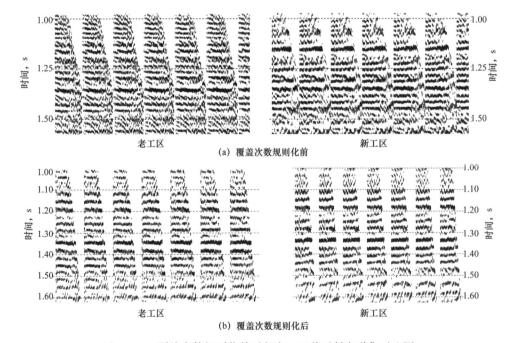

(a) 覆盖次数规则化前

(b) 覆盖次数规则化后

图8-106 覆盖次数规则化前后新老工区共反射点道集对比图

在解决了叠前观测系统匹配的难题之后，按照前述叠前互均化处理流程完成本次处理。为了说明该流程的有效性，对常规处理后的新老数据和叠前互均化处理后新老数据分别进行互相关，相关时窗为 800～1400ms，图 8-107 分别为二者的最大相关系数分布图以及各自对应的相关系数直方图。由图可见，在常规处理的资料中，最大相关系数大于 0.7 分布范围仅占工区面积的 1/3 左右，而在叠前互均化处理资料中，除了断层附近外，几乎整个工区内（黑框内）的最大相关系数都超过 0.7。这不但说明了该流程的有效性，同时，也说明通过叠前互均化处理基本上可以消除了采集造成的差异。

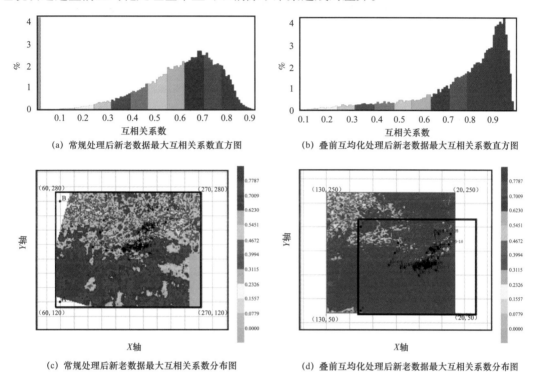

(a) 常规处理后新老数据最大互相关系数直方图　　　(b) 叠前互均化处理后新老数据最大互相关系数直方图

(c) 常规处理后新老数据最大互相关系数分布图　　　(d) 叠前互均化处理后新老数据最大互相关系数分布图

图 8-107　常规处理和叠前互均化处理后新老数据最大互相关系数直方图及分布图

如前所述，经过叠前互均化后，地震资料的相似性得到了大大增强。但是，新老资料之间的差异仍然存在，主要表现在两个方面：一是时差，二是振幅。图 8-108 为 Inline43 线叠前互均化处理后新、老数据的互相关剖面，由图可见，最大互相关不在零附近，而在 10ms 附近，这说明新、老数据之间存在 10ms 左右时间差，而且时差是空变的。图 8-109 为 Inline43 线叠前互均化处理后地震振幅的差异剖面，可见，二者的差异是非常大的，这主要是由时差造成的。

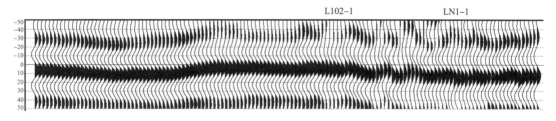

图 8-108　Inline43 线叠前互均化处理后新老数据互相关剖面

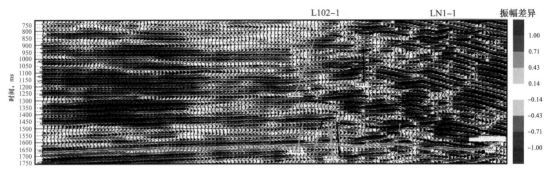

图 8-109　Inline43 线叠前互均化处理后新老数据差异剖面

叠后互均化处理的目的就是通过比较叠后地震资料的差异，进一步消除非生产因素造成的影响。叠后互均化的标准是与油藏无关的区域地震差异应为零。该区浅层没有油藏，因此以 800～1400ms 为标准层段，处理流程与图 8-99 相似。主要步骤有 4 个：全局常数时移、多时窗空变时移、增益归一化、整形滤波。同样，除全局常数时移外，其他步骤在必要时也要进行多次循环迭代。图 8-110 为叠后互均化处理中不同阶段新、老数据体振幅交会图，时窗范围是 800～1400ms。随着互均化处理的深入，标准层数据点不断向 45° 线靠拢，表明新老数据体的振幅一致性不断增强。从新、老两个数据体的相关性也可以看到，通过叠后互均化处理，二者的相关性得到大幅提高，相关系数大于 0.925 的分布范围明显扩大（图 8-111）。同时经过叠后互均化处理最大相关系数对应的时移量从 0～10ms 缩小到 -2～2ms（图 8-112）。也就是说叠后互均化再次提高了数据的相似性，减少了差异（图 8-113）。

4. 时移地震解释与油藏数值模拟

经过叠前和叠后互均化处理，基本上消除了采集和处理等非油藏因素造成的差异，此时储层段的地震差异基本上代表了油藏变化造成的差异。图 8-114 为目的层段互均化处理后最终新老差异数据体均方根振幅平面图，由图可见，地震差异很小，无法反映油藏的变化，这与第六章水驱时移地震可行性研究结果是吻合的，因为该区为天然水驱油藏，物性和压力几乎不变，只有饱和度变化，因此造成的速度变化小，新老地震差异小。在这种情况下，很难用地震振幅的差异反映油藏的变化，只能通过其他手段突出地震的微小变化，最现实的方法就是弹性阻抗反演。

为了验证弹性阻抗反映流体变化的能力，以渤海湾盆地一口偶极声波测井资料为基础建立了一个简单油藏模型。该油藏的地质特征与 NmⅢ段第Ⅰ二小层油藏相近，其厚度约 10m，深度 1500m，孔隙度为 30%。利用已知的纵、横波速度和密度资料，以及饱和度等其他测井资料，用流体替代的方法，计算出该层段含水饱和度从 0 至 100% 时（间隔为 5%）对应的纵横波速度和密度曲线。然后，再算出每个饱和度对应的纵、横波速度和密度相对于饱和度为 0 时的变化率，形成一个剖面（图 8-115）。

柳 102 地区 NmⅢ段第十二小层油藏厚度平均在 15m 左右，含水饱和度变化大约在 30%（30%～60%），在这种情况下，根据上面正演模型计算的结果可知，饱和度的变化导致的纵波速度的变化率只有 4% 左右，横波速度变化更小，由此推算地震振幅的变化也只有 3%～4%，在地震识别差异的低限附近，因此直接用地震振幅差异不能很好地反映饱和度变化。

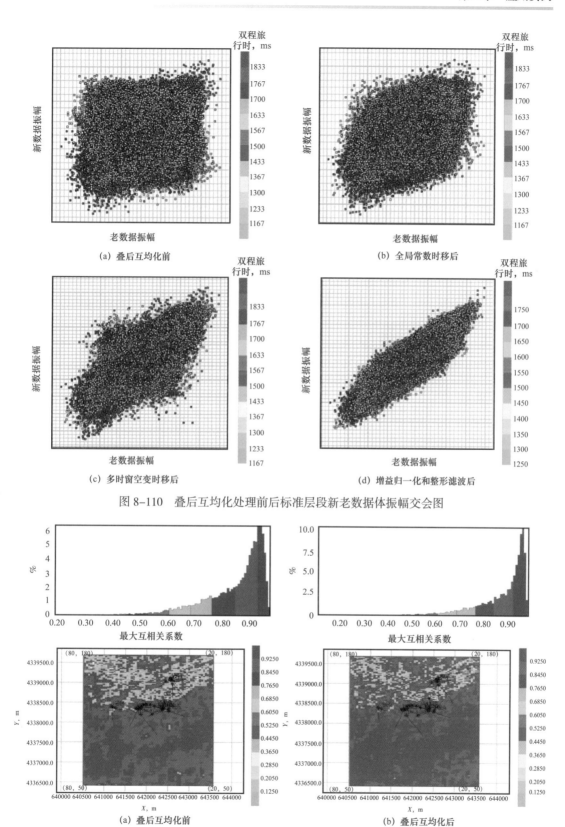

图 8-110　叠后互均化处理前后标准层段新老数据体振幅交会图

（a）叠后互均化前

（b）全局常数时移后

（c）多时窗空变时移后

（d）增益归一化和整形滤波后

（a）叠后互均化前

（b）叠后互均化后

图 8-111　标准层段叠后互均化前后新老数据最大相关系数直方图和分布图

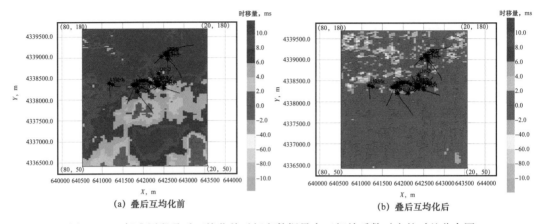

(a) 叠后互均化前　　　　　　　　　　　　　　(b) 叠后互均化后

图 8-112　标准层段叠后互均化前后新老数据最大互相关系数对应的时差分布图

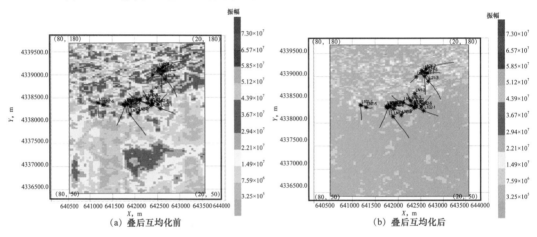

(a) 叠后互均化前　　　　　　　　　　　　　　(b) 叠后互均化后

图 8-113　叠后互均化前后在 1190～1210ms 时窗内差异体均方根振幅分布图

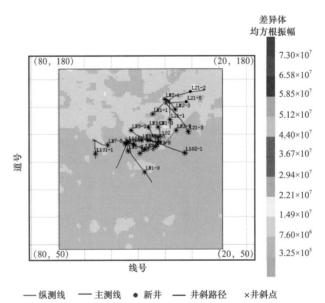

—— 纵测线　　—— 主测线　　● 新井　　—— 井斜路径　　× 井斜点

图 8-114　目的层地震差异体均方根振幅平面分布图

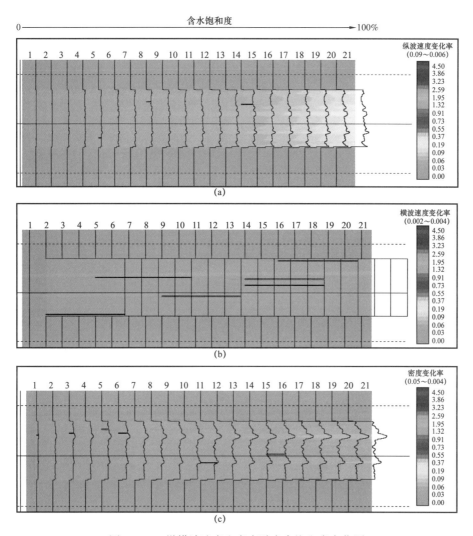

图 8-115　纵横波速度和密度随含水饱和度变化图

但是，弹性阻抗的差异却可以很好地反映该工区的流体变化（图 8-116）。当含水饱和度从 0 变化到 100% 时，45° 入射角弹性阻抗的变化率可以达到 250%，也就是说 S_w=100% 时的弹性阻抗是 S_w = 0 时的 2.5 倍，这个差异是相当大的，足以分辨出来，因此弹性阻抗可以突出流体饱和度的变化。

根据柳 102 地区 NmⅢ段第十二小层油藏的实际情况和正演模型计算结果表明，当含水饱和度从 30% 变化到 60%，45° 入射角的弹性阻抗变化率为 50% 左右，是地震振幅差异的十多倍，也就是说通过弹性阻抗有可能反映出 NmⅢ段第十二小层油藏中流体的变化情况，因此决定用新、老两次弹性阻抗反演的差异来描述饱和度的变化，具体流程如图 8-117 所示。

由于弹性阻抗和波阻抗的定义相似，弹性阻抗反演可以利用测井约束反演的方法和思路来实现。测井约束反演的关键是初始模型建立和子波提取。初始模型决定了最终反演结果的可行性和精度，它与测井资料的精度、层位标定、内插方法以及层位解释密切相关，在时移地震反演中，还应当注意不同时期初始模型的相似性和差异性，要使非油藏部分初

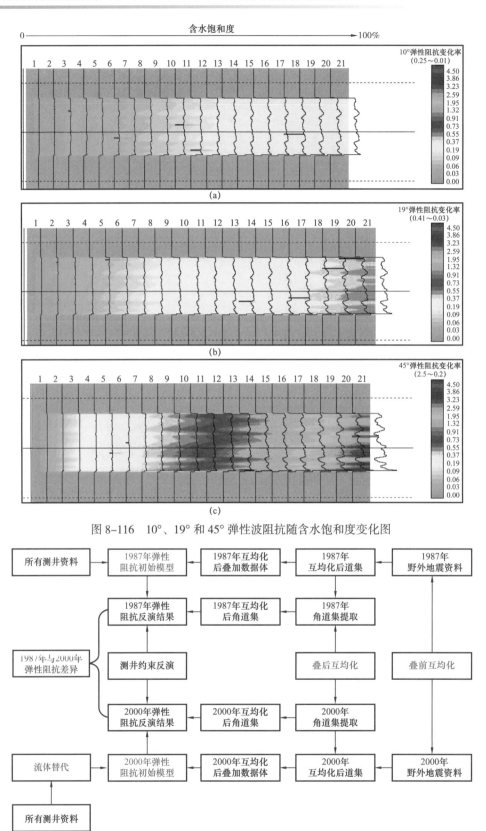

图 8-116　10°、19° 和 45° 弹性波阻抗随含水饱和度变化图

图 8-117　动态油藏描述思路和流程

始模型尽可能一致，在油藏部分要充分突出油藏的变化。因此在层位标定、层位约束和内插方法上应该保持一致。子波优选的目的是使井旁反演结果和测井曲线尽可能地相似，以便于反演结果的解释，但是，在时移地震反演中，不同时期的反演子波应该是相似的，通过叠前和叠后互均化，应该说不同时期的地震数据体已经比较接近，但可能还有差异，尤其在目的层段，此时反演子波的选择只能折衷，既要考虑反演结果的可解释性，又要兼顾不同时期子波的一致性。为了保持时移弹性阻抗反演的一致性，两次反演采用相同的反演参数。图 8-118 为互均化处理后新老数据弹性阻抗反演结果及其差异剖面。

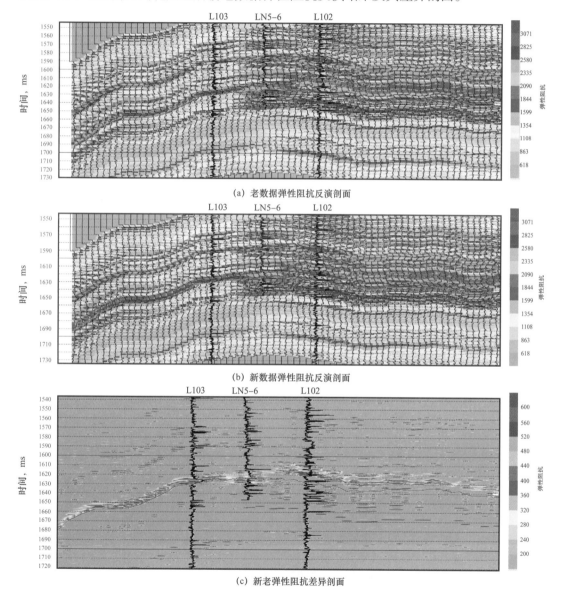

(a) 老数据弹性阻抗反演剖面

(b) 新数据弹性阻抗反演剖面

(c) 新老弹性阻抗差异剖面

图 8-118　过 L102—L103—LN5-6 井互均化处理后新老数据弹性阻抗反演及其差异剖面

由两次弹性阻抗反演可以获得弹性阻抗差异体，以三维地震资料解释成果和各井油藏的时间厚度为基础，确定目的层，然后沿层直接提取目标层弹性阻抗差异，得到目标层的弹性阻抗差异平面图（图 8-119）。由图可见，在 L102 井、L103-1 井、LN5-6 井三口井附近差异比较大，而其他区域差异较小。生产动态资料分析表明，只有这三口井在NmⅢ段第十二小层进行生产，而且是天然水驱开采的，即只有在生产井附近流体饱和度发生变化，因此，该结果与实际生产的情况比较吻合。同时也注意到L102井附近变化最大，L103井附近和LN5-6井差不多，但柳103井附近变化范围要大一些，这可能与开采时间有关。

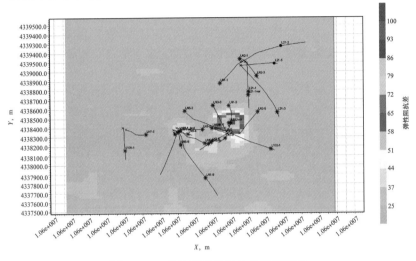

图8-119 目的层弹性阻抗差异平面图

尽管时移地震技术和油藏数值模拟技术的适用条件、影响因素不同，但它们之间可以相互验证，相互补充，提高剩余油分布预测的可靠性。至2001年9月（与第二次采集时间相近）NmⅢ段第十二小层油藏饱和度变化数值模拟结果见图8-120，由图可见东部L102井—LN2-5井和西部L103井—L103-1井附近为高渗区。高渗区内的L102井和L103-1井生产早，产量高，边水舌进明显，剩余油饱和度降低快。油藏其他区域普遍处于剩余油饱和度高值区，饱和度大于48%。对比时移地震得到的弹性阻抗差异图（图8-119）可知，弹性阻抗变化量最大区位于L102井区，其次是L103井区，再次是LN5-6井区，与数模结果吻合较好。时移地震和油藏数模预测的油藏变化均呈环状分布，也符合构造底水油藏开采的特点。

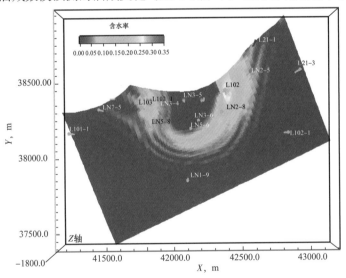

图8-120 从开采到2001年9月NmⅢ12小层含油饱和度变化图

四、结论

在过去时移地震可行性研究中都没有考虑长期水驱造成油藏物性的变化，只考虑油替代水，这只能造成 4.5%～6.4% 的速度增加，因此，很多人都对水驱油藏时移地震监测持悲观态度。实际上，影响长期水驱油藏时移地震岩石物理可行性评价的主要因素有三个方面，一是储层物性参数变化，如孔隙度、渗透率、泥质含量、粒度中值等；二是油藏流体类型及其性质的变化，即流体替换；三是油藏环境参数变化，如温度和压力。如果考虑了长期水驱油藏储层物性的变化，那么在注水井处可能产生 17%～19% 的速度变化，时移地震可行性要乐观很多。在时移地震资料处理上，针对陆上两次采集三维地震资料空间变化强烈的特点，提出了叠前和叠后互均化处理流程，并对高 29 断块和柳 102 油藏的实际资料进行了处理。处理结果不但与已知生产井和注水井动态资料吻合，还与开发调整井钻探结果一致，证明了处理结果的可靠性和处理方法与处理参数的有效性。时移地震解释方法研究与应用实例表明：对于长期人工水驱油藏，如果物性和压力变化较大，可以直接利用互均化后的地震振幅差异监测水驱前沿；但是对于天然开采的油藏，由于开采过程中物性和压力基本不变，整个开采过程引起的地震速度变化很小，利用叠后地震振幅差异无法刻画油藏的变化，必须利用叠前地震资料才能突出油藏的变化。在柳 102 油藏动态描述中，利用互均化处理后两次叠前弹性阻抗反演的差异很好地刻画了天然水驱油藏的变化。

第七节　渤海湾盆地辽河油田 SAGD 油藏时移地震技术与应用

一、概况与需求

1. 工区位置

辽河稠油试验区曙一区构造上位于辽河盆地西部凹陷西部斜坡带中段，东邻曙二、三区，西部为欢喜岭油田齐 108 块，南部为齐家潜山油田，北靠西部突起（图 8-121），构造面积约 40km²。试验区地理上位于辽宁省盘锦市境内，行政上隶属辽宁省盘锦市盘山县所辖。该区地势比较平坦，平均海拔 1～5m，地表主要以苇田、水稻田、油矿区和河流等为主。

2. 地质概况

曙一区是辽河油田稠油资源最富集的地区，超稠油目的层包括沙三上段、沙一＋二段和馆陶组三套地层。其中馆陶组稠油油藏是发现最早、规模最大且获工业油流的一个油藏，属于块状边顶底水油藏（图 8-122），油藏埋深 550～800m。

研究区馆陶组为砂、砾岩地层，岩性为灰白色厚层块状砾质砂岩、含砾砂岩、砂砾岩与砂泥质砾岩、泥质砾岩互层，局部地区夹薄层灰绿色砂质泥岩，底部砾岩富含燧石颗粒，岩石疏松至半固结，电阻率呈块状高阻。与上覆明化镇组呈整合接触，与下伏沙河街组呈不整合接触。馆陶组油层孔隙以粒间孔为主，储层物性比较好，孔隙度平均为36.3%，渗透率平均为 5.54D，泥质含量平均为 4.2%，属于高孔、高渗透、低泥质含量的储层。

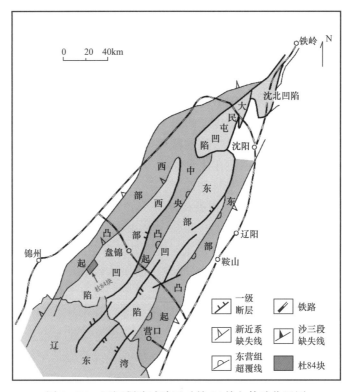

图 8-121　辽河稠油试验区（杜 84 块）构造位置图

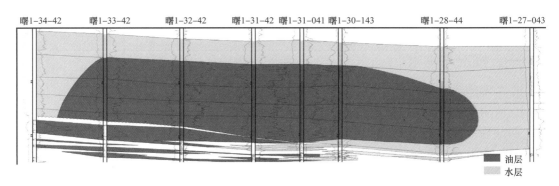

图 8-122　过馆陶组曙 1-32-42 井—曙 1-28-44 井油藏剖面图

3. 勘探开发概况

20 世纪 80 年代在曙一区对超稠油进行蒸汽吞吐试采，证实超稠油具有良好的产油能力，但受工艺条件的限制，周期生产时间短，周期产油量、油汽比较低，不能形成一定规模的产能，蒸汽吞吐试采没有取得实质性进展。到了 90 年代中期，随着工艺配套技术的不断进步，结合超稠油油品性质的特点，在使用了真空隔热管和电加热技术后，超稠油蒸汽吞吐试采获得了较高的产能，从 1998 年开始各开发单元陆续投入开发。在直井蒸汽吞吐的基础上，发展和攻关了组合式蒸汽吞吐及水平井吞吐技术，现场实施取得了非常好的效果，正在全面推广应用。但是无论哪种蒸汽吞吐方式，虽然初期开发效果较好，但随着吞吐周期的增加，周期生产时间短、周期产量低，产量递减快的问题逐渐突出，并且蒸汽吞吐采收率低，预计仅为 22%～25%。

为了寻找蒸汽吞吐后有效的接替方式，2005 年，辽河油田公司在杜 84 块兴Ⅵ组和馆陶组油层开展了直井与水平井组合的 SAGD（蒸汽辅助重力泄油）先导试验，共两个先导试验区 8 个井组。目前两个先导试验区已转入 SAGD 生产阶段，取得的效果明显[46]。

4. 技术需求与对策

曙一区杜 84 块馆陶组稠油油藏为一个具有边顶底水的块状稠油油藏，SAGD 开发过程中面临的一个重要问题是确定蒸汽腔的高度及横向扩展情况，如何监测蒸汽腔的发育状况成为油藏监测需要解决的重要问题。另外，杜 84 块馆陶组油藏为砂砾岩相沉积体系，内部隔夹层发育复杂，如何确定隔夹层的展布区域及其对蒸汽腔发育的影响，提高注汽开发效率也是油藏监测面临的一项重要任务。

针对以上油藏开发监测面临的主要问题，在杜 84 块工区部署 12km² 的时移地震监测现场试验，通过时移地震监测、井震联合储层建模、地震约束的油藏模拟及综合剩余油预测等技术来解决油藏开发面临的问题。研究中涉及的主要关键技术有时移地震可行性论证及一致性采集、时移地震一致性处理解释、井震联合储层建模及地震约束的油藏模拟。

二、关键技术

1. 时移地震可行性论证

时移地震研究的目标是监控油藏开发中的流体和地质变化，需要较宽的地震频带和采集密度，并且要进行多期地震采集与处理分析，成本相对较高，因此需要进行可行性论证以保证时移地震工程的技术经济有效性。

1）实验室研究

早期对辽河油区曙 1-36-332 井的原始稠油岩心进行了系统的实验室声波测试和计算机模拟实验，系统实验得到了稠油岩心振幅（P）、速度（v）变化与地震走时（T）的关系及正演模拟效果[47]。

（1）稠油岩心 P、T 与 v 依赖关系。

实验结果说明：曙一区稠油砂岩的纵波速度和振幅对温度有较灵敏的依赖关系，这种关系是稠油区块时移地震的物理基础，它证明了曙一区稠油区块具备时移地震实施的地质条件。

（2）油层密度变化特征。

研究结果显示稠油试验区进行 SAGD 开采后，砂岩密度会有明显的变化，将造成明显的波阻抗变化，在地震记录上也会有相应的差异。

（3）油藏模型的建立与分析。

模型正演结果表明油藏开采前后正演地震波场明显不同：地震波传播规律在浅层（油藏以上）一致，在油藏内部差异明显，在炮集地震记录和偏移剖面差异明显。

2）先导试验

（1）千 12 块先导试验。

早期在辽河盆地西部凹陷千 12 块 65-54 井区进行了时移地震采集先导试验工作，剖面对比表明：

① 稠油地震波速度和振幅值发生很大的变化，这种变化能够清楚地描述出热前缘分布的范围，从而确定剩余油的分布。

② 由于多次监测的是同一个油层，油层厚度不变，注汽后温度、压力变化是已知的，

多次的"时滞"可以计算出来，利用这些已知条件结合实验室不同含油饱和度、不同温度、不同压力条件下的"时滞"关系曲线能够推算出含油饱和度的变化，而后调整采油方案，提高采收率。

综合以上论证，得出：曙一区岩样实验证明不同含油饱和度的稠油升温后地震波的速度有很大的变化；千12块64-54井时移先导试验得到了9ms的延迟时，证明了稠油吞吐前后地震波响应有很大的变化，说明该区适宜时移地震油藏监测。

（2）分辨率要求。

分辨率是稠油热采地震是否成功的保证，目前油田开发单位根据稠油开采经济界限值的要求，开采稠油单井有效厚度为15m以上，曙一区稠油目的层埋深在600~1000m。因此，利用高分辨率地震技术能够比较容易分辨顶底界面。但是注汽后，蒸汽在油层中推进具有"超覆"现象，只有2/3的厚度受效。因此要分辨受热稠油的厚度还要进一步提高分辨率。研究工作还表明：提高地震横向分辨率比提高纵向分辨率更重要，拾取稠油底部反射初至比拾取波峰或波谷进行"时滞"解释的横向分辨率更高。

3）时移地震可行性评价

时移地震对油藏条件、开采方式和地震资料的质量都提出了相应的要求，因此，进行时移地震适用性的分析或评价就必须从这三方面入手加以评价，即岩石物理可行性、地震监测可行性和注采方式可行性。

通过对辽河稠油试验区地质条件、油藏条件、岩石物理条件和地震条件的分析，重点对影响时移地震可行性的20个单项进行定量评价，评价最终得分88分，表明辽河稠油试验区适合进行时移地震油藏监测研究。

2. 时移地震采集质量监控

作为需要多期次实施的时移观测方案，重点考虑多期次地震采集过程中一致性的要求，减少非油藏变化因素对地震资料的影响。

1）二期时移地震一致性采集质量监控

时移地震是基于多期次采集地震数据的差异来预测剩余油的分布，在多期次地震采集中，保持采集方法和施工因素的一致性，减少非油层因素导致的地震数据差异对时移地震至关重要[48]。多期次时移地震一致性采集，需要进行一致性评价的主要因素如下。

（1）试验区物理点的一致性。试验区物理点的一致性监控主要包括炮点的一致性分析与评价，接收点的一致性分析与评价。

（2）仪器及附属设备的一致性。两期时移地震采集，配备的仪器及附属设备完全相同，消除了仪器及附属设备差异对地震资料的影响。

（3）试验区二期干扰波调查与分析。在时移地震二期采集前，根据一期干扰波调查情况，在相同位置布设两条二维线进行干扰波调查，分析试验区干扰波的变化情况。结果显示，经过两年时间试验区地表障碍情况变化不大，主要干扰源的能量及频谱范围基本一致。基于调查结果，二期时移地震采集过程中，采用和一期时移地震采集相同的措施，在采集线束范围内继续采取"六停"（停大钻、停作业、停大型施工、停注/排空、停抽油机、停大型车辆）。

从两期时移地震采集时试验区噪声真值分布图（图8-123）来看，两期采集时的干扰噪音的分布特点基本相同，噪声能量降低到一致水平，为取得高信噪比、高一致性的时移地震资料奠定了坚实的基础。

2）时移地震资料一致性考核标准

考核时移地震各道工序一致性高低的参数是地震反射 T_0 时、振幅、频率、波形这4个基本地震参数，时移地震一致性高低的考核标准也是随开采变化程度的大小而定。为便于对比分析，重点需要抓住激发地震子波、标志盖层反射信息的对比分析以及两期时移地震数据总的能量差异分析三项关键性工作。

图 8-123　两期时移地震采集时夜间噪声值分布图

（1）激发子波的对比分析：在野外采集过程中，以基础时移地震观测资料为基准，通过波形、能量、频谱的对比分析，研究不同时期地震子波的差异，及时进行激发工作的补救，为后续处理工作奠定良好的基础。

（2）标志盖层反射信息的对比分析：盖层中的地震反射波在多次时移地震中是相对不变的，为了便于对比分析，我们要选择反射连续性好，能量强，波形稳定的层位做为标准层；对标准层进行地震反射 T_0 时、振幅、频率、波形这4个基本地震参数的一致性对比分析。

（3）两期时移地震数据总的能量差异分析：互均衡处理后盖层部分由于没有油气水变化引起的影响，两期数据体的能量也应该达到一致，也就是说它们的总能量的差应该减小。总能量分布差异的存在可能是由于存在振幅、时移、相移等多种因素的差异，但仍可作为一个总的标准来检验互均衡处理的整体效果。

3. 井震联合储层建模及地震约束的油藏模拟

在进行井震联合储层建模和数模前，需要对时移地震数据进行处理和解释，以获得研究区构造、储层及流体变化情况。时移地震的处理及解释是整个时移地震研究的核心内容，涉及主要技术方法在第六章已经进行了专门的介绍，本节不再重复讨论，本节只讨论在时移地震资料一致性处理和精细解释的基础上，结合测井和岩心分析资料进行的多学科一体化井震联合储层建模及地震约束的油藏模拟研究。

1）测井相与地震相的联合油藏描述技术

三维储层静态建模就是综合运用多种资料，利用三维地质模型定量刻画油藏原始地质特征在三维空间的变化及分布特征。它是油藏描述的最终成果，也是油藏综合评价与油藏数值模拟的基础。

（1）井震联合构造建模技术。

研究主要是通过井震联合的建模思路，即在井震信息闭合解释的基础上，通过精细的三维储层速度模型进行时深转换，将时间域地震解释等时格架转换到深度域的等时格架构造模型，并在地震等时格架约束下，通过井点分层数据建立精细的储层构造模型。最终构造网格模型如图8-124所示（i方向网格数310，j方向网格数231，垂向网格数100，横向网格间距12.5m，网格方向48°）。

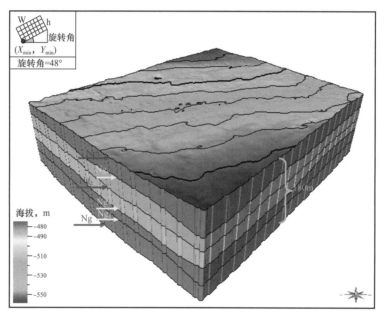

图8-124　三维构造模型

（2）井震联合沉积相建模技术。

随机模拟方法在表征复杂相带变化以及不确定性方面有其独特的优势，一直以来受到地质建模工作者的一致好评。但随机模拟在对离散数据（单井相）模拟过程中存在一些不足，突出表现在模拟结果空间连续性较差，相变过渡经常不符合地质规律，尽管很多研究者在算法的设计以及不断改进过程中做了很深入的研究，但是实际模拟过程中这种现象依然普遍存在，需要大量的人工交互工作去修饰与完善。

下面以目的层段Ng5建模过程为例，按照沉积相建模的流程分别针对数据分析与变换、算法优选、模型验证等问题进行讨论。

① 数据分析与处理。

研究中针对原始测井信息、地震信息进行了井震联合的沉积响应特征分析，并分析了网格化测井数据分布及数据变换对结果的影响程度，以及变差函数分析结果对插值结果的影响及最终变差函数的确定等问题。

a. 地震属性的约束分析。

提取了地震频率、相位、振幅、波型聚类及相干体5种基本属性，图8-125是地震属性（蓝色或红色矩形框内）与井点沉积相插值结果的对比图，从图中可见，地震属性反映的沉积物展布方向与通过常规基于井信息的插值沉积相结果的宏观方向具有良好一致性，但地震属性在油藏部位由于开发注气影响，与油藏外部属性反映明显差异，这就意味着地震属性在油藏内部与油藏外部具有不一致的响应结果，从相干体属性可以明显看出，汽腔与汽腔外明显不相干，因此，汽腔区地震属性已不能反映储层的原始沉积特征。

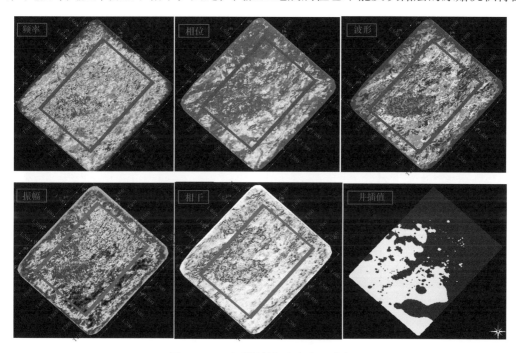

图 8-125　地震属性沉积相解释分析

研究结果表明该区地震属性数据在油藏区内外有不同的响应特征，油藏区地震属性受后期开发影响，属性更多反映的是储层经开发改造后的当前流体分布与储层的综合响应。油藏外部由于尚未受到注气波及，其属性能够反映储层沉积特征。地震属性在储层静态建模中剔除油藏区的部分可用于沉积相以及属性模型的约束。由于油藏在整个建模工区所占面积比例相对较大，且油藏三维空间的边界准确划分目前依然是个难题，因此地震属性约束沉积建模在该区未开展深入研究。

b. 变差函数影响分析及确定。

在确定变程主方向的基础上，以实验变差分析结果为基准，研究对比了变差函数其他参数设置对插值结果的影响并确定了最终变差函数的参数设置。

通过研究得出以下认识：当井网相对较密、井分布均匀的情况下，对插值结果宏观特征影响最显著的参数主要包含倾角大小、主次变程以及变差函数类型，其次主变程的方向、垂向变程的大小以及块金值的大小对插值的微观局部会产生不同程度的影响。因此，插值之前对实验变差函数的分析以及对地质背景的掌握对最终插值结果的好坏会产生决定性的作用。分析结果证明实验变差函数的取值与沉积物源的地质认识基本一致且相对比较合理，因此最终确定选用实验变差函数的取值结果作为变差函数的参数设置。

　　②沉积模型的优选与验证。

　　首先采用概率模型加权不同方法对模型进行优选与验证。图8-126是10个模拟结果与原始曲线数据分布对比图，从图中可见结果1两者之间吻合程度最高，结果4、5、8、9与原始曲线分布特征有很小的差别，相对吻合程度较高，其他5个模拟结果相对较差，因此，选取模拟结果1、4、5、8、9进行加权平均，依据吻合程度的不同选取了5个模型对应的权值分布分别为0.6、0.1、0.1、0.1、0.1，其结果如图8-127所示。

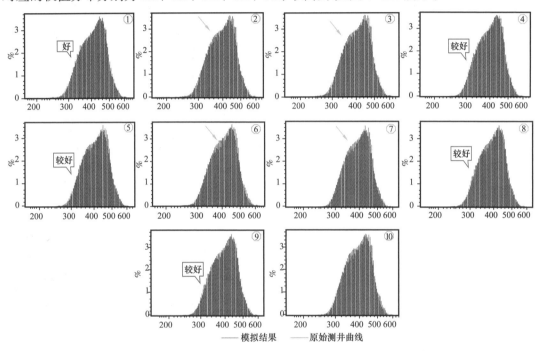

图8-126　10个模拟结果与原始曲线数据分布对比图

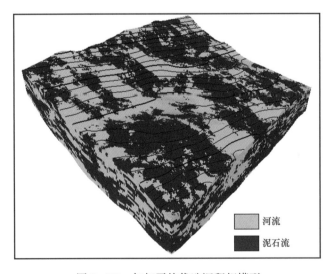

图8-127　加权平均优选沉积相模型

此外，通过三维可视化检验，与地质模型的对比（图 8-128、图 8-129），可见该模型平面剖面特征与冲击扇相模式的理论模型基本一致，符合地质规律的认识。

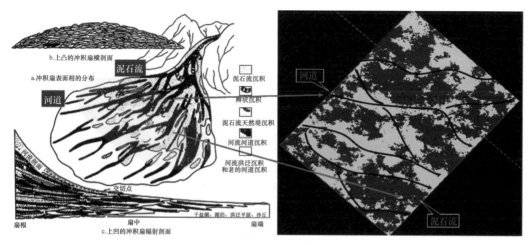

图 8-128　模拟结果与理论沉积模式平面展布对比

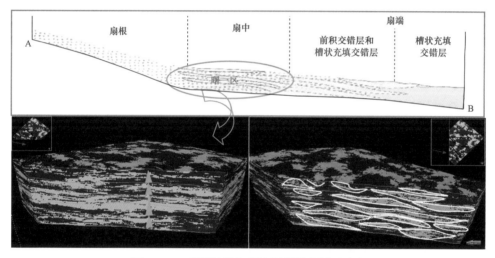

图 8-129　模拟结果与理论沉积模式剖面对比

（3）井震结合属性建模技术。

在地震等时格架约束下，充分利用研究区井网密度大的特点，在全区标准化单井物性、含油饱和度解释的基础上，以沉积模式为约束最终建立了孔隙度、渗透率、含油饱和度模型，考虑到研究区为特殊稠油油藏，常规饱和度计算模型可能存在一定误差，同时该研究区电阻率属性对含油气显示异常敏感，同时一定程度上也能够反映隔夹层发育，因此，最终以原始电阻率曲线为基础，通过异常曲线的筛选与剔除，建立了地层电阻率属性模型，作为最终含油边界预测及隔夹层综合解释的参考。

①孔隙度、渗透率模型的建立。

孔隙度、渗透率模型的空间分布与沉积相有着直接关系。岩心及测井解释表明：河道相的孔隙度、渗透率一般高于泥石流沉积，相反泥石流中泥质含量通常都比较大，粒度不均匀，磨圆度与分选都比较差。这次研究以沉积相模型为约束建立相应的孔隙度、渗透率模型。

② 电阻率和饱和度模型的建立。

重复上述属性建模型的步骤，由于电阻率取值变换范围比较大，因此采用对数变换数据处理，并对异常值采用了取值截断。在此基础上，利用确定性克里金差值算法建立了电阻率属性模型。在电阻率模型的约束下，通过对比改进克里金插值与序贯高斯模拟结果的差异，优选算法并进行多次迭代优化与质控，最终建立了含油饱和度模型（图8-130）。

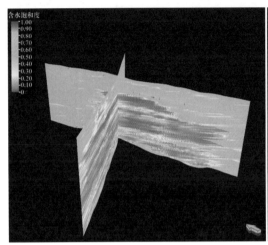

(a) 含油饱和度模型　　　　　　　(b) 电阻率模型

图8-130　研究区馆陶组储层模型

通过对上述储层井震联合静态建模及建模中存在问题的探讨分析，经过多轮迭代优化，最终建立了研究区全区馆陶组油藏储层物性参数（孔隙度、渗透率模型）及反映油藏含油分布的饱和度模型与原始测井电阻率属性模型。

2）地震约束的油藏模拟

（1）热采模拟的参数。

数值模拟的输入参数非常多，对稠油热采数值模拟尤其如此[49]，以下分别对这次热采模拟中的主要参数[50]进行说明。

① 网格系统和储层静态参数。

热采模拟是在井震联合储层建模的基础上，结合生产动态、岩石流体性质参数进行的综合研究。静态模型采用前面介绍的井震联合建模方法得到的静态模型，模型较好地反映了油藏地质特征。模型的平面网格系统 $i \times j$ 为 12.5m×12.5m，平面上 i 和 j 方向的网格数目分别为48和30，垂向总网格数为70，模型总网格数目为48×30×70=8.4万个。

前期研究表明，曙一区杜84块油藏为边顶底水油藏，油藏上部无明显的泥岩隔挡层，上部油水界面被沥青壳所隔挡。结合测井资料分析，在建模过程中描述了该沥青壳的空间位置（图8-131），从图上可以看出，沥青壳位于 Ng1 段，与区域构造倾向相同，下部紧挨 Ng2 段顶部。在建立网格模型和描述沥青壳的基础上，对模型的孔隙度和渗透率也进行了描述和初始化。

② 岩石和流体模型。

这次模拟采用的是常用三相两组分的流体模型，三种相态分别为油相、气相和水相，两种组分分别为水组分和死油组分，具体的流体参数性质这里不做详细介绍。

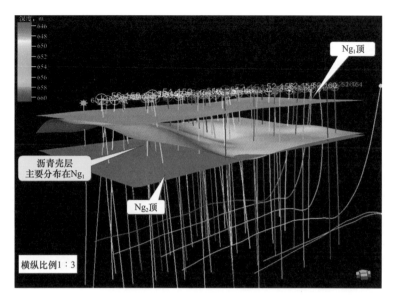

图 8-131　沥青壳空间位置分布图

对于热采开发，黏温数据是一项至关重要的参数，模拟采用原油黏温关系的最新研究成果，对黏温数据开展了校正和平滑，处理后的黏温关系曲线总体平滑（图 8-132）。从处理后的黏温曲线图上可以看到，稠油黏度随着温度的增加迅速降低，当温度升至 65℃ 时，黏度降至 5000mPa·s 左右，当温度升至 100℃时，黏度在 1500mPa·s 以下，具有一定的流动性。总体来看黏温曲线较好地反映了实际稠油的特征，能够满足模拟运算的效率和精度。

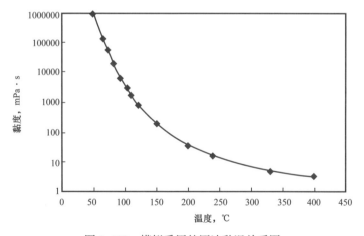

图 8-132　模拟采用的原油黏温关系图

（2）多因素约束的历史拟合参数调整。

生产动态历史拟合中参数众多而又相互交织影响，因此参数调整具有很强的技巧性，要花费大量的人力和时间。参数调整的过程中，既要满足生产数据的历史拟合，同时也要考虑地质上的合理性，在模拟的过程中充分利用时移地震资料，参考时移地震资料反映的地质信息，利用时移差异在平面上和空间上进行汽腔发育形态的约束，同时还充分利用了区域的温度观测井数据，取得了较好的模拟效果[51]。

图 8-133 为过温度观测井观 2—观 5 井的模拟温度剖面参数调整前后的对比图，从调整前后的对比温度剖面来看，变化较大，参数调整后模拟温度剖面与温度观测井测温结果吻合较好，更为真实地反映了油藏的实际开发状况。

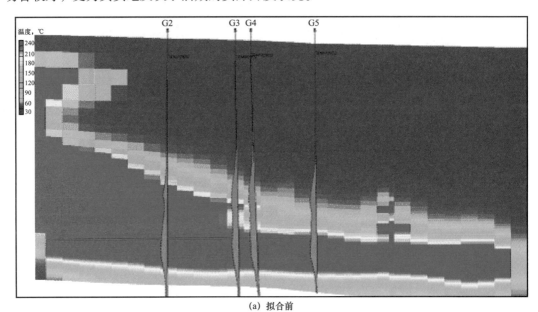

(a) 拟合前

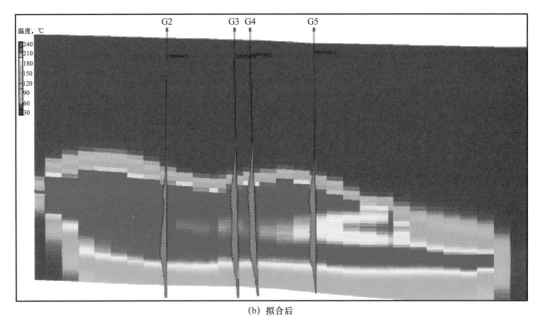

(b) 拟合后

图 8-133　过温度观测井模拟温度剖面参数调整前后对比图

图 8-134 为油藏上部相同部位地震振幅属性与参数调整前模拟温度分布对比图，图 8-134（b）中黑色线条圈住区域为图 8-134（a）对应的高振幅区域，可以看到二者有一定吻合关系，但在模型中部和东南区域吻合不好。结果表明，地震属性较好地反映了油藏开发状况和热采开发中蒸汽腔的分布情况，因此需要调整热采模拟的参数。

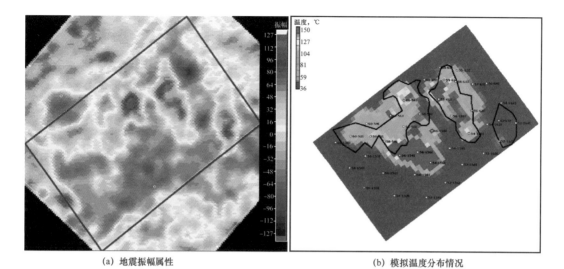

(a) 地震振幅属性　　　　　　　(b) 模拟温度分布情况

图 8-134　地震振幅属性与模拟温度分布对比（同一深度）

图 8-135 为与图 8-134 相同部位的地震振幅属性与参数调整后的模拟温度分布对比图，从图上可以看到，参数调整后，地震属性与模拟结果吻合更好，数模结果更加真实客观地描述了热采开发引起的油藏变化情况，模拟结果更加真实可靠。

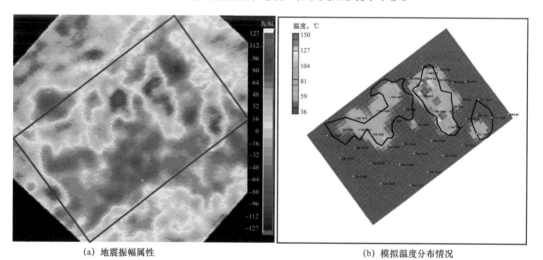

(a) 地震振幅属性　　　　　　　(b) 模拟温度分布情况

图 8-135　地震振幅属性与参数调整后模拟温度分布对比（同一深度）

（3）热采模拟结果分析。

在经过复杂的生产动态和汽腔形态拟合以后，得到稠油油藏热采模拟的结果。热采模拟结果包含油藏流体、温度、压力，以及生产井和注入井各项数据，是一个随时间变化的动态结果，非常直观地反映了油藏开发过程中油藏不同属性的动态变化过程。

图 8-136 为横切模型北部的不同时间点的温度三维显示图，从图上可以看到温度开始在模型的西部区域出现升高，其他部位没有温度变化，说明只有局部稠油有一定的流动性。随着其他部位的生产井投入吞吐开发，剖面多个部位出现温度升高，该阶段温度在纵向上发展较快，横向上没有形成连通，但伴随着开发的进行，温度逐年升高，到 2007 年温度开始形成连通关系，至 2011 年大片区域温度形成连通，并且进一步升高。

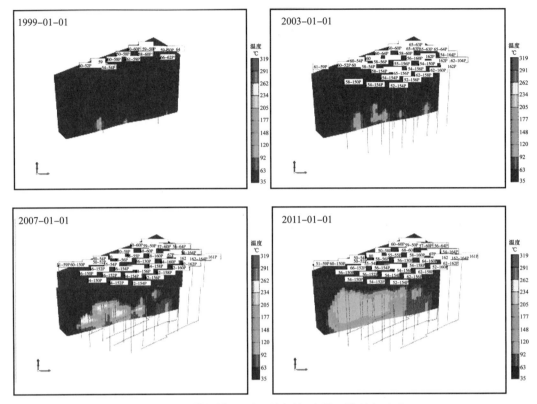

图8-136　横切模型北部不同时间点的三维温度显示

图8-137为模拟温度结果不同时间点的平面显示图，从平面图上可以看到在油藏的中上部层位，2001年时已经有大量的井投入吞吐开发，但都只是在井点附近很小的区域有温度的升高现象，到2004年时更多的井吞吐开发中，模型中星星点点的布满温度升高点，至2007年时已经有局部区域在该层段开始形成连通区域，至2010年时在该层段模型中部已经形成大片的温度连通，说明此时已经在油藏中部形成了接近整体的连通汽腔，SAGD开发已经进入一个相对高温度的时期，但模型的东西两侧开发效果不够理想。

三、应用效果

辽河稠油研究区内的两期高精度三维地震分别是在2009年和2011年采集的，均在油田开发的中晚期，研究区内没有开发前的基础地震观测。基于资料条件及井震联合的油藏描述和油藏模拟研究结果，开展了两阶段的研究工作：首先是充分结合油田开发动态信息，利用一期高精度三维地震数据成像结果开展3.5D地震综合解释研究，对稠油热采产生的汽腔形态和剩余油气分布进行预测；在此基础上利用经过一致性处理的两期时移地震数据进行剩余油气预测[52]。

图8-138给出2009年采集的三维地震数据处理结果沿馆2和馆2以下80ms处的等时地震振幅切片。从图8-138（a）可看出，在Ng主要油藏部位（黑圈内）存在明显的振幅局部变化，从图8-138（a）（放大）可更清晰看出，在研究的油藏部位（黑圈内）和井组部位（黑框内）存在明显的地震振幅局部空间变化，这些地震振幅局部空间变化很难用地质沉积变化等因素来解释。

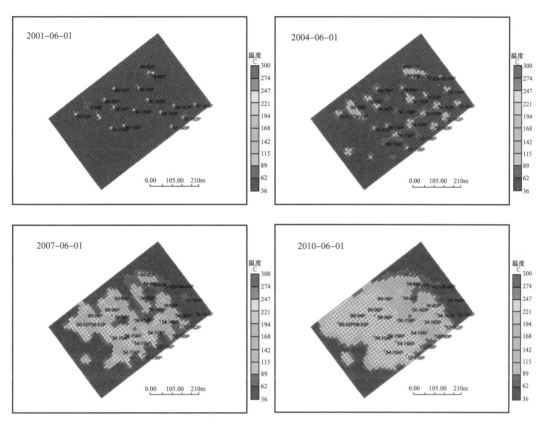

图 8-137　模拟结果不同时间点温度平面显示图

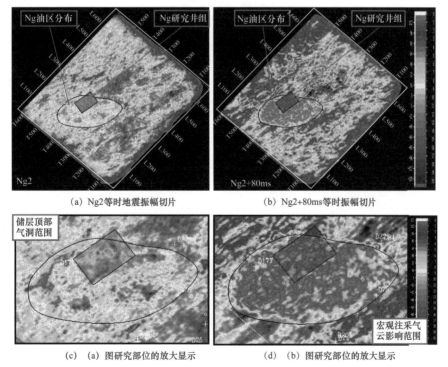

图 8-138　Ng2 和 Ng2 + 80ms 部位的等时地震振幅切片及局部放大

从图 8-138（b）和图 8-138（d）（放大）Ng2 + 80ms 的等时振幅切片可以看出，存在明显的一个弱振幅（蒸汽影响）变化区，它与 Ng 主要油藏部位（黑圈内）相吻合，这表明地震振幅明显反映了 Ng 稠油蒸汽热采的范围，同时从地震振幅的局部变化也可以确定存在热采汽腔分布差异与剩余油气的存在。

尽管基于地震信息解释可以获得一定热采汽腔的宏观解释结果，同时也可以看出一些地震振幅的局部空间变化，但这些局部变化难以直接用于区分地质沉积、小断裂和热采汽腔的影响，从而也无法预测剩余油气的分布。因此，必须进一步研究和区分以上影响因素，才能达到预测剩余油气的目的。

该油田的早期是采用直井吞吐开发，而后期采用直井注气和水平井采收的连续 SAGD 开发方式。显然，基于这种复杂的注气开发方式将会产生复杂的汽腔形态。

图 8-139 是数值模拟结果与地震数据综合显示，从放大图［图 8-139（b）］上可以看出，在油藏底部的汽腔与井位置有关，而在油藏中部则具有较复杂的汽腔空间连通性和复杂形态，在油藏顶部只具有少量和面积较小的汽腔存在。尽管油藏模拟技术具有一定的宏观预测能力，但油藏模拟的预测精度不可避免地受到模型及储层非均质性描述精度影响。因此，油藏模拟结果存在一定的预测误差。为此，采用高精度三维地震信息和油藏模拟信息的 3.5D 地震联合解释将有益于提高预测剩余油气分布的能力。

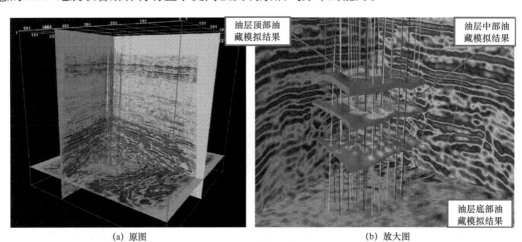

(a) 原图   (b) 放大图

图 8-139　数值模拟结果与地震数据综合显示

图 8-140 分别给出了穿过油藏热采开发区的油藏模拟和地震信息叠合的两条剖面结果（L1、L2）。可以明显看出：（1）根据蒸汽热采宏观油藏模拟结果，在汽腔顶部（标示①所示部位）会出现波形变窄（频率增加）和时间减小的特征，而在没有汽腔影响的部位则是波形较胖（频率减小）和时间滞后的特征。分析其原因是汽腔向上产生蒸汽和稠油的置换作用，使上覆地层向上推移，造成其反射系数的变化结果。（2）在蒸汽热采的汽腔内部（标示②所示部位）同样也出现波形变窄（频率增加）和时间减小的特征，而在没有汽腔影响的部位则是波形较胖（频率减小）和时间滞后的特征。分析其原因也是由于汽腔向上产生蒸汽和油的置换作用，使内部地层关系发生向上推移，从而造成其反射系数的变化结果。

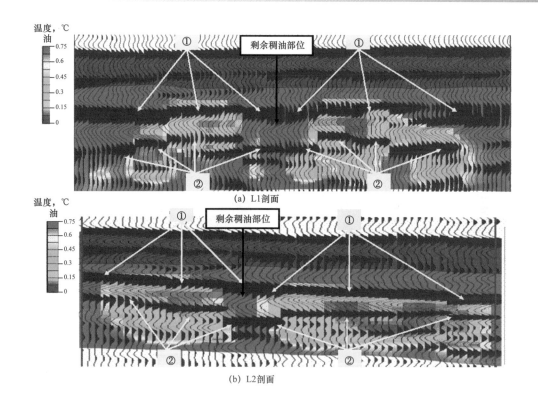

(a) L1剖面

(b) L2剖面

图 8-140 油藏模拟与地震叠合剖面

通过以上油藏模拟和地震信息解释可以看出，如仅采用地震信息进行解释，以上标示①和②部位可能解释为小断层和地质沉积的变化，而在结合了油藏模拟和地震信息的综合解释可以看出是汽腔边界作用，因此可以最终确定剩余稠油的分布范围，达到勘探剩余油气的目的。

此外，从油藏顶部的油藏模拟［图 8-141（a）］和地震属性［图 8-141（b—d）］的空间切片对比可以看出，油藏模拟和地震信息具有一定的相关性。其中，从相干属性［图 8-141（b）］可以看出，在汽腔部位存在明显的不相干特性，即反射不连续；从频率属性［图 8-141（c）］可以看出，在汽腔部位存在明显的频率增大特性；从振幅属性［图 8-141（d）］可以看出，在汽腔部位存在明显的反射振幅减低特性。从地震属性的解释可以看出，汽腔顶部特性具有不相干、高频和低振幅特征。

从地震属性和油藏模拟信息结果的空间位置对比可以看出，两者间存在一定的空间位置和汽腔大小上的差异，这表明油藏模拟计算结果和实际地震监测的结果间存在一定的差异。究其原因，油藏模拟的精度直接受隔夹层、储层孔隙度和渗透率描述精度的影响，而实际高精度三维地震属性信息是来自实际地震波场对汽腔的反映。因此，地震属性的的局部差异更具有实际意义，即地震属性变化在局部上的精度和实际意义要高于油藏模拟的结果。从而也表明油藏模拟与地震信息的 3.5D 综合解释具有更强的汽腔形态和剩余油气的解释能力。

在 3.5D 地震综合解释基础上结合两期时移地震数据差异对蒸汽热采引起的汽腔变化做出解释。

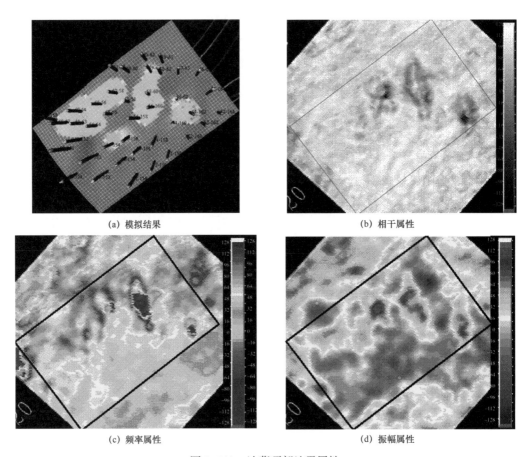

(a) 模拟结果   (b) 相干属性

(c) 频率属性   (d) 振幅属性

图 8-141   油藏顶部地震属性

图 8-142（a）—（c）是图 8-142（d）所示位置处地震和油藏模拟结果叠合显示图，颜色是数值模拟的油藏温度，蓝色虚线多边形是综合 2009 年地震和数模结果解释出的 2009 年汽腔形态。对比图 8-142（a）和图 8-142（b）可清楚地看到经过两年的热采生产，汽腔在纵向和横向上都有扩展，而将解释出的 2009 年和 2011 年汽腔形态叠置于图 8-142（c）的地震和数模差异上后看到汽腔的变化和地震及数模的差异有较好的对应关系。

类似地，图 8-143（a）—（c）是图 8-143（d）所示位置处地震和油藏模拟结果叠合显示，对比图 8-143（a）和图 8-143（b）可看到经过两年的热采生产，汽腔在纵向和横向上有明显的扩展，而将解释出的 2009 年和 2011 年汽腔形态叠置于图 8-143（c）的地震和数模差异上后看到汽腔的变化和地震及数模的差异有较好的对应关系。

基于上述研究提出了油田开发建议方案，如建议补孔和建议井位置，并预测出边、顶水突破风险区位置，指导了一批注汽井的注汽层位调整和边部加密井的实施，其中有多口百吨井，有效地提升了油藏的整体开发水平。同时，研究探索了一套适合我国陆相稠油油藏开发的时移地震技术流程和配套技术系列，形成了包括时移地震可行性论证和采集质量控制、多期时移地震相对保持的一致性处理、多期时移地震综合解释、基于时移地震解释成果的井震联合储层建模及稠油热采数值模拟研究，以及时移地震汽腔及剩余油综合解释等多项技术在内的完整技术系列。

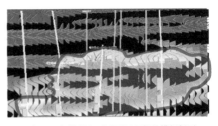

(a) 2009年地震与开采至2009年的模拟剖面　　　　(b) 2011年地震与开采至2011年的模拟剖面

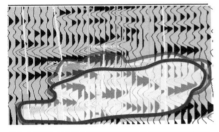
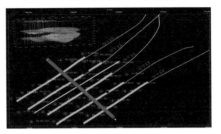

(c) 2009年与2011年地震差异与开采模拟差异剖面　　　(d) 油藏开发井组与剖面位置

图 8-142　3.5D+4D 地震综合汽腔解释

(a) 2009年地震与开采至2009年的模拟剖面　　　　(b) 2011年地震与开采至2011年的模拟剖面

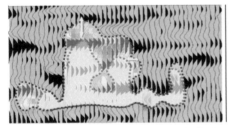
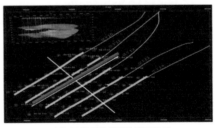

(c) 2009年与2011年地震差异与开采模拟差异剖面　　　(d) 油藏开发井组与剖面位置

图 8-143　3.5D+4D 地震综合汽腔解释

参 考 文 献

［1］江春明.大庆太190地区复杂断块油藏描述及剩余油分布研究［D］.北京：中国地质大学（北京），2007.

［2］撒利明，杨午阳，姚逢昌，等.地震反演技术回顾与展望［J］.石油地球物理勘探，2015，50（1）：184-202.

［3］撒利明，梁秀文，张志让.一种新的多信息多参数反演技术研究［C］.1997年东部地区第九次石油物探技术研讨会论文摘要汇编，1997，364-367.

［4］雍学善，余建平，石兰亭．一种三维高精度储层参数反演方法［J］．石油地球物理勘探，1997，32（6）：852－856.

［5］Mandelbrot B B. The fractal geometry of nature［M］. San Francisco：WH Freeman，1982，1－80.

［6］Pentland A P. Fractal-based description of natural scenes［J］. IEEE Trans on Pattern Analysis and Machine Intelligence，1984，6（6）：661－674.

［7］撒利明．储层反演油气监测理论方法研究及其应用［D］．广州：中国科学院广州地球化学研究所，2003.

［8］撒利明．基于信息融合理论和波动方程的地震地质统计学反演［J］．成都理工大学学报（自然科学版），2003，30（1）：60-63.

［9］杨文采．地震道的非线性混沌反演—Ⅰ.理论和数值试验［J］.地球物理学报，1993，36（2）：222-232.

［10］杨文采．地震道的非线性混沌反演—Ⅱ.关于 Lyapunov 指数和吸引子［J］.地球物理学报，1993，36（3）：376-387.

［11］杨午阳，杨文采，王西文，等．综合储层预测技术在包1－庙4井区中的应用［J］．石油物探，2004，43（6）：578-583.

［12］撒利明，杨午阳．非线性拟测井曲线反演在油藏监测中的应用及展望［J］．石油地球物理勘探，2017，52（2）：402-410.

［13］刘振武，撒利明，杨晓，等.页岩气勘探开发对地球物理技术的需求［J］.石油地球物理勘探，2011，46（5）：810-818.

［14］撒利明，董世泰，李向阳．中国石油物探新技术研究及展望［J］.石油地球物理勘探，2012，47（6）：1014-1023.

［15］撒利明，甘利灯，黄旭日，等.中国石油集团油藏地球物理技术现状与发展方向［J］.石油地球物理勘探，2014，49（3）：611-626.

［16］撒利明，梁秀文，刘全新．一种基于多相介质理论的油气监测方法［J］.勘探地球物理学进展，2002，25（6）：32-35.

［17］刘振武，撒利明，董世泰，等.中国石油物探技术现状及发展方向［J］.石油勘探与开发，2010，37（1）：1-10.

［18］刘振武，撒利明，董世泰，等.中国石油天然气集团公司物探科技创新能力分析［J］.石油地球物理勘探，2010，45（3）：462-471.

［19］McCabe P J. Energy resources-cornucopia or empty barrel?［J］. AAPG Bulletin，1998，82（11）：2110-2134.

［20］刘振宽，陈树民，王建民，等.大庆探区高分辨率三维地震勘探技术［J］.中国石油勘探，2004，9（4）31-37.

［21］刘企英.高信噪比、高分辨率和高保真度技术的综合研究［J］.石油地球物理勘探，1994，29（5）：610-622.

［22］王元波，王建民，卢福珍，等.基于地质模式的大庆长垣油田地震资料处理［J］.大庆石油地质与开发，2014，33（3）：141-145.

［23］房宝才，王长生，刘卿，等.微小断层识别及其对窄薄砂体油田开发的影响［J］.大庆石油地质与开发，2003，22（6）：24-26.

［24］Jiang Y，Li C，Wang Y H. Integrated well−to−seismic fault interpretation technology and its application in LMD oilfield：a case study on northern SongLiao basin，Northeast China［C］. SPG/SEG Shenzhen 2011 International Geophysical Conference Technical Program Expanded Abstracts：1592−1595.

［25］李操，王彦辉，姜岩. 基于井断点引导小断层地震识别方法及应用［J］. 大庆石油地质与开发，2012，31（3）：148−151.

［26］Schlagev W. The future of applied sedimentary geology［J］. Journal of Sedimentary Research，2000，70(1)，2−9.

［27］Zeng H，Hentz T F. High−frequency sequence stratigraphy from seismic sedimentology：Applied to Miocene，Vermilion Block 50，Tiger Shoal area，offshore Louisiana［J］. AAPG Bulletin，2004，88（2），153−174.

［28］Zeng H，Backus M M，Barrow K T，et al. Facies mapping from three−dimensional seismic data：Potential and guidelines from a Tertiary sandstone−shale sequence model Powerhorn field，Calhoun County，Texas［J］. AAPG Bulletin，1996，80（1），16−45.

［29］Zeng H，Hentz T F，Wood L J. Stratal slicing of Miocene—Pliocene sediments in Vermilion Block 50 —Tiger Shoal Area，offshore Louisiana［J］. The Leading Edge，2001，20（4）：408−418.

［30］甘利灯，戴晓峰，张昕，等. 高含水油田地震油藏描述关键技术［J］，石油勘探与开发，2012，39（3）：365−377.

［31］王家华，王镜惠，梅明华. 地质统计学反演的应用研究［J］. 吐哈油气，2011，16（3）：201−204

［32］王香文，刘红，滕彬彬，等. 地质统计学反演技术在薄储层预测中的应用［J］. 石油与天然气地质，2012，33（5）：730−736.

［33］何火华，李少华，杜家元，等. 利用地质统计学反演进行薄砂体储层预测［J］. 物探与化探，2011，35（6）：804−808.

［34］凌云，黄旭日，孙德胜，等. 3.5D 地震勘探实例研究［J］. 石油勘探，2007，46（4）：339−352.

［35］孙德胜，凌云，夏竹，等. 3.5 维地震勘探方法及其应用研究［J］. 石油物探，2010，49（5）：460−471.

［36］凌云研究组. 叠前相对保持振幅、频率、相位和波形的地震数据处理与评价研究［J］. 石油地球物理勘探，2004，39（5）：543−552.

［37］凌云研究组. 基本地震属性在沉积环境解释中的应用研究［J］. 石油地球物理勘探，2003，38（6）：642−653.

［38］韩大匡. 关于高含水油田二次开发理念、对策和技术路线的探讨［J］. 石油勘探与开发，2010，37（5）：583−591.

［39］凌云，郭向宇，高军，等. 油藏地球物理面临的技术挑战与发展方向［J］. 石油物探，2010，49（4）：319−335.

［40］甘利灯，戴晓峰，张昕，等. 高含水后期地震油藏描述技术［J］. 石油勘探与开发，2012，39（3）：365−377.

［41］张昕，甘利灯，刘文岭，等. 密井网条件下井震联合低级序断层识别方法［J］. 石油地球物理勘探，2012，47（3）：462−468.

［42］陆文凯，张善文，肖焕钦. 用于断层检测的图像去模糊技术［J］. 石油地球物理勘探，2004，39（6）：686−689，696.

[43] 刘文岭，朱庆荣，戴晓峰.具有外部漂移的克里金方法在绘制构造图中的应用［J］.石油物探，2004，43（4）：404-406.

[44] Huang X, Meister L, Workman R. Production history matching with time lapse seismic data［M］//SEG Technical Program Expanded Abstracts, 1997, 16：862-865.

[45] 甘利灯，等.实用时移地震监测技术［M］.北京：石油工业出版社，2010.

[46] 杨立强.辽河油田超稠油蒸汽辅助重力泄油先导试验开发实践［M］.北京：石油工业出版社，2015.

[47] 王丹，刘兵.SG油田四维地震技术可行性研究与数据采集［J］.石油地球物理勘探，2010，45（5）637-641.

[48] 王丹，刘兵，杨大为.陆上四维地震一致性技术研究与分析［C］//SPG/SEG 2011年国际地球物理会议.

[49] 盛家平，周学龙.油田热采数值模拟参数计算与选择［J］.特种油气藏，1995，2（3）：15-22.

[50] 张义堂，吴淑红，等.EOR热力采油提高采收率技术［M］.北京：石油工业出版，2006.

[51] Cai Y T, Guo X, Ling Y. Seismic Constrained Reservoir Simulation and Application in a Heavy Oilfield, China［C］//SPE Annual Technical Conference and Exhibition Society of Petroleum Engineers, 2014.

[52] 凌云，郭向宇，蔡银涛，等.无基础地震观测的时移地震油藏监测技术［J］.石油地球物理勘探，2013，48（6），938-947.

第九章　开发地震技术发展展望

大量事实说明，开发地震技术已经在油气田扩边、开发方案调整、剩余油研究以及油藏动态监测乃至油藏管理等方面发挥了重要作用。BP、Shell、雪孚龙等国际大油公司的经验表明，开发地震或油藏地球物理技术的开发与完善，其潜在的经济效益是无比巨大和难以估量的，既赋予了地球物理技术新的生命力，代表了地球物理技术的发展趋势，也是油公司将油气资源变为经济效益的关键工程技术，是石油工业界地球物理技术发展的主要方向。

作为在油气开发与生产中应用的技术，其内涵包括油藏描述和油藏管理，目的是提高已提交探明储量的油田的采收率，获得最大开发效益，涉及地面地震、井中地震、岩石物理分析、测井、石油地质综合解释、生产动态分析、油藏开发等技术。

与勘探地球物理学相比，油藏开发地震技术的重要特征之一是面向精细目标，面向钻头，对技术的精度提出更高要求，强调多学科综合研究，特别是高精度三维地震技术与石油地质、油藏工程、油藏管理等学科的综合研究。高精度三维地震及其相关技术是多学科综合研究的核心技术，岩石物理动态分析、井控地震资料处理、井控构造精细解释、井约束的储层预测与油藏建模是开发地震综合研究的关键。此外，时移地震、井中地震、多波地震、微地震、永久监测地震、随钻地震等，也是开发阶段重要的地球物理特色技术。

随着油田开发程度不断提高，剩余油藏描述难度不断加大，表现在岩石物理、测井信息与地面地震纵向和横向分辨率尺度差距大，陆相非均质油藏模拟的多解性强、油藏监测的重复性低，地震工程师、测井工程师、地质学家和油藏工程师之间的研究领域和研究尺度差异较大，如何描述开发中后期零点几平方千米的小尺度剩余油藏、预测油水分布规律、刻画米级薄储层、识别米级小断层、识别开发甜点区等，开发地震技术发展依然面临巨大的复杂性和挑战性。

因此，开发地震技术应不断根据地球物理、计算机、信息化等技术的发展而发展。应加强低频岩石物理分析、跨尺度测井分析、油田地质、油藏工程等方面与地震技术的有机融合，加强人工智能技术、精细地质建模技术研究，形成以大数据挖掘等信息技术为载体的智能化油藏精细描述技术，加强地震技术在油藏建模中的作用，提高地震解释精度，使油藏描述和油藏建模精度达到新的水平。

一、发展趋势

1. 面向开发目标的地震采集技术发展趋势

一是针对目标精细描述的高密度、超高密度单点地震采集技术。在野外实行高密度空间采样，单点检波器接收，点源激发、小道距或小面元观测，对信号和噪声实行"宽进宽出"，避免采集过程中因采用炮检点组合对付噪声而使反射信息受到污染，在室内处理中准确分离信号和噪声，达到精确压制噪声的目的，保持反射信号的保真度，是提高空间分辨率和油藏描述精度的关键技术。

二是全矢量地震采集技术，在野外采集地震波的振幅、频率、相位、传播方向、振动方向以及波动力场的胀缩和扭旋等的多种属性信息，处理中进行地震波振动线矢量、散度和旋度的处理，得出不含横波振动的纯纵波信息和不含胀缩振动（散度）的纯横波信息，可以获得提高信噪比的效果，再分别对纵波和横波进行成像处理，可大幅度提高成像质量，为 RTM 全信息成像、全信息 FWI、纵横波联解波动方程、引入散度和旋度的全弹性波动方程、分波动性质的波场延拓、合并各种属性的优化成像条件、弹性系数的代入和求解等多种弹性波地震勘探技术研究奠定基础，必将推动纵、横波联合成像、联合反演、联合解释等技术发展，以期达到提高构造、岩性、流体勘探精度和可靠性的目的。

2. 地震资料目标处理技术发展趋势

一是以提高分辨率和相对保持储层信息（振幅、相位、频率、波形）为目标的"双高"地震资料处理技术，关键是处理技术系统性优化组合，包括基于反射波与干扰波速度差异的去噪、Q 补偿、深度域 Q 偏移、低频扩展、一致性处理等技术的适用性研究，提高技术应用的针对性。

二是高精度成像技术，包括 FWI 速度建模、构造约束高精度速度建模、Q 偏移、全弹性波场偏移等技术，逐步实现全频保幅高分辨率成像，为储层预测研究提供高品质叠前数据。

3. 面向油藏建模的地震资料精细解释技术发展趋势

一是发展米级薄层、小断层识别技术。包括调谐频带能量加强技术、小波处理技术、三角滤波技术、三角滤波分频技术、时频分析技术、积分能谱技术、蚂蚁追踪技术等，提高薄储层和小断裂识别精度。

二是强化地震层序解释技术应用。采用反射系数反演技术提高地震剖面的分辨率，建立三级层序格架，采用地层切片技术，得到初始高频层序界面，采用平面控制剖面的解释方法，用切片平面沉积展布的合理性检验高频层序解释的合理性和等时性，指导高频剖面上高频层序解释方案的调整，减少层位解释的多解性，增强层位的等时性，利用高频层序的地震相分析为沉积微相研究提供可靠的基础资料，有利于储层预测和开发级别的储层研究。

三是开展提高分辨率反演技术攻关。包括模型正则化基追踪稀疏地震反演技术、射线阻抗稀疏反演技术、基于谱模拟的叠后地震随机反演技术、基于地震岩相约束的地震弹性阻抗反演技术、纵横波速度比自适应弹性参数反演技术、基于谱模拟的叠前地震随机反演技术、岩石物理反演技术等，以提高薄储层预测、低丰度孔隙储层预测精度，为难动用储量提供技术支持。

四是开展裂缝、孔隙结构预测技术攻关。包括各项异性识别、加强相干、边缘检测、构造曲率、多波等技术，结合地层倾角测井、成像测井等技术，以及岩石物理动态分析技术、三维岩石物理建模技术、跨尺度复杂孔隙介质建模技术等。

五是开展渗透率预测技术攻关。包括渗透率对地震响应影响的机理研究，基于相控的渗透率预测技术，以及基于人工智能的渗透率预测技术研究等。

六是发展完善井震藏一体化技术。发展完善以共享油藏模型为核心的（测）井（地）震（油）藏（模拟）一体化技术，建立以地震岩石物理动态分析、井控保幅高分辨率地震资料处理、井控精细构造解释、井震联合储层研究、地震约束油藏建模和地震约束油藏数模技术为核心的老油田剩余油分布预测技术流程，提高剩余油分布预测符合率，指导开发井位部署。

4. 智能化储层定量预测技术

在井数据标定基础上，通过计算机图形学、图像处理识别、数据挖掘等技术，提高层位追踪、断层识别、微构造解释精度，开展高精度层序地层自动解释，建立储层构造演化格架，建立沉积模型，在岩石物理和测井精细解释基础上，开展智能化储层与流体精细预测，在开发动态数据约束下，开展智能化油藏精细建模，将地质认识或地质模式融入建模过程中，提高断层模型和层位模型的精度。

5. 井地联合地震技术发展

井中地震因其接收或激发靠近储层，具有储层标定、储层介质参数（吸收衰减、速度、VTI 和 HTI 各向异性介质）求取和描述优势，是储层定量标定和描述的重要技术手段，但井中 VSP 等技术存在照明不均、成像孔径小、数据动态范围小等缺陷。未来需要发展井地联合采集、多井联采、大孔径三维 VSP、井间地震和井中永久监测等技术，特别是全井段观测采集技术、三维 VSP 处理技术，加强信号高精度分离、井筒噪声压制、信号一致性处理、数据规则化保幅处理和高精度地震成像方法研发等技术攻关。深化井中地震属性应用、物性反演方法、时延地震信息及三分量信息利用方法等研究。

6. 多波地震技术发展

多波地震技术可同时采集地下地质体反射的纵波、横波信息，通过处理提取反射纵、横波各项物性参数，进行综合对比和解释，能够预测储层的横向变化和含油气性，在检测裂隙、改善气层下成像、岩性识别、气藏预测等方面已取得明显效果，是开发地震不可或缺的技术。但多波处理解释技术仍需攻关。需要集中精力，着力攻关转变波偏移成像技术，主攻气层识别、低孔低渗储层、裂缝型储层的非均质性预测等技术，探索二次开发剩余油检测技术；加强地质综合解释，重点开展转换波层位对比、纵横波联合反演、属性描述等方面的研究，加强纵横波信息的融合。

7. 随钻地震和微地震监测技术发展

随钻地震能够为钻井提供地层压力和钻头轨迹设计调整的可靠依据，通过实时连续定位、录井岩性等信息，指导钻头钻遇更多储层，提高水平井的储层钻遇率。这项技术具有较大的应用潜力，应加大随钻地震技术的试验和弱信号提取、信噪分离、快速成像等关键技术研究，加强与钻井工程结合，使地震技术在钻井提质增效中发挥作用。

地表、浅井、深井微地震监测技术是致密储层改造效果的有效监测手段，也是油藏开发过程动态监测的重要技术手段，在油藏开发后期油藏动态管理中具有重要意义，应加强永久埋藏的四维微地震监测等技术研究，加大弱信号提取、数据挖掘、被动震源机理等研究，为油藏动态建模奠定基础。

二、技术发展对策

1. 依靠技术进步夯实资料基础是开发地震技术应用的前提

规模性的"两宽一高"三维地震资料采集面临巨大的成本压力，夯实资料基础的一个重要支点是立足现有资料开展井控高分辨率保幅处理，充分挖掘老资料潜力，为解释技术应用奠定扎实基础。井控地震资料处理理念是 20 世纪末西方地球物理公司提出的，其主要观点是从 VSP 资料中提取球面扩散补偿因子、Q 因子、反褶积算子、各向异性参数和偏移速度场等参数，用于地面地震资料处理或参数标定，目的是提高地面地震资料处理参数选取的可靠性和准确性，使处理结果与井资料达到最佳匹配。井控处理可以利用井中观测的各种数据，对地面地震处理参数进行标定，对处理结果进行质量控制。提高分辨率处理是在保幅的前提下适当拓宽频带，提高高频有效信号的信噪比，使高频段有效信息相对增强，达到分辨更薄储层的目的。

2. 深化油藏地质认识是提高开发地震技术应用成效的关键

作为勘探阶段的自然延伸，评价、开发阶段地震技术应用具有一定的继承性，主要体现在技术人员对油藏有了一定的认识基础，对成藏主控因素、宏观展布特征、开发动静态情况等建立起基本的概念。现阶段面临的问题是这些认识多掌握在地质人员的头脑中，物探技术人员不了解，甚至不关心油藏认识问题，影响地震技术应用的效果。一种观点认为，油藏评价开发阶段地震技术应用以提高预测精度为主，不断追求纵向地震分辨率提高。于是，地球物理工程师想尽各种办法，尝试以多种手段满足地质家对"描述精度"的要求。实践表明，在评价阶段，地球物理工程师的努力见到了一定的效果，在开发阶段往往事与愿违，地质家及油藏工程师对地震预测结果持怀疑甚至否定的态度，表明地球物理工程师的努力与油气藏开发需求存在较大的差距。地震技术作为一种间接的认识地质体或油气藏的手段，技术应用中不仅存在多解性，而且存在分辨率的极限限制，单纯地追求地震技术分辨率，忽略地质认识的指导和关键问题分析，不仅难以满足评价、开发阶段技术需求，而且很容易将开发地震技术应用与发展带入误区。今后开发地震技术发展需要将"地质物探一体化"，由地质与物探人员"配对"结合向油藏认识与地震技术的融合推进一步。

3. "非常规技术"常规化是提高我国陆相油藏开发成效的有效途径

"非常规技术"是指国外针对非常规油气甜点预测技术（RQ）和水平井分段压裂、微地震监测等完井工程技术（CQ），涉及地震岩石物理测试分析、测井、地震、钻井、酸化压裂等工程技术。随着勘探开发领域不断深入，中国陆相油藏储层由低孔低渗向特低孔特低渗延伸，致密油将成为主要开发对象，技术应用不仅要考虑储层岩性、物性、厚薄等储层参数预测，还要考虑泥质含量、孔喉结构、塑性等因素的影响。因此，有利岩相预测、岩石脆性预测、应力场预测和裂缝发育带预测是今后开发地震技术发展新的需求。例如，鄂尔多斯盆地长 7 段岩心分析划分出绿泥石膜残余粒间孔相、绿泥石膜残余粒间孔 + 长石溶蚀相、长石溶蚀 + 伊利石胶结相、伊利石胶结微孔相、碳酸盐胶结微孔相 5 种主要成岩相，各自的孔隙度、渗透率、最大喉道半径差异很大，其中绿泥石膜残余粒间孔与长石溶蚀相是有利的成岩相带，平均孔隙度在 10% 以上，平均渗透率在 0.2～0.3mD 之间，最大喉道半径在 1.0μm 以上。在准确把握有利成岩相带基础上开展地震预测能够有效提高应用效果。

正因为油藏开发地震技术综合了物探、地质、测井和油藏管理等多种学科，除了面对物探技术多学科的融合（非地震、地震、井中地震、四维地震、岩石物理、油藏建模等）以外，油藏开发技术的发展和应用还受到交叉学科人与人之间的交流和理解限制。随着信息技术和智能化技术的不断发展，相信未来油藏开发地震技术必将走向智能化，使跨专业、跨部门的研究团队能够在智能化平台上开展油藏开发地震地质研究，使管理、技术人员实现无障碍沟通，使油藏开发地震技术成为油田低成本开发的关键技术。